高等学校应用型本科
“十三五”规划教材

GAODENG XUEXIAO YINGYONGXING BENKE
SHISANWU GUIHUA JIAOCAI

数据库原理及应用

SHUJUKU YUANLI
JI YINGYONG

主　编　郭　鑫　陈秀玲
副主编　白　玲　陈井霞　伞　颖
主　审　唐　友

重庆大学出版社

内容提要

本书以数据库技术在信息化社会及大数据金融背景下的应用为目标，深入浅出地设计了13个项目的内容，共79个任务，内容涵盖数据库基础知识、T-SQL语言基础、创建和管理数据库、创建和管理数据表、视图、触发器、高级数据操作、存储过程的创建与管理、游标、安全管理、函数、大数据金融及仓库管理系统案例实践等。

本书知识点全部通过实践任务引出，且任务设计强调相互衔接与梯度递进。从内容的组织和编写结构上看，它既可以作为高等院校数据库应用课程的教材，又可供社会各类计算机及金融领域应用人员阅读参考。

图书在版编目(CIP)数据

数据库原理及应用 / 郭鑫，陈秀玲主编．--重庆：重庆大学出版社，2018.3

高等学校应用型本科“十三五”规划教材

ISBN 978-7-5689-1027-9

Ⅰ.①数…　Ⅱ.①郭…②陈…　Ⅲ.①数据库系统—高等学校—教材　Ⅳ.①TP311.13

中国版本图书馆CIP数据核字(2018)第034478号

数据库原理及应用

主　编　郭　鑫　陈秀玲

副主编　白　玲　陈井霞　乎　颖

责任编辑：顾丽萍　　版式设计：顾丽萍

责任校对：邬小梅　　责任印制：张　策

*

重庆大学出版社出版发行

出版人：易树平

社址：重庆市沙坪坝区大学城西路21号

邮编：401331

电话：(023) 88617190　88617185(中小学)

传真：(023) 88617186　88617166

网址：http://www.cqup.com.cn

邮箱：fxk@cqup.com.cn (营销中心)

全国新华书店经销

重庆华林天美印务有限公司印刷

*

开本：787mm×1092mm　1/16　印张：22　字数：537千

2018年3月第1版　　2018年3月第1次印刷

印数：1—3 000

ISBN 978-7-5689-1027-9　定价：53.00元

前言

人类已步入大数据、人工智能时代,数据被视为“新世纪的矿产与石油”,正成为巨大的经济资产,而数据应用及管理显得尤为重要。围绕数据进行的组织、存储、维护、统计和查询等工作意义深远,在“互联网+”背景下,减少数据冗余,提供更高的数据共享能力价值无限。

在计算机技术迅猛发展、社会信息化进程加快以及大数据金融风靡的背景下,广大企事业管理人员、工程技术人员以及各行各业的相关人员都迫切希望掌握数据管理技术,以提高工作效率和工作质量;而对于面向21世纪的高层次人才,广大高校学生都需要学习并掌握数据库的基本知识和数据管理的基本技能,并开发出实用的数据库应用系统。本书在传统经典的数据库应用基础上,以相关慕课课程内容为入口,介绍了大数据金融,提供了跨学科的应用介绍,丰富了学生的视野,开阔了学习思路。从本书的内容组织和编写结构上看,它既可以作为高等院校数据库应用课程的教材,又可供社会各类计算机及金融领域应用人员阅读参考。

全书采用任务驱动的方式组织内容,即采用情境设置、样例展示、任务实施、知识链接的编写模式,以项目“学生管理数据库”贯穿整本教材,将项目分解成若干个任务,通过解决具体任务学习对应的理论知识;使教、学、做紧密结合。全书内容上共设13个项目:数据库基础知识、Transact-SQL语言基础、创建和管理数据库、创建和管理数据表、视图、触发器、高级数据操作、存储过程的创建与管理、游标、安全管理、函数、大数据金融及仓库管理系统案例实践。教材编写上贯彻理论够用、侧重实践的原则,力求做到结构合理、层次清晰、概念明确、突出应用。本书能够体现出课程的特点,注重应用技能的培养,每一部分理论知识均有与其相对应的实验内容,以典型事例为素材。

本书由郭鑫、陈秀玲担任主编,白玲、陈井霞、伞颖担任副主编。具体编写分工如下:项目1、项目2、项目13和附录2由郭鑫编写;项目3、项目4、附录1和附录3由陈秀玲编写;项目5、项目6和项目8由伞颖编写;项目7和项目9由白玲编写;项目10、项目11和项目12由陈井霞编写。全书由郭鑫最后定稿。本书在编写过程中还得到了各编者单位有关领导的大力支持,在此深表谢意。全书由唐友教授主审。

由于编者水平有限,书中不当之处在所难免,恳请广大读者提出宝贵意见和建议,以便修订时加以完善。

编　者

2018年1月

Contents

目录

项目5 视图

项目6 触发器

项目7 高级数据操作

项目8 存储过程的创建与管理

项目9 游标

项目10 安全管理

项目11 函数

项目12 大数据金融

项目13 仓库管理系统案例实践

附录

参考文献

项目 1

数据库基础知识

【项目描述】

本项目主要阐述了数据库的发展概况,数据库的基本概念、技术以及关系数据库基础理论,为用户学习 SQL Server 2012 数据库打下坚实的基础。

本项目重点是掌握关系数据库的基本概念;难点是理解关系数据库的常用术语,并能领会和灵活应用。包含的任务如表 1.1 所示。

表 1.1　项目 1 包含的任务

名　称	任务名称
项目 1 数据库基础知识	任务 1　数据库的发展概况
	任务 2　关系数据库
	任务 3　数据库系统设计
	任务 4　SQL Server 2012 数据库简介
	任务 5　E-R 设计

任务 1　数据库的发展概况

1.1.1　情境设置

某学校为了规范管理在校学生信息,统一建立数据库,实现全方位、无纸化办公管理,领导要求小张为在校学生建立“学生管理”数据库,统一利用计算机实现实时管理,于是小张开始学习数据库知识并为规范数据库作准备。

1.1.2 知识链接

1)数据库系统的概念

(1)数据

数据是事实或观察的结果,是对客观事物的逻辑归纳,是用于表示客观事物的未经加工的原始素材,既可以用数字表示(如身高、体重、大小等数值型数据),也可以用非数字形式表示(如字符、文字、图表、图形、图像、声音等非数值型数据)。

(2)信息

信息则是经过加工后的数据,也就是有用的数据,是客观事物的特征通过一定物质载体形式的反映。信息是经过整理并通过分析、比较得出的推断或结论,能够反映客观事物的状态,和形式无关。

提示:信息与数据紧密联系又有区别。

数据是具体的符号,信息是抽象概念。数据有如原始材料,比如用户买的一份报纸,报纸上所有的内容都是数据,可用户不会把报纸上所有的数据看完,用户所看的或者关心的内容就是信息。

(3)数据库

数据库(Database,DB)是以一定的组织方式将相关数据组织在一起,存储在外部存储介质上所形成的、能为多个用户共享的、与应用程序相互独立的相关数据集合的文件。在信息系统中,数据库是数据和数据库对象(如表、视图、存储过程等)的集合。数据库中的大量数据必须按一定的逻辑结构加以存储,目的是提高数据库中的数据的共享性、独立性、安全性以及较低的数据冗余度,以便对数据进行各种处理,并保证数据的一致性和完整性。

(4)数据库管理系统

数据库管理系统(Database Management System,DBMS)是管理数据库的软件工具,是帮助用户创建、维护和使用数据库的软件系统。它建立在操作系统的基础上,实现对数据库的统一管理和操作,满足用户对数据库进行访问的各种需要。目前广泛运用的大型数据库管理系统软件有 Oracle,Sybase,DB2 等,而在 PC 机上广泛应用的则有 SQL Server,Visual Foxpro,Access 等。

(5)数据库管理员

数据库管理员(Database Administrator,DBA)负责全面管理和控制数据库系统。数据库管理员是支持数据库系统的专业技术人员。数据库管理员的任务主要是决定数据库的内容,对数据库中的数据进行修改、维护,对数据库的运行状况进行监督,并且管理账号,备份和还原数据,以及提高数据库的运行效率。

(6)数据库系统

数据库系统(Database System)泛指引入数据库技术后的系统,指在计算机系统中引入数据库后构成的系统,一般由数据库、数据库管理系统(及其开发工具)、应用系统、数据库管理员和用户构成。

数据库系统是一个由硬件、软件(操作系统、数据库管理系统和编译系统等)、数据库和用户构成的完整计算机应用系统。数据库是数据库系统的核心和管理对象。因此,数据库系统的含义已经不仅仅是一个对数据进行管理的软件,也不仅仅是一个数据库,数据库系统是一个实际运行的,按照数据库方式存储、维护和向应用系统提供数据支持的系统,整体之间的关系如图 1.1 所示。

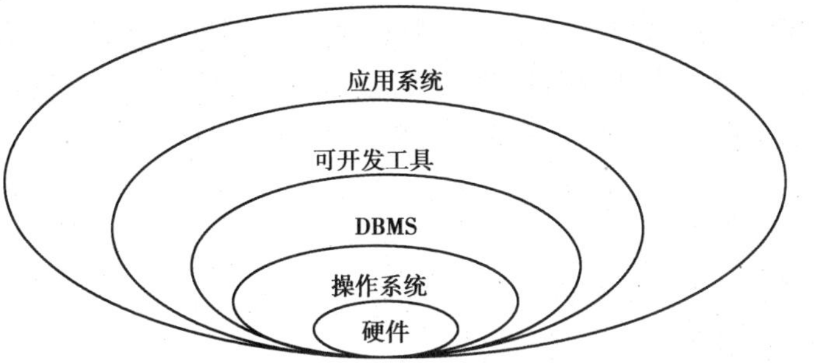

图 1.1　数据库在计算机中的地位

2)数据管理技术的发展

数据管理技术是对数据进行分类、组织、编码、输入、存储、检索、维护和输出的技术。数据管理技术的发展大致经过了以下 3 个阶段:人工管理阶段、文件系统阶段、数据库管理系统阶段。

(1)人工管理阶段

20 世纪 50 年代以前,计算机主要用于数值计算。从当时的硬件看,外存只有纸带、卡片、磁带,没有直接存取设备;从软件看(实际上,当时还未形成软件的整体概念),没有操作系统以及管理数据的软件;从数据看,数据量小,数据无结构,由用户直接管理,且数据间缺乏逻辑组织,数据依赖于特定的应用程序,缺乏独立性。特点:其一是数据不保存,只是在计算某一具体问题时将数据进行输入,运行后得到输出结果,输入、输出和中间结果均不保存;其二是数据不共享,冗余度大,一组数据只对应一个应用程序,即使多个应用程序使用相同的数据,也要各自定义,不能共享,导致冗余度大;其三是数据缺乏独立性,数据和程序是紧密结合在一起的,数据的逻辑结构、物理结构和存储方式都是由程序规定的,没有文件的概念,数据的组织形式完全是由程序员决定。

(2)文件系统阶段

20 世纪 50 年代后期到 60 年代中期,出现了磁鼓、磁盘等数据存储设备,出现了操作系统和专门的数据管理软件,称为文件系统。这种数据处理系统是把计算机中的数据组织成相互独立的数据文件,系统可以按照文件的名称对其进行访问,对文件中的记录进行存取,并可以实现对文件的修改、插入和删除。文件可以命名,应用程序可以"按文件访问、按记录进行读取"。文件系统实现了记录内的结构化,即给出了记录内各种数据间的关系,可以对文件进行修改、插入、删除操作。但是,文件从整体来看却是无结构的,其数据面向特定的应用程序,因此数据共享性、独立性差,且冗余度大,管理和维护的代价也很大。

(3)数据库管理系统阶段

从20世纪60年代后期开始,计算机数据管理技术出现了数据库这样的数据管理技术阶段。硬件方面有了大容量的磁盘,软件方面出现了大量的系统软件;处理方式上,联机实时处理要求增多,并开始考虑和提出分布式处理。数据库的特点是数据不再只针对某一特定应用,而是面向全组织,具有整体的结构性,共享性高,冗余度小,并且实现了对数据进行统一的控制。

与文件系统不同的是,数据库系统是面向数据的而不是面向程序的,各个处理功能通过数据库管理软件从数据库中获取所需要的数据和存储处理结果。它克服了文件系统的缺点,为用户提供了一种更为方便、功能强大的数据库管理方法。

3)数据库管理系统

数据库管理系统是以统一的方式管理、维护数据库中数据的一系列软件的集合,数据库管理系统在操作系统的支持与控制下运行。

用户一般不能直接加工和使用数据库中的数据,而必须通过数据库管理系统。数据库管理系统主要功能是维护数据库系统的正常活动,接受并响应用户对数据库的一切访问要求,包括建立及删除数据库文件,检索、统计、修改和组织数据库中的数据以及为用户提供对数据库的维护手段等。通过使用数据库管理系统,用户可以逻辑地、抽象地处理数据,而不必关心这些数据在计算机中的存放方式以及计算机处理数据的过程细节,把一切处理数据的具体而繁杂的工作交给数据库管理系统去完成。因此,在信息素养已经成为现代人的基本素质之一的信息社会里,学习并掌握一种数据库管理系统不但重要,而且必要。

数据库管理系统的功能归结起来主要有以下4点。

(1)数据库定义(描述)功能

数据库管理系统提供数据描述语言(DDL)实现对数据库逻辑结构的定义以及数据之间联系的描述。

(2)数据库操纵功能

数据库管理系统提供数据操纵语言(DML)实现对数据库检索、插入、修改、删除等基本操作。DML通常分为两类:一类是嵌入语言,如嵌入C,VC++等高级语言中,这类DML一般不能独立使用,称为宿主型语言;另一类是交互命令语言,它语法简单,可独立使用,称为自含型语言。目前,数据库管理系统广泛采用的就是可独立使用的自含型语言,为用户和应用程序员提供操纵使用数据库的语言工具。本书介绍的Visual FoxPro 6.0提供的是自含型语言。

(3)数据库管理功能

数据库管理系统提供了对数据库的建立、更新、结构维护以及恢复等管理功能。它是数据库管理系统运行的核心部分,所有数据库的操作都要在其统一管理下进行,以保证操作的正确执行,保证数据库的正确有效。

(4)通信功能

数据库管理系统提供数据库与操作系统的联机处理接口以及用户与数据库的接口。作为用户与数据库的接口，用户可以通过交互式和应用程序方式使用数据库。交互式直接明了，使用简单，通常借助 DML 对数据库中的数据进行操作；应用程序方式则是用户或应用程序员通过文本编辑器编写应用程序，实现对数据库中数据的各种操作。

4）数据库系统

数据库系统是指在计算机系统中引入数据库后构成的系统。

数据库系统一般由 4 部分组成：数据库、数据库管理系统、计算机系统和人（数据库管理人员、用户）。

数据库系统的特点主要有以下 5 个方面：

（1）数据共享

数据共享是数据库系统的目的，也是它的重要特点。数据共享是指多个用户可以同时存取数据而不相互影响，它包含 3 个方面的含义：所有用户可以同时存取数据；数据库不仅可以为当前用户服务，也可以为将来的新用户服务；可以使用多种语言完成与数据库的接口。

（2）数据的独立性

数据独立是指数据与应用程序之间彼此独立，不存在相互依赖的关系。应用程序不必随数据存储结构的改变而改变，这是数据库的一个最基本的优点。

（3）可控冗余度

数据冗余就是数据重复，数据冗余既浪费存储空间，又容易产生数据的不一致。在数据库系统中，由于数据集中使用，从理论上说可以消除冗余，但实际上出于提高检索速度等方面的考虑，常常允许部分冗余存在。这种冗余是可以由设计者控制的，故称为“可控冗余”。

（4）数据的一致性

数据的一致性是指数据的不矛盾性。比如，在上述员工培训管理系统中，某员工的职称信息在员工基本信息中为“讲师”，而在员工培训需求信息中为“助讲”，这就称为数据不一致。如果数据有冗余，就容易引起数据的不一致。由于数据库能减少数据的冗余，同时提供对数据的各种检查和控制，保证在更新数据时能同时更新所有副本，维护了数据的一致性。

（5）数据的安全性与完整性

数据库中加入了安全保密机制，可以防止对数据的非法存取。由于实行集中控制，有利于控制数据的完整性。数据库系统采取了并发访问控制，保证了数据的正确性。

5）数据库系统的网络结构

（1）大型数据库

大型数据库是由一台性能很强的计算机（称为主机或者数据库服务器）负责处理庞大的数据，用户通过终端机与大型主机相连，以存取数据。

(2)本地小型数据库

在用户较少、数据量不大的情况下,可使用本地小型数据库。小型数据库一般是由个人建立的个人数据库。常用的个人数据库有 Access 和 FoxPro 等。

(3)分布式数据库

分布式数据库是为了解决大型数据库反应缓慢的问题而提出的,它是由多台数据库服务器组成。数据可来自不同的服务器。

(4)客户机/服务器数据库

在客户机/服务器数据库的网络结构中,数据库的处理可分为两个系统,即客户机(Client)和数据库服务器(Database Server),前者运行数据库应用程序,后者运行全部或者部分数据库管理系统。在客户机上的数据库应用程序将请求通过网络发送给数据库服务器,数据库服务器对此请求进行搜索,并将用户所需的数据返回到客户机。

6)数据模型

数据库中的数据是按照一定的逻辑结构存放的,这种结构是用数据模型来表示的。任何一种数据库管理系统都是基于某种数据模型的,目前比较普遍使用的数据模型有 3 种,即层次模型、网状模型和关系模型。

(1)层次模型(Hierarchical Model)

层次模型犹如一棵倒置的大树,因此称为树形结构,用树形结构来表示数据以及数据之间的联系,数据对象之间是一种依次的一对一或一对多的联系,如图 1.2 所示。

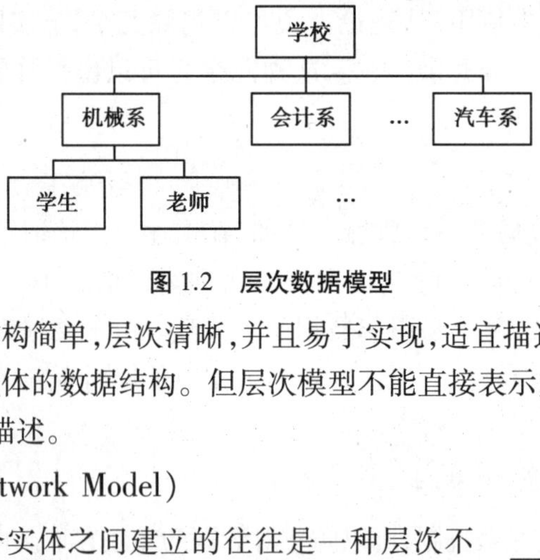

图 1.2　层次数据模型

层次结构的优点:结构简单,层次清晰,并且易于实现,适宜描述类似于目录结构、行政编制、家族关系等信息载体的数据结构。但层次模型不能直接表示多对多的联系,因而难以实现对复杂数据关系的描述。

(2)网状模型(Network Model)

在网状模型中,各个实体之间建立的往往是一种层次不清的一对一、一对多或多对多的联系,用来表示数据之间复杂的逻辑关系。网状模型使用网状结构表示数据以及数据之间的联系。

网状模型的主要优点:表示数据之间的多对多联系时具有很大的灵活性,如图 1.3 所示。

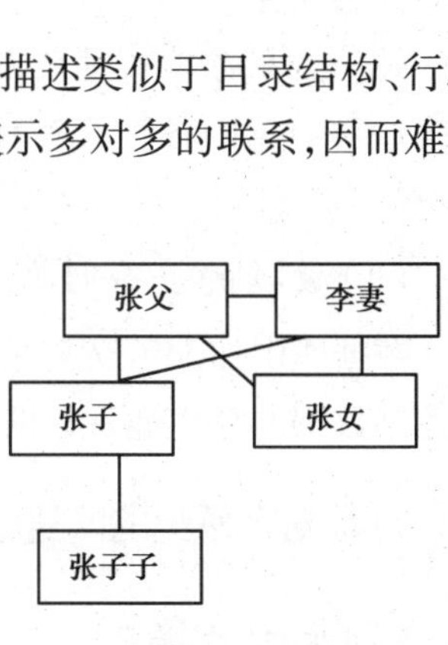

图 1.3　网状数据模型

(3)关系模型(Relational Model)

关系模型是一种理论最成熟、应用最广泛的数据模型。在关系模型中,数据存放在一种称为二维表格的逻辑单元中,整个数据库又是由若干个相互关联的二维表组成的。即用若干行和若干列构成的表格来描述数据集合以及它们之间的联系,如图 1.4 所示。

	学号	姓名	性别	出生日期	家庭住址	班级
1	20120102	李乐	0	1992-06-08 00:00:00	大庆市卧里屯	2012级计算机应用
2	20120203	赵小明	0	1905-06-13 00:00:00	绥化市	2012级计算机物联网
3	20120305	陈玲玲	1	1995-02-08 00:00:00	富裕县繁荣乡	2012级计算机网络
4	20120306	王晨瑞	0	1994-06-08 00:00:00	哈尔滨市南岗区	2012级计算机网络
5	20120308	王德凯	0	1994-08-09 00:00:00	伊春市	2012级计算机网络

图 1.4 关系数据模型

对于一个符合关系模型的二维表格,通常将表格中的每一行称为一条记录,而将每一列数据称为字段。一张二维表格若能构成一个关系模型的数据集合,通常具备以下条件:

①表中没有组合的列,也就是说每一列都是不可再分的。

②表中不允许有重复的字段。

③表中每一列数据的类型必须相同。

④在含有主关键字或唯一关键字字段的表中,不应该有内容完全相同的记录。

⑤在表中,行或列的顺序不影响表中各数据项之间的关系。

关系模型与层次模型、网状模型的主要区别在于:它描述数据的一致性,把每一数据子集都分别按照同一方法描述为一个关系,并让子集之间彼此独立,且不影响后续记录和字段的改变。在使用时,通过选择、筛选、投影等方法可以使数据之间或子集之间按照某种关系进行操作。因此关系数据库具有数据管理功能,数据表示能力较强,易于理解,使用更为方便。

7)数据库管理系统功能

数据库管理系统的主要功能包括以下 4 个方面:

(1)数据库定义功能

DBMS 提供了数据定义语言(Data Definition Language,DDL),用户通过它可以方便地对数据库中的数据对象进行定义。

(2)数据操纵功能

DBMS 还提供了数据操纵语言(Data Manipulation Language,DML),用户可以使用 DML 数据操纵语言实现对数据库的基本操作,如查询、插入、删除和修改等。

(3)数据库的控制和管理功能

数据库在建立、运用和维护时由数据库管理系统统一管理、统一控制,以保证数据的安全性、完整性、多用户对数据的并发使用及发生故障后的系统恢复。

(4)数据字典

数据库管理系统通常提供数据字典功能,以便对数据库中数据的各种描述进行集中管理。数据字典中存放了系统中所有数据的定义和设置信息,如字段的属性、记录间的规则等。

任务 2　关系数据库

1.2.1　情境设置

小张了解了数据库的发展概况并掌握了数据库的基本功能，于是选择了关系数据库作为日后学习和使用的方向。

1.2.2　知识链接

1）关系数据库

所谓关系数据库是指以关系数据模型为基础的数据库系统。

在关系理论中，有以下几个常见的关系术语：

①字段。它是关系数据库文件中最基本的、不可分割的数据单位。它用来描述某个对象的属性（在现实世界中，一个事物常常取若干特性来描述，这些特性成为属性），相当于二维表中的一列。

②记录。记录是描述某一个体的数据集合，它由若干个字段组成，相当于二维表中的一行。

③域。就是每个属性的取值范围，每个属性的取值范围对应一个值的集合，成为该属性的域（Domain）。

④关键字。在一个关系中有一个或多个字段的组合，其值能唯一辨别表格里的记录，便称为关键字。主关键字是用来唯一标识关系中记录的字段或字段组合；外部关键字是用于连接另一个关系，并且在另一个关系中为主关键字的字段。

⑤关系。一个关系就是一张二维表，每一列是一个相同属性的数据项，称为字段；每一行是一组属性的信息集合，称为记录。每个关系都有一个关系名，在 SQL Server 中关系称为表。

2）关系的特点

在关系模型中，每一个关系都必须满足一定的条件，即关系必须规范化，一个规范化的关系必须具备以下几个特点：

①关系中的每个属性必须是不可分割的数据单元（即表中不能再包含表）。

②关系中的每一列元素必须是类型相同的数据。

③同一个关系中不能有相同的字段（属性），也不能有相同的记录。

④关系的行、列次序可以任意交换，不影响其信息内容。

3)关系的运算

把数据存入数据库是为了方便地使用这些数据。关系数据库管理系统为了便于用户使用,向用户提供了可以直接对数据库进行操作的查询语句。这种查询语句可以通过对关系(即二维表)的一系列运算来实现。

关系数据库系统至少应当支持3种关系运算,即选择、投影和连接。

(1)选择

选择是根据某些条件对关系作水平分割,即选择符合条件的记录,它是从行的角度对关系进行运算。

(2)投影

投影是从二维表中选出所需要的列,对关系进行垂直分割,消去某些列,并重新安排列的顺序,再删去重复元组。它是从列的角度对关系进行运算。

(3)连接

连接是同时涉及两个二维表的运算,它是将两个关系在给定的属性上满足给定条件的记录连接起来而得到的一个新的关系。

4)关系的完整性

数据完整性是指数据库中的数据在逻辑上的一致性和准确性。凡是数据都要遵守一定的约束,最简单的一个例子就是数据类型,如定义成整型的数据就不能是浮点数。由于数据库中的数据是持久和共享的,因此对于使用这些数据的单位来说,数据的正确与否显得非常重要。在关系数据库系统中,比较重要的完整性有实体完整性、域完整性、参照完整性和用户自定义的完整性等。

为了保证数据库的一致性和完整性,设计人员往往会设计过多的表间关联(Relation),尽可能地降低数据的冗余。表间关联是一种强制性措施,建立后,对父表(Parent Table)和子表(Child Table)的插入、更新、删除操作均要占用系统的开销。另外,最好不要用Identify属性字段作为主键与子表关联。如果数据冗余低,数据的完整性容易得到保证,但增加了表间连接查询的操作,为了提高系统的响应时间,合理的数据冗余也是必要的。使用规则(Rule)和约束(Check)来防止系统操作人员误输入造成数据的错误是设计人员的另一种常用手段。但是,不必要的规则和约束也会占用系统的不必要开销,需要注意的是,约束对数据的有效性验证要比规则快。所有这些,设计人员在设计阶段应根据系统操作的类型、频度加以均衡考虑。关系模型的完整性规则是对关系的某种约束条件。关系模型中可以有4类完整性约束,分别是实体完整性、域完整性、参照完整性和用户定义的完整性。

(1)实体完整性

一个基本关系通常对应现实世界的一个实体集。实体完整性又称行完整性,是指将行定义为特定表的唯一实体。要求表中有一个主键,并且其值不能为空且不允许有重复的值与之对应。实体完整性(通过索引、UNIQUE约束、PRIMARY KEY约束或IDENTITY属性来实现)强制表的标识符列或主键的完整性。

(2)域完整性

域完整性又称列完整性,是指给定列的输入有效性。强制域有效性的方法有:限制类型(通过数据类型)、格式(通过 CHECK 约束和规则)或可能值的范围(通过 FOREIGN KEY 约束、CHECK 约束、DEFAULT 定义、NOT NULL 定义和规则来实现)。

(3)参照完整性

参照完整性又称引用完整性,是指主表中的数据与从表中的数据的一致性。在输入或删除其中一个表的记录时,另一个表对应的约束应满足,即参照完整性保持表之间已定义的关系。在 SQL Server 中,参照完整性基于外键与主键之间或外键与唯一键之间的关系(通过 FOREIGN KEY 和 CHECK 约束)。参照完整性确保键值在所有表中一致。这样的一致性要求不能引用不存在的值,如果键值更改了,那么在整个数据库中,对该键值的所有引用要进行一致的更改。

(4)用户定义的完整性

实体完整性和参照性适用于任何关系数据库系统。除此之外,不同的关系数据库系统根据其应用环境的不同,往往还需要一些特殊的约束条件,用户定义的完整性就是针对某一具体关系数据库的约束条件,它反映某一具体应用所涉及的数据必须满足的语义要求。关系模型应提供定义和检验这类完整性的机制,以便用统一的系统方法处理它们,而不应由应用程序承担这一功能。

5)关系模型的规范化

关系模型的范式有第一范式、第二范式、第三范式和 BCNF 范式等多种。

(1)第一范式

第一范式(First Normal Form,1NF)是其他范式的基础,是最基本的范式。它包括下列原则:

①数据组的每个属性只可以包含一个值。

②关系中的每个数组必须包含相同数量的值。

③关系中的每个数组一定不能相同。

如果关系模式 R 中的所有属性值都是不可再分解的原子值,那么就称此关系 R 是第一范式的关系模式。

(2)第二范式

第二范式(Second Normal Form, 2NF)规定关系必须在第一范式中,并且关系中的所有属性依赖于整个候选键。候选键是一个或多个唯一标识每个数据组的属性集合。

(3)第三范式

第三范式(Third Normal Form, 3NF)同第二范式一样依赖于关系的候选键。为了遵循第三范式的指导原则,关系必须在 2NF 中,非键属性相互之间必须无关,并且必须依赖于键。

(4)修正的第三范式

BCNF(Boyce-Codd Normal Form)范式是由 Boyce 和 Codd 于 1974 年提出的,在第三范式的基础上又发展的。如果一个关系模型中的所有属性(包括主属性和非主属性)都不传递依赖于任何候选关键字,则就满足 BCNF 范式。

6)联系

实体之间是通过关联进行联系的,有一对一、一对多和多对多的关系。

(1)一对一

一对一关联(即 1∶1)表示某种实体实例仅仅和另一类型的实体实例相关联。比如一个班级只有一名班长,那么班级和班长之间就是一对一的关联关系,如图 1.5 所示。

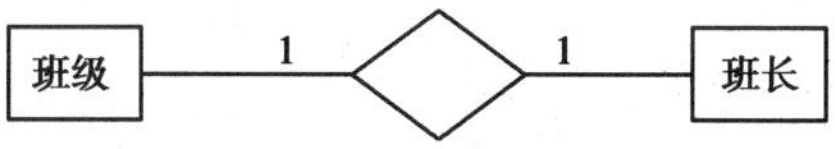

图 1.5 班级和班长之间的一对一关系

(2)一对多

一对多关联(即 1∶N)表示一个实体实例可以和多个其他类型的实体实例相关联。比如一个班级和班级里的学生之间就存在着这种关联关系,即班级和学生之间就是一对多的关联关系,如图 1.6 所示。

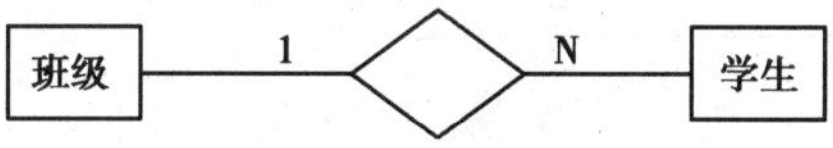

图 1.6 一个班级和班级里的学生之间的关系

(3)多对多

多对多关联(即 N∶M)表示多个实体实例可以和多个其他类型的实体实例之间的关联关系。比如还是学生和课程之间的关联关系,一个学生可以选择多门课程,而一门课程又可以被多个学生所选,那么学生和课程之间就存在着多对多的关联关系,如图 1.7 所示。

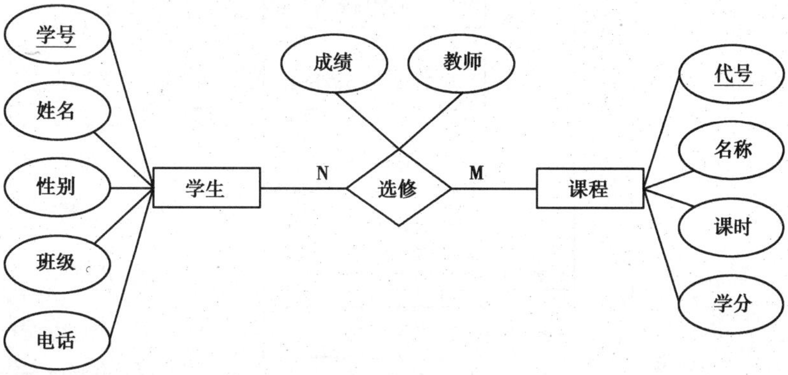

图 1.7 多对多的关系

任务3　数据库系统设计

1.3.1　情境设置

小张熟悉了关系数据库的相关概念，现在开始着手数据库系统设计，了解和学习数据库设计的基本原理。

1.3.2　知识链接

数据库系统设计是指针对具体的实际应用，设计合理规范的数据库概念结构，进而设计出优化的数据库逻辑结构和物理结构，并在此基础上设计并实现具有完整性约束、并发控制和数据恢复等控制机制的、高性能的、运行安全稳定的数据库应用系统，使之能够有效地管理数据，满足各种用户的应用需求。

数据库设计的基本步骤如图1.8所示。

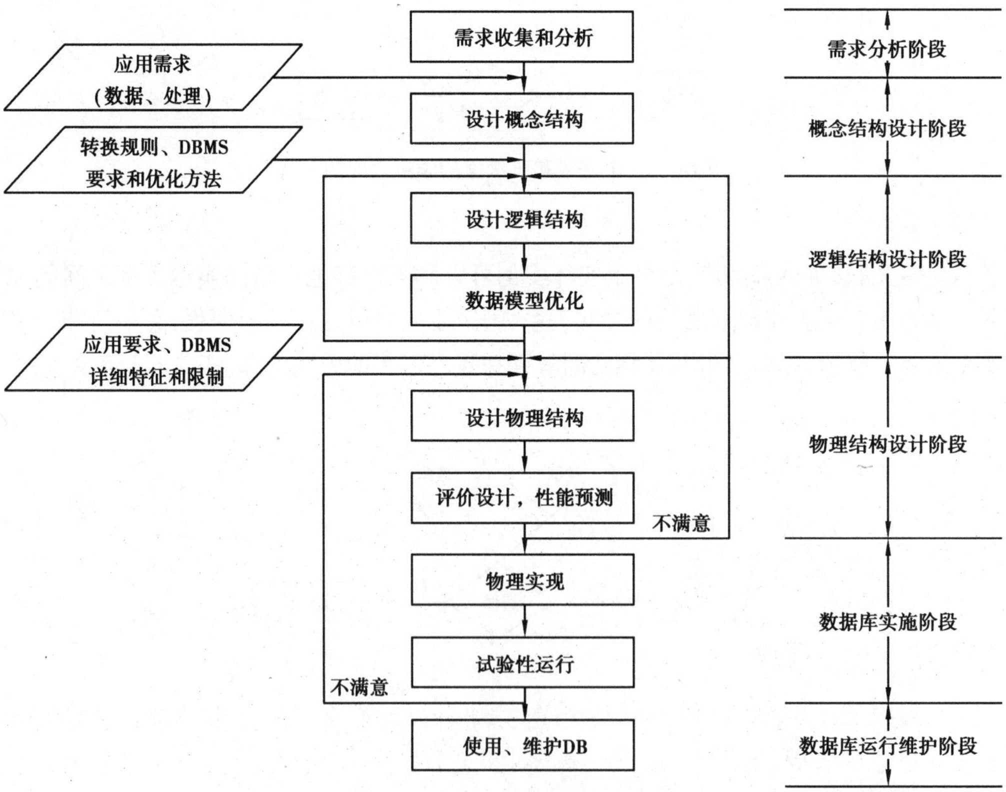

图1.8　数据库设计步骤

步骤 1:需求分析。

需求分析的任务是准确了解并分析用户对系统的需要和要求,弄清系统要达到的目标和实现的功能。

步骤 2:概念结构设计。

概念结构设计的任务是对用户需求进行综合、归纳和抽象,形成一个独立于具体计算机和数据库管理系统的概念模型。

步骤 3:逻辑结构设计。

逻辑结构设计的任务是将概念结构转换为某个数据库管理系统所支持的数据模型,并将其性能进行优化。

步骤 4:物理结构设计。

物理结构设计的任务是为逻辑数据模型选取一个最适合应用环境的物理结构,包括数据存储结构和存取方法。

步骤 5:建立数据库、测试。

根据数据库的逻辑设计和物理设计的结果建立数据库、编制与调试应用程序、组织数据入库并进行系统试运行。

步骤 6:运行、维护。

测试正常后投入正式运行。在运行过程中,必须不断地对其结构性能进行评价、调整和修改。

任务 4　SQL Server 2012 数据库简介

1.4.1　情境设置

小张学习了关系数据库的基本概念,并熟悉了规范数据库的多个范式,根据日后做的数据库的要求画出了多个实体关系图,就目前的数据库软件的特点,决定选择 SQL Server 作为开发使用数据库的平台。

1.4.2　知识链接

1)SQL Server 简介

SQL Server 作为微软在 Windows 系列平台上开发的数据库,一经推出就以其易用性得到了很多用户的青睐,区别于 FoxPro,Access 小型数据库,SQL Server 是一个功能完备的数据库管理系统。它包括支持开发的引擎、标准的 SQL 语言、扩展的特性(如复制、OLAP、分析)等功能。而针对存储过程、触发器等特性,也是大型数据库才拥有的。而当前 SQL Server 的发展版本也由 SQL Server 2000,SQL Server 2005,SQL Server 2008 发展到 SQL

Server 2012 等，SQL Server 2012 作为云信息平台中的关键组件，可以帮助企业释放突破性的业务洞察力，能够快速地构建相应的解决方案来实现本地和公有云之间的数据扩展。

SQL Server 2012 提供了一个云计算信息平台，该平台可帮助企业对整个组织有突破性的深入了解，并且能够快速在内部和公共云端重新部署方案和扩展数据。同时 SQL Server 2012 将支持 32 位或者 64 位的操作系统，主要操作系统包括 Windows 7，Windows Server 2008 R2，Windows Server 2008 SP2，Windows Vista SP2 等。微软为 SQL Server 2012 RTM 提供了包括简体中文、繁体中文、俄语、德语、意大利语、日语、法语、英语、葡萄牙语、西班牙语、韩语 11 种语言包。

(1) SQL Server 发展史

SQL Server 是 Microsoft 公司的一个关系数据库管理系统，但说起它的历史，却得从 Sybase 开始。SQL Server 从 20 世纪 80 年代后期开始开发，最早起源于 1987 年的 Sybase SQL Server。SQL Server 最初是由 Microsoft，Sybase 和 Ashton-Tate 3 家公司共同开发的，1988 年，Microsoft 公司、Sybase 公司和 Aston-Tate 公司把该产品移植到 OS/2 上。后来 Aston-Tate 公司退出了该产品的开发，而 Microsoft 公司、Sybase 公司则签署了一项共同开发协议，共同开发出用于 Windows NT 操作系统的 SQL Server，1992 年，将 SQL Server 移植到了 Windows NT 平台上。

在 SQL Server 4 版本发行以后，Microsoft 公司和 Sybase 公司在 SQL Server 的开发方面取消了合同，各自开发自己的 SQL Server。Microsoft 公司专注于 Windows NT 平台上的 SQL Server 开发，而 Sybase 公司则致力于 UNIX 平台上的 SQL Server 开发。SQL Server 6.0 版是第一个完全由 Microsoft 公司开发的版本。1996 年，Microsoft 公司推出了 SQL Server 6.5 版本，接着在 1998 年又推出了具有巨大变化的 7.0 版，这一版本在数据存储和数据库引擎方面发生了根本性的变化。又经过两年的努力开发，Microsoft 公司于 2000 年 9 月发布了 SQL Server 2000，其中包括企业版、标准版、开发版、个人版 4 个版本。从 SQL Server 7.0 到 SQL Server 2000 的变化是渐进的，没有从 6.5 到 7.0 变化那么大，只是在 SQL Server 7.0 的基础上进行了升级。2008 年，SQL Server 2008 于第三季度正式发布，SQL Server 2008 是一个重大的产品版本，它推出了许多新的特性和关键的改进。2012 年 SQL Server 2012 问世，是较强大和全面的 SQL Server 版本。

(2) SQL Server 2012 新特性

①增加了 Sequence 对象。这个对于 Oracle 用户来说是最熟悉不过的数据库对象了，现在在 SQL Server 2012 中终于也看到了类似的对象，只是在使用的语法上有些变化。创建语句的命令是 CREATE SEQUENCE。

②自定义服务器权限。以往版本的 DBA 数据库管理员可以创建数据库的权限，但不能创建服务器的权限。例如，DBA 想要一个开发组拥有某台服务器上所有数据库的读写权限，必须手动地完成这个操作，但是 SQL Server 2012 就支持针对服务器的权限设置。

③新的分页查询语法。在 SQL Server 中分页功能最早是用 Top 或者临时表，SQL Server 2012 可以在 ORDER BY 子句后跟 OFFSET 和 FETCH 来分页。

④增强的审计功能。现在所有的 SQL Server 版本都支持审计。用户可以自定义审计规

则，记录一些自定义的时间和日志。

⑤增加一些新的系统函数。增加一个三目运算符 IIF 函数，这个函数判断第一个参数的表达式是否为真，真则返回第二个参数，假则返回第三个参数。有了这个函数很多时候可以不用再使用复杂的 CASE WHEN 多次条件判断了。

⑥不用判断类型和 NULL 的字符串连接 CONCAT 函数。以往 SQL Server 对字符串的连接可以直接使用"+"号，但是需要注意两个问题：一是类型必须都是字符串类型，如果有数字类型那么会报语法错误，因此必须利于函数把数字类型转换为字符串类型；二是如果其中的某个值为"NULL"，那么整个连接的结果就是一个"NULL"字符串，所以还需要判断是否为"NULL"，因此本来只是一个连接字符串的查询就会写得很复杂。现在 SQL Server 2012 中新增加了 CONCAT 函数，使用 CONCAT 函数直接忽略其中的类型，忽略对 NULL 的检查，直接连接成一个非空的字符串即可实现内容的连接。

⑦增强的分区功能。目前 SQL Server 2012 可将表格中的分区扩展到 15 000 个，从而能够支持规模不断扩大的数据库，有助于实现大型滑动窗口的应用场景，这对于需要根据数据仓库的需求进行数据切换的大文件组而言，能够使其针对大量数据所进行的维护工作得到一定程度的优化。

⑧增强的各种日期时间函数。除了 EOMONTH 函数是返回给定日期的最后一天外，其他的新函数，都是把年、月、日作为参数传进去，返回指定数据类型的对象，相当于 CONVERT 函数的变形，将在后续章节中进行详细介绍。

⑨全面改进全文搜索功能。SQL Server 2012 中的全文搜索功能(FTS)拥有显著提高的查询执行机制及并发索引更新机制，从而提升 SQL Server 的性能，同时也使其可伸缩性得到极大的增强。全文检索功能可以实现基于数学的搜索，而不是开发者在数据库中分别对文件的各个属性(如姓名、性别)进行维护。经过改进的 NEAR 运算符还允许对两个属性之间的距离及关键字的顺序进行规定，还可以对断字进行设置，并可以识别多种语言。

⑩超快的性能。通过在数据库引擎中引入列存储技术，SQL Server 2012 将成为第一个能够真正实现列存储的万能主流数据库系统。列存储索引将在 SQL Server 分析服务(SSAS，PowerPivot 的重要基础)中开发的 VertiPaq 技术和一种称作批处理的新型查询执行范例结合起来，为常见的数据仓库查询提速。

2)SQL Server 2012 版本介绍

(1)SQL Server 2012 版本

微软发布的 SQL Server 2012 包括了三大主要版本，分别是企业版、标准版以及新增的商业智能版。其中，SQL Server 2012 企业版是全功能版本，而其他两个版本则分别面向工作组和中小企业，所支持的机器规模和扩展数据库功能也都不一样。

同时，微软表示，SQL Server 2012 在发布时还包括 Web 版、开发者版本以及精简版等 3 个版本。重新划分版本后，在 SQL Server 2012 中微软取消了当前 SQL Server 包括的 3 个版本数据中心、Workgroup 和 Standard for Small Business。SQL Server 2012 企业版将包含数据中心版，而标准版将取代 Workgroup 版，标准版将取代 Standard for Small Business 版。

以下简要列举企业版、标准版以及新增的商业智能版的版本,如表 1.2 所示。

表 1.2　SQL Server 版本介绍

SQL Server 版本	说　明
SQL Server Enterprise(企业版)(64 位和 32 位)	作为高级版本,SQL Server 2012 Enterprise 提供了全面的高端数据中心功能,性能极为快捷,虚拟化不受限制,还具有端到端的商业智能——可为关键任务工作负荷提供较高服务级别,支持最终用户访问深层数据
SQL Server Standard(标准版)(64 位和 32 位)	该版提供了基本数据管理和商业智能数据库,使部门和小型组织能够顺利运行其应用程序并支持将常用开发工具用于内部部署和云部署——有助于以最少的 IT 资源获得高效的数据库管理
SQL Server Business Intelligence(商业智能版)(64 位和 32 位)	该版提供了综合性平台,可支持组织构建和部署安全、可扩展且易于管理的 BI 解决方案。它提供基于浏览器的数据浏览与可见性等卓越功能、功能强大的数据集成功能,以及增强的集成管理

(2)SQL Server 各个服务器组件

使用 SQL Server 安装向导的"功能选择"页面选择安装 SQL Server 时要安装的组件。默认情况下未选中组件中的任何功能,如表 1.3 所示。可根据表中给出的信息确定最能满足需要的功能集合。

表 1.3　SQL Server 服务器组件

服务器组件	说　明
SQL Server 数据库引擎	SQL Server 数据库引擎包括数据库引擎(用于存储、处理和保护数据的核心服务)、复制、全文搜索、用于管理关系数据和 XML 数据的工具以及 Data Quality Services(DQS)服务器
Analysis Services	Analysis Services 包括用于创建和管理联机分析处理(OLAP)以及数据挖掘应用程序的工具
Reporting Services	Reporting Services 包括用于创建、管理和部署表格报表、矩阵报表、图形报表以及自由格式报表的服务器和客户端组件。Reporting Services 还是一个可用于开发报表应用程序的可扩展平台
Integration Services	Integration Services 是一组图形工具和可编程对象,用于移动、复制和转换数据。它还包括 Integration Services 的 Data Quality Services(DQS)组件
Master Data Services	Master Data Services(MDS)是针对主数据管理的 SQL Server 解决方案。可以配置 MDS 来管理任何领域(产品、客户、账户);MDS 中可包括层次结构、各种级别的安全性、事务、数据版本控制和业务规则,以及可用于管理数据,用于 Excel 的外接程序

(3)SQL Server 管理工具

安装 SQL Server Enterprise 后对应的各个管理工具及其功能如表 1.4 所示。

表 1.4 SQL Server 管理工具

管理工具	说 明
SQL Server Management Studio	SQL Server Management Studio 是用于访问、配置、管理和开发 SQL Server 组件的集成环境。Management Studio 使各种技术水平的开发人员和管理员都能使用 SQL Server。Management Studio 的安装需要 Internet Explorer 6 SP1 或更高版本
SQL Server 配置管理器	SQL Server 配置管理器为 SQL Server 服务、服务器协议、客户端协议和客户端别名提供基本配置管理
SQL Server Profiler	SQL Server Profiler 提供了一个图形用户界面,用于监视数据库引擎实例或 Analysis Services 实例
数据库引擎优化顾问	数据库引擎优化顾问可以协助创建索引、索引视图和分区的最佳组合
数据质量客户端	提供了一个非常简单和直观的图形用户界面,用于连接 DQS 数据库并执行数据清理操作。它还允许集中监视在数据清理操作过程中执行的各项活动。数据质量客户端的安装需要 Internet Explorer 6 SP1 或更高版本
SQL Server 数据工具	SQL Server 数据工具(SSDT)提供 IDE 以便为以下商业智能组件生成解决方案:Analysis Services,Reporting Services 和 Integration Services SSDT 还包含"数据库项目",为数据库开发人员提供集成环境,以便在 Visual Studio 内为任何 SQL Server 平台(无论是内部还是外部)执行其所有数据库设计工作。数据库开发人员可以使用 Visual Studio 中功能增强的服务器资源管理器,轻松创建或编辑数据库对象和数据或执行查询 SQL Server 数据工具安装需要 Internet Explorer 6 SP1 或更高版本
连接组件	安装用于客户端和服务器之间通信的组件,以及用于 DB-Library, ODBC 和 OLE DB 的网络库

(4)SQL Server 2012 安装环境要求

安装 SQL Server 2012 在计算机的硬盘、内存、处理器以及操作系统方面都有硬性的要求,如表 1.5 所示。

表 1.5 SQL Server 2012 安装环境

组 件	要 求
内存	最小值:Express 版本 512 MB;所有其他版本 1 GB;微软官方建议使用 2GB 或更大的 RAM
处理器速度(最小值)	x86 处理器:1.0 GHz;x64 处理器:1.4 GHz(建议:2.0 GHz 或更快)
处理器类型	x64 处理器:AMD Opteron、AMD Athlon 64、支持 Intel EM64T 的 Intel Xeon、支持 EM64T 的 Intel Pentium Ⅳ x86 处理器:Pentium Ⅲ 兼容处理器或更快

续表

组　件	要　求
硬盘	最低只要求 2.2 GB,建议 6 GB 的可用硬盘空间
显示器	要求有 Super-VGA(800 px×600 px)或更高分辨率的显示器
Internet 软件	Microsoft 管理控制台(MMC)、SQL Server Data Tools(SSDT)、Reporting Services 的报表设计器组件和 HTML 帮助都需要 Internet Explorer 7 或更高版本

3)SQL Server 2012 数据库安装过程

安装 SQL Server 比较直观,安装程序都是图形界面。在 Windows 7 下面安装 SQL Server 2012 步骤如下:

①找到 SQL Server 2012 文件,单击 setup.exe 文件。

②安装向导将运行 SQL Server 安装中心。若要创建新的 SQL Server 安装,请单击左侧导航区域中的"安装",选择右侧的"全新 SQL Server 独立安装或向现有安装添加功能",如图 1.9 所示。

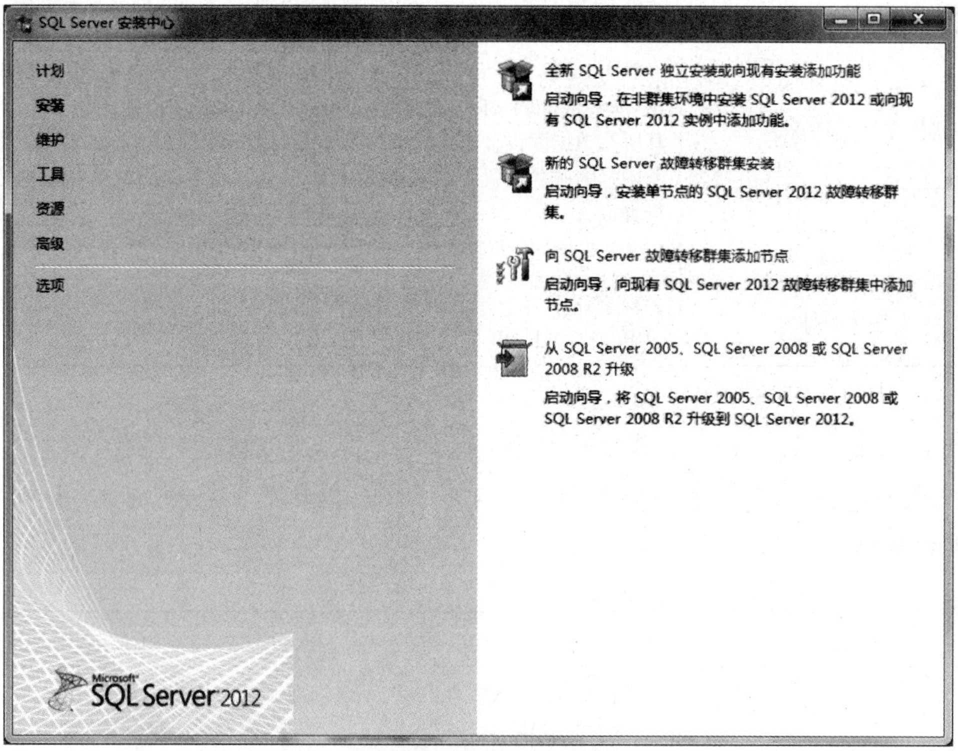

图 1.9　安装步骤一

③首先检查安装程序支持规则,如图 1.10 所示。系统配置检查器将在计算机上运行。若要继续,请单击"确定"。可以通过单击"显示详细信息"在屏幕上查看详情,或通过单击"查看详细报告"从而以 HTML 报告的形式进行查看。

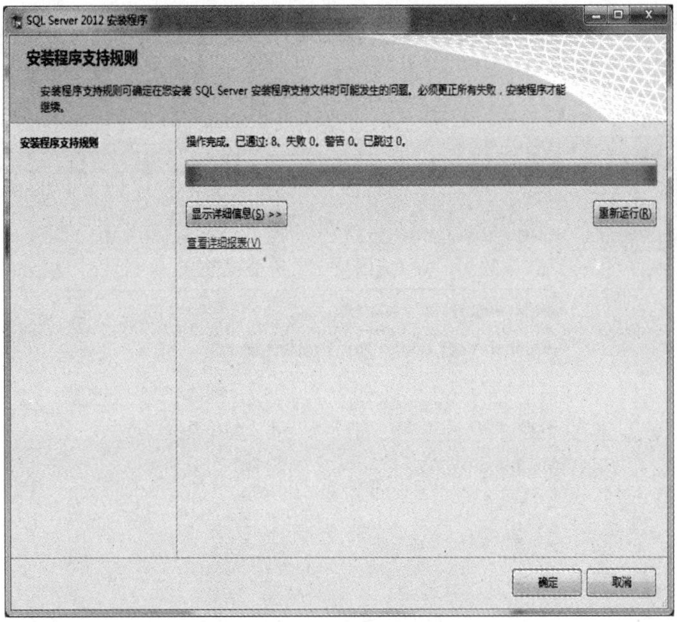

图 1.10　安装程序支持规则

④第一步检查通过以后，单击"确定"按钮，安装程序提示指定安装版本。如果用户购买了正式的版本，则在第 2 个输入产品密钥框中输入产品序列号，安装程序根据序列号判断用户可安装的版本，如图 1.11 所示。

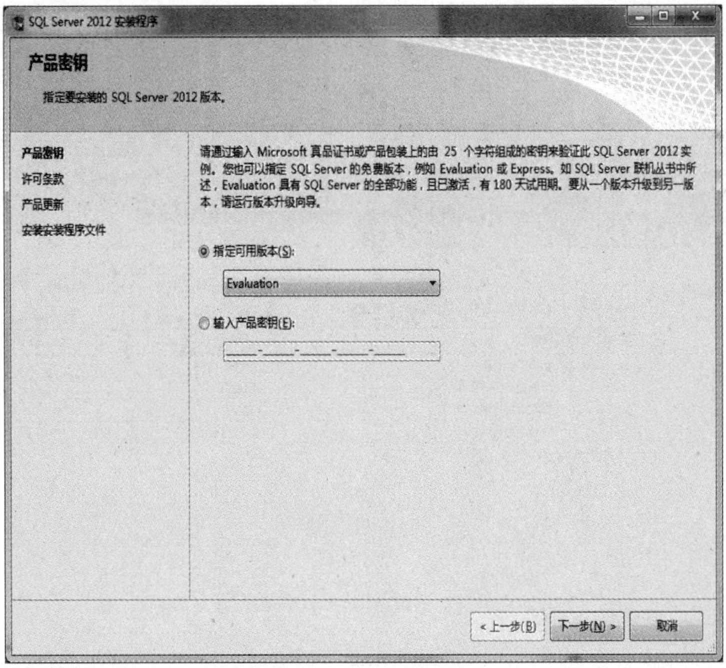

图 1.11　设置产品密钥

⑤选择安装的组件和安装路径，这里单击"全选"按钮选择全部组件，并更改安装目录到硬盘空闲空间较多的逻辑盘下。如果系统盘有足够的空闲空间，也可以使用默认值。同意许可条款，如图 1.12 所示；产品更新继而系统开始安装，安装过程中会提示安装程序文件的

进程，如图 1.13 所示；设置角色，并设置共享的目录，这里选择默认的实例名 MS SQL Server，输入各种服务的用户名和口令，这里为了简单起见，所有服务采用默认的账户名，密码为空，最后安装成功。

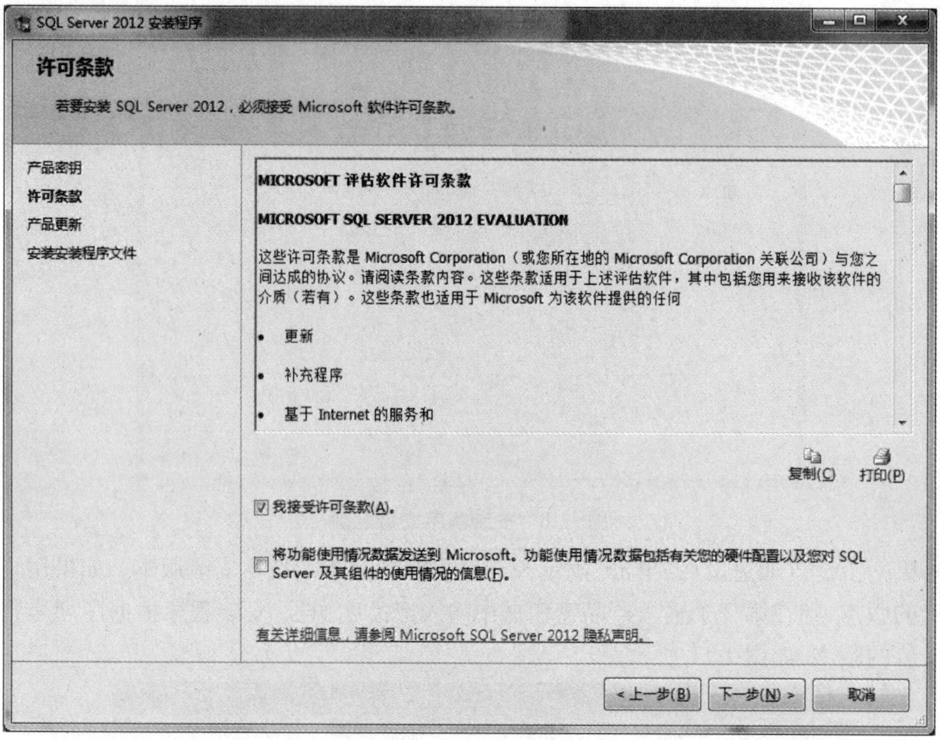

图 1.12 安装的许可条款

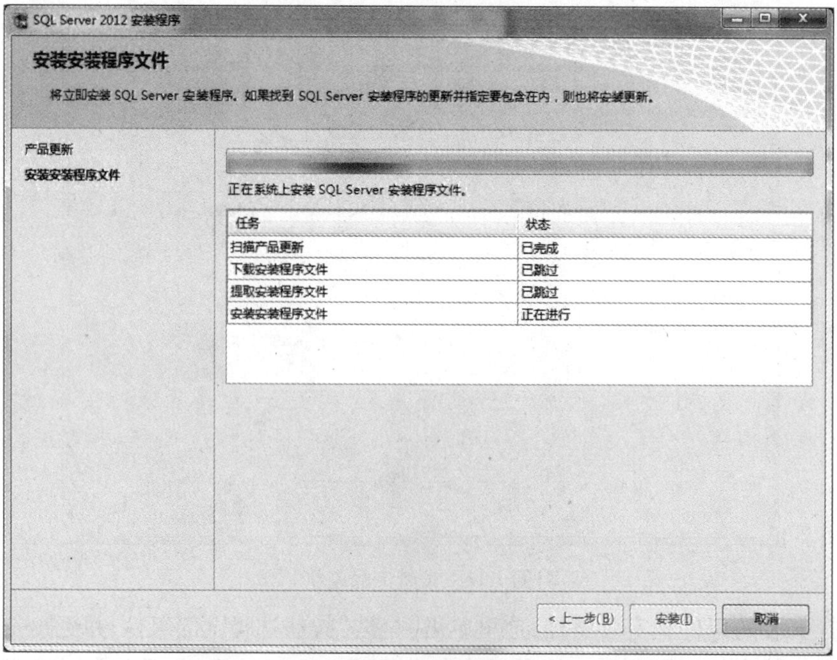

图 1.13 安装程序文件

提示:需要特别注意的是,如果安装 SQL Server 2012 时是基于旧版本的升级,但是,微软此次只支持从 SQL Server 2005,SQL Server 2008 以及 SQL Server 2008 R2 升级到 SQL Server 2012。如果版本正好低于 SQL Server 2005,那么最好先从旧版本升级到 SQL Server 2005,然后再升级到 SQL Server 2012。

任务 5　E-R 设计

1.5.1　情境设置

小张学习了关系数据库的基本概念,并熟悉了规范数据库的多个范式,根据日后做的数据库的要求安装了 SQL Server 2012 数据库软件,现在需要为"学生管理"数据库系统作需求分析和概要设计,因此决定进行 E-R 设计。

1.5.2　知识链接

1)E-R 模型

实体关系图(简称 E-R 图)是指以实体、关系、属性三个基本概念概括数据的基本结构,从而描述静态数据结构的概念模式。E-R 图为实体—联系图,提供了表示实体型、属性和联系的方法,用来描述现实世界的概念模型。E-R 模型最常见的运用是在数据库设计的分析阶段,也就是数据库设计者和数据库用户之间的沟通工具和桥梁。

(1)实体

现实世界中的事物可以抽象地称为实体。实体是概念世界中的基本单位,是客观存在的且又能相互区别的事物。凡是有共性的实体可以组成一个集合,称为实体集。

同一类实体的所有实例就构成该对象的实体集。也就是说,实体集是实体的集合,由该集合中实体的结构形式表示,而实例则是实体集中的某一个特例。

(2)属性

属性用来描述实体的性质,用椭圆形符号表示,并用无向边将其与相应的实体连接起来。事物均有一些特性,这些特性用属性来表示。属性刻画了实体的特征。一个实体往往可以有若干个属性。每个属性可以有值,一个属性的取值范围称为该属性的值域。

(3)联系

联系也称关系,在信息世界中反映实体内部或实体之间的关联。实体内部的联系通常是指组成实体的各属性之间的联系;实体之间的联系通常是指不同实体集之间的联系。用菱形符号表示,菱形框内写明联系名,并用无向边分别与有关实体连接起来,同时在无向边旁标上联系的类型(1∶1,1∶N 或 N∶M)。

2)E-R 图

E-R 图也称实体—联系图(Entity-Relationship Diagram),提供了表示实体类型、属性和联系的方法,用来描述现实世界的概念模型。构成 E-R 图的基本要素是实体、属性和联系,其表示方法为:

(1)实体型(Entity)

用矩形表示,矩形框内写明实体名;如果是弱实体的话,在矩形外面再套实线矩形。

(2)属性(Attribute)

用椭圆形表示,并用无向边将其与相应的实体连接起来;主属性名称下加下划线;如果是多值属性的话,在椭圆形外面再套实线椭圆;如果是派生属性则用虚线椭圆表示。

(3)联系(Relation)

用菱形表示,菱形框内写明联系名,并用无向边分别与有关实体连接起来,同时在无向边旁标上联系的类型(1∶1,1∶N 或 M∶N);如果是弱实体的联系则在菱形外面再套菱形。

①1 对 1 关系在两个实体连线方向写 1。

②1 对多关系在 1 的一方写 1,多的一方写 N。

③多对多关系则是在两个实体连线方向分别写 M,N。

作 E-R 图的步骤如下:

①确定所有的实体集合。

②选择实体集应包含的属性。

③确定实体集之间的联系。

④确定实体集的关键字,用下划线在属性上表明关键字的属性组合。

⑤确定联系的类型,在用线将表示联系的菱形框联系到实体集时,在线旁注明是 1 或 N(多)来表示联系的类型。

例如,用于表示学生和课程之间的多对多联系的 E-R 图如图 1.14 所示。

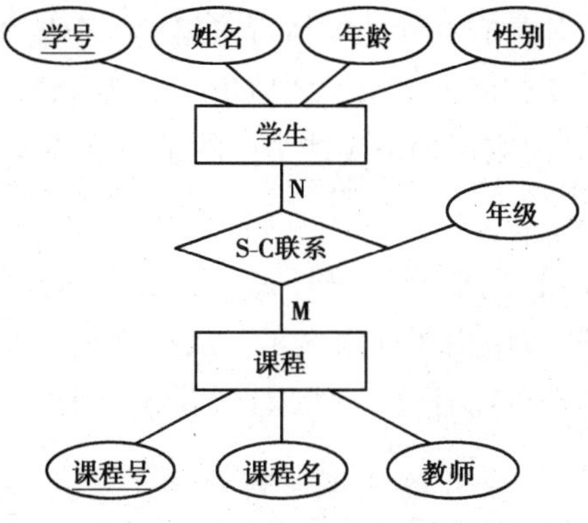

图 1.14　学生与课程 E-R 图

项目小结

本项目介绍了数据库的基本概念,包括数据库技术的发展历史、数据库管理系统、关系数据库的基本概念、基本运算、常见的数据模型、E-R 图、关系模型、数据的完整性等知识,它们有助于读者理解和掌握以后章节中的内容。

通过本章学习,应该掌握以下内容:

①关系数据库的基本概念:记录、字段、属性、关键字、域等。

②关系数据库的基本运算:选择、投影和连接运算。

③常见的数据模型:层次模型、网状模型和关系模型。

④实体关系图 E-R 图的各种符号表示的含义以及绘制各类 E-R 图。

⑤数据完整性:实体完整性、参照完整性、域完整性和用户自定义完整性。

⑥实体间的联系:一对一、一对多和多对多关系。

习　题

一、选择题

1.关系模式 R 中,没有任何属性完全函数依赖于非码的任何一组属性,那么 R 属于(　　)。

A.1NF　　B.2NF　　C.3NF　　D.BCNF

2.数据库应用系统是由数据库、数据库管理系统(及其开发工具)、应用系统(　　)和用户构成。

A.DBMS　　B.DB　　C.DBS　　D.DBA

3.数据库管理系统的英文缩写是(　　)。

A.DBMS　　B.DBS　　C.DBA　　D.DB

4.数据库设计中的逻辑结构设计的任务是把(　　)阶段产生的概念数据库模式变换为逻辑结构的数据库模式。

A.需求分析　　B.物理设计　　C.逻辑结构设计　　D.概念结构设计

5.一个规范化的关系至少应当满足(　　)的要求。

A.第一范式　　B.第二范式　　C.第三范式　　D.第四范式

6.(　　)是被长期存放在计算机内的、有组织的、统一管理的相关数据的集合。

A.DATA　　B.INFORMATION　　C.DB　　D.DBS

7.在下面列出的数据模型中,(　　)是概念数据模型。

A.关系模型　　B.层次模型　　C.网状模型　　D.实体—联系模型

8.下面列出的数据管理技术发展阶段中,哪个(些)阶段的数据不能保存在计算机

中？（　　）

Ⅰ.人工管理阶段　Ⅱ.文件系统阶段　Ⅲ.数据库阶段

A.只有Ⅰ　B.只有Ⅱ　C.Ⅰ和Ⅱ　D.Ⅱ和Ⅲ

9.用二维表结构表示实体以及实体间联系的数据模型称为（　　）。

A.网状模型　B.层次模型　C.关系模型　D.实体—联系模型

10.负责数据库系统的正常运行，承担创建、监控和维护数据库结构责任的是（　　）。

A.应用程序员　B.终端用户

C.数据库管理员　D.数据库管理系统的软件设计员

11.在概念设计中的事物称为（　　）。

A.实体　B.记录　C.对象　D.节点

12.DB 是（　　）。

A.数据库　B.数据库管理系统　C.数据处理系统　D.数据库系统

13.数据库系统的核心是（　　）。

A.编译系统　B.数据库　C.操作系统　D.数据库管理系统

14.数据库（DB）、数据库系统（DBS）和数据库管理系统（DBMS）三者之间的关系是（　　）。

A.DBS 包括 DB 和 DBMS　B.DBMS 包括 DB 和 DBS

C.DB 包括 DBS 和 DBMS　D.DBS 就是 DB，也就是 DBMS

15.SQL Server 2012 是（　　）公司的软件产品。

A.Sybase　B.Microsoft　C.Oracle　D.IBM

16.SQL Server 2012 中，负责启动、暂停和停止 SQL Server 服务的管理工具为（　　）。

A.企业管理器　B.查询分析器　C.事件探查器　D.服务管理器

17.SQL Server 2012 中，用于配置 SQL Server 系统环境，创建和管理所有 SQL Server 对象的管理工具为（　　）。

A.SSMS　B.查询分析器　C.事件探查器　D.服务管理器

18.SQL Server 2012 中，允许输入和执行 Transact-SQL 语句并返回语句的执行结果的管理工具为（　　）。

A.企业管理器　B.查询分析器　C.事件探查器　D.服务管理器

19.SQL Server 2012 中，包含用户登录标识、系统配置信息、初始化等系统级信息的系统数据库为（　　）。

A.Model　B.Msdb　C.Master　D.Tempdb

二、填空题

1.数据管理技术的发展经历了如下 4 个阶段：人工管理阶段、文件系统阶段、________和高级数据库阶段。

2.用二维表结构表示的实体及实体间联系的数据模型称为________。

3.两个实体集之间的联系有 3 种，分别是一对一联系、________联系和多对多联系。

4.如果实体集 E1 中每个实体至多和实体集 E2 中的一个实体有联系，反之亦然，那么实体集 E1 和 E2 的联系称为________联系。

5.数据库系统的三级模式、两级映像结构使数据库系统达到了高度的数据________。

6.SQL Server 2012 中,可供选择的身份验证模式有两种,分别是________和________。

7.在 SQL Server 2012 中,实例有________和________两种。

三、简答题

1.说明 ER 模型的作用。

2.什么是关系模型?关系的完整性包括哪些内容?

3.规范化范式是依据什么来划分的?它与一事一地的原则有什么联系?

4.已知在一个工厂中有多个车间,每一个车间有多名职工,工厂的产品要经过多个车间的多道工序加工。具体来说,一个产品要经过多个工人加工,一位工人要加工多个产品。

问题:(1)工厂与车间之间属于什么联系?

(2)车间与工人之间属于什么联系?

(3)工人与产品之间属于什么联系?

5.ER 模型都用哪些符号,分别表示什么含义?

6.数据完整性有几种类型?各自的实现方法有哪些?

四、概要设计"教师—课程—学生"E-R 图

设有教师、学生、课程等实体,其中:教师实体包括工作证号码、教师名、出生日期、党派等属性;学生实体包括学号、姓名、出生日期、性别等属性;课程实体包括课程号、课程名、预修课号等属性。

要求每个教师教多门课程,一门课程由一个教师教。每一个学生可选多门课程,每一个学生选修一门课程有一个成绩。

分析:

实体:教师、学生、课程。

联系及联系类型:

讲授:教师—课程,一对多。

选修:学生—课程,多对多。

项目 2

T-SQL 语言基础

【项目描述】

本项目主要介绍了 T-SQL 语言的基础，包括什么是 T-SQL、T-SQL 中的常量和变量、运算符和表达式、数据定义语句、数据操纵语句、数据控制语句、流程控制语句以及如何在 T-SQL 中使用通配符和注释。

本项目重点是掌握 T-SQL 语言的语法规则，各种常用运算符；难点是熟练应用各类运算符。包含的任务如表 2.1 所示。

表 2.1　项目 2 包含的任务

名　称	任务名称
项目 2 T-SQL 语言基础	任务 1　T-SQL 语法规则
	任务 2　运算符及优先级
	任务 3　T-SQL 中的常量
	任务 4　T-SQL 中的变量
	任务 5　流程控制语句

任务 1　T-SQL 语法规则

2.1.1　情境设置

小张为了尽快完成领导交给的任务，买了许多参考资料自学，在琳琅满目的参考书中，都出现了一种问题用了多种方法，于是小张决定先来学习 T-SQL 语法规则。

2.1.2 知识链接

1)T-SQL 语法规则

(1)T-SQL 简介

Transact-SQL 语言是 Microsoft 公司开发的一种 SQL 语言,简称 T-SQL 语言。它不仅包含 SQL-86 和 SQL-92 的大多数功能,而且还对 SQL 进行了一系列的扩展,增加了许多新特性,增强了可编程性和灵活性。该语言是一种非过程化语言,功能强大,简单易学,既可以单独执行直接操作数据库,也可以嵌入到其他语言中执行。所有的 T-SQL 命令都可以在查询分析中执行。

在 SQL Server 中,所有与服务器实例的通信,都是通过发送 T-SQL 语言传到服务器实现的。根据这些语言完成的具体功能,可以将 T-SQL 语言分为 5 大类,分别为数据定义语言、数据操作语言、数据控制语言、系统存储过程和一些附加的语言元素。

①数据定义语言(Data Definition Language,DDL)。数据定义语言包含了用来定义和管理数据库以及数据库中各种对象的语句,如对数据库对象的创建、修改和删除语句,这些语句包括 CREATE,ALTER,DROP 等。

②数据操纵语言(Data Manipulation Language,DML)。数据操纵语言包含了用来查询、添加、修改和删除数据库中数据的语句,这些语句包括 SELECT, INSERT, UPDATE, DELETE 等。

③数据控制语言(Data Control Language,DCL)。数据控制语言包含了用来设置或更改数据库用户或角色权限的语句。这些语句包括 GRANT,DENY,REVOKE 等。

④系统存储过程(System Stored Procedure)。系统存储过程是 SQL Server 创建的存储过程,它的目的在于能够方便地从系统表中查询信息,完成与更新数据库表相关的管理任务或其他的系统管理任务。系统存储过程被创建并存放在 Master 数据库中,可以在任意一个数据库中执行,名称以 sp 或 xp 开头。

⑤一些附加的语言元素。为了编程需要,另外还增加了一些语言元素,如变量、注释、函数、流程控制语句等。这些附加的语言元素不是 SQL-92 的标准内容。

(2)T-SQL 的语法约定

表 2.2 中列出了 T-SQL 参考关系图中使用的约定,并进行了含义说明。

表 2.2 T-SQL 的语法规则

约 定	含 义
大写	T-SQL 关键字
斜体	用户提供的 T-SQL 语法的参数
粗体	数据库名、表名、列名、索引名、存储过程名、实用工具、数据库类型名以及必须按所显示的原样输入的文本

续表

约　定	含　义
下划线	指示当语句中省略了带下划线的值的字句时,应用的默认值
|(竖线)	分隔括号或大括号中的语法项,只能使用其中一项
[ ](方括号)	可选语法项
{ }(大括号)	必选语法项
[,…,n]	指示前面的项可以重复 n 次,各项之间以逗号分隔
;	T-SQL 语句终止符。虽然在此版本的 SQL Server 中大部分语句不需要分号,但将来的版本中是需要的
<label>::=	语法块的名称。此约定用于对可在语句中的多个位置使用的过长语法段或语法单元进行分组和标记。可使用语法块的每个位置,由尖括号内的标签指示:<标签>

(3)数据库对象的引用

除非另外指定,否则所有对数据库对象名的 T-SQL 引用都是由 4 部分组成,格式如下:

[服务器名.[数据库名].[所有者名].|数据库名.[所有者名].|[所有者名.]]对象名

提示:

①但是通常引用某个特定对象时,不必总是指定服务器名、数据库和架构供 SQL Server 数据库引擎标识该对象,但是如果找不到对象,系统就会返回错误消息。

②当引用某个特定对象时,如果对象属于当前默认的服务器、数据库或所有者,则可以省略服务器名、数据库名或所有者名,但中间的句点不能省略。

例如以下对象名引用格式有效:

服务器名.数据库名.所有者名.对象名

服务器名.数据库名..对象名

服务器名..所有者名.对象名

服务器名...对象名

数据库名..对象名

所有者名.对象名

对象名

2)标识符

为了提供完善的数据库管理机制,SQL Server 设计了严格的对象命名规则。在创建或引用数据库实例,如表、索引、约束等时,必须遵守 SQL Server 的命名规则,否则可能发生一些难以预测和检测的错误。

(1)标识符分类

SQL Server 的所有对象,包括服务器、数据库及数据对象,如表、视图、列、索引、触发器、存储过程、规则、默认值和约束等都可以有一个标识符。对绝大多数对象来说,标识符是必不可少的,但也有例外,比如对某些对象来说,是否规定标识符是可以选择的。对象的标识符一般在创建对象时定义,作为引用对象的时候使用。

SQL Server 一共定义了两种类型的标识符:规则标识符和界定标识符。

①规则标识符。规则标识符严格遵守标识符有关的规定,因此在 T-SQL 中凡是规则标识符都不必使用界定符,对于不符合标识符格式的标识符要使用界定符"[ ]"或单引号"' '"。

②界定标识符。界定标识符是那些使用了如"[ ]"和"' '"等界定符号来进行位置限定的标识符,使用界定标识符既可以遵守标识符命名规则,也可以不遵守标识符命名规则。

(2)标识符规则

标识符的首字符必须是以下 3 种情况之一:

第一种情况:所有在 Unicode2.0 标准规定的字符,包括 26 个英文字母 a~z 和 A~Z,以及其他一些语言字符,如汉字。例如,可以给一个表命名为"员工基本情况"。

第二种情况:"_""@"或"#"。

第三种情况:0,1,2,3,4,5,6,7,8,9 等数字形式。

标识符不允许是 T-SQL 的保留字,而且 T-SQL 不区分大小写,因此,无论是保留字的大写形式还是小写形式都不允许使用。

标识符内部不允许有空格或特殊字符,某些以特殊符号开头的标识符在 SQL Server 中具有特定的含义。如"@"开头的标识符表示这是一个局部变量或是一个函数的参数;以"#"开头的标识符表示这是一个临时表或存储过程;一个以"##"开头的标识符表示这是一个全局的临时数据库对象。T-SQL 的全局变量以标识符"@@"开头,为避免同这些全局变量混淆,建议不要使用"@@"作为标识符的开始。

无论是界定标识符还是规则标识符都最多只能容纳 128 个字符,对于本地的临时表最多可以有 116 个字符。

3)命名规则

正确掌握数据库的命名和引用方式是用好 SQL Server 数据库管理系统的前提,也便于用户理解 SQL Server 数据库管理系统中的其他内容。

(1)对象命名规则

SQL Server 数据库管理系统中的数据库对象名称由 1~128 个字符组成,不区分大小写。在一个数据库中创建了一个数据库对象后,数据库对象的前面应该由服务器名、数据库名、包含对象的架构名和对象名 4 个部分组成。

(2)实例的命名规则

在 SQL Server 数据库管理系统中,默认实例的名字默认会采用计算机本身原有名称,实例的名字一般由计算机名和实例名两部分组成。

任务 2　运算符及优先级

运算符是一些符号，它们能够用于执行算术运算、字符串连接、赋值以及在字段、常量和变量之间进行计算或者比较。在 SQL Server 2012 中，运算符主要有以下 7 大类：算术运算符、赋值运算符、位运算符、比较运算符、逻辑运算符、字符串运算符和一元运算符。

2.2.1　情境设置

小张进入了学习的冲刺阶段，逐步了解了 T-SQL 的语法规则，现在要学习 T-SQL 的运算符以及各种表达式的应用。

2.2.2　知识链接

1）算术运算符

算术运算符可以在两个表达式间执行数学运算，这两个表达式可以是任何数值数据类型。T-SQL 中的算术运算符如表 2.3 所示。

表 2.3　T-SQL 中的算术运算符

运算符	作　用
+	加法运算
-	减法运算
*	乘法运算
/	除法运算
%	求余运算，返回余数

加法和减法运算符也可以对 datetime 和 smalldatetime 类型的数据执行算术运算，实现两个日期类型的计算。求余运算即返回一个除法运算的整数余数，例如，表达式 14%3 的结果等于 2。

2）赋值运算符

T-SQL 只有一个赋值运算符，即等号（=）。

【例 2.1】　下面的示例定义了@ MyCounter 变量，然后用赋值运算符将@ MyCounter 设置成 1。

```
DECLARE @ MyCounter int
```

SET @ MyCounter = 1　　——在这里用赋值运算符将@ MyCounter 赋值为 1。

3)位运算符

位运算符在两个表达式之间执行位操作,这两个表达式可以为整数数据类型中的任何数据类型。T-SQL 中的位运算符如表 2.4 所示。

表 2.4　T-SQL 中的位运算符

<table>
<tr><th>运算符</th><th>含　义</th></tr>
<tr><td>&</td><td>按位与(两个操作数)</td></tr>
<tr><td>|</td><td>按位或(两个操作数)</td></tr>
<tr><td>^</td><td>按位异或(两个操作数)</td></tr>
<tr><td>~</td><td>返回数字的非</td></tr>
</table>

按位进行与运算、或运算和异或运算的计算规则如表 2.5 所示。

表 2.5　按位进行与运算、或运算和异或运算的计算规则

<table>
<tr><th>位 1</th><th>位 2</th><th>&(与运算)</th><th>|(或运算)</th><th>^(异或运算)</th><th>~</th></tr>
<tr><td>0</td><td>0</td><td>0</td><td>0</td><td>0</td><td>1</td></tr>
<tr><td>0</td><td>1</td><td>0</td><td>1</td><td>1</td><td>1</td></tr>
<tr><td>1</td><td>0</td><td>0</td><td>1</td><td>1</td><td>0</td></tr>
<tr><td>1</td><td>1</td><td>1</td><td>1</td><td>0</td><td>0</td></tr>
</table>

4)比较运算符

比较运算符用来比较两个表达式的大小,表达式可以是字符、数字或日期数据,其比较结果是布尔值。

比较运算符测试两个表达式是否相同。除了 text,ntext 或 image 数据类型的表达式外,比较运算符可以用于所有的表达式。表 2.6 列出了 T-SQL 中的比较运算符。

表 2.6　T-SQL 中的比较运算符

运算符	含　义	示　例	结　果
=	等于	5=6	FALSE
>	大于	5>6	FALSE
<	小于	5<6	TRUE
>=	大于等于	5>=6	FALSE

续表

运算符	含 义	示 例	结 果
<=	小于等于	5<=6	TRUE
<>	不等于	5<>6	TRUE
！=	不等于(非 ISO 标准)	5！=6	TRUE
！<	不小于(非 ISO 标准)	5！<6	FALSE
！>	不大于(非 ISO 标准)	5！>6	TRUE

5)逻辑运算符

逻辑运算可以把多个逻辑表达式连接起来测试,以获得其真实情况。返回带有 TRUE,FALSE 或 UNKNOWN 值的 boolean 数据类型。T-SQL 中包含如下一些逻辑运算符:

ALL:如果一组的比较都为 TRUE,那么就为 TRUE。

AND:如果两个布尔表达式都为 TRUE,那么就为 TRUE。

ANY:如果一组的比较中任何一个为 TRUE,那么就为 TRUE。

BETWEEN:如果操作数在某个范围之内,那么就为 TRUE。

EXISTS:如果子查询包含一些行,那么就为 TRUE。

IN:如果操作数等于表达式列表中的一个,那么就为 TRUE。

LIKE:如果操作数与一种模式相匹配,那么就为 TRUE。

NOT:对任何其他布尔运算符的值取反。

OR:如果两个布尔表达式中的一个为 TRUE,那么就为 TRUE。

SOME:如果在一组比较中,有些为 TRUE,那么就为 TRUE。

6)字符串运算符

加号(+)除了进行数值类型数据的加法计算外,也是字符串运算符,可以将两个或两个以上字符串合并成一个字符串。其他所有字符串操作都使用字符串函数(如 SUNSTRING)进行处理。

默认情况下,对于 varchar 数据类型的数据,在 INSERT 插入语句或赋值语句中,空的字符串将被解释为空字符串。在串联 varchar,char 或 text 数据类型的数据时,空的字符串被解释为空字符串。例如,' abc '+' '+' def '被存储为' abcdef '。

7)一元运算符

一元运算符只对一个表达式执行操作,这个表达式可以是数字数据类型。一元运算符及其含义如表 2.7 所示。

表 2.7 一元运算符及其含义

运算符	含 义
+	数值为正
-	数值为负
~	按位逻辑非

表 2.7 中的+(正)、-(负)运算符可以用于数字数据类型分类的任何数据类型的表达式。~运算符只可用于整型数据类型的表达式。

8)运算符的优先级

当一个复杂的表达式有多个运算符时,运算符优先级决定执行运算的先后顺序。执行的顺序可能严重地影响所得到的值。

表 2.8 中按运算符从高到低的顺序列出了 SQL Server 中运算符的优先级别。

表 2.8 SQL-Server 运算符的优先级

级别	运算符
高	+(正)、-(负)、~(按位逻辑非)
↓	*(乘)、/(除)、%(模)
	+(加法)、+(字符串运算)、-(减)
	= 、>、<、>= 、<= 、<>、! =、! >、! <(比较运算符)
	^(位异或)、&(位与)、|(位或)
	NOT
	AND
	ALL,ANY,BETWEEN,IN,LIKE,OR,SOME
低	=(赋值)

当一个表达式中的两个运算符有相同的运算符优先级别时,将按照它们在表达式中的位置对其从左到右进行求值。当然,在无法确定优先级的情况下,可以使用圆括号()来改变优先级,这样会使计算过程更加清晰。

【例 2.2】 设已经定义了局部变量@ a、@ b、@ c、@ d,且@ a=3,@ b=5,@ c=-1,@ d=7,则下列表达式按标注①~⑩的顺序进行。

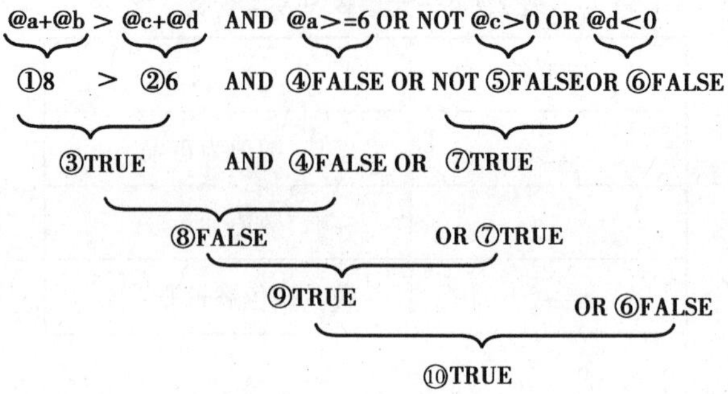

任务 3　T-SQL 中的常量

常量也称为文字值或标量值,是表示一个特定数据值的符号。常量的格式取决于它所表示的值的数据类型。一个常量通常有一种数据类型和长度,这二者都取决于常量格式。根据数据类型的不同,常量可以分为 5 类:字符串常量、数字常量、日期时间常量、货币常量、二进制常量。

2.3.1　情境设置

小张越学越有兴趣,学习中发现针对生活中的各类数据,需要掌握各类常量的区分及使用。

2.3.2　知识链接

1)字符串常量

字符串常量用单引号括起来,可以包含字母(a~z、A~z)、数字(0~9)以及其他一些特殊字符,如感叹号(!)、at 符号(@)和数字号(#)。

如果要在字符串中包含单引号,则可以使用连续的两个单引号来表示。

例如,以下是一些合法的字符串常量:

'Chinese'

'Process X is 50% complete.'

'The level for Job id:%d should be between %d and %d.'

''(空字符串)

'I''am a student'

以上是普通字符串的表示方法,对于 Unicode 字符串的格式,需要在前面加一个 N 标识符,N 前缀必须是大写字母。例如,'Mich 6 1'是字符串常量,而 N'Mich 6 1'则是 Unicode 常量。Unicode 常量被解释为 Unicode 数据。Unicode 数据中的每个字符都使用两个字节进行存储,而普通字符数据中的每个字符则使用一个字节进行存储。

2)数字常量

数字常量包括有符号和无符号的整数、定点数和浮点小数 3 类。

(1)整型常量

整型(integer)常量由正号、负号和不含小数点的一串数字组成,正号可以省略。例如,以下是一些合法的整型常量:

1894　　2　　+145345234　　-2147483648

(2)小数常量

decimal(小数)常量由正号、负号和包含小数点的一串数字表示,正号可以省略。例如,以下是一些合法的 decimal 常量:

2013.12　　2014.01

(3)float 和 real 常量

float 和 real 常量使用科学记数法表示。例如,以下是一合法的 float 或 real 常量:

101.5E5　0.5E-2　　+123E-3　　-1

3)日期时间常量

日期时间常量使用单引号括起来的特定格式的字符日期值表示。例如,以下是一些合法的日期常量:

'April 15,2013'　　'15 April,2013'　　'131231'　　'12/15/13'

以下是一些合法的时间常量:

'14:30:24'　　'04:24 PM'

4)货币常量

货币常量表示为以可选小数点和可选货币符号作为前缀的一串数字,可以带正号、负号。例如,以下是一些合法的 money 常量:

$12　　$542 023.14　　- $45.56　　+ $423 456.99

5)uniqueidentifier 常量

uniqueidentifier 常量是表示全局唯一标识符(guid)值的字符串。可以使用字符或二进制字符串格式指定。例如,以下这两个示例指定相同的 guid:

'6F9619FF-8B86-D011-B42D-00C04FC964FF'

0xff19966f868b11d0b42d00c04fc964ff

任务4 T-SQL 中的变量

变量是可以保存特定类型的单个数据值的对象，SQL Server 的变量分为两种：局部变量和全局变量。

2.4.1 情境设置

除了需要掌握常量外，还要针对随时需要变化的量进行识别和掌握，也就是变量。变量分为局部变量和全局变量两类。

2.4.2 知识链接

1)局部变量

局部变量的作用范围仅限制在程序的内部，常用来保存临时数据。例如，可以使用局部变量保存表达式的计算结果，作为计数器保存循环执行的次数，或者用来保存由存储过程返回的数据值。

使用局部变量之前必须先用 DECLARE 语句进行定义（“定义”也称为“声明”），定义局部变量语法如下：

DECLARE{@局部变量名 数据类型[,…,n]}

其中，参数“局部变量名”用于指定局部变量的名称，局部变量名称必须以@开头，局部变量必须符合标识符的命名规则；“数据类型”可以是系统定义的数据类型或用户定义的数据类型，但不能是 text，ntext 或 image 数据类型。

局部变量的作用范围是在其中定义局部变量的批处理、存储过程或语句块，局部变量定义后初始值为 NULL。

2)全局变量

全局变量是 SQL Server 系统提供的内部使用的变量，其作用范围并不仅仅局限于某一程序，而是任何程序均可以随时调用。全局变量通常存储一些 SQL Server 的配置设定值和统计数据。用户可以在程序中用全局变量来测试系统的设定值或者是 T-SQL 命令执行后的状态值。在使用全局变量时应注意以下几点：全局变量不是由用户的程序定义的，而是在服务器级定义的。用户只能使用预先定义的全局变量，而不能修改全局变量。引用全局变量时，必须以标记符“@@”开头。

SQL Server 2012 中包含的全局变量及其含义如下：

@@CONNECTIONS：返回 SQL Server 自上次启动以来尝试的连接数，无论连接是成功还是失败。

@ @ CPU_BUSY:返回 SQL Server 自上次启动以来的工作时间。其结果以 CPU 时间增量或“滴答数”表示,此值为所有 CPU 时间的累积,因此可能会超出实际占用的时间。乘以@ @ TIMETICKS 即可转换为微秒。

@ @ CURSOR_ROWS:返回连接上打开的上一个游标中的当前限定行的数目,为了提高性能,SQL Server 可异步填充大型键集和静态游标。可调用@ @ CURSOR_ROWS 以确定当前其被调用时检索了游标符合条件的行数。

@ @ DATEFIRST:针对会话返回 SET DATEFIRST 的当前值。

@ @ DBTS:返回当前数据库的当前 timestamp 数据类型的值。这一时间戳值在数据库中必须是唯一的。

@ @ ERROR:返回执行的上一个 T-SQL 语句的错误号。

@ @ FETCH-STATUS:返回针对连接当前打开的任何游标,发出的上一条游标 FETCH 语句的状态。

@ @ IDENTITY:返回插入到表的 IDENTITY 列的最后一个值。

@ @ IDLE:返回 SQL Server 自上次启动后的空闲时间。结果以 CPU 时间增量或“时钟周期”表示,并且是所有 CPU 的累积,因此该值可能超过实际经过的时间。乘以@ @ TIMETICKS 即可转换为微秒。

@ @ IO_BUSY:返回自从 SQL Server 最近一次启动以来,SQL Server 已经用于执行输入和输出操作的时间。其结果是 CPU 时间增量(时钟周期),并且是所有 CPU 的累积值,因此,它可能超过实际消逝的时间。乘以@ @ TIMETICKS 即可转换为微秒。

@ @ LANGID:返回当前使用的语言的本地语言标识符(ID)。

@ @ LANGUAGE:返回当前所用语言的名称。

@ @ LOCK_TIMEOUT:返回当前会话的当前锁定超时设置(毫秒)。

@ @ MAX_CONNECTIONS:返回 SQL Server 实例允许同时进行的最大用户连接数。返回的数值不一定是当前配置的数值。

@ @ MAX_PRECISION:按照服务器中的当前设置,返回 decimal 和 numeric 数据类型所用的精度级别。默认情况下,最大精度返回 38。

@ @ NESTLEVEL:返回对本地服务器上执行的当前存储过程的嵌套级别(初始值为 0)。

@ @ OPTIONS:返回有关当前 SET 选项的信息。

@ @ PACK_RECEIVED:返回 SQL Server 自上次启动后从网络读取的输入数据包数。

@ @ PACK_SENT:返回 SQL Server 自上次启动后写入网络的输出数据包个数。

@ @ PACKET_ERRORS:返回自上次启动 SQL Server 后,在 SQL Server 连接上发生的网络数据包错误数。

@ @ ROWCOUNT:返回上一次语句影响的数据行的行数。

@ @ PROCID:返回 T-SQL 当前模块的对象标识符(ID)。T-SQL 模块可以是存储过程、用户定义函数或触发器。不能在 CLR 模块或进程内数据访问接口中指定@ @ PROCID。

@ @ SERVERNAME:返回运行 SQL Server 的本地服务器的名称。

@ @ SERVICENAME:返回 SQL Server 正在其下运行的注册表项的名称。若当前实例为默认实例,则@ @ SERVICENAME 返回 MSSQLSERVER;若当前实例是命名实例,则该函数返回该实例名。

@ @ SPID:返回当前用户进程的会话 ID。

@ @ TEXTSIZE:返回 SET 语句的 TEXTSIZE 选项的当前值,它指定 SELECT 语句返回的 text 或 image 数据类型的最大长度,其单位为字节。

@ @ TIMETICKS:返回每个时钟周期的微秒数。

@ @ TOTAL_ERRORS:返回自上次启动 SQL Server 之后,SQL Server 所遇到的磁盘写入错误数。

@ @ TOTAL-READ:返回 SQL Server 自上次启动后,由 SQL Server 读取(非缓存读取)的磁盘的数目。

@ @ TOTAL_WRITE:返回自上次启动以来,SQL Server 所执行的磁盘写入数。

@ @ TRANCOUNT:返回当前连接的活动事务数。

@ @ VERSION:返回当前安装的日期、版本和处理器类型。

【例 2.3】 查看当前 SQL Server 的版本信息和服务器名称。

输入语句如下:

SELECT @ @ VERSION AS ' SQL Server 版本',@ @ SERVERNAME AS '服务器名称'

使用 Windows 身份验证登录 SQL Server 服务器之后,新建立一个使用当前连接的查询,输入上面的语句,单击“执行”按钮,执行结果如图 2.1 所示。

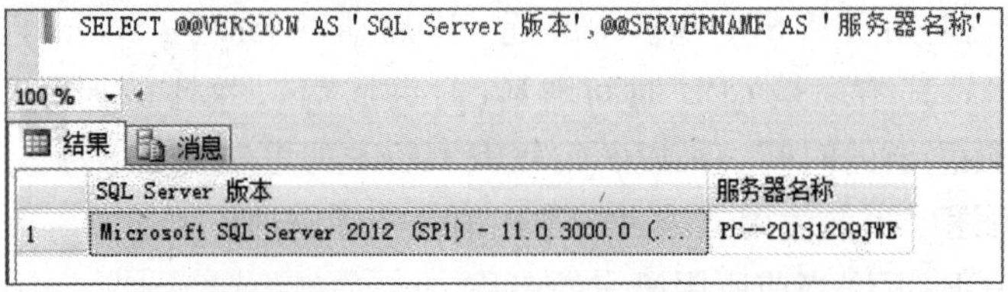

图 2.1 查看 SQL Server 的版本信息和服务器名称

【例 2.4】 创建 3 个名为@ Name、@ Phone、@ Address 的局部变量,并将其分别赋初值:' SQ " 02787943677 "东湖新技术开发区高新二路 129 号'。

输入的语句如下:

DECLARE @ Name varchar(30),@ Phone char(11),@ Address varchar(50)

SET @ Name =' SQ '

SET @ Phone=' 02787943677 '

SET @ Address='东湖新技术开发区高新二路 129 号'

提示:使用 DECLARE 命令声明并创建局部变量以后,系统会将其初始值设为 NULL,如果想要设置局部变量的值,必须使用 SELECT 命令或 SET 命令。

【例 2.5】 使用 SELECT 语句为@ MyCount 变量赋值,最后输出@ MyCount 变量的值。

输入语句如下:

DECLARE @ MyCount int

SELECT @ MyCount = 2014

SELECT @ MyCount

GO

【例 2.6】 通过查询语句给变量@ XSRS 赋值。

输入语句如下:

```
DECLARE @XSRS int
SET @XSRS =(SELECT COUNT( * )FROM STUDENT)
SELECT @XSRS
GO
```

该语句查询出 STUDENT 表中的总的记录数,并将其保存在名为 XSRS 的局部变量中。

任务 5 流程控制语句

2.5.1 情境设置

掌握了常量、变量的区分后,就可以针对实际需要,综合运用各类常量和变量了,需要掌握各类流程控制语句。

2.5.2 知识链接

流程控制语句用于控制 T-SQL 语句、语句块和存储过程的执行流程。这些语句可用于 T-SQL 语句、批处理和存储过程中。如果不使用流程控制语句,则各 T-SQL 语句按出现的先后顺序执行。使用流程控制语句可以按需要控制语句的执行顺序和执行分支。常用的流程控制语句有 BEGIN…END 语句、IF…ELSE 语句、WHILE 语句、CASE 语句、GOTO 语句、WAITFOR 语句、RETURN 语句、TRY…CATCH 语句和 EXCUTE 语句。本节将分别介绍各种不同控制语句的用法。

1)BEGIN…END 语句

BEGIN…END 语句用于将多个 T-SQL 语句定义成一个语句块。语句块可以在程序中视为一个单元处理。BEGIN 和 END 是控制流语言的关键字。BEGIN…END 语句块通常包含在其他控制流程中,用来完成不同流程中有差异的代码功能。例如,对于 IF…ELSE 语句或执行重复语句的 WHILE 语句,如果不是有语句块,这些语句中只能包含一条语句,但是实际的情况可能需要复杂的处理过程。BEGIN…END 语句块允许嵌套。

【例 2.7】 定义局部变量@count,如果@count 值小于 10,执行 WHILE 循环操作中的语句块。

输入语句及代码执行结果如图 2.2 所示。

```
DECLARE @count int
SELECT @count=0
WHILE @count <10
BEGIN
PRINT '局部变量的值没有超过 10 '
```

```
    SELECT @ count  =@ count +1
END
PRINT '测试结束'
```

该段代码执行了一个循环过程,当局部变量@ count 值小于 10 的时候,执行 WHILE 循环内部 PRINT 语句,打印输出当前@ count 变量的值,对@ count 执行加 1 操作之后回到 WHILE 语句的开始,重复执行 BEGIN…END 语句块中的内容。直到@ count 的值大于等于 10,此时 WHILE 后面的表达式不成立,将不再执行循环。最后打印输出当前的@ count 的值。

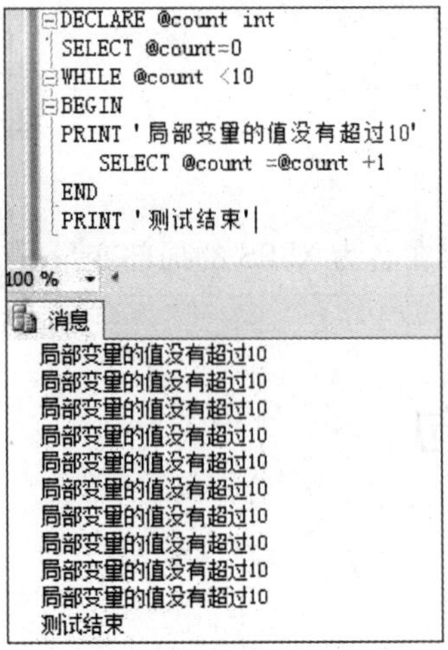
DECLARE @count int
SELECT @count=0
WHILE @count <10
BEGIN
PRINT '局部变量的值没有超过10'
SELECT @count =@count +1
END
PRINT '测试结束'
100 %
消息
局部变量的值没有超过10
局部变量的值没有超过10
局部变量的值没有超过10
局部变量的值没有超过10
局部变量的值没有超过10
局部变量的值没有超过10
局部变量的值没有超过10
局部变量的值没有超过10
局部变量的值没有超过10
局部变量的值没有超过10
测试结束

图 2.2　BEGIN…END 语句块

2)IF…ELSE 条件语句

IF…ELSE 语句用于在执行一组代码之前进行条件判断,根据判断的结果执行不同的代码。

IF…ELSE 语句对布尔表达式进行判断,如果布尔表达式返回 TRUE,则执行 IF 关键字后面的语句;如果布尔表达式返回 FALSE,则执行 ELSE 关键字后面的语句块。语法格式如下:

```
IF Boolean_expression
[ sql_statement | statement_block ]
| ELSE
[ sql_statement | statement_block ]
```

Boolean_ expression 是一个表达式,表达式计算的结果为逻辑真值(TRUE)或假值(FALSE)。条件成立时,执行某段程序;条件不成立时,执行另一段程序。IF…ELSE 语句可以嵌套使用。

【例 2.8】　IF…ELSE 流程控制语句的使用。

输入以下语句:

```
DECLARE @ age int
SET @ age = 50
IF @ age<44
PRINT ' This is a young man! '
ELSE
PRINT ' This is an old man! '
```

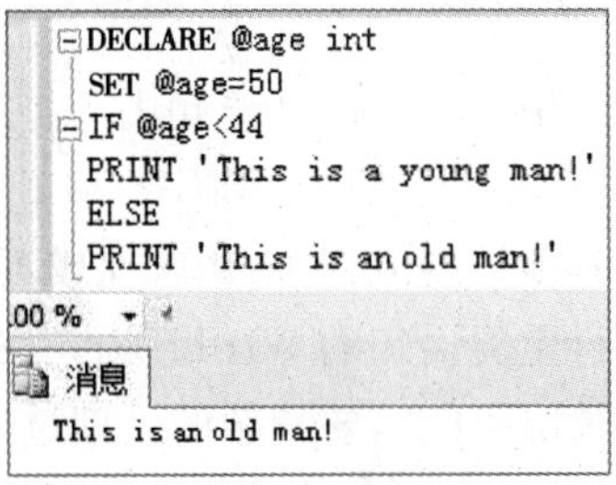
DECLARE @age int
SET @age=50
IF @age<44
PRINT 'This is a young man!'
ELSE
PRINT 'This is an old man!'
100 %
消息
This is an old man!

图 2.3　IF…ELSE 流程控制语句的使用

执行的结果如图 2.3 所示。

由结果可以看到,变量@ age 值为 50,大于 44,因此表达式 @ age<44 不成立,返回结果为逻辑假值(FALSE),所以执行第 6 行的 PRINT 语句,输出结果为字符串"This is an old man!"。

3)WHILE 语句

在 SQL 数据库中,可以通过 WHILE 实现循环。

```
WHILE boolean_expression
    {sql_statement | statement_block}
    [BREAK|CONTINUE]
```

其中各个参数说明如下：

①boolean_expression 是一个表达式，表达式计算的结果为逻辑真值(TRUE)或假值(FALSE)。如果布尔表达式中含有 SELECT 语句，必须用圆括号将 SELECT 语句括起来。

②{sql_statement | statement_block} T-SQL 语句或用语句块定义的语句组。若要定义语句块，请使用控制流关键字 BEGIN 和 END。

③BREAK 导致从最内层的 WHILE 循环中退出，将执行出现在 END 关键字后面的任何语句，END 关键字为循环结束标记。

④CONTINUE 使 WHILE 循环重新开始执行，忽略 CONTINUE 关键字后的任何语句。

【例 2.9】 对 TITLES 表中所有商品价格翻一番，直到价格达到 50 美元。

```
WHILE(SELECT AVG(PRICE)FROM TITLES)< $30
BEGIN
    UPDATE TITLES
        SET PRICE = PRICE * 2
    SELECT MAX(PRICE)FROM TITLES
    IF(SELECT MAX(PRICE)FROM TITLES)> $50
        BREAK
ELSE
    CONTINUE
END
```

4)CASE 语句

CASE 是多条件分支语句，相比 IF…ELSE 语句，CASE 语句进行分支流程控制可以使代码更加清晰，易于理解。CASE 语句也根据表达式逻辑值的真假来决定执行的代码流程。CASE 语句有以下两种格式：

(1)格式 1

```
CASE input_expression
      WHEN when_expression1 THEN result_expression1
      WHEN when_expression2 THEN result_expression2
      [,…,n]
      [ELSE result_expression]
END
```

在第一种格式中，CASE 语句在执行时，将 CASE 后的表达式的值与各 WHEN 子句的表达式的值比较，如果相等，则执行 THEN 后面的表达式或语句，然后跳出 CASE 语句；否则，返回 ELSE 后面的表达式。

【例 2.10】 使用 CASE 语句根据学生性别字段的数值显示“男”“女”“其他”。

```
CASE sex
WHEN '1' THEN '男'
WHEN '2' THEN '女'
ELSE '其他'
END
```

(2)格式 2

```
CASE
    WHEN boolean_expression 1 THEN result_expression1
    WHEN boolean_expression 2 THEN result_expression2
    [,…,n]
    [ELSE else_result_expression]
END
```

在第二种格式中,CASE 关键字后面没有表达式,多个 WHEN 子句的表达式依次执行,如果表达式结果为真,则执行相应 THEN 关键字后面的表达式或语句,执行完毕之后跳出 CASE 语句。如果所有 WHEN 语句都为 FALSE,则执行 ELSE 字句中的语句。

【例 2.11】 使用 CASE 语句对考试成绩进行评定。

输入的语句如下:

```
SELECT s_id, s_name, s_score,
CASE
WHEN s_score >90 THEN '优秀'
WHEN s_score >80 THEN '良好'
WHEN s_score >70 THEN '中等'
WHEN s_score >60 THEN '及格'
ELSE '不及格'
END
AS '评价'
FROM stu_info
```

5)GOTO 语句

GOTO 语句表示将执行流更改到标签处。跳过 GOTO 后面的 T-SQL 语句,并从标签位置继续处理。GOTO 语句和标签可在过程、批处理或语句块中的任何位置使用。使用 GOTO 语句跳转时,要指定跳转标签名称。GOTO 语句的语法格式如下:

```
GOTO label
```

label 为跳转到的标签名称。

【例 2.12】 GOTO 语句的使用。

```
DECLARE @ Counter int;
SET @ Counter = 1;
WHILE @ Counter < 10
```

```
BEGIN
        SELECT @ Counter
        SET @ Counter = @ Counter + 1
        IF @ Counter = 4 GOTO Branch_One
        IF @ Counter = 5 GOTO Branch_Two
END
Branch_One:
        SELECT 'Jumping To Branch One.'
        GOTO Branch_Three;
Branch_Two:
        SELECT 'Jumping To Branch Two.'
Branch_Three:
        SELECT 'Jumping To Branch Three.'
```

执行结果如图 2.4 所示。

提示:GOTO 可出现在条件控制流语句、语句块或过程中,但它不能跳转到该批处理以外的标签。GOTO 分支可跳转到定义在 GOTO 之前或之后的标签。

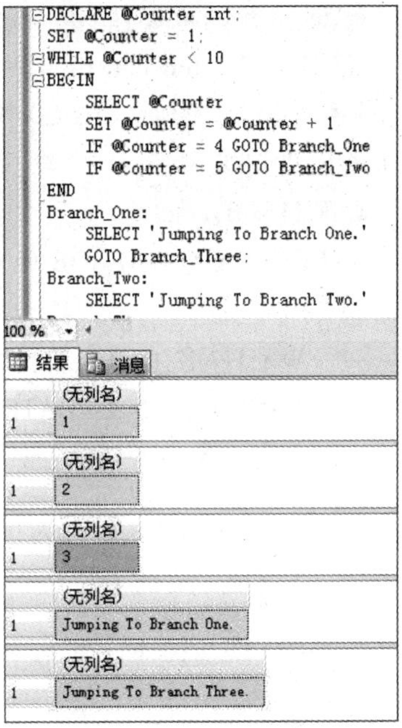

图 2.4　GOTO 语句的执行结果

6)WAITFOR 语句

WAITFOR 语句用来暂时停止程序的执行,直到所设定的等待时间已过或所设定的时刻快到,才继续往下执行。延迟时间和时刻的格式为"HH:MM:SS"。在 WAITFOR 语句中不能指定日期,并且时间长度不能超过 24 小时。

WAITFOR 语句的语法格式如下:

```
WAITFOR
{
    DELAY 'time_to_pass'
    | TIME 'time_to_execute'
    | [ ( receive_statement ) | ( get_conversation_group_statement ) ]
      [ , TIMEOUT timeout ]
}
```

①DELAY:可以继续执行批处理、存储过程或事务之前必须经过的指定时段,最长可为 24 小时。

②time_to_pass:等待的时段,可以使用 datetime 数据可接受的格式之一指定 time_to_pass,也可以将其指定为局部变量。不能指定日期,因此,不允许指定 datetime 值的日期部分。

③TIME:指定的运行批处理、存储过程或事务的时间。

④time_to_execute:表示 WAITFOR 语句完成的时间。可以使用 datetime 数据可接受的格式之一指定 time_to_execute,也可以将其指定为局部变量。不能指定日期,因此,不允许指定 datetime 值的日期部分。

⑤receive_statement:有效的 RECEIVE 语句。

⑥get_conversation_group_statement：有效的 GET CONVERSATION GROUP 语句。

⑦TIMEOUT timeout：指定消息到达队列前等待的时间(以毫秒为单位)。

【例 2.13】 在晚上 10:20 执行 sp_update_job 存储过程。

输入语句如下：

```
USE MSDB;
EXECUTE SP_ADD_JOB @ JOB_NAME = 'TESTJOB';
BEGIN
    WAITFOR TIME '22:20';
    EXECUTE SP_UPDATE_JOB @ JOB_NAME = 'TESTJOB',
        @ NEW_NAME = 'UPDATEDJOB';
END;
GO
```

执行结果显示命令执行成功。

【例 2.14】 延迟两小时执行存储过程。

```
BEGIN
    WAITFOR DELAY '02:00';
    EXECUTE sp_helpdb;
END;
GO
```

执行结果如图 2.5 所示。

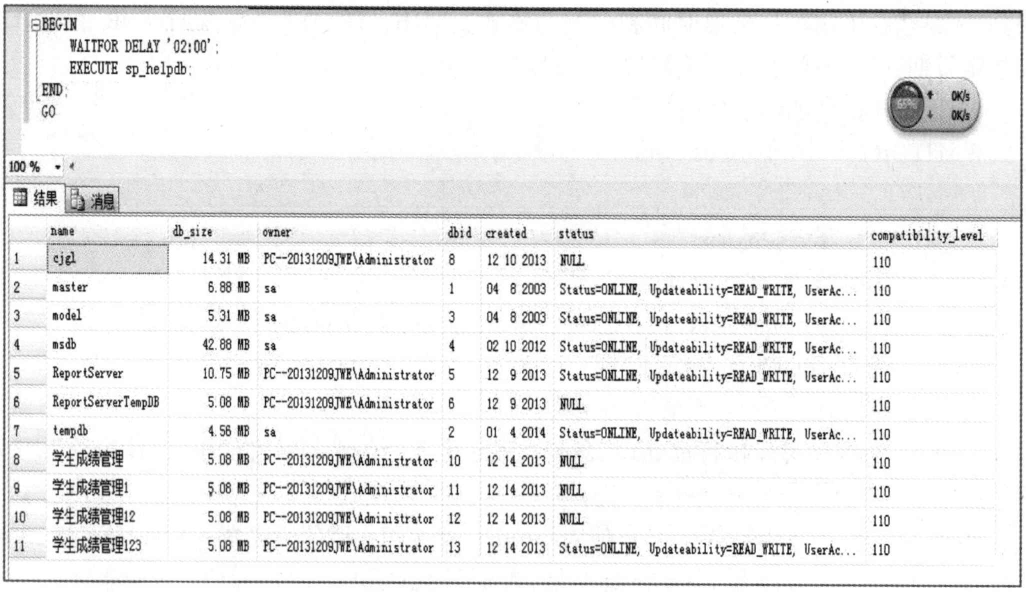

```
BEGIN
    WAITFOR DELAY '02:00';
    EXECUTE sp_helpdb;
END;
GO
```

100 %

结果 消息

	name	db_size	owner	dbid	created	status	compatibility_level
1	cjgl	14.31 MB	PC--20131209JWE\Administrator	8	12 10 2013	NULL	110
2	master	6.88 MB	sa	1	04 8 2003	Status=ONLINE, Updateability=READ_WRITE, UserAc...	110
3	model	5.31 MB	sa	3	04 8 2003	Status=ONLINE, Updateability=READ_WRITE, UserAc...	110
4	msdb	42.88 MB	sa	4	02 10 2012	Status=ONLINE, Updateability=READ_WRITE, UserAc...	110
5	ReportServer	10.75 MB	PC--20131209JWE\Administrator	5	12 9 2013	Status=ONLINE, Updateability=READ_WRITE, UserAc...	110
6	ReportServerTempDB	5.08 MB	PC--20131209JWE\Administrator	6	12 9 2013	NULL	110
7	tempdb	4.56 MB	sa	2	01 4 2014	Status=ONLINE, Updateability=READ_WRITE, UserAc...	110
8	学生成绩管理	5.08 MB	PC--20131209JWE\Administrator	10	12 14 2013	NULL	110
9	学生成绩管理1	5.08 MB	PC--20131209JWE\Administrator	11	12 14 2013	NULL	110
10	学生成绩管理12	5.08 MB	PC--20131209JWE\Administrator	12	12 14 2013	NULL	110
11	学生成绩管理123	5.08 MB	PC--20131209JWE\Administrator	13	12 14 2013	Status=ONLINE, Updateability=READ_WRITE, UserAc...	110

图 2.5　WAITFOR DELAY 的使用示例

7)RETURN 语句

从查询或过程中无条件退出。RETURN 的执行是即时且完全的,可在任何时候用于从过程、批处理或语句块中退出。RETURN 之后的语句是不执行的。

语法格式如下:

RETURN [integer_expression]

integer_expression 为返回的整数值。存储过程可向执行调用的过程或应用程序返回一个整数值。

提示:除非特别说明,所有系统存储过程返回值为0,此值表示成功,而非零值表示失败,RETURN 不能返回空值。

8)TRY…CATCH 语句

T-SQL 代码中的错误可使用 TRY…CATCH 语句来处理,此功能类似于 Microsoft Visual C++和 Microsoft Visual C#语言的异常处理功能。TRY…CATCH 构造包括两部分:一个 TRY 块和一个 CATCH 块。如果在 TRY 块内的 T-SQL 语句中检测到错误条件,则控制将被传递到 CATCH 块(可在此块中处理此错误)。

CATCH 语句处理该异常错误后,控制将被传递到 END CATCH 语句后面的第一个 T-SQL语句。如果 END CATCH 语句是存储过程或触发器中的最后一条语句,则控制将返回到调用该存储过程或触发器的代码,将不执行 TRY 块中生成的错误语句后面的 T-SQL 语句。

如果 TRY 块中没有错误,控制将传递到关联的 END CATCH 语句后紧跟的语句。如果 END CATCH 语句是存储过程或触发器中的最后一条语句,控制将传递到调用该存储过程或触发器的语句。

TRY 块以 BEGIN TRY 语句开头,以 END TRY 语句结尾。在 BEGIN TRY 和 END TRY 语句之间可以指定一个或多个 T-SQL 语句。

CATCH 块必须紧跟 TRY 块。CATCH 块以 BEGIN CATCH 语句开头,以 END CATCH 语句结尾。在 T-SQL 中,每个 TRY 块仅与一个 CATCH 块相关联。

使用 TRY…CATCH 构造时,请遵循下列规则和建议:每个 TRY…CATCH 构造都必须位于一个批处理、存储过程或触发器中。例如,不能将 TRY 块放置在一个批处理中而将关联的 CATCH 块放置在另一个批处理中。

【例 2.15】 在系统信息中查找序号为 21 的消息,如果找到了,则返回错误提示。

```
BEGIN TRY
    SELECT *
        FROM sys.messages
        WHERE message_id = 21;
END TRY
GO
BEGIN CATCH
    SELECT ERROR_NUMBER( ) AS ErrorNumber;
END CATCH;
GO
```

TRY…CATCH 使用下列错误函数来捕获错误信息,如表 2.9 所示。

表 2.9 TRY…CATCH 捕获错误信息函数的意义

函数	意义
ERROR_NUMBER( )	返回错误号
ERROR_MESSAGE( )	返回错误消息的完整文本。此文本包括为任何可替换参数(如长度、对象名或时间)提供的值
ERROR_SEVERITY( )	返回错误严重性
ERROR_STATE( )	返回错误状态号
ERROR_LINE( )	返回导致错误的例程中的行号
ERROR_PROCEDURE( )	返回出现错误的存储过程或触发器的名称

可以使用这些函数从 TRY…CATCH 构造的 CATCH 块的作用域中的任何位置检索错误信息。如果在 CATCH 块的作用域之外调用错误函数,错误函数将返回 NULL。在 CATCH 块中执行存储过程时,可以在存储过程中引用错误函数并将其用于检索错误信息。如果这样做,则不必在每个 CATCH 块中重复错误处理代码。

9)EXECUTE 语句

执行 T-SQL 批处理中的命令字符串、字符串或执行下列模块之一:系统存储过程、用户定义存储过程、CLR 存储过程、标量值用户定义函数或扩展存储过程,基本语法如下。

(1)执行系统存储过程

```
[ { EXEC | EXECUTE } ]
    {
      [ @return_status = ]
      { module_name [ ;number ] | @module_name_var }
        [ [ @parameter = ] { value
                              | @variable [ OUTPUT ]
                              | [ DEFAULT ]
                              }
        ]
      [ ,…,n ]
      [ WITH <execute_option> [ ,…,n ] ]
}
```

(2)执行字符串

```
{ EXEC | EXECUTE }
      ( { @string_variable | [ N ] 'tsql_string [ ? ]' } [ +'…' n ]
        [ { , { value | @variable [ OUTPUT ] } } [ ,…,n ] ]
      )
```

```
AS<context_specification>[;]<context_specification>::={ LOGIN | USER } =
'name'
[ AT linked_server_name ]
```

(3)执行用于向链接服务器发送传递命令 Execute a pass-through command against a linked server

```
{ EXEC | EXECUTE }
    ( { @string_variable | [ N ] 'command_string [ ? ]' } [ + '…' n ]
        [ { , { value | @variable [ OUTPUT ] } } [ ,…,n ] ]
    )
    AS<context_specification>[;]<context_specification>::={ LOGIN | USER } =
    'name'
    [ AT linked_server_name ]
```

其中各个参数说明如下：

①@ return_status：可选的整型变量，存储模块的返回状态。这个变量在用于 EXECUTE 语句前，必须在批处理、存储过程或函数中声明过。在用于调用标量值用户定义函数时，@ return_status变量可以为任意标量数据类型。

②module_name：是要调用的存储过程或标量值、用户定义函数的名称。这些模块名称必须符合标识符规则。用户可以执行在另一数据库中创建的模块，只要运行模块的用户拥有此模块或具有在该数据库中执行该模块的适当权限。用户可以在另一台运行 SQL Server 的服务器中执行模块，只要该用户有相应的权限使用该服务器(远程访问)，并能在数据库中执行该模块。如果指定了服务器名称但没有指定数据库名称，则 SQL Server 数据库引擎会在用户的默认数据库中查找该模块。

③number：可选整数，用于对同名的过程分组。该参数不能用于扩展存储过程。

④@ module_name_var：局部定义的变量名，代表模块名称。

⑤@ parameter：module_name 的参数，与在模块中定义的相同。参数名称前必须加上符号“@”。在与 @ parameter_name=value 格式一起使用时，参数名和常量不必按它们在模块中定义的顺序提供。但是，如果对任何参数使用了 @ parameter_name=value 格式，则必须对所有后续参数都使用此格式。默认情况下，参数可为空值。

⑥value：传递给模块或传递命令的参数值。如果参数名称没有指定，参数值必须以在模块中定义的顺序提供。

⑦@ variable：用来存储参数或返回参数的变量。

⑧OUTPUT：指定模块或命令字符串返回一个参数。该模块或命令字符串中的匹配参数也必须已使用关键字 OUTPUT 创建。

⑨DEFAULT：根据模块的定义，提供参数的默认值。

⑩@ string_variable：局部变量的名称。@ string_variable 可以是任意 char，varchar，nchar 或 nvarchar 数据类型。

⑪[N] 'tsql_string'：常量字符串。tsql_string 可以是任何 nvarchar 或 varchar 数据类型。如果包含 N，则字符串将解释为 nvarchar 数据类型。

⑫AS <context_specification>：指定执行语句的上下文。

⑬LOGIN:指定登录名。

⑭USER:指定要执行上下文的是当前数据库中的用户,并且是 name 有效的用户或登录名。name 必须是 sysadmin 固定服务器角色成员,或者分别作为 sys.database_principals 或 sys.server_principals 中的主体存在。

⑮[N] 'command_string':常量字符串,包含要传递给链接服务器的命令。如果包含 N,则字符串将解释为 nvarchar 数据类型。

⑯AT linked_server_name:指定对 linked_server_name 执行 command_string,并将结果(如果有)返回客户端。linked_server_name 必须引用本地服务器中的现有链接服务器定义。链接服务器是使用 sp_addlinkedserver 定义的。

【例 2.16】 使用带 DEFAULT 的 EXECUTE。

```
USE ADVENTUREWORKS2012;
GO
IF OBJECT_ID(N'DBO.PROCTESTDEFAULTS', N'P')IS NOT NULL
    DROP PROCEDURE DBO.PROCTESTDEFAULTS;
GO
——CREATE THE STORED PROCEDURE.
CREATE PROCEDURE DBO.PROCTESTDEFAULTS(
@P1 SMALLINT = 42,
@P2 CHAR(1),
@P3 VARCHAR(8)= 'CAR')
AS
    SET NOCOUNT ON;
    SELECT @P1, @P2, @P3;
GO
```

项目小结

本项目介绍了 T-SQL 的语言基础。T-SQL 是标准 SQL 程序设计语言的增强版,是应用程序与 SQL Server 数据库引擎沟通的主要语言。

T-SQL 语句分为:变量说明语句、数据定义语句、数据操纵语句、数据控制语句、流程控制语句、内嵌函数、其他命令。

T-SQL 可以使用两种变量:局部变量和全局变量。

T-SQL 中的运算符分为 7 种:算术运算符、赋值运算符、位运算符、比较运算符、逻辑运算符、字符串运算符和一元运算符。

习 题

一、选择题(除特别注明“多选”,其余均为单选题)

1.以下(　　)是 T-SQL 合法的标识符(多选)。

A.1ABC　　B." My Name "　　C.Myname　　D.My Name

2.以下(　　)是 T-SQL 合法的字符串常量(多选)。

A." ABC "　　B.X+Y=5　　C.' X+Y=5 '　　D.' That' s a game '

3.以下(　　)是 T-SQL 的二进制常量。

A.1101　　B.0x345　　C.&HAB　　D.OB110

4.设已经定义了局部变量@ Myname 为 int 类型,以下(　　)语句可以给该局部变量赋值(多选)。

A.SET @ MyName=100　　B.@ MyName=100

C.SELECT @ MyName 100　　D.SELECT @ MyName=100

5.+、/、%、=四个运算符中,优先级最低的是(　　)。

A.+　　B.%　　C. *　　D. =

6.表达式' 123+1456 '的值是(　　)。

A.123456　　B.579　　C.' 123456 '　　D." 123456 "

7.表达式 SUBSTRING(' SHANGHAI ',6,3)的值是(　　)。

A.' SHANGH '　　B.' SHA '　　C.' ANGH '　　D.' HAI '

8.表达式 STUFF(' HOW ARE YOU ',4,1,' OLD ')的值是(　　)。

A.' HOWARE YOU '　　B.' HOW OLD ARE YOUt '

C.' HOWOLDARE YOU '　　D.' HOW OLD RE YOU '

9.设@ A=" abcdefghijklm ",下面表达式(　　)的值为" jklm "(多选)。

A.SUBSTRING(@ A,10,14)　　B.Right(@ A,4)

C.SUBSTRING(@ A,10,4)　　D.Left(⑥A,10.4)

二、填空题

1.设某服务器 a 中有一个数据库 b,数据库 b 中有一个表对象 c,其所有者为 d,在 T-SQL 中应将该表对象表示为________。

2.T-SQL 的标识符分为________标识符和________标识符,对于不符合格式规则的标识符,在 SQL 语句中要使用该标识符,必须用________或________括起来。

3.局部变量的作用范围是________。全局变量的作用范围是________。

4.局部变量的名称前要加上________标志;全局变量的名称前要加上________标志。

5.定义一局部变量,名称为 Myvar,其类型为 char(5),定义语句为:________。给局部变量 Myvar 赋值“Hello”,赋值语句为:________________。

6.定义局部变量后,局部变量的初始值为________________。

7.执行以下语句的显示结果为________________。

```
DECLARE @a as char(5)
SET @a='%e%'
PRINT @a+' aaa '
```

执行以下语句的显示结果为________________。

```
DECLARE @a as varchar(5)
SET @a='%e%'
PRINT @a+' aaa '
```

8.设某表中有一个表示学生数学成绩的列 math,表示条件“数学成绩在 0~100 分”的布尔表达式为________________。

9.要将日期“25/03/2012”显示为“××××年××月××日”的格式,可以使用语句:________。

10.将当前系统日期转换为 char 类型,使用 CAST 函数实现应写为:________________。

11.在查询窗口中执行 T-SQL 语句可以分为 3 个阶段,即________、________和________。

三、指出以下各缩写的英文全拼和中文意思

1.SQL:

2.DDL:

3.DML:

4.DCL:

四、思考题

1.什么是 T-SQL?

2.T-SQL 语言的组成分为几种?

3.T-SQL 语句分为几类?

4.运算符的优先级的排列顺序从高到低是怎样的?

五、程序填空

1.计算 1+2+3+…+1000 的和,并使用 PRINT 显示计算结果。

```
DECLARE  @I int,@sum int,@csum char(10)
SELECT  @I=1,@sum=0
WHILE  @I<=________________
    BEGIN
        SELECT @sum = ________________
        SELECT @I=@I+1
    END
    SELECT @csum=convert(char(10),@sum)
    ________________'1+2+3+…+1000=' + @csum
```

2.实现 4 个数中求最大值。

```
DECLARE @a int ,@b int ,@c int ,@d int
SELECT @a=10,@b=6,@c=12,@d=65
IF @a<@b
SET @a=________________
```

```
IF @ a<@ c
SET @ a=________________
IF @ a<@ d
SET @ a=________________
PRINT ________________
```

项目 3

创建和管理数据库

【项目描述】

本项目主要介绍了 SQL Server 2012 的启动,SQL Server Management Studio 管理器(简称 SSMS)的启动,利用 SSMS 和 T-SQL 等方式实现创建数据库、管理数据库、更改数据库信息、更名、收缩数据库以及分离和附加数据库。

本项目重点是创建多个文件组的数据库,并管理数据库;难点是修改数据库文件,增加文件到指定文件组。包含的任务如表 3.1 所示。

表 3.1　项目 3 包含的任务

名　称	任务名称
项目 3 创建和管理数据库	任务 1　创建“学生管理”数据库
	任务 2　管理“学生管理”数据库
	任务 3　分离和附加数据库
	任务 4　备份和还原

任务 1　创建“学生管理”数据库

3.1.1　情境设置

某学校要对在校学生信息统一建立数据库,实现全方位、无纸化办公管理,于是领导要求小张建立在校学生“学生管理”数据库,利用计算机实现实时管理和监控各个二级学院学生的入学信息、成绩信息、课程信息等。

3.1.2　样例展示

样例如图 3.1 所示。

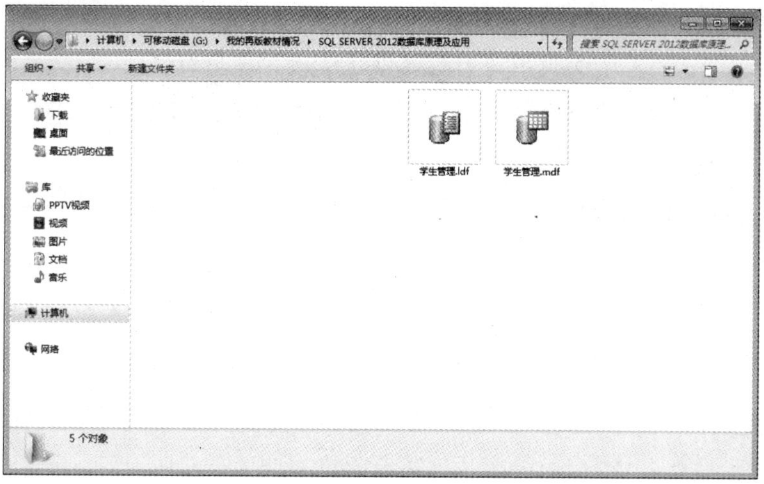

图 3.1　创建后的数据库文件

3.1.3　利用 SSMS 创建数据库实施步骤

步骤 1:从“开始”菜单中选择“程序”|Microsoft SQL Server 2012|SQL Server Management Studio 命令,打开 Microsoft SQL Server Management Studio 窗口,并使用 Windows 或 SQL Server 身份验证建立连接,在此选择的是 Windows 身份验证,如图 3.2 所示。

步骤 2:在“对象资源管理器”窗口中,选择“数据库”节点,单击鼠标右键选择“新建数据库”命令,如图 3.3 所示。

图 3.2　连接到服务器设置窗口

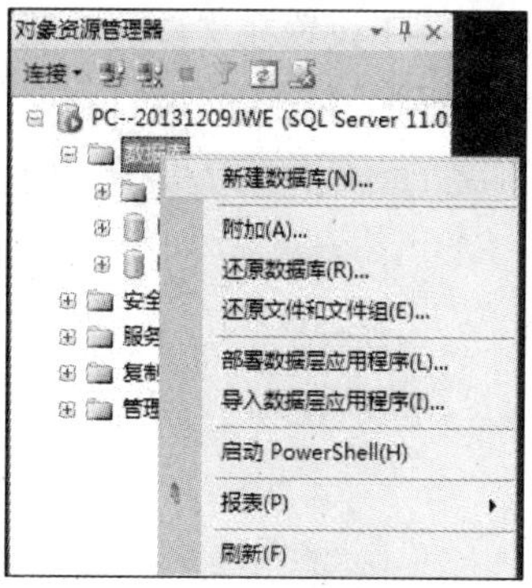

图 3.3　右键单击“数据库”节点

步骤 3:在“新建数据库”窗口对话框中,有“常规”页、“选项”页。在“常规”页中,在数据库名称框中输入要创建的数据库名称,这里以输入“学生管理”为例。

步骤 4:所有者栏文本框中输入新建数据库的所有者,默认显示为“默认值”,管理者也可以设置如 sa。根据数据库的使用情况,选择启用或者禁用“使用全文索引”复选框。在窗口右下侧的“数据库文件”区域的各个功能设置含义如下：

● 逻辑名称:数据文件和日志文件的逻辑名。数据文件的逻辑名默认和指定的数据名一致。

● 文件类型用于区别当前文件是数据文件还是日志文件。

● 文件组显示当前数据库文件所属的文件组。一个数据库文件只能存在于一个文件组里。

● 初始大小制定该文件的初始容量,在 SQL Server 2012 中数据文件的默认值为 5 MB,日志文件的默认值为 2 MB,如图 3.4 所示。

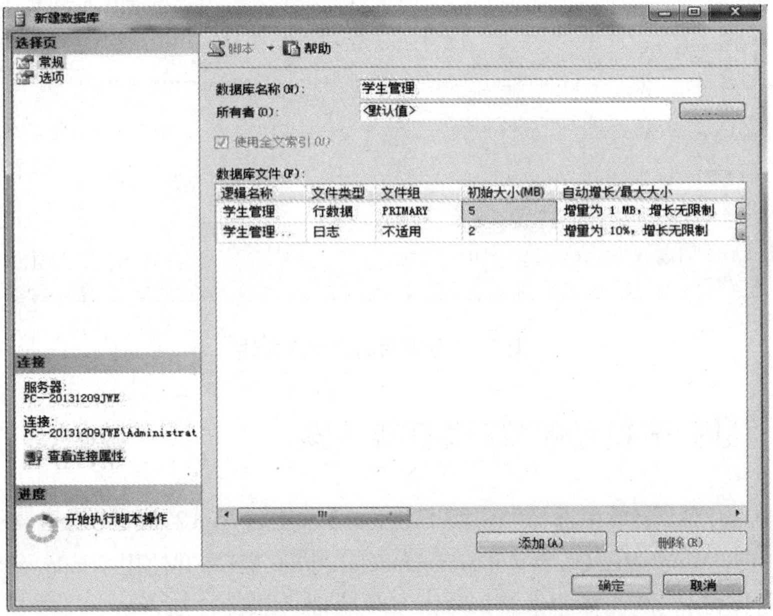

图 3.4 新建数据库——“学生管理”数据库创建界面

● 通过单击“自动增长”列中的省略号按钮,打开“更改自动增长设置”窗口进行设置。自动增长用于设置在文件的容量不够用时,文件根据增长的方式自动增长。如图 3.5 和图 3.6 所示分别为数据文件、日志文件的自动增长设置窗口。

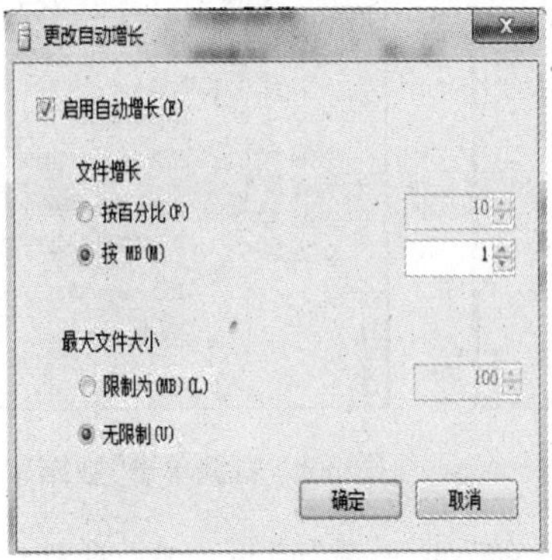

图 3.5 “更改自动增长”窗口

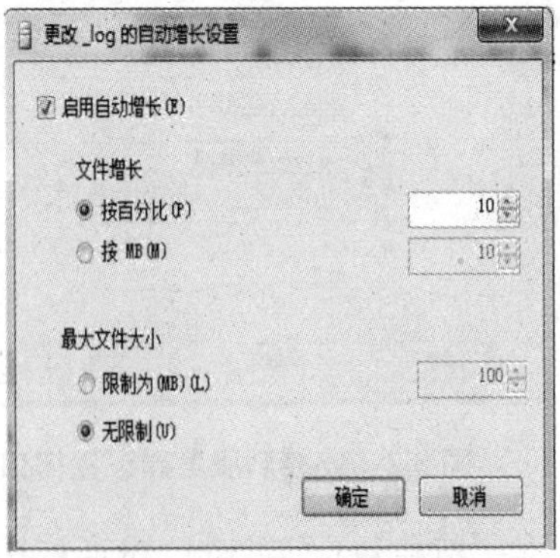

图 3.6 日志文件的增长设置

● 路径:显示数据文件和日志文件的物理路径。

● 文件名:显示数据文件和日志文件的物理名称。

步骤 5:单击“添加”按钮可以增加辅助数据库文件,设置各个参数,当然辅助数据库文件的扩展名通常可以设置为.ndf。

步骤 6:单击创建数据库窗口中左侧的“选项”页,可以设置数据库的排序规则、恢复模式、兼容级别和其他需要设置的内容,如图 3.7 所示。

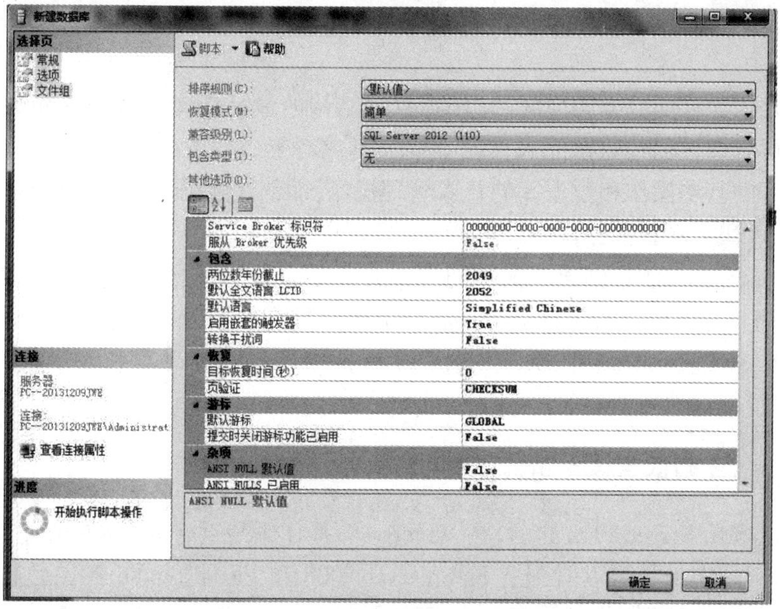

图 3.7 “选项”页窗口各个参数

步骤 7:单击“文件组”页可以设置数据库文件所属的文件组,还可以通过“添加”或者“删除”按钮更改数据库文件所属的文件组,如图 3.8 所示。

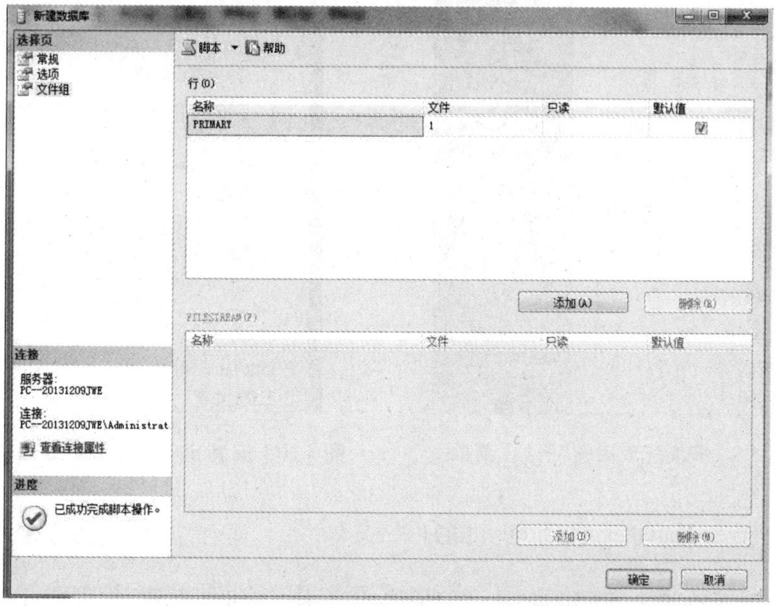

图 3.8 “新建数据库”|“文件组”页设置界面

步骤 8:以上信息根据需要设置完毕后,可以单击屏幕下方的“确定”即可完成“学生管理”数据库的创建。

提示:在 SQL Server 2012 中创建新的对象时,可能不会立即出现在“对象资源管理器”窗格中,可右击对象所在位置的上一层,单击鼠标右键并选择“刷新”命令,即可强制 SQL Server 2012 重新读取系统表并显示数据中的所有新对象。

3.1.4 知识链接

数据库是用来存储数据的空间,它作为存储结构的最高层次是其他一切数据库操作的基础。用户可以通过创建数据库来存储不同类别或者形式的数据。因此,在此将详细地介绍针对数据库的基本操作和数据库的日常管理操作,即创建数据库、对数据日志文件进行操作、生成数据库快照等日常操作。

在 SQL Server 中,能够创建数据库的用户必须是系统管理员或是被授权使用 CREATE DATABASE 语句的用户。创建数据库时需要指定数据库名(逻辑名称)、所有者(创建数据库的用户)、数据库大小(最初的大小、最大的大小、是否允许自动增长及增长方式)和存储数据库的文件(物理名称)。

1)SQL Server 数据库基本知识

完成安装 SQL Server 2012 之后,在 Windows 7 操作系统下查看“所有程序”中不仅仅看到了 SQL Server 2012,还可以看到有 SQL Server 2008 和 Visual Studio 2010。这是微软公司在发布 SQL Server 2012 时自带的程序,如图 3.9 所示。

展开 Microsoft SQL Server 2012 可以看到如图 3.10 所示的安装组件。

图 3.9 安装完成后的“开始”菜单

图 3.10 安装 SQL Server 2012 后的组件

2)SQL Server Management Studio 简介

SQL Server Management Studio 是一个集成环境,用于访问、配置、管理和开发 SQL Server 的所有组件。SQL Server Management Studio 组合了大量图形工具和丰富的脚本编辑器,使各种技术水平的开发人员和管理员都能访问 SQL Server。SQL Server Management Studio 将早期版本的 SQL Server 中所包含的企业管理器、查询分析器和 Analysis Manager 功能整合到单一的环境中。此外,SQL Server Management Studio 还可以和 SQL Server 的所有组件协同工作,例如 Reporting Services,Integration Services 和 SQL Server Compact 3.5 SP1。开发人员可以获得熟悉的体验,而数据库管理员可获得功能齐全的单一实用工具,其中包含易于使用的图形工具和丰富的脚本撰写功能。

3)系统数据库

在 SQL Server 中数据库文件分为两类,分别是系统数据库和用户数据库。在安装了 SQL Server 2012 后,系统会自动安装 4 个系统数据库,分别是 Master,Model,Msdb 和 Tempdb。

(1)Master 数据库

Master 数据库是 SQL Server 系统最重要的数据库,保存有放在 SQL Server 实体上的所有数据库,该数据库包括了诸如系统登录、配置设置、已连接的 Server 等信息,以及用于该实体的其他系统和用户数据库的一般信息。主数据库还存有扩展存储过程,它能够访问外部进程,从而能够与磁盘子系统和系统 API 调用等特性交互。

(2)Model 数据库

Model 数据库是一个用来在实体上创建新用户数据库的模板数据库。可以把任何存储过程、视图、用户等放在模型数据库里,这样在创建新数据库的时候,新数据库就会包含放在模型数据库里的所有对象了。因此用户对 Model 的修改都会自动地反映到新建的数据库中,也就希望用户设置新建的数据库容量最小应该有 Model 数据库那么大。

(3)Msdb 数据库

Msdb 数据库是代理服务器数据库,用来保存数据库备份、SQL Agent 信息、DTS 程序包、SQL Server 任务等信息,以及诸如日志转移这样的复制信息。

(4)Tempdb 数据库

Tempdb 数据库存有临时表、临时数据和临时创建的存储过程等临时对象的一个工作空间。该数据库在 SQL Server 每次重启的时候都会被重新创建,而其中包含的对象是依据模型数据库里定义的对象被创建的。除了这些对象,Tempdb 还存有其他对象,例如表格变量、来自表格值函数的结果集,以及临时表格变量。由于 Tempdb 会保留 SQL Server 实体上所有数据库的这些对象类型,因此对数据库进行优化配置是非常重要的。

4)数据库的存储结构

数据库的存储结构分为逻辑存储结构和物理存储结构两种。数据库的逻辑结构主要应用于面向用户的数据组织与管理,方便用户进行实际操作,而数据库的物理存储结构主要是面向计算机的数据组织和管理,方便计算机在存储介质上(比如硬盘、优盘等)进行存储。

5)数据库文件

SQL Server 2012 下的每个数据库由多个文件组成,根据这些文件的作用不同,可以将它们分为以下 3 种:

(1)主数据库文件

数据库文件是存放数据库数据和数据库对象的文件,一个数据库有一个或者多个数据库文件,但是一个数据库文件只能属于一个数据库。当有多个数据库文件时,有一个文件被定义为主数据库文件(即主文件),在 SQL Server 2012 中可以不指定主数据库文件的扩展名,但为了更好地区分和识别,最好定义其扩展名和以往低版本一致,统一为:.mdf。

主数据库文件用来存储数据库的启动信息以及部分或全部数据,是所有数据库文件的起点,包含指向其他数据库文件的指针。一个数据库只能有一个主数据库文件。

(2)辅助数据库文件

辅助数据库文件是用来存储主数据库文件未存储的其他数据和数据库对象的。一个数据库可以没有辅助数据库文件,但也可以同时拥有多个辅助数据库文件。辅助数据库文件的扩展名为:.ndf。

(3)日志文件

日志文件用来存储数据库的更新情况等事务信息。当数据库损坏时,可以通过事务日志恢复数据库。因为数据库一般都按照写日志的方法进行事务操作,即在实施事务之前先将要进行的操作做日志记录,再进行实际的数据库修改,可见每一步数据库修改都会有日志记录。每个数据库至少拥有一个日志文件,也可以拥有多个日志文件。日志文件的扩展名为:.ldf。

提示:SQL Server 2012 不强制主数据文件、辅助数据文件和日志文件类型的文件必须为 mdf,ndf 和 ldf 扩展名,但建议读者使用扩展名,因为有扩展名,方便指出文件类型。

6)数据库文件组

为了便于分配和管理,可以把各个数据库文件分别组织成不同的文件组,按组的方式对文件进行管理。通过设置文件组,可以有效提高数据库的读写性能。

SQL Server 数据库的文件组分为 3 种类型,分别为主文件组(Primary)、自定义文件组(User_defined)和默认文件组(Default)。

主文件组:包含主数据文件和所有没有被包含在其他文件组的文件。数据库的系统表都包含在主文件组里。

自定义文件组:包含所有在使用 Create Database 或 Alter Database 时使用 Filegroup 关键字来进行约束的文件。

默认文件组:容纳所有在创建时没有指定文件组的表、索引以及 text,ntext,image 数据类型的数据。任何时候只能有一个文件组被指定为默认文件组。默认情况下,主文件组被当作默认文件组。

提示:

①在创建数据库时,尽量要把数据文件的容量设置得大一点,允许数据文件能够自动增长,但需设置一个上限。这样允许用户后来添加新的数据,但又不会把磁盘充满。

②主文件组应该足够大以容下所有的系统表,如果主文件组空间不够,新的信息将无法添加到系统表内。

③在具体应用时,建议把特定的表、索引和大型的文本或图像数据放到专门的文件组

里。因日志文件要被频繁修改,应把日志文件放到查询工作较轻的驱动器上。

④一个文件或者文件组只能用于一个数据库,不能用于多个数据库。

⑤一个文件只能是某一个文件组的成员,不能是多个文件组的成员。

⑥日志文件永远也不是任何文件组的一部分。

7)标识符

标识符就是数据库对象的名称。Microsoft SQL Server 中的所有内容都可以有标识符,例如服务器、数据库和数据库对象(如表、视图、列、索引、触发器、过程、约束及规则等)。大多数对象要求有标识符,但对有些对象(如约束),标识符是可选的。对象标识符是在定义对象时创建的。标识符分为常规标识符和分割标识符两类,常规标识符和分隔标识符包含的字符数必须在 1~128。对于本地临时表,标识符最多可以有 116 个字符。

(1)常规标识符

符合标识符的格式规则。在 T-SQL 语句中使用常规标识符时不用将其分隔开。

(2)分割标识符

分隔标识符包含在双引号("")或者方括号([ ])内。不会分隔符合标识符格式规则的标识符。

例如:SELECT * FROM [table_name]

提示:标识符不能是 T-SQL 保留字。SQL Server 保留保留字的大写和小写形式。在 T-SQL 语句中使用标识符时,不符合这些规则的标识符必须用双引号或括号分隔。

3.1.5 知识拓展

除了利用 SSMS 图形界面创建数据库外,还可以利用命令来创建数据库,SQL Server 2012 使用的 T-SQL 是标准 SQL(结构化查询语言)的增强版本,使用 CREATE DATABASE 语句同样可以完成新建数据库操作。

1)CREATE DATABASE 语法格式

CREATE DATABASE 语句用于创建数据库时明确地指定数据库的文件和这些文件的大小以及增长的方式。

CREATE DATABASE 语句完整的语法格式如下:

```
CREATE DATABASE database_name
[ON [PRIMARY]
[<filespec> [1,…,n]]
[,<filegroup> [1,…,n]]
]
[ [LOGON {<filespec> [1,…,n]}]
[COLLATE collation_name]
[FOR {ATTACH [WITH <service_broker_option>]|ATTACH_REBUILD_LOG}]
```

```
[WITH <external_access_option>]
]
[;]
<filespec>::=
{[PRIMARY]
([NAME=logical_file_name,]
FILENAME='os_file_name'
[,SIZE=size[KB|MB|GB|TB]]
[,MAXSIZE={max_size[KB|MB|GB|TB]|UNLIMITED}]
[,FILEGROWTH=growth_increment[KB|MB|%]]
)[1,…,n]
}
<filegroup>::=
{FILEGROUP filegroup_name
<filespec> [1,…,n]
}
<external_access_option>::=
{ DB_CHAINING {ON|OFF}|TRUSTWORTHY{ON|OFF}
}
  <service_broke_option>::=
{ ENABLE_BROKE|NEW_BROKE|ERROR_BROKER_CONVERSATIONS
}
```

• 每一种特定的符号都表示有特殊的含义，语法格式说明如下：

①方括号([ ])中的内容表示可以省略的选项或参数，[1,…,n]表示同样的选项可以重复 1 到 n 遍。

②如果某项的内容太多需要额外的说明，可以用< >括起来，如句法中的<filespec>和<filegroup>，而该项的真正语法在 ::= 后面加以定义。

③大括号{}通常会与符号|连用，表示{}中的选项或参数必选其中之一，不可省略。

• 每一项关键字的说明如下：

①CREATE DATABASE database_name：用于设置数据库的名称，可长达 128 个字符，需要将 database_name 替换为需要的数据库名称，如“工资管理系统”数据库。在同一个数据库中，数据库名必须具有唯一性，并符合标识命名标准。

②NAME=logical_file_name：用来定义数据库的逻辑名称，这个逻辑名称将用在 T-SQL 代码中引用数据库。该名称在数据库中应保持唯一，并符合标识符的命名规则。这个选项在使用了 FOR ATTACH 时不是必需的。

③FILENAME='os_file_name'：用于定义数据库文件在硬盘上的存放路径与文件名称。这必须是本地目录(不能是网络目录)，并且不能是压缩目录。

④SIZE=size[KB|MB|GB|TB]:用来定义数据文件的初始大小,可以使用KB,MB,GB或TB为计量单位。如果没有为主数据文件指定大小,那么SQL Server将创建与Model系统数据库相同大小的文件。如果没有为辅助数据库文件指定大小,那么SQL Server将自动为该文件指定1 MB大小。

⑤MAXSIZE={max_size[KB|MB|GB|TB]UNLIMITED}:用于设置数据库允许达到的最大容量大小,可以使用KB,MB,GB,TB为计量单位,也可以为UNLIMITED,或者省略整个子句,使文件可以无限制增长。

⑥FILEGROWTH=growth_increment[KB|MB|%]:用来定义文件增长所采用的递增量或递增方式。可以使用KB,MB或百分比(%)作为计量单位。如果没有指定这些符号之中的任一符号,则默认MB为计量单位。

⑦FILEGROUP filegroup_name:用来为正在创建的文件所基于的文件组指定逻辑名称。

2)使用CREATE DATABASE创建数据库

在掌握了上述内容后,接下来介绍如何使用CREATE DATABASE语句创建"学生管理"数据库。

①打开Microsoft SQL Server Management Studio窗口,并连接到服务器。

②通过选择"文件"|"新建"|"数据库引擎查询"命令创建查询输入窗口会弹出"连接到数据库引擎"对话框,需要身份验证连接到服务器,创建一个查询输入窗口。

③在窗口内输入语句,创建"学生管理"数据库,保存位置为"E:\xsgl\"。

【例3.1】 创建学生管理数据库XSGL,将该数据库数据文件存储在"E:\xsgl\"目录下,数据文件的逻辑名称为XSGL-DAT,物理文件名为XSGL.mdf,初始大小设置为5 MB,最大尺寸设置为无限大,自动增长为10%;该数据库的日志文件,逻辑名称为XSGL_LOG,物理文件名为XSGL_LOG.ldf,初始大小为2 MB,最大尺寸为20 MB,自动增长为1 MB。

语句如下:

```
CREATE DATABASE XSGL
ON
(
NAME=XSGL_DAT,
FILENAME='E:\xsgl\XSGL.mdf',
SIZE=5MB,
MAXSIZE=UNLIMITED,
FILEGROWTH=10%)
LOG ON
(NAME=XSGL_LOG,
FILENAME='E:\xsgl\XSGL _LOG.ldf',
SIZE=2MB,
MAXSIZE=20MB,
```

```
FILEGROWTH=1MB)
GO
```

按“F5”键或者单击工具栏中的“执行”按钮执行语句。如果执行成功，在查询窗口内的“查询”窗格中，可以看到一条“命令已成功完成”的消息，如图3.11所示。然后在“对象资源管理器”窗格中刷新，展开数据库节点就能看到刚创建的“XSGL”数据库。

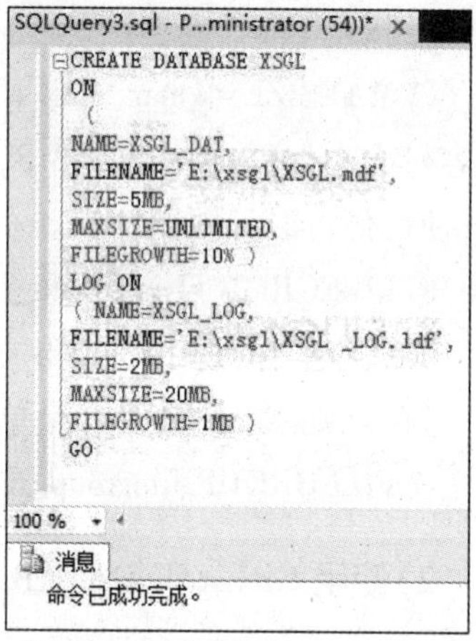

图3.11 T-SQL创建XSGL数据库

【例3.2】 创建带自定义文件组的“学生档案管理”数据库。

创建一个包含两个文件组的数据库文件“学生档案管理”，在主文件组中包含一个主数据库文件（逻辑名称为学生档案管理_1，物理文件名为学生档案管理_data1.mdf，初始大小为500 MB，最大尺寸不受限制，自动增长方式为10%）和一个辅助数据库文件（逻辑名称为学生档案管理_2，物理文件名为学生档案管理_data2.ndf，初始大小为100 MB，最大尺寸不受限制，自动增长方式为10%）。在A文件组中包含两个辅助数据库文件（逻辑名称为学生档案管理_3，学生档案管理_4，物理文件名为学生档案管理_data3.ndf，学生档案管理_data4.ndf，初始大小为50 MB，最大尺寸为30 MB，自动增长方式为5 MB）和一个日志文件。

```
CREATE DATABASE 学生档案管理
ON  PRIMARY
(NAME=学生档案管理_1,
FILENAME='E:\xsgl\学生档案管理_data1.mdf',
SIZE=500MB,
MAXSIZE=UNLIMITED,
FILEGROWTH=10%),
(NAME=学生档案管理_2,
FILENAME='E:\xsgl\学生档案管理_data2.ndf',
SIZE=100MB,
MAXSIZE=UNLIMITED,
FILEGROWTH=10%),
FILEGROUP A
(NAME=学生档案管理_3,
FILENAME='E:\xsgl\学生档案管理_data3.ndf',
SIZE=50MB,
MAXSIZE=30,
FILEGROWTH=5),
(NAME=学生档案管理_4,
```

```
FILENAME='E:\xsgl\学生档案管理_data4.ndf',
SIZE=50MB,
MAXSIZE=30,
FILEGROWTH=5)
LOG ON
(NAME=学生档案管理_log,
FILENAME='E:\xsgl\学生档案管理_data1.ldf',
SIZE=100MB,
MAXSIZE=UNLIMITED,
FILEGROWTH=10%)
GO
```

3)使用模板创建数据库

SQL Server 2012 提供了多种模板,这些模板适用于解决方案、项目和各种类型的代码编辑器。利用模板可以创建各种数据库对象,如数据库、表、视图、索引、存储过程、触发器、统计信息等。

利用模板创建数据库具体操作步骤如下:

①选择"视图"|"模板资源管理器"选项,打开模板资源管理器,选择"SQL Server 模板",展开 Database 节点,选择 Create Database 选项,如图 3.12 所示。

②将 Create Database 模板从模板资源管理器中利用鼠标左键拖放到查询编辑器窗口中,从而添加模板代码,如图 3.13 所示。

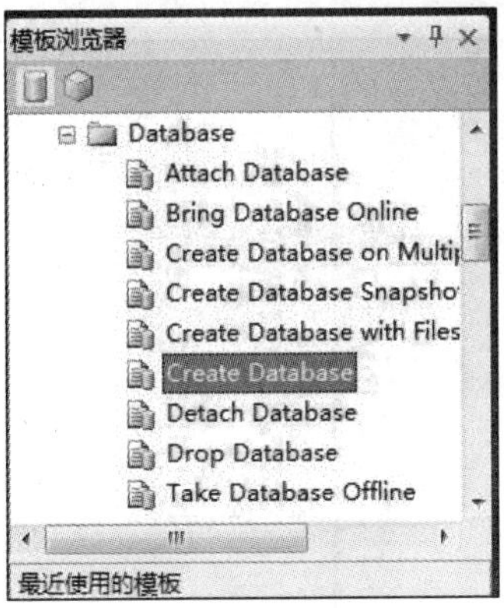

图 3.12　模板浏览器

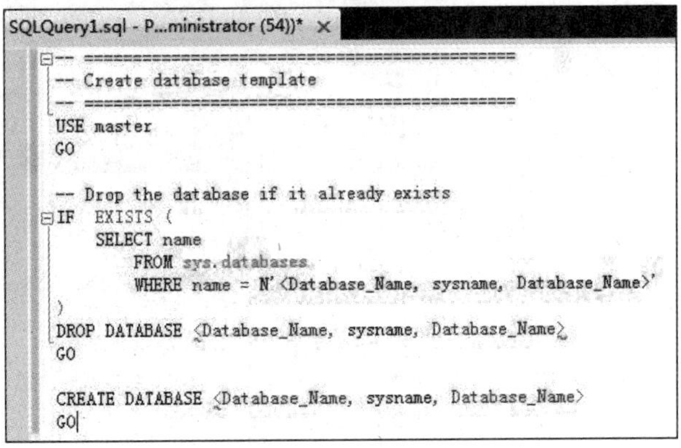

图 3.13　利用模板创建数据库查询窗口

③替换调整模板参数。选择"查询"|"指定模板参数的值"命令或者选择工具栏中的  按钮,打开"指定模板参数的值"对话框,如图 3.14 所示。在"值""Database_Name"文本框中输入要指定数据库的名称。

④单击"确定"按钮即可完成数据库的创建。

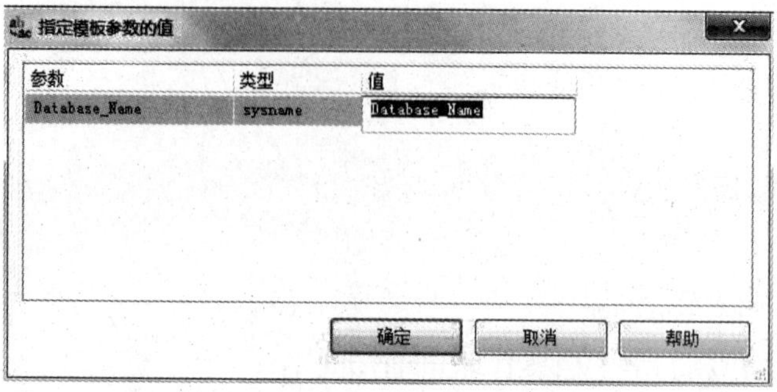

图 3.14 指定模板参数的值对话框

任务 2 管理“学生管理”数据库

3.2.1 情境设置

已经创建了“学生管理”数据库,可以针对领导的需要,灵活地对数据库进行管理了。

3.2.2 样例展示

样例如图 3.15 所示。

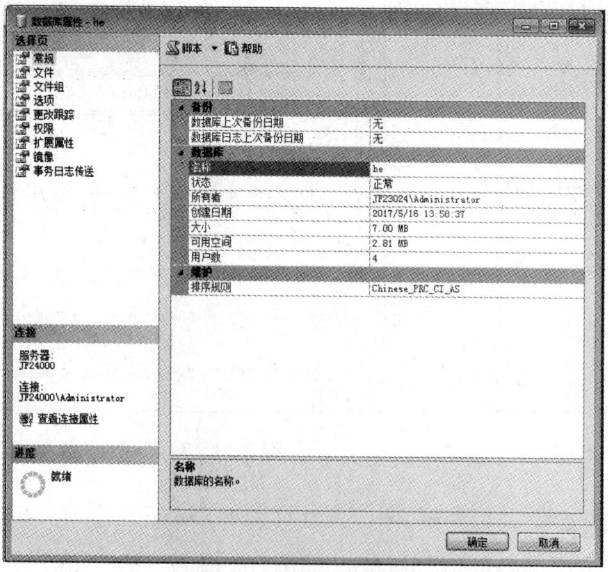

图 3.15 管理数据库文件

3.2.3 利用 SSMS 管理数据库实施步骤

在创建完成数据库之后，就可以对数据库进行管理操作，主要包括查看、修改和删除数据库、收缩数据库信息等内容。查看是指可以浏览数据库的各种属性和状态；修改是指可以修改数据库的名称、大小、自动增长等；删除数据库是对不需要的数据库进行删除，以释放多余的磁盘空间；收缩数据库是将创建数据库时多余不用的空间释放以便更好地节省出一些空间。

1）查看数据库属性

在“对象资源管理器”窗格中用鼠标右键单击要查看信息的数据库，选择“属性”命令，在弹出的“数据库属性”对话框中就可以查看到数据库的常规信息、文件信息、文件组信息、选项信息等，如图 3.16 所示。

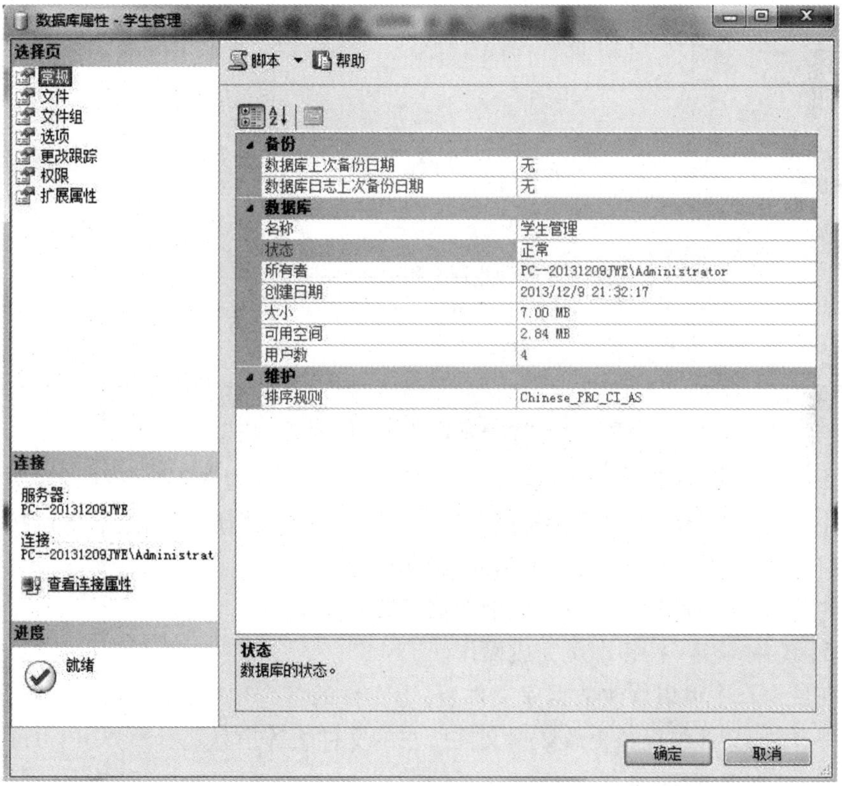

图 3.16 “学生管理”数据库的属性窗口

2）修改数据文件

【例 3.3】 将 XSGL 数据库的主数据库文件的初始大小修改为 10 MB，并增加一个辅助数据库文件。

具体操作步骤如下：

步骤 1：在“对象资源管理器”窗口中，展开数据库文件。

步骤 2:用鼠标右键单击 XSGL 数据库,在弹出的快捷菜单中选择“属性”命令,打开“数据库属性-XSGL”对话框,在对话框左侧的“选择页”列表中选择“文件”选项,打开如图 3.17 所示的窗口。

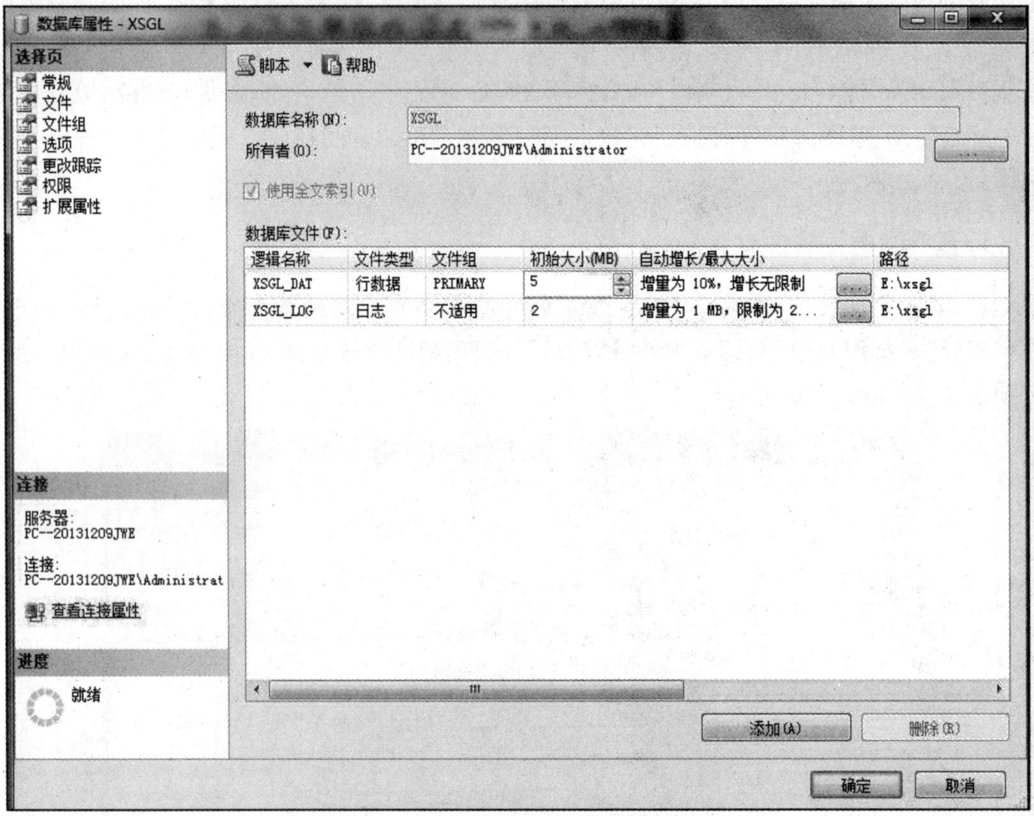

图 3.17 “数据库属性-XSGL”对话框窗口

步骤 3:在对话框右侧的“数据库文件”区域中,逻辑名称为 XSGL_DAT 的主数据库文件的初始大小原来为 5 MB,可以直接从键盘上输入 10 或者利用后侧的上下微调按钮增加到 10,代表将初始 5 MB 的容量更改为现在的 10 MB 的容量。

步骤 4:单击“添加”按钮即可实现增加辅助数据库文件。

步骤 5:单击“确定”按钮即可完成操作。

当然在该窗口中可以修改数据库文件、日志文件的各个项目,比如增长方式,添加辅助数据库文件、增加文件组以及更改数据文件所在的文件组等信息。

3)更改数据文件名

在 SQL Server 2012 中,除了系统数据库的名称不能更改外,用户数据库的名称都可以更改,但须确保要更改的数据库当前没有被使用才可以更改。

步骤 1:为了将“XSGL”数据库更名为“CJGL”,可以在“对象资源管理器”窗口中选择“XSGL”。

步骤 2:单击鼠标右键选择“重命名”命令,直接将“XSGL”数据库的名称更改为“CJGL”即可。

4)删除数据库

除了系统数据库不能删除外,其他用户数据库都可以删除。当用户删除数据库时,将从当前服务器或实例上永久地、物理地删除该数据库,数据库一旦删除,将不能恢复,因此请慎重删除。

【例 3.4】 将数据库"XSGL"删除。

步骤 1:在"对象资源管理器"窗口中,展开数据库文件。

步骤 2:用鼠标右键单击"XSGL"数据库,在弹出的快捷菜单中选择"删除"命令,打开"删除对象"对话框,如图 3.18 所示。在此对话框中,默认选中了"删除数据库备份和还原历史记录信息"复选框,表示删除数据库的同时也就删除了该数据库的备份文件。选定"关闭现有连接"复选框表示会将当前正在工作的数据库从开启状态转换为关闭状态。

步骤 3:如果确实要删除数据库,单击"确定"即可。

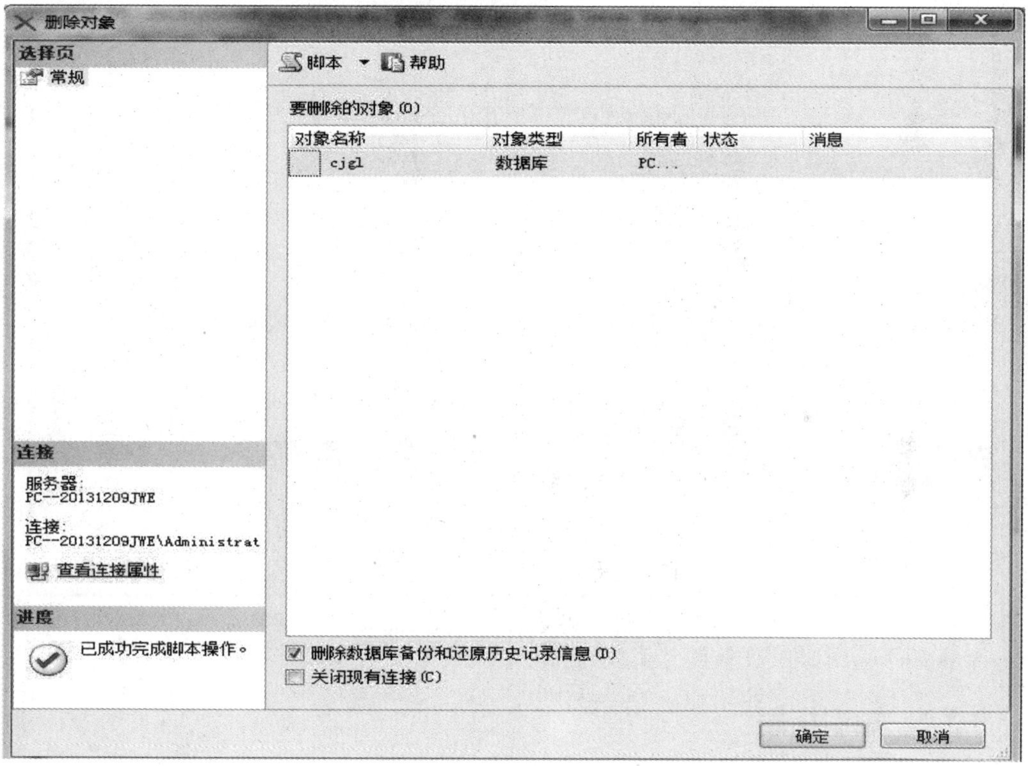

图 3.18 "删除对象"对话框

5)收缩数据库

SQL Server 创建数据库时采用"先分配,后使用"的空间分配机制,这样可能就造成了一定程度的容量浪费,比如对"学生档案管理"数据库分配了 500 MB 的空间,而实际上可能只用了 50 MB,剩余的 450 MB 不会释放给操作系统,这样就造成了大量空间的容量浪费。因此如果设计的数据库所占的空间过大,则会造成不必要的容量浪费。那么解决这一问题可以利用收缩数据库实现,对数据库中的每一文件进行收缩,删除已经分配但没有使用的空间。SQL Server 2012 提供了两种收缩数据库的方式,分别是自动收缩和手动收缩。

【例 3.5】 将“学生档案管理”数据库设置为自动收缩。

具体的操作步骤如下：

步骤 1：在“对象资源管理器”窗口中，选中“学生档案管理”，单击鼠标右键，在弹出的快捷菜单中选择“属性”命令。

步骤 2：打开“数据库属性-学生档案管理”对话框，选择窗口左侧的“选择页”列表中的“选项”。

步骤 3：将右侧的“自动”选项由原来的 False 更改为 True 即可，如图 3.19 所示。

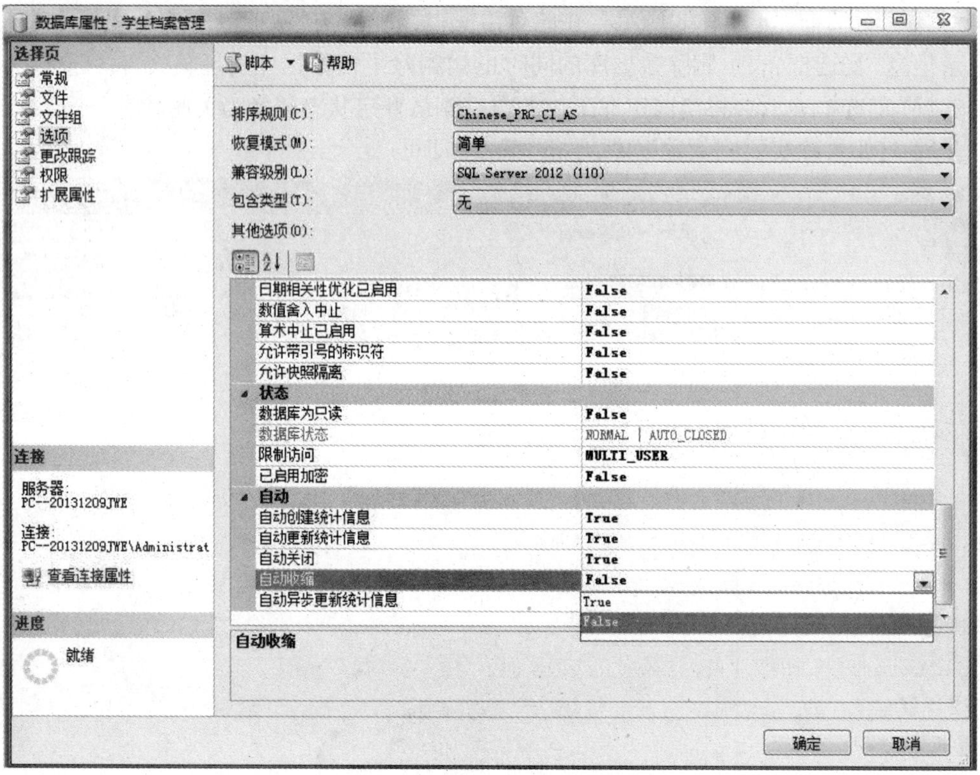

图 3.19 设置数据库为自动收缩

3.2.4 知识拓展

1)使用 T-SQL 增加辅助数据库文件

同样的上述问题，也可以利用 T-SQL 中的 ALTER DATABASE 命令进行修改。

【例 3.6】 对“XSGL”数据库增加一个辅助数据库文件，数据文件的逻辑名称为 XSGL_DATA2，物理文件名为 XSGL_DATA2.ndf，初始大小为 10 MB，最大尺寸不受限制，增长方式为 10%。

在查询分析器窗口中输入以下语句：

```
ALTER DATABASE XSGL
```

```
ADD FILE
(NAME=XSGL_DATA2,
FILENAME='E:\xsgl\XSGL_DATA2.NDF',
SIZE=10MB,
MAXSIZE=UNLIMITED,
FILEGROWTH=10%
)
```

执行成功后如图 3.20 所示。

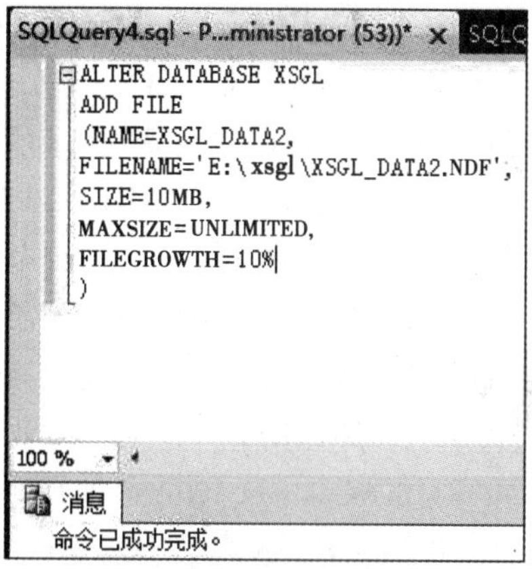

图 3.20　增加辅助数据库文件

2)使用 T-SQL 语句更改数据库名

使用 ALTER DATABASE 语句可以修改数据库名称,其语法格式如下:

```
ALTER DATBASE old_database_name
MODIFY NAME=new_database_name
```

【例 3.7】　将"CJGL"数据库更名为"CJGL1"。

```
ALTER DATBASE CJGL
MODIFY NAME=CJGL1
```

3)使用系统存储过程 sp_renamedb

sp_renamedb 语句的语法格式如下:

sp_renamedb 原数据库名,新数据库名

【例 3.8】　将"CJGL1"数据库更名为"XSGL"。

```
sp_renamedb CJGL,XSGL
```

单击"执行"按钮或者按"F5"键运行即可。

提示:修改数据名时如果提示不能修改,很有可能是因为当前数据库正在使用,请关闭当前数据库或者将当前数据库更改为其他数据库即可。

4)使用 T-SQL 命令删除数据库

T-SQL 命令 DROP DATABASE 语句删除数据库的语法格式如下:

DROP DATABASE 数据库名

如果将例 3.8 中"XSGL"数据库进行删除的语句是 DROP DATABASE XSGL,单击"执行"按钮即可完成删除数据库"XSGL"。

5)手动收缩数据库

若要收缩特定数据库的所有数据和日志文件,可以使用 DBCC SHRINKDATABASE 命令。若要一次收缩一个特定数据库中的一个数据或日志文件,可以使用 DBCC SHRINKFILE 命令。

使用 DBCC SHRINKDATABASE 的语法格式如下:

```
DBCC SHRINKDATABASE(database_name | database_id | 0 [ ,target_percent ]
```

[,{ NOTRUNCATE | TRUNCATEONLY }])[WITH NO_INFOMSGS]

参数说明如下：

- database_name | database_id | 0：要收缩的数据库的名称或 ID。如果指定 0，则使用当前数据库。
- target_percent：数据库收缩后的数据库文件中所需的剩余可用空间百分比。
- NOTRUNCATE：通过将已分配的页从文件末尾移动到文件前面的未分配页来压缩数据文件中的数据。target_percent 是可选的。文件末尾的可用空间不会返回给操作系统，文件的物理大小也不会更改。因此，指定 NOTRUNCATE 时，数据库看起来未收缩。NOTRUNCATE 只适用于数据文件，日志文件不受影响。
- TRUNCATEONLY：将文件末尾的所有可用空间释放给操作系统，但不在文件内部执行任何页移动。数据文件只收缩到最后分配的区。如果随 TRUNCATEONLY 指定了 target_percent，则会忽略该参数。TRUNCATEONLY 将影响日志文件。若要仅截断数据文件，请使用 DBCC SHRINKFILE。
- WITH NO_INFOMSGS：取消严重级别从 0~10 的所有信息性消息。

使用 DBCC SHRINKFILE 命令可以缩小数据库文件的大小，其语法格式如下：

DBCC SHRINKFILE

(file_name,target_size[,{NOTRUNCATE|TRUNCATEONLY}])

其中，target_size 参数表示文件缩小到的大小，以 MB 为单位，如果不指定该项，文件大小将减少到默认文件的大小。

【例 3.9】 将“学生档案管理”数据库收缩到 50 MB。

在查询分析器窗口中输入语句 DBCC SHRINKDATABASE(学生档案管理,50)即可。

【例 3.10】 将“学生档案管理”数据库中的数据库文件“学生档案管理_data2.ndf”收缩到 20 MB。

在查询分析器窗口中输入语句 DBCC SHRINKFILE(学生档案管理_data2.ndf ,20)即可。

提示：在使用 DBCC SHRINKDATABASE 语句时，无法将整个数据库容量收缩到比初始所占的空间更小。但使用 DBCC SHRINKFILE 语句时可以将各个数据库文件容量收缩到比初始所占的空间更小的效果。

任务 3　分离和附加数据库

3.3.1　情境设置

已经创建了学生管理数据库，可以针对领导的需要，灵活地对数据库进行管理了。

3.3.2　样例展示

样例如图 3.21 所示。

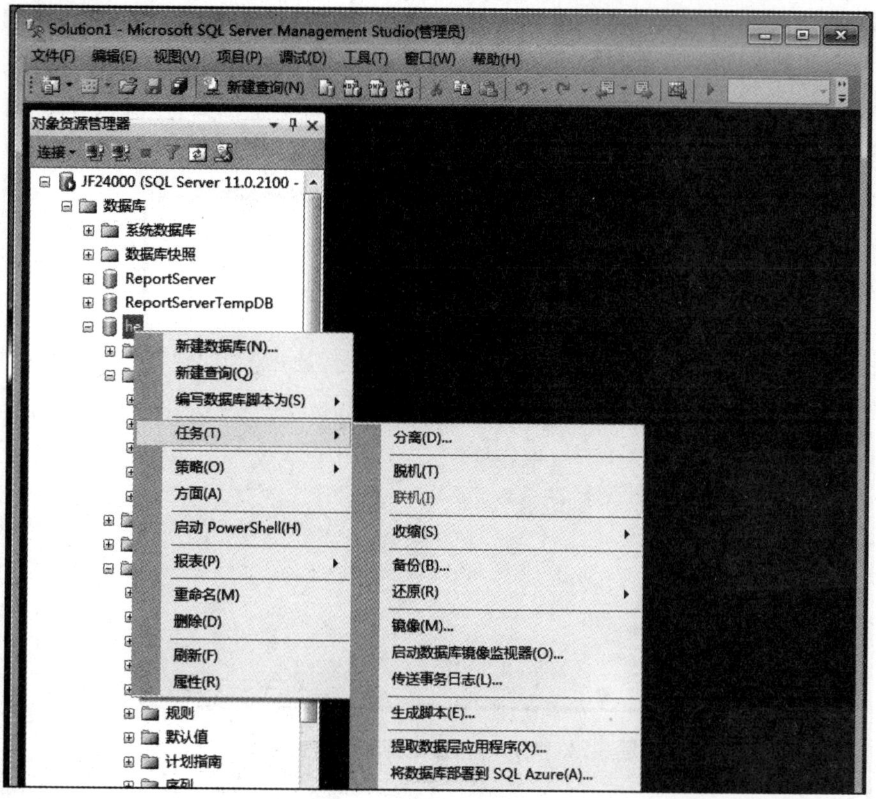

图 3.21　管理数据库文件

3.3.3　利用 SSMS 管理数据库实施步骤

1)分离数据库

【例 3.11】　将“学生档案管理”数据库从服务器上分离。

具体操作步骤如下:

步骤 1:在“对象资源管理器”窗口中,展开“数据库”节点。

步骤 2:选择“学生档案管理”数据库,单击鼠标右键,在弹出的快捷菜单中选择“任务”|“分离”选项。

步骤 3:打开“分离数据库”对话框,单击“确定”按钮即可实现分离数据库操作。

2)附加数据库

【例 3.12】　将例 3.10 中分离的“学生档案管理”数据库附加到当前服务器中。

步骤 1:在“对象资源管理器”窗口中,选择“数据库”节点,单击鼠标右键,在弹出的快捷菜单中选择“附加 1”命令。

步骤 2:打开“附加数据库”对话框,从该对话框中单击“附加”按钮查找存储介质上要附加的数据库的主数据库文件“学生档案管理_data1.mdf”文件,单击“确定”按钮,返回到“附加数据库”对话框中。

步骤 3:在“要附加的数据库区域”和“学生档案管理数据库详细信息”区域中显示出相关信息,如图 3.22 所示。

步骤 4:确认没有错误后,单击“确定”按钮即可实现将学生档案管理数据库附加到当前的 SQL Server 服务器中。

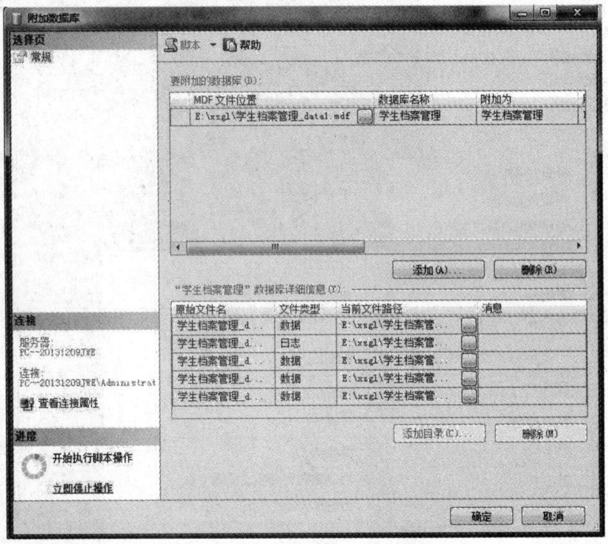

图 3.22 附加学生档案管理数据库窗口

3.3.4 知识链接

在使用数据库过程中,经常需要将数据库从一台服务器上移植到另一台服务器上,利用数据库的分离和附加操作,就可以保证移植前后数据库状态完全一致。分离数据库就是将数据库从服务器上脱离出来,同时保持数据文件和日志文件的完整性和一致性,这样分离出来的数据库文件可以附加到其他的服务器上继续使用。使用分离和附加操作,能方便地实现数据库的移动。

1)分离数据库

分离数据库是指将数据库从 SQL Server 服务器实例中删除,但是数据库的数据文件和事务日志文件在磁盘中依然存在,这也是和删除数据库的质的不同。

2)附加数据库

将分离后的数据库再加载到新的服务器上就需要利用数据库中的附加功能来实现,但首先需要知道被分离的数据库所存储的位置。可以附加复制的或分离的 SQL Server 数据库。当将包含全文目录文件的 SQL Server 2005 数据库附加到 SQL Server 2012 服务器实例上时，会将目录文件从其以前的位置与其他数据库文件一起附加，这与在 SQL Server 2005 中的情况相同。

任务 4 备份和还原

3.4.1 情境设置

已经创建了学生管理数据库，可以针对领导的需要，灵活地对数据库进行管理了。

3.4.2 样例展示

样例如图 3.23 所示。

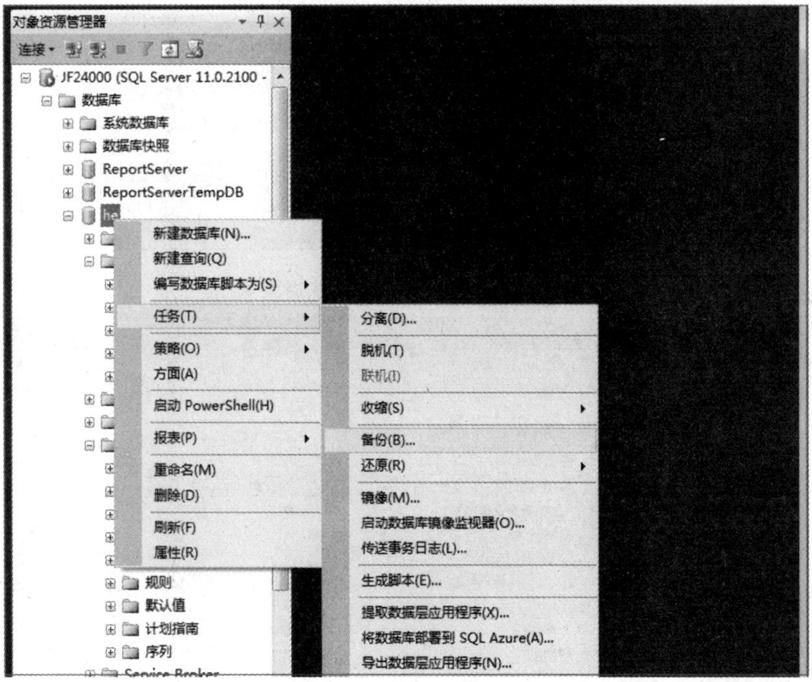

图 3.23 管理数据库文件

3.4.3 利用 SSMS 管理数据库实施步骤

1)在 SSMS 中备份

这里以“学生管理”数据库为例进行备份，具体操作步骤如下：

步骤1：在“对象资源管理器”窗口中，展开“数据库”节点。选择“学生管理”数据库，单击鼠标右键，如图3.24所示。在弹出的快捷菜单中选择“任务”|“备份”选项，打开“备份数据库-学生管理”对话框，如图3.25所示。

步骤2：在“备份类型”中选择“完整备份”还是“差异备份”，单击图3.25对话框下方的“添加”按钮，打开“选择备份目标”对话框，如图3.26所示，设置备份的路径和文件名。

步骤3：设置路径后，单击“确定”按钮即可回到图3.25所示界面，再单击“确定”按钮就可以完成备份。

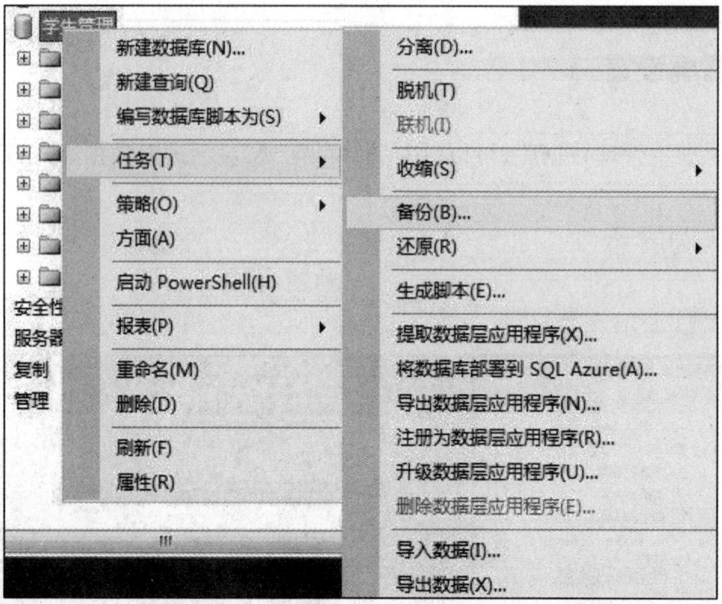

图3.24 “任务”|“备份”快捷菜单

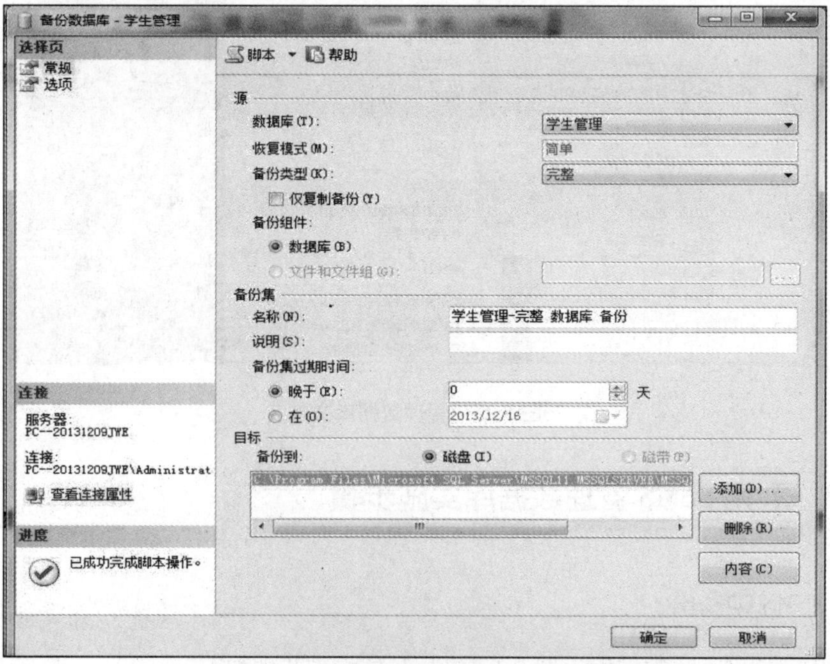

图3.25 “备份数据库-学生管理”对话框

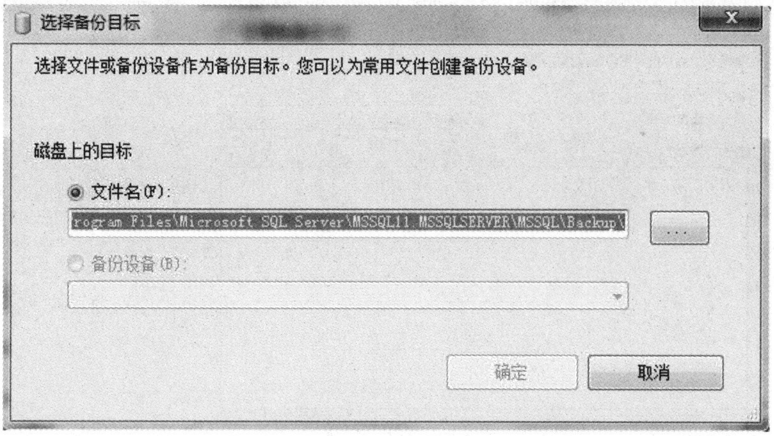

图 3.26　“选择备份目标”对话框

2)还原数据库

还原数据库的操作步骤如下:步骤 1:只需在图 3.24 中选择“任务”|“备份”快捷菜单,弹出如图 3.27 所示的界面。

步骤 2:选择“源”选项中“设备”选项,单击“设备”后侧的“添加”按钮,打开如图 3.28 所示的界面,单击“添加”按钮,在存储介质上找到备份数据库的文件位置和文件名。

步骤 3:单击“确定”按钮回到图 3.27 所示的对话框中,再单击“确定”按钮即可完成还原数据库操作。

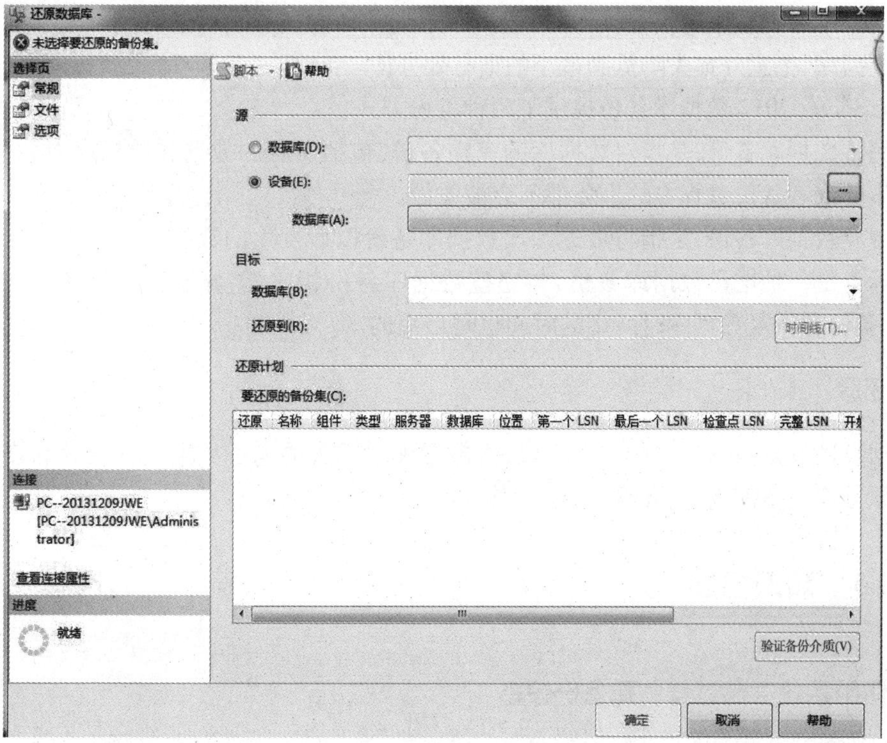

图 3.27　“还原数据库-学生管理”对话框

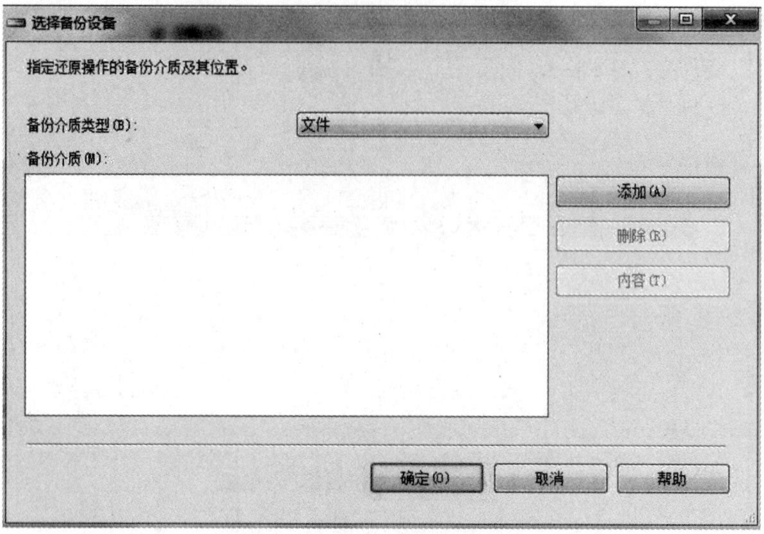

图 3.28 “选择备份设备”对话框

3.4.4 知识链接

1)备份

备份就是对 SQL Server 数据库或事务日志进行备份,数据库备份记录了在进行备份操作时数据库中所有数据的状态,以便在数据库遭到破坏时能够及时地将其恢复。备份是恢复受损数据库,把意外损失降低到最小的最有效办法。

SQL Server 2012 数据库备份提供了两种备份方式:

①完整数据库备份,是指对数据库的完整备份,包括所有的数据和数据库对象,所有未完成的事务或者备份过程中的事务都不会被备份。

②差异数据库备份,是指将最近一次数据库备份以后发生的数据变化备份起来。差异备份实际上是一种增量数据库备份,与完整数据库备份相比,差异备份由于备份的数据量小,因此备份和恢复数据库时所用的时间也是最短的。

2)还原

数据库还原是指通过一些技术手段,将数据库中丢失的电子数据进行抢救和恢复的技术。还原分为完整恢复、差异恢复、日志恢复。

3.4.5 知识拓展

1)使用系统存储过程创建备份设备

使用系统存储过程 sp_addumpdevice 备份设备的语法格式如下:

sp_addumpdevice 'disk|tape|pipe',<备份设备逻辑名称>,<备份设备物理名称>

其中,disk 表示磁盘,tape 表示磁带,pipe 代表管道。

【例 3.13】　将“学生档案管理”数据库创建一个备份设备“D:\学生_backup.bak”。

```
USE 学生档案管理
GO
EXEC sp_addumpdevice 'disk','学生_backup','d:\cxl\学生_backup.bak'
GO
```

2)使用 T-SQL 备份数据库

使用 T-SQL 语句创建备份,其语法格式如下:

```
BACKUP DATABASE database_name
TO backup_device_name[,…,n]
[WITH DIFFERENTIAL]          ——表示实现差异备份
```

【例 3.14】　将“学生档案管理”数据库备份到例 3.13 创建的备份设备中。

```
BACKUP DATABASE 学生档案管理 TO 学生_backup
GO
```

3)使用 T-SQL 备份文件和文件组

可以使用 T-SQL 语句创建备份,其语法格式如下:

```
BACKUP DATABASE <database_name><数据文件名或文件组名列表>
TO backup_device_name[,…,n]
[WITH DIFFERENTIAL]
```

其中数据文件名和文件组按以下格式指定文件或文件组:

```
FILE='<数据文件名>'
FILEGROUP='<数据文件组名>'
```

4)还原数据库

备份文件可以迁移到任何机器上,包括另外的服务器。在新的服务器上,首先新建一个数据库,只需输入和原来一样的数据库名字即可,其他任何设置都不要改动。

项目小结

本项目主要介绍了 SQL Server 2012 的启动、SQL Server Management Studio 管理器(简称 SSMS)的启动、利用 SQL Server Management Studio 管理器和 T-SQL 等方式实现创建数据库、增加辅助数据库文件、增加文件组、查看数据库信息、更改数据库信息、更改数据库的名称、自动收缩数据库、手动收缩数据库以及分离和附加数据库。通过本章学习,应该掌握以下内容：

①SQL Server 数据库的构成，分为系统数据库和用户数据库两类。系统中有 4 个系统数据库，分别是 Master，Model，Tempdb 和 Msdb。

②数据库的存储结构，包含主数据库文件、辅助数据库文件和日志文件。

③数据库文件组，分为主文件组、用户自定义文件组。

④掌握标识符的基本使用原则，标识符分为常规标识符和分割标识符。

⑤创建数据库的方式，分为图形界面操作的 SSMS 和 T-SQL 语句形式。不论使用哪种方式创建数据库，其结果都是一样的，需要注意的是，在使用 T-SQL 语句创建数据库时的格式要求。

⑥管理数据库中包含修改数据库、查看数据库等数据库操作。查看数据库可以使用系统存储过程来实现。

习 题

一、选择题

1.SQL Server 2012 中，存储用户建立的临时表的系统数据库为(　　)。

A.Model　　B.Msdb　　C.Master　　D.Tempdb

2.下列不属于 SSMS 功能的是(　　)。

A.注册服务器　　B.配置本地和远程服务器

C.导入和导出数据　　D.创建并管理用户

3.SQL Server 中主数据文件的初始大小默认值为(　　)MB。

A.1　　B.2　　C.3　　D.5

4.SQL Server 2012 中所有系统级信息存储于(　　)数据库。

A.Master　　B.Model　　C.Tempdb　　D.Msdb

5.下面描述错误的是(　　)。

A.每个数据文件中有且只有一个主数据文件

B.日志文件可以存在于任意文件组中

C.主数据文件默认为 Primary 文件组

D.文件组是为了更好地实现数据库文件组织

二、填空题

1.所有 SQL Server 数据库在默认情况下都包括________主数据文件和一个日志文件。

2.SQL Server 数据库是存储数据的容器，其对象主要包括________、________、________、________等。

3.SQL Server 有两类数据库：________和用户数据库。

4.SQL Server 安装完成后，包括 4 个系统数据库，分别为：________、________、________

和________。

5.通过 SQL 语句,使用________命令创建数据库,使用________命令查看数据库定义信息,使用________命令设置数据库选项,使用________命令修改数据库结构,使用________命令删除数据库。

三、简答题

1.说明事务日志的工作方式和作用。

2.数据导入/导出的含义是什么?

3.说明 SQL Server 数据库文件的类型和作用。

4.SQL Server 中 SSMS 的功能是什么?

四、实践操作题

1.创建一个名为"学生"的数据库,在主文件组中包含一个主数据库文件和一个日志文件,所有内容均取默认值。

2.创建一个名为"档案管理"的数据库,该数据库包含两个文件组的文件,在主文件组中包含一个主数据库文件和一个次数据库文件,所有内容均取默认值。在其中一个文件组中包含两个次数据库文件,文件初始大小均为 5 MB,最大为 30 MB,按 5 MB 增长。日志文件为默认。

项目 4

创建和管理数据表

【项目描述】

介绍了数据表的数据类型、创建数据表的方法、管理数据表以及有关表的约束的实现。

本项目重点是创建数据表;难点是利用多种方法,从多种角度管理数据表。包含的任务如表 4.1 所示。

表 4.1　项目 4 包含的任务

名　称	任务名称
项目 4 创建和管理数据表	任务 1　创建数据表
	任务 2　管理数据表
	任务 3　约束
	任务 4　规则
	任务 5　数据库关系图

创建表的方法和创建数据库的方法一样,也可以利用 SSMS 图形界面方式和 T-SQL 方式。创建的表必须存储在数据库中,在此介绍的创建表都要求保存在前面项目 3 的“学生管理”数据库中。

任务 1　创建数据表

4.1.1　情境设置

可以针对学生和教师两个实体创建和管理数据表,并实现两者之间的关联关系。

4.1.2　样例展示

样例如图 4.1 所示。

图 4.1　创建后的数据表文件

4.1.3　利用 SSMS 创建数据表实施步骤

步骤 1:启动 SSMS,在"对象资源管理器"中,展开"数据库"节点下面的"学生管理"数据库。单击"学生管理"数据库,单击鼠标右键,在弹出的快捷菜单中选择"新建表"命令,如图 4.2 所示。

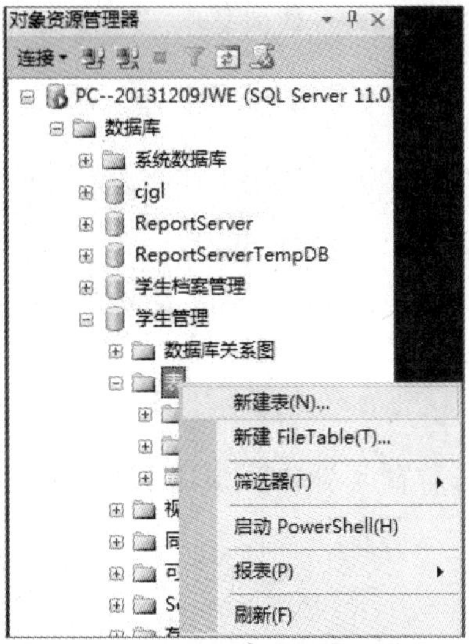

图 4.2　"新建表"菜单命令

步骤 2:打开"表设计器"窗口,在该窗口中创建表中各个字段的字段名和数据类型,这里设计学生基本信息表的结构如图 4.3 所示。

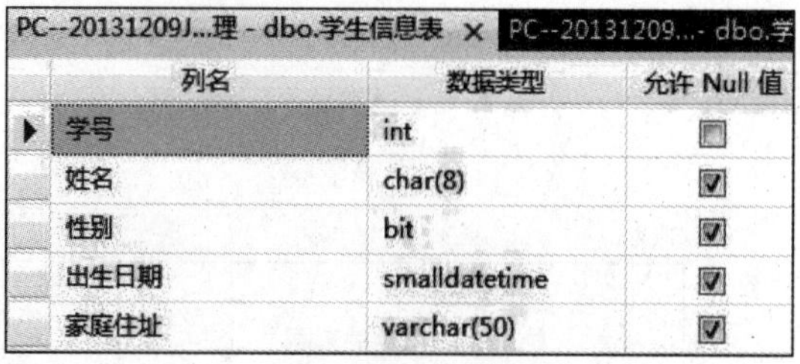

图 4.3 学生信息表的结构信息

步骤 3:表结构设计完成后,单击“保存”按钮或者“关闭”按钮,在弹出的“选择名称”对话框默认名称为“表 1”中,输入表的名称“学生信息”。单击“确定”按钮,完成表的创建,如图 4.4 所示。

图 4.4 保存表对话框

4.1.4 知识链接

数据类型是数据的一种属性,表示数据所表示信息的类型,用于指定对象可保存的数据的类型。数据类型相当于一个容器,容器的大小决定了其所装内容的多少。

SQL Server 数据库的数据类型可以分为两类,分别是系统数据类型和用户自定义的数据类型。常用的数据类型包含字符类型、数值类型、日期类型等 25 种数据类型。

1)整数数据类型

整数数据类型是常用的数据类型,主要用于存储数值,包括 bigint,int,smallint,tinyint。

(1) bigint

大整型每个 bigint 存储 8 个字节,其中 1 个二进制位表示符号,其他 63 个二进制位表示存储的长度和大小。

(2) int

int 表示普通整型,每个 int 存储 4 个字节,其中 1 个二进制位表示符号,其他 31 个二进制位表示长度和大小。

(3) smallint

smallint 表示小整型,每个 smallint 可以存储 2 个字节的存储空间,其中 1 个二进制位表示符号,其他 15 个二进制位表示长度和大小。

(4) tinyint

tinyint 表示微整型,每个 tinyint 可以存储 1 个字节的存储空间。

2)二进制数据类型

二进制数据类型包括 binary,varbinary 和 image。

(1)binary

binary[(n)]是 n 位固定的二进制数据。其中 n 的取值范围为 1~8 000。其存储的大小是 n 个字节,在输入 binary 值时,必须在前面加 0x,表示输入的是十六进制数据。

(2)varbinary

varbinary[(n)]是 n 位变长度的二进制数据。其中 n 的取值范围为 1~8 000。其存储的大小是 n+2 个字节,而不是 n 个字节。

(3)image

在 image 数据类型中存储的数据是以位字符串形式存储的,不是由 SQL Server 决定,必须由应用程序来实现。例如,应用程序可以把.bmp,.gif 和.jpg 格式的图片数据存储在 image 数据类型中。

3)字符数据类型

标准字符数据的类型包括 char,varchar 和 text。字符数据是由任意字母、符号和数字任意组合而成的数据。

(1)char

char(n)用来存储字符数据,每一个字符和符号都占用 1 个字节的存储空间。n 表示能存储所有字符的大小,n 的取值范围为 1~8 000。n 若不指定值,则默认取 1。

(2)varchar

varchar 是变长字符数据类型,可以根据实际存储的字符数多少改变其存储空间。

(3)text

超过 8 KB 的 ASCII 数据可以使用 text 数据类型进行存储。例如,因为 html 文档全部都是 ASCII 字符,并且在一般情况下长度超过 8 KB,所以这些文档可以 text 数据类型存储在 SQL Server 中。

(4)unicode 数据类型

unicode 数据类型包括 nchar,nvarchar 和 ntext。

在 Microsoft SQL Server 中,传统的非 unicode 数据类型允许使用由特定字符集定义的字符。在 SQL Server 安装过程中,允许选择一种字符集。使用 unicode 数据类型,列中可以存储任何由 unicode 标准定义的字符。在 unicode 标准中,包括了以各种字符集定义的全部字符。

在 SQL Server 中,unicode 数据以 nchar,nvarchar 和 ntext 数据类型存储。使用这种字符类型存储的列可以存储多个字符集中的字符。当列的长度变化时,应该使用 nvarchar 字符类型,这时最多可以存储 4 000 个字符。当列的长度固定不变时,应该使用 nchar 字符类型,同样,这时最多可以存储 4 000 个字符。当使用 ntext 数据类型时,该列可以存储多于 4 000

个字符。

4)日期和时间数据类型

日期和时间数据类型包括 date,time,datetime 和 smalldatetime 4 种类型。日期和时间数据类型由有效的日期和时间组成。

日期的格式可以设定。设置日期格式的命令如下:

set dateformat {format | @format _var|}

其中,format | @format_var 是日期的显示顺序。有效的参数包括 mdy(月、日、年)、dmy(日、月、年)、ymd(年、月、日)、ydm(年、日、月)、myd(月、年、日)和 dym(日、年、月)。在默认情况下,日期格式为 mdy。

例如,当执行 set dateformat ymd 之后,日期的格式为"年-月-日"形式;而当执行 set dateformat dmy 后,日期的格式将更改为"日-月-年"形式 。

(1) date

date 用于存储用字符串表示的日期数据,可以表示公元元年 1 月 1 日到公元 9999 年 12 月 31 日间的日期。数据为"YYYY-MM-DD" 格式,代表"年-月-日"。

(2) time

time 类型表示时间,以字符串形式表示一天中的具体时间,数据格式为"hh : mm : ss"。

(3) datetime

datetime 用于存储日期和时间数据,从 1753 年 1 月 1 日到 9999 年 12 月 31 日,可以使用"/""-"".”作为分隔符。该数据类型占用 8 个字节。

(4) smalldatetime

smalldatetime 表示小日期时间类型,它存储的日期范围是 1900 年 1 月 1 日到 2079 年 6 月 6 日,该类型占用 4 个字节。

5)浮点数据类型

浮点数据类型用来存储十进制小数,浮点数据在 SQL Server 中采用只入不舍的方式存储数据,当要舍入的数为一个非零数时才进行舍去,并判断是否进位。

(1) real

real 可以存储正数或者负数。每个 real 类型的数据占用 4 个字节的存储空间。

(2) float[(n)]

float[(n)]用于存储以科学记数法形式表示 n 位的尾数。该类型占 8 个字节。

(3) decima[p[,s]]和 numeric[p[,s]]

这两种类型意义相同,表示带固定精度和小数位数的数值数据类型,其中 p(精度)表示最多可以存储的十进制数字的总位数,默认精度是 18 位,通常为 1~38 位。s(小数位数)用于指定小数点右边可以存储的十进制数字的最大位数。默认的小数位数为 0,可以取 0~p 的数值。例如 decimal(10,2)表示共有 10 位数,其中整数占 8 位,小数位为 2 位。

6)货币类型

货币数据的数据类型有 money 和 smallmoney 两种,用于存储货币。

money 数据类型占 8 个存储字节,money 数据类型的精度是 19;smallmoney 数据类型占 4 个存储字节。

7)特殊数据类型

特殊的数据类型有 timestamp,bit,rowversion,table,cursor,uniqueidentifier 等。

①timestamp 表示时间戳数据类型,用于表示 SQL Server 数据修改的先后顺序,以二进制的格式表示。

②bit 表示位数据类型,只取 1 或者 0,长度为 1 个字节。通常 bit 用于逻辑判断表示真或者假、on 或者 off。

③uniqueidentifier 是全球唯一标识符,是 SQL Server 根据网络适配器地址和主机 CPU 时钟产生的唯一号码,由 16 字节的十六进制数字组成。当表的记录行要求唯一时,guid 是非常有用的。例如,在客户标识号列使用这种数据类型可以区别不同的客户。

8)用户自定义的数据类型

用户自定义的数据类型基于在 Microsoft SQL Server 中提供的数据类型。当几个表中必须存储同一种数据类型时,并且为保证这些列有相同的数据类型、长度和可空性时,可以使用用户自定义的数据类型。

当创建用户自定义的数据类型时,必须提供数据类型的名称、所基于的系统数据类型和数据类型的可空性。

(1)创建用户自定义的数据类型

创建用户自定义的数据类型可以使用 SSMS 图形界面和系统存储过程实现。系统存储过程 sp_addtype 可以来创建用户自定义的数据类型。

其语法形式如下:

```
sp_addtype {type},[,system_data_type][,'null_type']
```

其中,type 是用户自定义的数据类型的名称。system_data_type 用于指定相应的系统提供的数据类型的名称及定义,例如 decimal,int,char 等;null_type 表示该数据类型是如何处理空值的,必须使用单引号引起来,其值可以在' NULL ',' NOT NULL '或者' NONULL '中选择。

【例 4.1】 自定义一个地址 homeaddress 数据类型,用于存储学生的家庭住址。

其语句如下:

```
USE 学生管理
EXEC sp_addtype homeaddress ,'varchar(30)', 'NOT NULL'
```

表示创建了一个用户自定义的数据类型 homeaddress,其基于的系统数据类型是变长为 30 位的字符,而且不允许空。

(2)删除用户定义的数据类型

当用户自定义的数据类型不需要时,可将其删除。删除用户自定义的数据类型的命令是 sp_droptype {'type'}。

【例 4.2】 删除例 4.1 中创建的 homeaddress 数据类型。

```
USE 学生管理
EXEC sp_droptype 'homeaddress'
```

提示：当表中的列还正在使用用户定义的数据类型时，或者在其上面还绑定有默认或者规则时，这种用户定义的数据类型不能删除。当然也可以利用 SSMS 图形界面进行手动删除用户自定义数据类型。

以上各类数据类型的取值范围如表 4.2 所示。

表 4.2 各类数据类型的取值范围

字段类型	描 述
bigint	从 -2^{63}(-9 223 372 036 854 775 808)到 $2^{63}-1$(9 223 372 036 854 775 807)的整型数字
int	从 -2^{31}(-2 147 483 648)到 2^{31}(2 147 483 647)的整型数字
smallint	从 -2^{15}(-32 768)到 2^{15}(32 767)之间的整数
tinyint	从 0 到 255 之间的所有正整数
binary	定长二进制数据，最大长度为 8 000 个字节
varbinary	变长二进制数据，最大长度为 8 000 个字节
image	变长二进制数据，最大长度为 $2^{31}-1$ 个字节
char	定长非 Unicode 的字符型数据，最大长度为 8 000 个字符
varchar	变长非 Unicode 的字符型数据，数据长度最大为 8 000 个字符
text	变长非 Unicode 的字符型数据，最大长度为 $2^{31}-1$ 个字符
nchar	定长 Unicode 的字符型数据，最大长度为 4 000 个字符
nvarchar	变长 Unicode 的字符型数据，最大长度为 536 870 912 个字符
ntext	变长 Unicode 的字符型数据，最大长度为 $2^{31}-1$ 个字符
float	数据类型可精确到第 15 位小数，数据范围从-1.79E-308 到 1.79E+308 可变精度之间的数值
real	数据类型可精确到第 7 位小数，数据范围从-3.40E-38 到 3.40E+38 可变精度之间的数值
decimal	从 $-10^{38}-1$ 到 $10^{38}-1$ 的定精度与有效位数的数值数据
numeric	decimal 的同义词
money	从-922 337 203 685 477.580 8 到 922 337 203 685 477. 580 7 的货币数据，最小货币单位为万分之一
smallmoney	从-214 748.364 8 到 214 748.364 7 的货币数据，最小货币单位为万分之一

续表

字段类型	描 述
datetime	从1753年1月1日到9999年12日31的日期和时间数据,最小时间单位为百分之三秒或3.33毫秒
smalldatetime	从1900年1月1日到2079年6月6日的日期和时间数据,最小时间单位为分钟
bit	0或1的整型数字
timestamp	时间戳,一个数据库宽度的唯一数字标识,一个表中只能有一个timestamp列
uniqueidentifier	全球唯一标识符guid,128位整数(16字节)

4.1.5 知识拓展

1)使用T-SQL创建数据表

在T-SQL语句中,使用CREATE TABLE语句可以创建数据表,其语法结构如下:

```
CREATE TABLE table_name
    column_name datatype [COLLATE<constraint_name>]
    [NULL|NOT NULL] [PRIMARY KEY|UNIQUE]
| column_name AS computed_column_expression
    [,…,n] [ASC|DESC]
```

各个参数说明如下:

- table_name:表示创建的新表的名称。表名必须遵循有关标识符的规则。除了本地临时表名[以单个数字符号(#)为前缀的名称]不能超过116个字符外,table_name最多可包含128个字符。
- column_name:表示创建表中列的名称。列名必须遵循标识符规则,并在表中唯一。column_name可包含1~128个字符。对于使用timestamp数据类型创建的列,可以省略column_name。如果未指定column_name,则timestamp列的名称将默认为timestamp。
- data_type:表示字段列的数据类型,可以是系统数据类型也可以是用户自定义数据类型。
- constraint_name:字段对应的约束的名称。约束名称必须在表所属的架构中唯一。
- NULL | NOT NULL:用于确定列中是否允许使用空值。严格来讲,NULL不是约束,但可以像指定NOT NULL那样指定它。只有同时指定了PERSISTED时,才能为计算列指定NOT NULL。
- PRIMARY KEY:是通过唯一索引对给定的一列或多列强制实体完整性的约束。每个表只能创建一个PRIMARY KEY约束。
- UNIQUE:也是一个约束,该约束通过唯一索引为一个或多个指定列提供实体完整性。一个表可以有多个UNIQUE约束。

• ASC|DESC:指定加入到表约束中的一列或多列的排序顺序。ASC 表示升序,DESC 表示降序。默认设置为 ASC。

【例 4.3】 使用 T-SQL 语句在“学生管理”数据库中创建“学生信息表”。

```
CREATE TABLE 学生信息表
(学号 int PRIMARY KEY,
  姓名 char(8) NOT NULL,
  性别 bit NOT NULL,      ——这里假定 0 表示'男'、1 表示'女'
  出生日期 smalldatetime NOT NULL,
  家庭住址 varchar(50) NOT NULL)
```

单击执行命令,在检查语法通过后即可完成表的创建。

提示:由于前面已经利用 SSMS 的方式创建了一个“学生信息表”,如果再次创建会提示该表已经存在,可以更换表名或者创建该表到其他的数据库中。

2)使用模板创建数据表

使用模板创建数据表的具体操作步骤如下:

①启动连接服务器后,单击工具栏中的“新建查询”按钮,创建一个新的查询分析器窗口。

②单击“视图”|“模板资源管理器”,在屏幕的右侧打开“模板浏览器”窗口。

③展开“SQL Server 模板”|“Table”|“Create Table”节点,如图 4.5 所示。

④选择 Create Table 选项,按住鼠标左键将 Create Table 拖放到查询编辑器窗口中,在查询编辑器窗口中会自动生成如图 4.6 所示的命令代码。

⑤选择“查询”|“指定模板参数的值”命令,打开“指定模板参数的值”对话框,设定各个参数的值,如图 4.7 所示。

⑥部分参数的含义如表 4.3 所示。设置各个参数后,单击“确定”按钮,将替换各个参数的值。

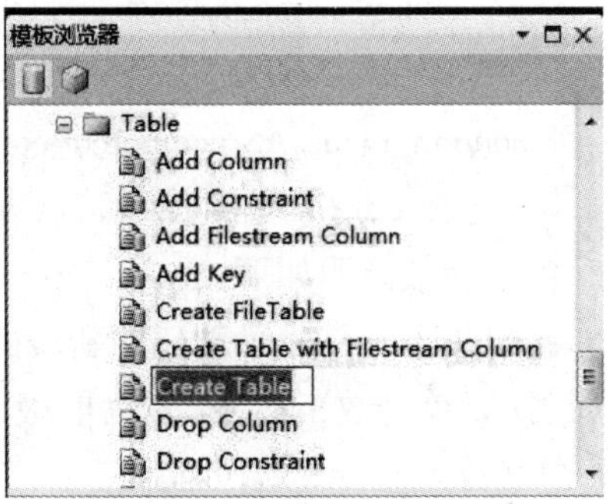

图 4.5 “模板资源管理器”

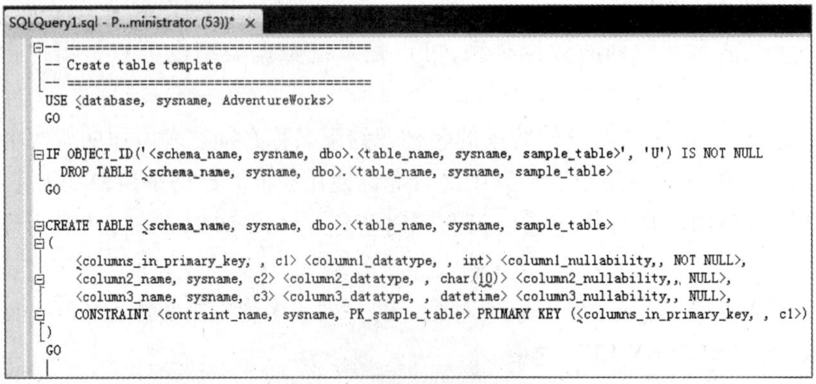

图 4.6 创建数据表模板

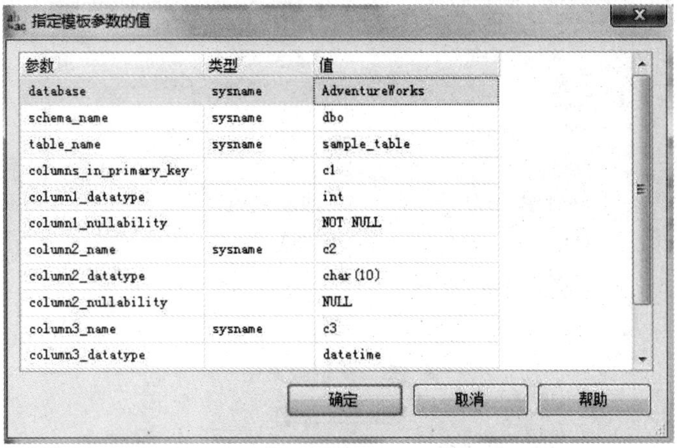

图 4.7 创建表的"指定模板参数的值"对话框

表 4.3 创建表的模板部分参数的含义

参 数	含 义
database	创建的表归属的数据库名称
schema_name	数据库拥有者
table_name	表的名称
column1_in_primary_key	指定第一列的列名,并自动设置为主键
column1_datatype	指定第一列名的数据类型
column1_nullability	指定第一列名是否允许为空

⑦单击工具栏中的"执行"按钮或按"F5"键,就完成了利用模板创建数据表。

任务 2 管理数据表

4.2.1 情境设置

数据表创建后,可以根据需要修改表中已经定义的各项。除了可以对字段进行增加、删除和修改操作外,还可以更改表的名称、表的字段的约束、查看表的结构以及表的属性等内容,以上修改数据表的方式都可以利用 SSMS 和 T-SQL 语句两种形式来实现。

4.2.2 样例展示

样例如图 4.8 所示。

JF24000.学生管理 - dbo.学生信息表 ×	JF24000.庄成智 - dbo.学生基

	列名	数据类型	允许 Null 值
🔑	学号	int	☐
	姓名	varchar(6)	☑
	性别	bit	☑
	出生日期	smalldatetime	☑
	联系电话	char(11)	☑
	家庭住址	text	☑
			☐

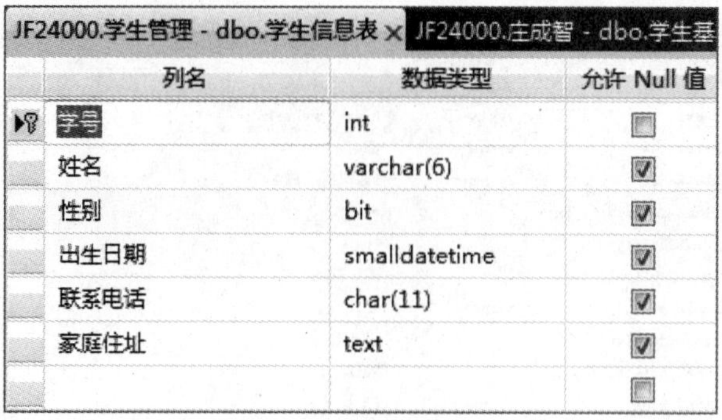

图 4.8 样例效果图

4.2.3 利用 SSMS 管理数据表实施步骤

步骤 1:增加或修改表字段。

增加字段表示对已经设计后的表增加一个新的字段;修改表字段表示修改已经存在的字段,对其进行更名,本节中以前面创建的"学生信息表"为例进行增加或者修改表字段。

在"对象资源管理器"中,找到"学生管理"数据库节点下的"学生信息表"并选择,单击鼠标右键,在弹出的快捷菜单中选择"设计"菜单命令,如图 4.9 所示。

在弹出的表设计器窗口中,如果需要增加新字段,则在原有字段后面的新字段名中单击鼠标就可以添加新字段,并设置新字段的字段名、字段类型和字段宽度等;如果需要修改原有字段名称,则可以直接单击原有名称进行更改。

步骤 2:删除字段。

在"对象资源管理器"中,找到"学生管理"数据库节点下的"学生信息表"并选择,单击鼠标右键,在弹出的快捷菜单中选择"设计"菜单,再打开表的设计器窗口,单击不需要的字段,单击鼠标右键选择"删除列"命令即可,如图 4.10 所示。

图 4.9 选择"设计"快捷菜单命令

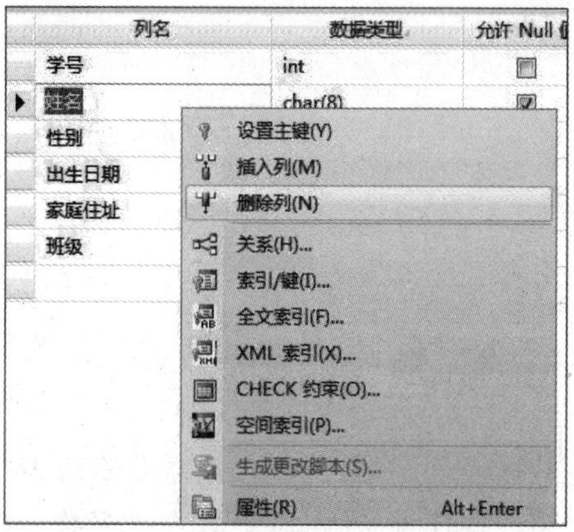

图 4.10 "删除列"菜单命令

步骤 3:查看表属性。

利用 SSMS 查看已经创建的表的属性,可以直接选择表,单击鼠标右键选择"属性"命令即可查看,如图 4.11 所示。在"常规"选项页中显示了表所在的数据库名称、当前连接到服务器的用户名称以及表的创建时间等属性信息,这些信息都不能更改。

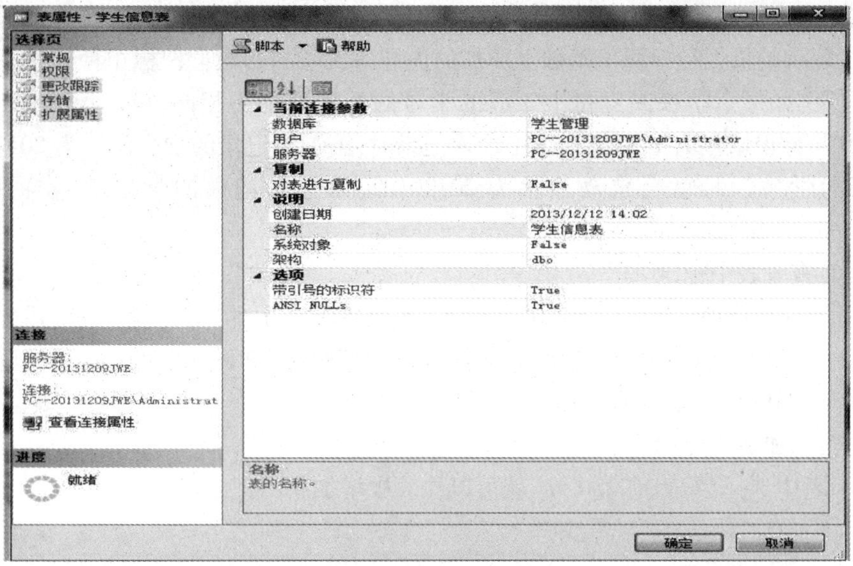

图 4.11　学生信息表的表属性

步骤 4:改变字段排列顺序。

更改数据表中字段的排列顺序,可以在 SSMS 中实现,具体操作步骤如下:

①打开“学生信息表”的表“设计”窗口。

②选择要重新排序的列名称左侧的框。

③将列拖动到表中另一个指定位置即可。

步骤 5:设置自动编号列。

这里对“学生信息表”的“学号”字段设置自动编号列。

①打开已经创建的学生信息表的表“设计”窗口,选择“学号”字段。

②双击下方的“列属性”窗口中的标识列,选择其中的“是标识”选项,将右侧的“否”更改为“是”,如图 4.12 所示。

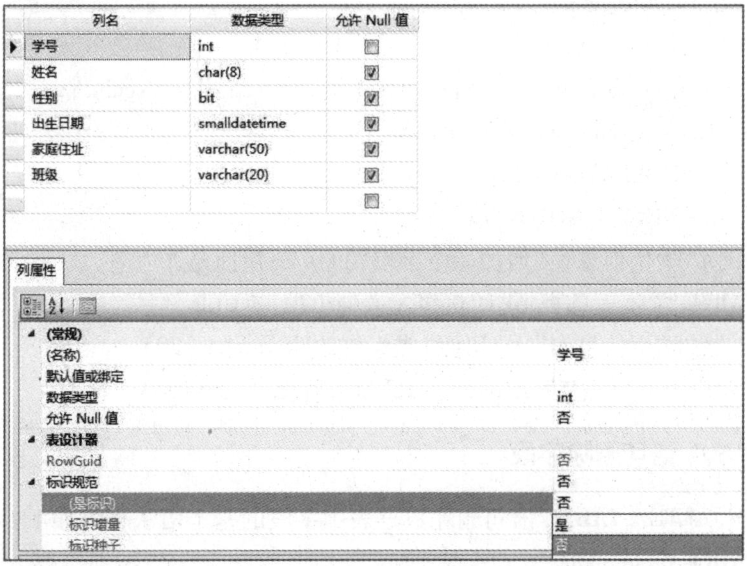

图 4.12　设置学生信息表的标识列

③这时下方将显示“标识增量”和“标识种子”选项，其中“标识增量”为插入的行生成标识值时，在现有的最大行标识值基础上所加的值即每次增加的数量；“标识种子”指标识列的初始行值。例如每个学校或者每个年级的学号的初始值都不相同，可以设置标识种子为“20120101”、标识增量为1，这样往表中录入记录时，第一条记录的学生学号为20120101，第二条记录的学生学号就会自动显示为20120102，第三条记录的学生学号自动显示为20120103……

步骤6：查看表中记录。

在“对象资源管理器”中，找到“学生管理”数据库节点下的“学生信息表”并选择，单击鼠标右键，在弹出的快捷菜单中选择“选择前1000行”命令，如图4.9所示，就可以将表中已经录入的前1 000行记录显示出来。

步骤7：添加新的记录。

在图4.9中选择“编辑前200行”就可以往表中增加新的记录。

4.2.4 知识拓展

1）使用T-SQL语句增加字段或修改表

在T-SQL中使用ALTER TABLE语句可以修改数据表，对其增加或者修改原有字段。

增加字段的基本语法格式如下：

```
ALTER TABLE table_name
ADD { <column_definition> | <computed_column_definition>
        | <table_constraint> | <column_set_definition>
    } [ ,…,n ]
```

修改字段其基本的语法格式如下：

```
ALTER TABLE table_name
   ALTER COLUMN column_name
      {  [ type_schema_name. ] type_name [ ( { precision [ , scale ]
           |max | xml_schema_collection } ) ]
            [ COLLATE collation_name ]
            [ NULL | NOT NULL ] }
```

【例4.4】 对“学生信息表”增加一个字段“班级”，并且允许为空。

```
ALTER TABLE 学生信息表 ADD 班级 varchar(30) NULL
```

【例4.5】 将“学生信息表”中“班级”类型修改为varchar(20)。

```
ALTER TABLE 学生信息表 ALTER COLUMN 班级 varchar(20)
```

2）利用T-SQL语句删除字段

利用T-SQL ALTER TABLE语句删除数据表中字段的基本语法格式如下：

```
ALTER TABLE table_name
DROP COLUMN column_name
```

【例 4.6】 删除“学生信息表”中的“班级”字段。

```
ALTER TABLE 学生信息表 DROP COLUMN 班级
```

3)利用 T-SQL 实现设置自动编号列

创建表的同时可以设置标识列或者对已经创建的表通过修改表来实现。比如在“学生管理”数据库中创建一个“学生成绩表”,要求“学号”字段用标识列来实现,标识种子为“20130101”。

```
CREATE TABLE 学生成绩表
(学号 int NOT NULL  IDENTITY(20130101,1),
高数 int,
英语 int,
语文 int)
```

4)表中有可计算的列

表中计算列可以使用同一表中的其他列的表达式计算得来,表达式可以是非计算列的列名、常量、函数,也可以是用一个或多个运算符连接的上述元素的任意组合。但表达式不能为子查询。

一般情况下,计算列是未实际存储在表中的虚拟列。每当在查询中引用计算列时,都将重新计算它们的值。数据库引擎在 CREATE TABLE 和 ALTER TABLE 语句中使用 PERSISTED 关键字来将计算列实际存储在表中。如果在计算列的计算更改时涉及任何列,将更新计算列的值。通过将计算列标记为 PERSISTED,可以对具有确定性但不精确的计算列创建索引。另外,如果计算列引用 CLR 函数,则数据库引擎不能验证该函数是否真正具有确定性。在这种情况下,计算列必须为 PERSISTED,以便可对其创建索引。

【例 4.7】 将“学生管理”数据库中“学生成绩表”增加一个“总分”字段,并且利用查询语句实现计算列求总分。

```
ALTER TABLE 学生成绩表
ADD 总分 int NULL
SELECT 语文,高数,英语,语文+高数+英语 AS 总分 FROM 学生成绩表
```

单击“执行”按钮,系统显示结果,如图 4.13 所示。

	语文	高数	英语	总分
1	98	78	89	265
2	91	76	69	236
3	88	58	68	214
4	59	97	68	224
5	69	75	78	222

图 4.13 例 4.7 执行结果

5)利用 SELECT 查询语句实现查看表记录

```
USE 学生管理
SELECT * FROM 学生成绩表
```

单击“执行”按钮,系统显示命令已经成功执行。

6)利用 T-SQL 实现添加新的表记录

比如在“学生信息表”中增加一条新的记录,则可以单击“新建查询”按钮,在查询分析器窗口中输入以下语句:

```
INSERT INTO 学生信息表(学号,姓名,性别,出生日期,家庭住址,班级) VALUES
('20120103','赵小明',0,1994-2-3,'绥化市','2012 级计算机物联网')
```

提示:如果向表中插入字段的个数少于表中字段数时,则未指定的字段值(字段必须允

许为空值)会自动显示为 NULL。

7)删除表记录

【例 4.8】 在“学生管理”数据库中,先创建一个表“STUDENT”,添加一些新的记录,然后再执行以下操作:

(1)删除表中符合条件的记录

USE 学生管理
CREATE TABLE STUDENT
(ID char(3),
XM char(6))
GO
DELETE STUDENT WHERE ID='001' ——删除表中符合条件的记录,不符合条件的记录仍保留
GO

(2)删除表中的全部信息

USE 学生管理
GO
DELETE STUDENT ——不加 WHERE 条件,删除表中的所有记录,但表的结构还存在
GO

(3)使用 TRUNCATE 删除表中的信息

USE 学生管理
GO
TRUNCATE TABLE STUDENT ——删除表中的全部信息,但表的结构还存在
GO

(4)使用 DROP 删除表中的记录

USE 学生管理
GO
DROP TABLE STUDENT ——SQL Server 删除表中全部信息,但表的结构还存在
GO

8)删除表

删除表操作将删除表的定义、表中的记录以及该表的相应权限。在删除表之前,应该首先删除该表与其他对象之间的依赖关系,确保正确删除没有用的表。

其 T-SQL 语法格式如下:

DROP TABLE table_name

【例 4.9】 在“学生管理”数据库中,删除例 4.8 中创建的表“STUDENT”。

USE 学生管理
GO
DROP TABLE STUDENT

任务3　约　束

4.3.1　情境设置

在管理数据表时,经常需要对数据库表中的数据有个规范性的约束,限制一些不太会使用的用户随意地更改数据。

4.3.2　样例展示

样例如图 4.14 所示。

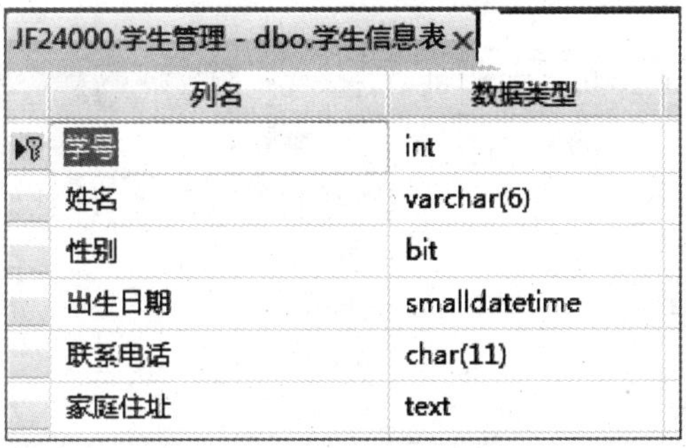

JF24000.学生管理 - dbo.学生信息表
列名
数据类型
学号
int
姓名
varchar(6)
性别
bit
出生日期
smalldatetime
联系电话
char(11)
家庭住址
text

图 4.14　“学生信息表”创建主键约束后的表设计器

4.3.3　利用 SSMS 创建约束实施步骤

1)主键约束

主键约束可以在创建表的同时指定主键值,它可以唯一标识表中每一条记录,每个表只能有一个主键约束,并且主键约束的列不允许为空值。可以将一列或者多列的组合定义为一个主键约束,那么每一列的值可以重复,但多列的组合不允许重复值,必须唯一。例如在“学生信息表”中“学号”可以定义为主键约束(PRIMARY KEY),因为在该表中“学号”可以唯一标识每一名同学的记录的不同;而在“学生成绩表”中由于每一名同学可以有多科的成绩,则可以将“学号”和“课程号”两列同时设置为主键约束(PRIMARY KEY)。

步骤 1:在“对象资源管理器”窗口中,展开“数据库”|“学生管理”|“表”节点,选择“学生信息表”,鼠标右键单击“设计”进入表设计器窗口。

步骤 2:在图 4.14 所示的窗口中,将鼠标定位到“学号”字段,单击鼠标右键,选择“设置主键”命令,如图 4.15 所示。

这时学号字段上就会出现一个小钥匙图标,说明设置完成。

步骤3：单击"保存"按钮,主键设置完成。

2)唯一约束

唯一约束用于指定非主键的一列或多列的组合,其
值具有唯一性,目的是防止输入重复的值。当表中已经
有一个主键约束,而其他字段也不允许出现重复值时,就
可以将该列或多列的组合设置为唯一约束,这样就可以
保证不出现重复值的错误。唯一约束可以出现空值,可
以对一个表设置多个唯一约束。

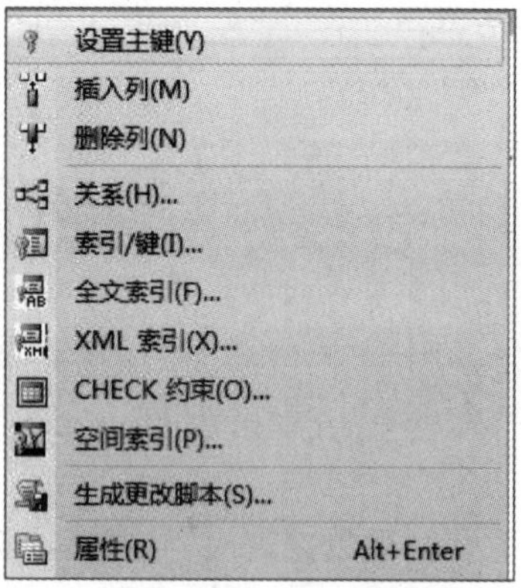

创建一个"教师表"并且为"教工号"创建唯一约束,
具体操作步骤如下:

图 4.15 表设计器的快捷键

步骤1：在"对象资源管理器"窗口中,展开"数据库"|"学生管理"|"表"节点,选择
"表",单击鼠标右键,选择"新建表"命令进入表设计器窗口。

步骤2：在表设计器窗口中,输入各个字段的字段名和字段类型、长度等,如图 4.16
所示。

列名	数据类型	允许 Null 值
教工号	char(10)	☐
姓名	char(8)	☑
性别	char(2)	☑
年龄	int	☑
课程	varchar(20)	☑

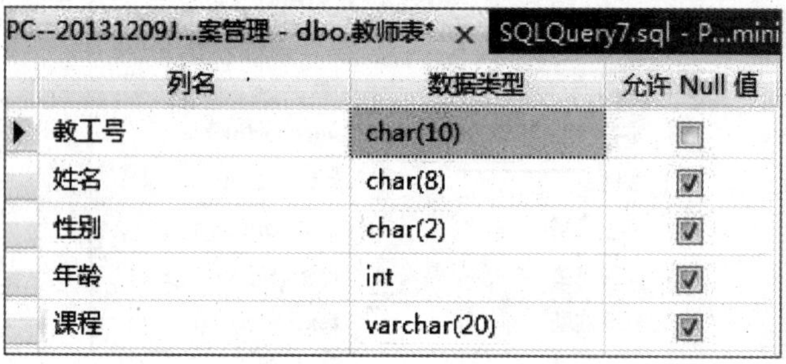

图 4.16 "教师表"表设计器窗口

步骤3：用鼠标选择"教工号"字段,单击鼠标右键,在如图 4.10 所示的界面中选择"索
引/键"命令,打开"索引/键"窗口,将"是唯一的"选项后侧的"否"修改为"是",如图 4.17
所示。

步骤4：在"名称"框中输入索引名,索引名必须符合标识符的定义,当然也可以采用系
统默认的"IX_教师名"。

步骤5：设置完成后,单击"关闭"按钮即可完成。

3)默认值约束

默认值约束用于确保域完整性,它为数据表中任何一列提供了默认值的方法。默认值
是指使用 INSERT 语句向数据表中插入新记录时,如果没有为某列指定数据,默认值约束就
会自动将默认值存储到数据表中。例如将"学生管理"数据库中"学生成绩表"中成绩设置
为默认值 60,则当添加新记录时,如果不指定成绩字段的值,系统会自动添加"成绩"字段的
值为默认值 60。

在使用默认值约束时应注意以下几点:

①表中每个字段只能绑定一个默认值约束。

②如果定义的默认值长度长于其对应字段的允许长度,则输入到表中的默认值将被

截断。

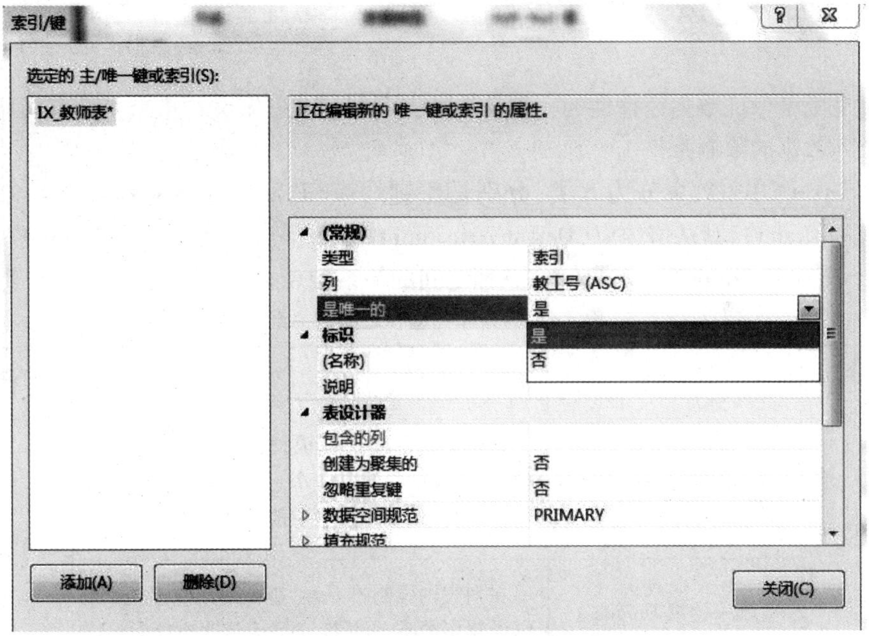

图 4.17　“索引/键”添加唯一约束

③不能对带有 IDENTITY 标识列的字段设置默认值约束。

例如将“学生管理”数据库中“学生成绩表”中的成绩设置为默认值 60，具体操作步骤如下：

步骤 1：选择“学生成绩表”，单击鼠标右键进入“学生成绩表”的设计器窗口。

步骤 2：选择“成绩”字段，在其屏幕下方的“列属性”窗口中，找到“默认值或绑定”选项，在其后面的文本框中输入数值 60，如图 4.18 所示。

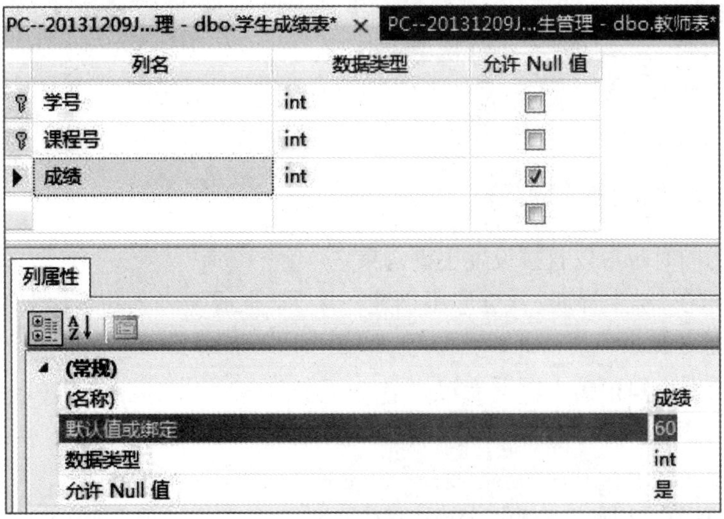

图 4.18　设置“默认值或绑定”项

4.3.4 知识链接

约束是用来保证数据完整性的一种方法，约束就是限制，定义约束就是定义可输入表或表的某个列数据的限制条件。

SQL Server 2012 约束分为 5 类，分别是主键约束(Primary Key Constraint)、唯一约束(Unique Constraint)、默认值约束(Default Constraint)、检查约束(Check Constraint)和外键约束(Foreign Key Constraint)。约束和完整性之间的关系如表 4.4 所示。

表 4.4 约束和完整性之间的关系

完整性类型	约束类型	含　义	约束对象
实体完整性	主键约束 Primary Key	每行记录的唯一标识符，不允许输入重复值，一个表中只能有一个主键约束，并自动创建索引，该列不允许为空值	记录
	唯一约束 Unique	在列集内强制唯一性，避免出现重复值，可以设置多个唯一约束，而且允许为空值	
域完整性	默认值约束 Default	当输入记录时，如果没有为指定默认值的列设置字段值，则会以默认的值的形式填充该列值	字段
	检查约束 Check	指定某列可以接受的值	
参照完整性	外键约束 Foreign Key	定义一列或多列，其值与本表或其他表的主键或唯一约束列相匹配	表和表之间的关系

4.3.5 知识拓展

1)创建表的同时创建主键约束

在创建表的同时也可以直接设置主键约束。

【例 4.10】 在“学生管理”数据库中创建一个“学生成绩表”，将“学号”和“课程号”的组合设置为主键约束。

在查询分析器窗口中输入以下语句：

```
CREATE TABLE 学生成绩表
(
  学号 int NOT NULL,
  课程号 int NOT NULL,
  成绩 int NULL
  CONSTRAINT PK_NAME PRIMARY KEY CLUSTERED(学号, 课程号)
```

)

单击"执行"按钮执行语句后,打开表设计器窗口,就可以看到"学号"和"课程号"字段上都有一个小钥匙图标,表明主键设置完成。

2)在现有表中设置主键约束

可以使用 ALTER TABLE 语句添加或者删除约束。它的语法格式如下:

```
ALTER TABLE table_name
ADD|DROP CONSTRAINT 约束名 PRIMARY KEY(列名[,…,n])
```

【例 4.11】 为"学生管理"数据库中的"学生成绩表" 的"学号"字段添加主键约束。

在查询分析器窗口中执行以下 T-SQL 语句:

```
ALTER TABLE 学生成绩表
ADD CONSTRAINT cj_name PRIMARY KEY(学号)
```

【例 4.12】 删除"学生管理"数据库中"学生成绩表"的主键约束。

在查询分析器窗口中执行以下 T-SQL 语句:

```
ALTER TABLE 学生成绩表
DROP CONSTRAINT cj_name
```

3)创建表的同时创建唯一约束

在创建表的同时也可以直接设置唯一约束。

【例 4.13】 在"学生档案管理"数据库中创建一个"教师表",将"教工号"和"姓名"的组合设置为唯一约束。

在查询分析器窗口中输入以下语句:

```
CREATE TABLE 教师表(
  教工号 char(10) NOT NULL,
  姓名 char(8) NULL,
  性别 char(2) NULL,
  年龄 int NULL,
  课程 varchar(20)
CONSTRAINT IX_教师 UNIQUE(教工号, 姓名)
)
```

单击"执行"按钮执行语句,在"消息"框中显示命令已执行,设置完成。

4)在现有表中设置唯一约束

可以使用 ALTER TABLE 语句添加或者删除约束。它的语法格式如下:

```
ALTER TABLE table_name
ADD|DROP CONSTRAINT 约束名 UNIQUE(列名[,…,n])
```

【例 4.14】 为"学生档案管理"数据库中的"教师表"的"教工号"添加唯一约束。

在查询分析器窗口中执行以下 T-SQL 语句:

```
ALTER TABLE 教师表
```

ADD CONSTRAINT IX_教师 UNIQUE(教工号)

【例 4.15】 删除“学生档案管理”数据库中“教师表”的唯一约束 IX_教师。

在查询分析器窗口中执行以下 T-SQL 语句：

ALTER TABLE 教师表

DROP CONSTRAINT IX_教师

5)创建表的同时创建默认值约束

在创建表的同时也可以直接设置默认值约束。

【例 4.16】 在“学生档案管理”数据库中创建一个“教师表”，将“教工号”设置默认值约束为“105”。

在查询分析器窗口中需要先创建默认值约束，然后再绑定到教师表的教工号字段上，输入以下语句：

CREATE DEFAULT 教师表_教工号 ——创建默认值的名称

AS

'105' ——默认值

GO

EXEC sp_bindefault '教师表_教工号' ,'教师表.教工号' ——绑定到教师表的教工号字段上

单击“执行”按钮执行语句，在“消息”框中显示命令已执行，已将默认值绑定到列，设置默认值对象，并绑定完成。

这时，可以在对应的“学生档案管理”|“可编程性”|“默认值”项中看到创建的默认值对象“教师表_教工号”。

6)解除默认值绑定约束

将已经绑定的默认值约束解除，可以使用系统存储过程 sp_unbindefault 来实现。

在查询分析器窗口中执行以下 T-SQL 语句：

EXEC sp_unbindefault '教师表_教工号'

7)删除默认值对象

提示：如果默认值对象已经绑定到数据对象上，则无法直接将其删除，必须先解除绑定然后再删除默认值对象。

其语法格式如下：

DROP CONSTRAINT 默认值约束名

【例 4.17】 删除默认值约束“教师表_教工号”。

在查询分析器窗口中执行以下 T-SQL 语句：

ALTER TABLE 教工表

DROP DEFAULT 教师表_教工号

8)检查约束

检查约束对输入列或表中的值设置检查条件,用来限制输入的值,以保证数据库中的数据的完整性,检查约束通过数据的逻辑表达式确定有效值,当使用检查约束时,应注意以下几个问题:

①一个表中可以定义多个检查约束。

②每个 CREATE TABLE 语句中的每个字段只能定义一个检查约束。

③检查约束不能包含子查询。

【例 4.18】　在“学生档案管理”数据库中创建一个“学生档案表”,并对性别字段设置检查约束,要求只允许输入“男”或“女”值。

在查询分析器窗口中执行以下 T-SQL 语句:

```
CREATE TABLE 学生档案表
(学号 int PRIMARY KEY,
 姓名 char(8) NOT NULL,
 性别 char(2) NOT NULL CHECK(性别='男' or 性别='女'),
 出生日期 smalldatetime NOT NULL,
 家庭住址 varchar(50) NOT NULL
)
```

9)外键约束

外键约束用来实现在两个表的数据之间建立关联。一个表可以有一个或多个外键约束。外键是最能体现关系型数据库引用完整性特点的约束。将一个表的一列或者多列组合定义为引用其他表的主键或唯一约束列,则引用表中的这个列或列组合就称为外键,被引用的表称为主键约束表,引用表称为外键约束表。

创建外键约束需要注意以下几点:

①由外键所引用的列或列组合必须是主键或唯一约束列,其值不允许重复。

②外键列的值可以重复。

③外键可以引用同一数据库中的表,也可以引用自身表,把这种引用自身表称为自引用。

④一个表可以有多个外键约束。

⑤具有外键约束的列或列组合,其数据类型及列组合中的类型必须与它引用的主键或唯一约束列或列组合相同,但列名不一定相同。

步骤 1:创建表时增加外键约束。

【例 4.19】　创建一个名为“学生成绩管理”的数据库,包含“学生档案表”和“学生成绩表”,要求“学生档案表”中“学号”字段为主键、性别字段设置 CHECK 约束,限制输入的值只能是“男”或“女”;“学生成绩表”中“学号”字段为唯一索引,并和“学生档案表”建立外键约束。

```
CREATE DATABASE 学生成绩管理
```

```
GO
CREATE TABLE 学生档案表
(学号 int NOT NULL PRIMARY KEY,
 姓名 char(8) NULL,
 性别 char(2) NULL CHECK(性别='男' OR 性别='女'),
 出生日期 smalldatetime NULL,
 家庭住址 varchar(50) NULL
)
GO
CREATE TABLE 学生成绩表
(学号 int NOT NULL CONSTRAINT IX_XH UNIQUE,
课程号 int,
成绩 int
CONSTRAINT FK_学生档案_学生成绩 FOREIGN KEY(学号) REFERENCES 学生档案表(学号))
```

步骤 2:在未设置外键的表中添加外键。

如果在创建数据表时没有创建外键约束,可以通过 ALTER TABLE 语句将外键约束添加到符合创建外键约束的表中。

【例 4.20】 假定例 4.19 中没有创建外键约束,可将“学生成绩管理”数据库中的“学生档案表”和“学生成绩表”建立外键约束。前提是已经创建了“学生成绩管理”数据库中的“学生档案表”和“学生成绩表”,并对“学生档案表”的“学号”字段创建了主键约束。

在查询分析器窗口中输入以下语句,并执行。

```
ALTER TABLE 学生成绩表
ADD CONSTRAINT FK_学生档案_学生成绩 FOREIGN KEY(学号) REFERENCES 学生档案表(学号)
```

步骤 3:删除外键约束。

当数据表中不再需要使用外键约束时,可以将其删除。

【例 4.21】 将例 4.16 创建的外键约束删除。

```
ALTER TABLE 学生成绩表
DROP CONSTRAINT FK_学生档案_学生成绩
```

任务 4 规　则

4.4.1 情境设置

没有规矩不成方圆,生活中经常需要避免一些人为失误而造成的尴尬局面。数据表中经常会使用一些规则来规范一些条件,而且希望这些规则是能独立于表之外而存在的对象。这就需要规则对象。

4.4.2 样例展示

可以在 SSMS 图形界面上输入新的记录,例如输入陈伟同学的记录时,在"性别"字段中随意输入非男或女字样的内容时,系统会有错误提示,如图 4.19 所示,表示输入字段值错误。

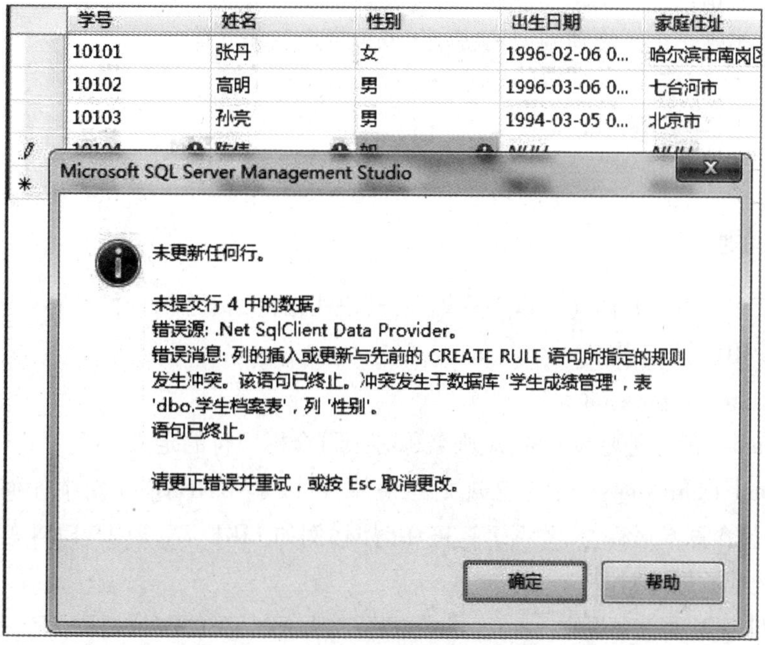

图 4.19 验证"性别"字段的规则

4.4.3 创建和使用规则实施步骤

步骤 1:创建一个规则"sex_rule",指定变量@ sex 的取值只能为'男'或'女',而不允许录入其他内容。

```
CREATE RULE sex_rule
AS @ sex in('男', '女')
```

步骤 2:将创建的规则 sex_rule 绑定到"学生成绩管理"数据库的"学生档案表"的列"性别"上的语句如下:

```
USE 学生成绩管理
GO
EXEC sp_bindrule ' sex_rule ', '学生档案表.性别'
```

4.4.4 知识链接

规则(Rules)是对存储的数据表的列或用户自定义数据类型中的值的约束,用于执行一些与检查约束相同的功能。一个列只能应用一个规则,但是却可以应用多个检查约束。

检查约束可以在 CREATE TABLE 语句中定义,而规则作为独立的对象创建,然后绑定在指定的列上。规则也是维护数据库中数据完整性的一种手段,使用它可以避免表中出现不符合逻辑的数据,例如"学生成绩表"中成绩小于0,则不符合生活逻辑。

规则的基本操作包括规则的创建、绑定、取消绑定和删除等。

4.4.5 知识拓展

1)创建规则

使用 CREATE RULE 语句可以创建规则,其语法结构如下:

```
CREATE RULE <架构名> <rule_name>
AS< condition_expression >
```

- rule_name:表示规则的名称,规则名称必须符合标识符的定义。
- condition_expression:表示定义规则的条件,可以是 WHERE 子句中任何有效的表达式,而且可以包含算术运算符、关系运算符和谓词(例如 LIKE,IN,BETWEEN 等),但规则不能引用列或其他数据库对象。

【例 4.22】 创建一个规则"wage_rule",指定变量@wage 的取值范围为 0~1 000。其对应的 T-SQL 语句如下:

```
CREATE RULE wage_rule
AS @wage BETWEEN 0 AND 1000
```

2)绑定规则

绑定规则是指将已经创建存在的规则应用到表的列或用户自定义的数据类型中。使用存储过程 sp_bindrule 可以将规则绑定到表的列或用户自定义的数据类型,其对应的语法格式如下:

```
sp_bindrule [ @rulename = ]规则名,
        [ @objname = ]对象名
```

单击"执行"按钮,在"消息"窗格中显示执行的结果为"已将规则绑定到表的列",表示绑定成功。

3)取消规则

当不需要绑定的规则时,可以解除绑定,使用系统存储过程 sp_unbindrule 可以解除规则的绑定，其基本语法如下：

sp_unbindrule [@objname =]对象名

对象名可以是表名和列名，也可以是自定义的数据类型。

【例 4.23】 取消表“学生档案表”的字段“性别”上绑定的规则，具体语句如下：

```
USE 学生成绩管理
GO
EXEC sp_unbindrule '学生档案表.性别'
GO
```

单击“执行”按钮，在“消息”提示框中显示执行的结果“已解除了表列与规则之间的绑定”。

4）删除规则

当不再需要已经创建的规则时，可以将其删除，在 SSMS 图形界面中，右键单击指定的规则，在弹出菜单中选择“删除”命令，则删除指定的规则对象。

也可以使用 DROP RULE 语句从当前数据库中删除一个或多个规则，语法如下：

DROP RULE 规则名 1 [,规则名 2, …,规则名 n]

在删除规则前，需要调用 sp_unbindrule 存储过程解除该规则的绑定。

【例 4.24】 使用 DROP RULE 删除规则“sex_rule”，具体语句如下：

```
USE 学生成绩管理
EXEC sp_unbindrule '学生档案表.性别'
DROP RULE sex_rule
```

任务 5 数据库关系图

4.5.1 情境设置

当数据库中数据表多于两个以上时，表和表之间存在着一定的联系，为了能更好地表现表之间的关系，方便管理数据库之间的外键约束，需要灵活地使用数据库关系图。

4.5.2 样例展示

样例如图 4.20 所示。

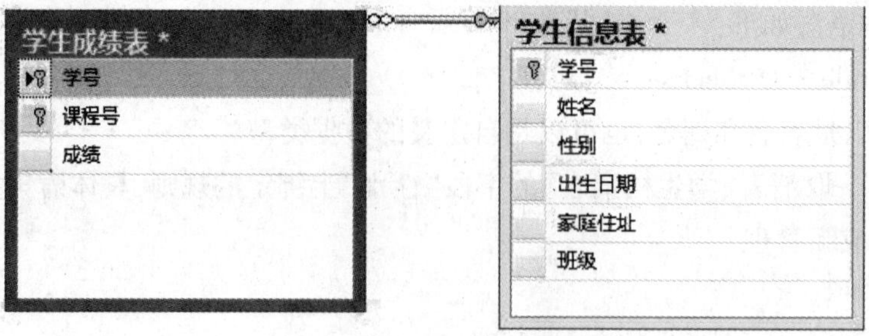

图 4.20　数据库关系图

4.5.3　利用 SSMS 实现数据库关系图实施步骤

这里以“学生管理”数据库中的“学生信息表”和“学生成绩表”为例创建新的数据库关系图，操作步骤如下：

步骤 1：在“对象资源管理器”窗口中，展开“数据库”|“学生管理”|“数据库关系图”节点。

步骤 2：单击鼠标右键，在快捷菜单上选择“新建数据库关系图”，如图 4.21 所示。

步骤 3：显示“添加表”对话框，如图 4.22 所示。在“表”列表中选择所需的表，再单击“添加”按钮。这些表将以图形方式显示在新的查询分析器窗口中。

当然也可以继续添加或删除表，修改现有表或更改表关系，直到新的数据库关系图完成为止。

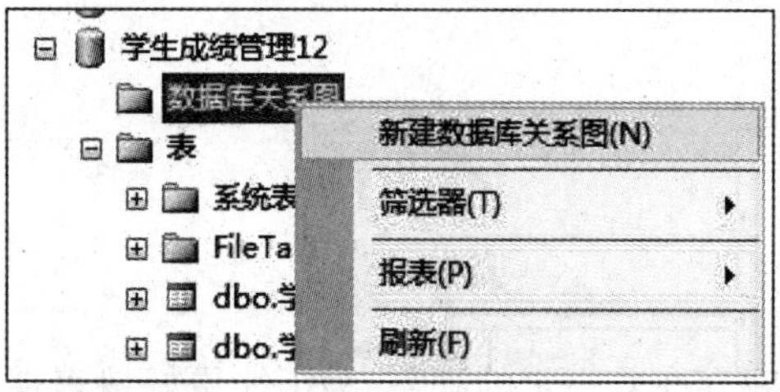

图 4.21　“新建数据库关系图”

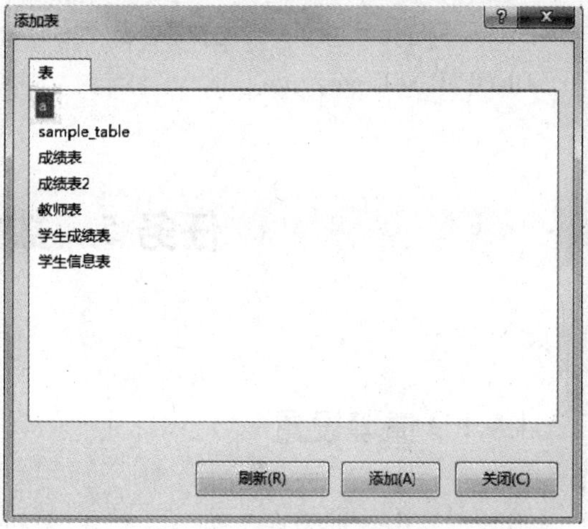

图 4.22　“添加表”对话框

4.5.4　知识链接

数据库关系图以图形方式显示数据表之间的结构关系。使用数据库关系图可以创建和修改表、列、关系和键。此外，还可以修改索引和约束。

项目小结

本项目讲述了 SQL Server 2012 数据表中的一些基本的数据类型,以及创建表的方法、维护表、查看表、修改表等内容。表定位为列的集合,以一个二维表格形式进行存储。数据在表中是按行和列的格式组织排列的,每行代表唯一的一条记录,而每列代表记录中的一个域。通过本章学习,应掌握以下内容:

①数据类型中包含 25 类系统数据类型,还可以用户自定义数据类型。

②创建表的两种方法,利用图形界面的 SSMS 和 T-SQL 方式,同时需要注意设计表的一些常见问题:表所包含的数据的类型;表的各列及每一列的数据类型和各列的列宽的设置长度;哪些列允许设置空值;是否设置标识列。

③通过查看、修改和删除数据库表的结构进行数据表的管理工作。查看数据表可以使用系统提供的存储过程实现,修改和删除数据表都可以利用图形界面 SSMS 和 T-SQL 两种方式实现。

习　题

一、选择题

1.SQL Server 2012 中删除表中记录的命令是(　　)。

A.DELETE　　B.SELECT　　C.UPDATE　　D.DROP

2.SQL Server 2012 中表查询的命令是(　　)。

A.USE　　B.SELECT　　C.UPDATE　　D.DROP

3.SQL Server 2012 中表更新数据的命令是(　　)。

A.USE　　B.SELECT　　C.UPDATE　　D.DROP

4.建立索引的目的是(　　)。

A.降低 SQL Server 数据检索的速度　　B.与 SQL Server 数据检索的速度无关

C.加快数据库的打开速度　　D.提高 SQL Server 数据检索的速度

5.创建表的主键约束的关键字是(　　)。

A.PRIMARY KEY　　B.UNIQUE　　C.CHECK　　D.INDENTITY

二、填空题

1.向表中添加记录使用________语句,更新表中数据使用________语句,删除记录使用________语句。

2.________或________用于保证数据库中数据表的每一个特定实体的记录都是唯一的。

3.索引的类型有________和非聚集索引。

4.创建表用________语句,向表中添加记录用________语句,查看表的定义用________

语句,修改表用________语句,删除表用________语句。

5.按照索引值的特点分类,可将索引分为________索引和________索引;按照索引结构的特点分类,可将索引分为________索引和________索引。

三、简答题

1.说明主键、唯一键和外键的作用。说明它们在保证数据完整性中的应用方法。

2.说明使用标识列的优缺点。

3.SQL Server 2012 表中有哪些类型数据?

4.聚集索引与非聚集索引之间有哪些不同点?

四、实践操作题

1.数据库 YGPX(员工培训)结构信息如表 4.5 至表 4.7 所示,写出创建表的 T-SQL 语句。

表 4.5 课程表 KCB

字段名	类 型	长 度	说 明	描 述
CID	char	6	主键	课程号
CName	varchar	20	not null	课程名称
CTeacher	varchar	10	not null	任课教师
Note	text		null	备注

表 4.6 学员表 XYB

字段名	类 型	长 度	说 明	描 述
SID	char	8	主键	学号
SName	varchar	12	not null	学员姓名
Department	varchar	40	not null	所属单位
Age	tinyint		not null	学员年龄

表 4.7 学员成绩表 XYCJB

字段名	类 型	长 度	说 明	描 述
SID	char	8	主键	学号
CID	char	6	主键	课程号
Grade	float	8	not null	成绩

2.在学员表 XYB 中添加一个名为 IC 的字段,18 位定长字符,默认为 18 位'0',用来表示身份证号码,并在其上创建非聚集索引 IC_Ind。

3.创建默认值对象(CREATE DEFAULT)grade_default,要求默认成绩为 0,并与学员成绩表 XYCJB 的 Grade 字段绑定。

项目 5

视　图

【项目描述】

本项目主要通过视图的创建、使用和管理使用户了解视图在数据库中的作用和意义。

本项目重点是通过项目中的任务理解视图的作用及意义；难点是使用 SQL 代码进行视图查询语句的设计与实现。包含的任务如表 5.1 所示。

表 5.1　项目 5 包含的任务

名　称	任务名称
项目 5 视图	任务 1　创建视图“stud_view”
	任务 2　修改视图“stud_view”
	任务 3　利用视图“stud_view”更新基本表中数据
	任务 4　查看视图“学生_view”
	任务 5　删除视图“学生_view”

任务 1　创建视图“stud_view”

5.1.1　情境设置

为了方便学生频繁地按姓名查询选修课成绩，需要在数据库中存储预定义的查询对象。“学生成绩”视图的建立将满足这一需要，该视图可以方便地随时查看每个学生的姓名、选修的课程名和成绩。

5.1.2 样例展示

样例如图 5.1 所示。

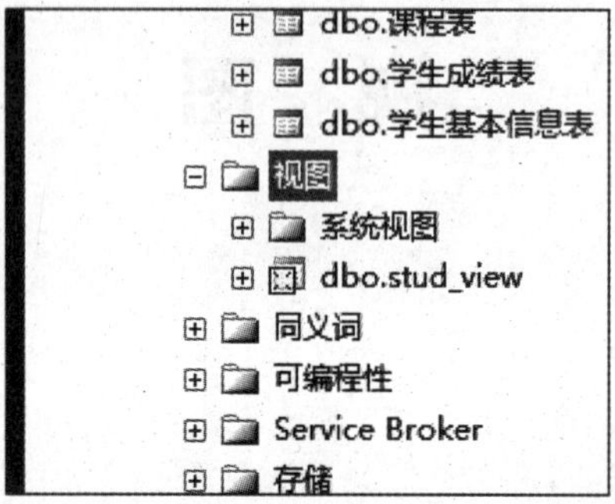

图 5.1 创建后显示在对象资源管理器中的视图列表

5.1.3 利用 SSMS 创建视图实施步骤

步骤 1:在“对象资源管理器”窗口中,选择“视图”节点,单击鼠标右键选择“新建视图”命令,如图 5.2 所示。

步骤 2:在“添加表”对话框中选择生成视图的数据来源,数据可以来源于数据库中的数据表或其他视图。在本任务中选择添加“学生成绩表”和“学生基本信息表”,如图 5.3 所示。

步骤 3:在当前“视图设计器”窗口“关系图”窗格列示的数据源中勾选视图中所需要的“列”,本任务中选择“姓名”“科目”“成绩”和“学期”。此时被勾选的“列”将出现在下方的“条件”窗格中,用户可以对被选列进行筛选条件等相应设置以满足其他设计需求,同时相对应的查询代码也将自动出现在下方的“SQL”窗格中。本步骤内容如图 5.4 所示。

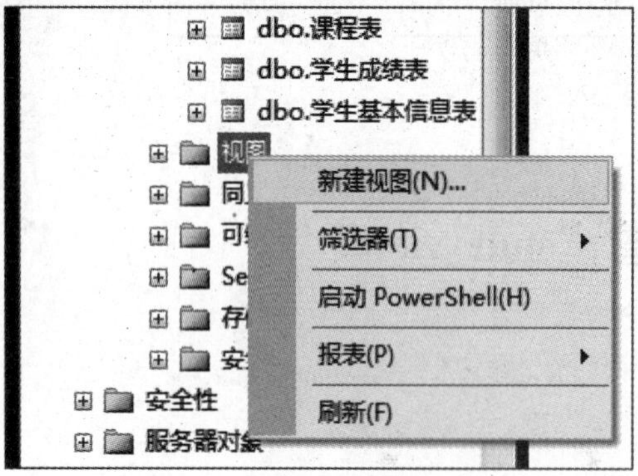

图 5.2 右键单击“视图”节点

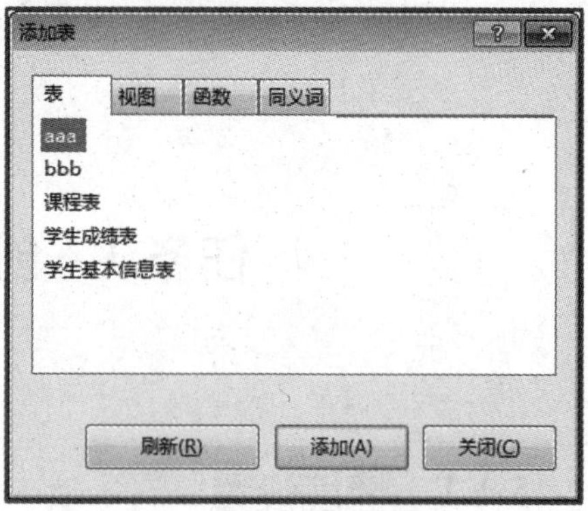

图 5.3 为视图添加数据源

步骤 4:单击“执行”按钮或按“F5”键,执行当前设计的视图得到相应查询结果,如图 5.5 所示。如果对查询结果不满意,可以在当前“设计器”中修改视图。

步骤 5:单击“保存”按钮将设计好的视图保存在当前数据库中,如图 5.6 所示,视图名称为“stud_view”,刷新当前视图节点将看到新创建的视图,如图 5.1 所示。

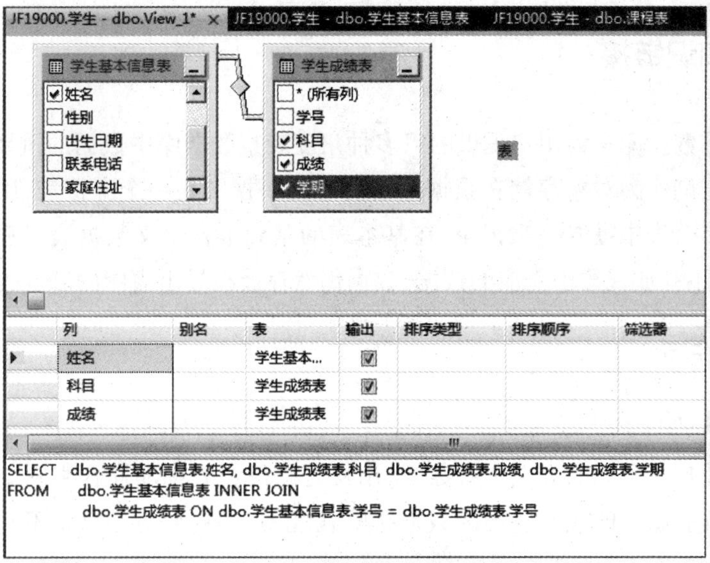

图 5.4 视图设计器

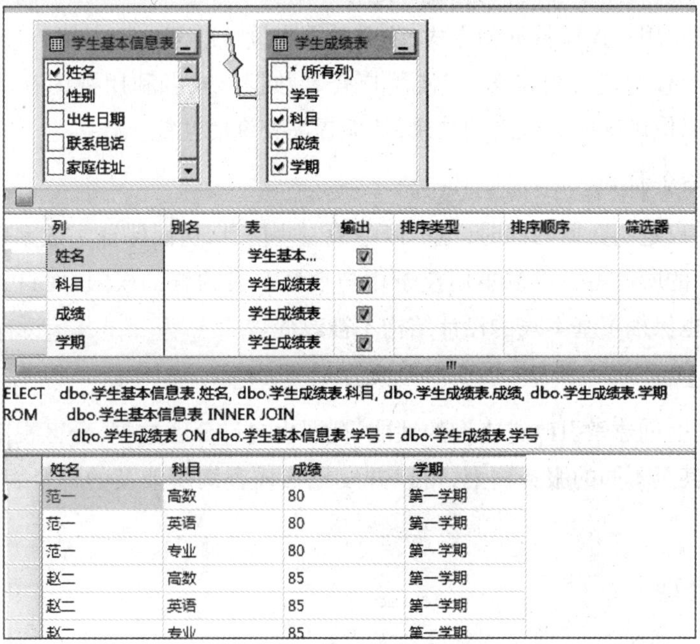

图 5.5 执行视图得到查询结果

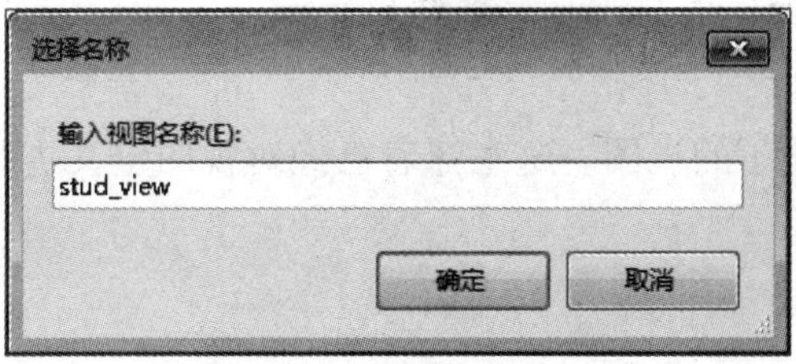

图 5.6 保存视图

5.1.4 知识链接

视图是关系数据库中为用户提供的以多种角度观察数据库中数据的重要机制。视图具有将预定义的查询作为对象存储在数据库中的能力。视图是一个虚拟表,用户可以通过视图从一个表或多个表中提取一组记录,在基本表的基础上自定义数据表。数据库中只存放视图的定义,而不存放视图中对应的数据,数据仍然存放在导出视图的基本表中。

1)视图的作用

(1)定制数据

视图允许用户以不同的方式查看数据,用户可以像在表中那样在视图中控制数据的显示,而把不需要的、敏感的或不适当的数据排除在视图之外,从而满足了不同用户群对数据显示的需求。

(2)简化操作

视图可以简化用户操作数据的方式,隐藏数据库设计的复杂性。可将经常使用的选择、连接、投影和联合查询定义为视图,方便用户查看数据。或者利用视图存储复杂查询的结果,其他查询可以使用这些简化后的结果,从而提高查询的性能。

(3)提供安全机制

视图在为用户定制数据的同时,也可以隐藏一些信息,从而保证了数据库中某些数据的安全性。数据库的所有者也可以不用授予用户在基本表的查询权限,而只允许用户通过视图查询数据,这也保护了基本表的设计结构不被改变。

(4)改进性能

可以在视图上创建索引改进查询的性能,视图也允许分区数据,分区视图上的表位于不同的数据库中,甚至不同的服务器上,可以并发地扫描查询所涉及的每个表,从而改进查询的性能。

2)视图的类型

除了用户定义的基本视图之外,SQL Server 还提供了下列类型的视图,这些视图在数据库中起着特殊的作用。

(1)索引视图

索引视图是被具体化了的视图。这意味着已经对视图定义进行了计算,并且对生成的数据像表一样进行存储。

(2)分区视图

分区视图在一台或多台服务器间水平连接一组成员表中的分区数据。这样,数据看上去如同来自一个表。连接同一个 SQL Server 实例中成员表的视图是一个本地分区视图。

(3)系统视图

系统视图公开目标元数据。可以使用系统视图返回与 SQL Server 实例或在该实例中定义的对象有关的信息。例如,可以查询 sys.databases 目录视图,以便返回与实例中提供的用户定义数据库有关的信息。

5.1.5　利用 T-SQL 创建视图

除了利用 SSMS 图形界面创建视图外,还可以利用命令来创建视图。

```
CREATE VIEW [ < database_name > .][ < owner > .]
view_name [(column [ ,…,n ])]
  [ WITH < view_attribute > [ ,…,n ] ]
  AS select_statement
  [ WITH CHECK OPTION ]
  < view _ attribute > :: =     { ENCRYPTION | SCHEMABINDING | VIEW _
METADATA }
```

其参数说明如下:

①view_name:视图的名称。视图名称必须符合标识符规则。可以选择是否指定视图所有者名称。

②column:视图中的列使用的名称,仅在下列情况下需要列名:

- 列是从算术表达式、函数或常量派生的。
- 两个或更多的列可能会具有相同的名称(通常是由于连接重复选择字段而导致的)。
- 视图中的某个列的指定名称不同于其派生来源列的名称。
- 还可以在 SELECT 语句中分配列名。

③AS:指定视图要执行的操作。

④select_statement:定义视图的 SELECT 语句。该语句可以使用多个表和其他视图。需要相应的权限才能在已创建视图的 SELECT 子句引用的对象中选择。视图不必是具体某个表的行和列的简单子集,可以使用多个表或带任意复杂性的 SELECT 子句的其他视图来创建视图。

⑤WITH CHECK OPTION:强制针对视图执行的所有数据修改语句都必须符合在 select_statement 中设置的条件。

⑥ENCRYPTION:对视图进行加密。

⑦SCHEMABINDING:对视图进行绑定。

⑧VIEW_METADATA:指定为引用视图的查询请求浏览模式的元数据时,SQL Server 实例将向 DB-Library,ODBC 和 OLE DB API 返回有关视图的元数据信息,而不返回基本表的元数据信息。

提示:视图定义的 SELECT 子句不能包含下列内容:

- COMPUTE 或者 COMPUTE BY 子句。

• ORDER BY 子句,或者在 SELECT 语句中包含一个 TOP 子句中带有 ORDER BY 子句。

• INTO 关键字。

• OPTION 子句。

在掌握了上述内容后,接下来介绍如何使用 CREATE VIEW 语句创建“stud_view1”视图。

【例 5.1】 在当前数据库中创建视图“stud_view1”,该视图显示每个教师所教课程名以及选修该课程的学生人数。

单击“新建查询”按钮,在新建立的查询窗口中输入 SQL 代码,语句及执行结果如图 5.7 所示。

命令成功执行后将在当前数据库中创建名为“stud_view1”的视图,刷新视图节点,得到如图 5.8 所示的列表。

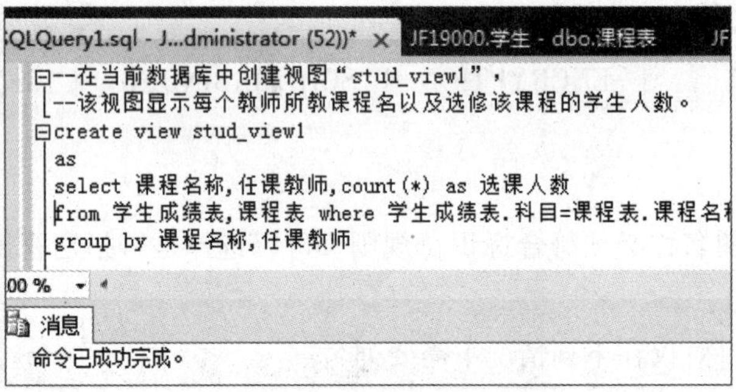

图 5.7 使用 SQL 代码创建视图

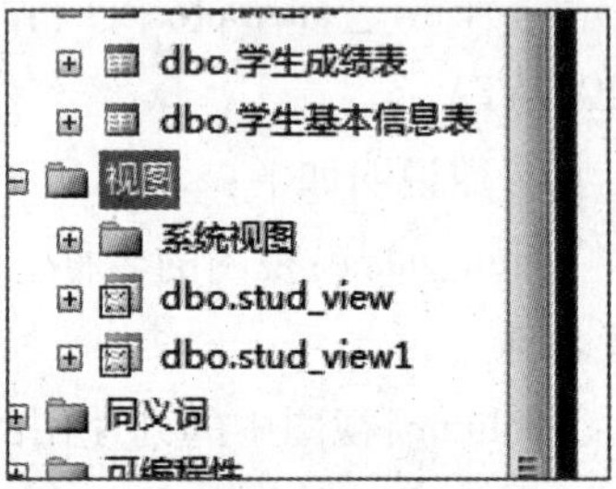

图 5.8 本任务中创建的视图列示

任务 2 修改视图“stud_view”

5.2.1 情境设置

如果想要查询指定学生的成绩,需要对原有的视图“stud_view”进行设计的修改,即指定筛选条件。

5.2.2 样例展示

样例如图 5.9 所示。

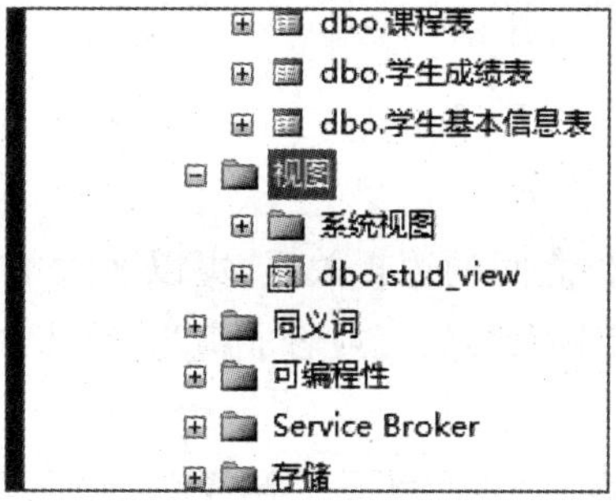

图 5.9　修改后的视图以原名称显示

5.2.3　利用 SSMS 修改视图实施步骤

步骤 1:在“对象资源管理器”窗口中,展开“学生管理”数据库中“视图”节点,右击任务 1 中创建的视图“stud_view”,从弹出的快捷菜单中选择“设计”命令,如图 5.10 所示,将在右边出现视图设计器窗口,如图 5.11 所示。

步骤 2:在“条件”窗格“姓名”列后面的“筛选器”中输入“赵二”,回车后将在输入文本处出现规范的表达式值“='赵二'”。“SQL”窗格中相应的代码也会发生相对应的变化。单击“执行”按钮或按“F5”键,得到执行结果,如图 5.11 所示。

步骤 3:单击“保存”按钮将修改后的视图进行保存。

图 5.10　右键单击“视图”节点选择“设计”以修改视图设计

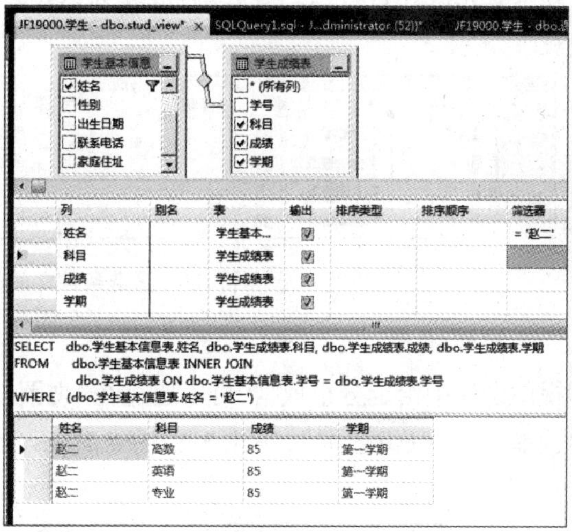

图 5.11　利用视图设计器修改视图设计

5.2.4　知识链接

视图的修改相当于在原视图基础上进行重新设计,可重新设计的内容包括:数据源、输出的列、筛选条件及多条件之间的关系、排序、分组依据等。

1)视图设计修改的内容

(1)筛选条件

在视图设计中给定筛选条件之间的逻辑关系,可以通过条件表达式输入的位置进行有效控制。例如,筛选条件改成姓名为"赵二"或者成绩为"大于86分",在"设计器"的"条件"窗格中的表示如图5.12所示。

列	表	输出	排序类型	排序顺序	筛选器	或...	
姓名	学生基本...	☑			= '赵二'		
科目	学生成绩表	☑					
成绩	学生成绩表	☑				> 86	
学期	学生成绩表	☑					

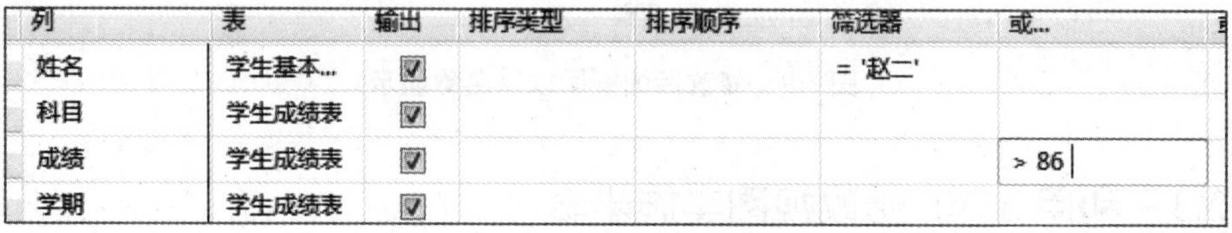

图 5.12　筛选条件之间的逻辑关系 1

如果要完成姓名为"赵二",并且成绩为"大于86分"的条件关系,则按如图5.13所示进行设置。

	姓名	学生基本...	☑			= '赵二'
	科目	学生成绩表	☑			
	成绩	学生成绩表	☑			> 86
	学期	学生成绩表	☑			

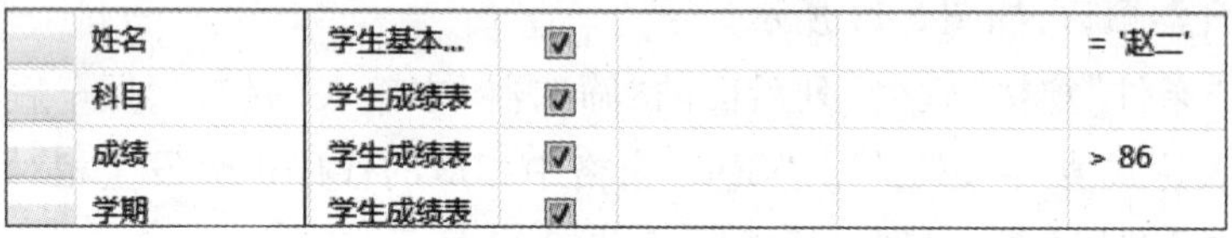

图 5.13　筛选条件之间的逻辑关系 2

如果要完成姓名为"赵二",或者成绩为"86~90"的条件关系,则按如图5.14所示进行设置。

列	表	输出	排序类型	排序顺序	筛选器	或...	或...	或...
姓名	学生基本...	☑			= '赵二'			
科目	学生成绩表	☑						
成绩	学生成绩表	☑				> 86 AND < 90		
学期	学生成绩表	☑						

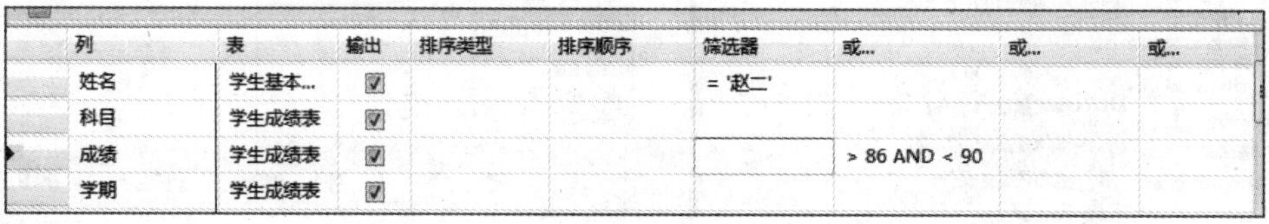

图 5.14　筛选条件之间的逻辑关系 3

(2)分组依据

视图设计中给定分组依据,可以通过在"视图设计器"中右击任意位置,在弹出的快捷菜单中选择"添加分组依据",则出现如图5.15所示的效果,用户可以对当前视图进行分组设计。

列	别名	表	输出	排序类型	排序顺序	分组依据
姓名		学生基本...	☑			分组依据
科目		学生成绩表	☑			分组依据
成绩		学生成绩表	☑			分组依据
学期		学生成绩表	☑			分组依据

分组依据
Sum
Avg
Min
Max
Count
Count_Big
Checksu...

```
CT    dbo.学生基本信息表.姓名, dbo.学生成绩表.科目, dbo.学生成绩表.成绩, dbo.学生成绩表
M     dbo.学生基本信息表 INNER JOIN
          dbo.学生成绩表 ON dbo.学生基本信息表.学号 = dbo.学生成绩表.学号
JP BY dbo.学生基本信息表.姓名, dbo.学生成绩表.科目, dbo.学生成绩表.成绩, dbo.学生成绩
NG   (dbo.学生基本信息表.姓名 = '赵二') OR
```

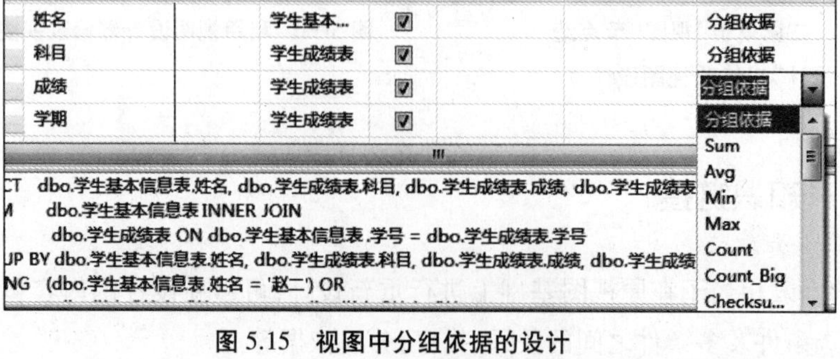

图 5.15　视图中分组依据的设计

(3)选择视图数据源

用户在“关系图”窗格中任一数据源对象上右击,在弹出的快捷菜单中选择“删除”,可以删除视图现有数据源。在“关系图”窗格空白处右击,在弹出的快捷菜单中选择“添加表”,将弹出“添加表”对话框,用户可以在该对话框中选择需要的表或视图作为当前视图的数据来源。

2)视图中所体现的查询定义

视图中不存放数据,其中存储的只是视图的定义,更确切地说是将预定义的查询作为对象存储在数据库中。视图的设计其实是对查询的设计。从“视图设计器”的“SQL”窗格中可以看到视图的设计对应的实际是 SQL 查询的设计,而且在使用 SQL 语句完成视图创建的语句中也可以看到视图设计内容体现在“AS”子句后面的“SELECT 查询语句”中。

5.2.5 利用 T-SQL 修改视图

除了利用 SSMS 图形界面修改视图外,还可以利用命令来修改视图。

1)ALTER VIEW 语法格式

```
ALTER VIEW [ schema_name .] view_name [(column [ ,…,n ])]
[ WITH <view_attribute> [ ,…,n ] ]
AS select_statement
[ WITH CHECK OPTION ] [ ; ]
<view_attribute> ::=
{  [ ENCRYPTION ]
   [ SCHEMABINDING ]
   [ VIEW_METADATA ] }
```


各个参数说明参见 CREATE VIEW 语法参数。

2)使用 ALTER VIEW 修改视图

在掌握了上述内容后,接下来介绍如何使用 ALTER VIEW 语句修改“stud_view1”视图。

【例 5.2】 修改视图“stud_view1”,在视图中增加一列,显示选修该课程的所有学生的平均成绩。

单击“新建查询”按钮,在新建立的查询窗口中输入 SQL 代码,语句及执行结果如图5.16所示。

命令成功执行后将修改在当前数据库中的视图“stud_view1”,用户可以在“视图设计器”中看到修改后视图的设计内容,如图 5.17 所示。

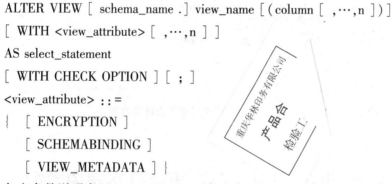

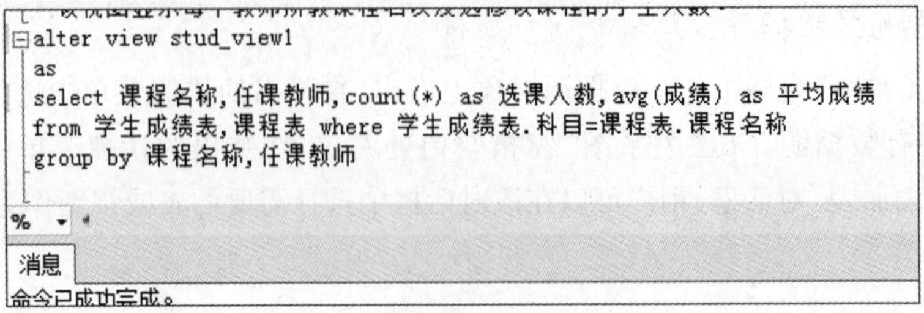

图 5.16　使用 SQL 代码修改视图

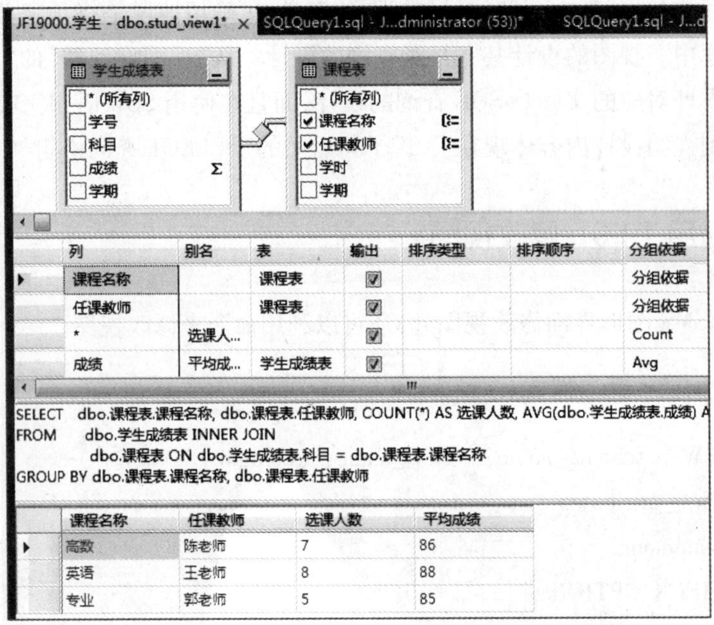

图 5.17　修改后在"视图设计器"查看视图设计的内容

任务 3　利用视图"stud_view"更新基本表中数据

5.3.1　情境设置

学生参加补考后成绩合格,需要将"学生成绩表"中不及格学生的成绩改为"60"分,用户没有直接操作数据表的权限,可以通过视图"stud_view"更新基本表中数据。

5.3.2　样例展示

样例如图 5.18 所示。

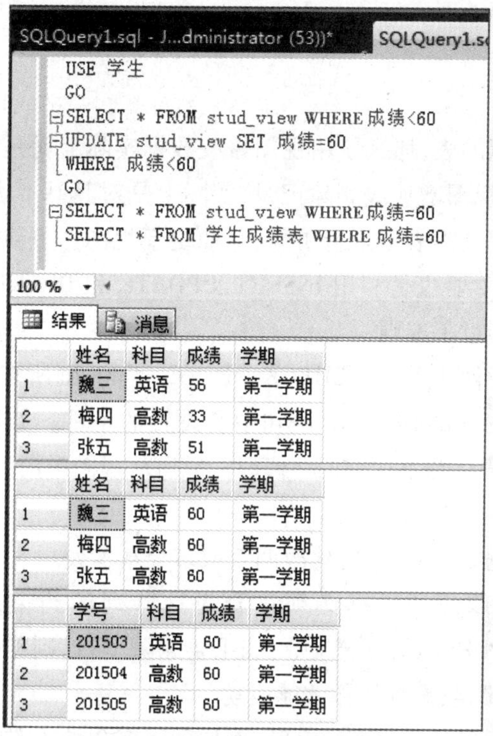

	姓名	科目	成绩	学期
1	魏三	英语	56	第一学期
2	梅四	高数	33	第一学期
3	张五	高数	51	第一学期

	姓名	科目	成绩	学期
1	魏三	英语	60	第一学期
2	梅四	高数	60	第一学期
3	张五	高数	60	第一学期

	学号	科目	成绩	学期
1	201503	英语	60	第一学期
2	201504	高数	60	第一学期
3	201505	高数	60	第一学期

图 5.18 利用视图更新数据效果

5.3.3 视图更新的实施步骤

步骤 1:单击“新建查询”按钮,在新建立的查询窗口中输入 SQL 代码,如图 5.19 所示。

步骤 2:单击“执行”按钮或按“F5”键,得到查询结果,从查询结果中可以看出视图中满足更新条件下的数据已经进行了更新,并且视图建立时引用的数据源“学生成绩表”中相对应的数据记录也随着视图中数据的更新发生了对应的变化,满足了利用视图更新数据的目的,如图 5.20 所示。

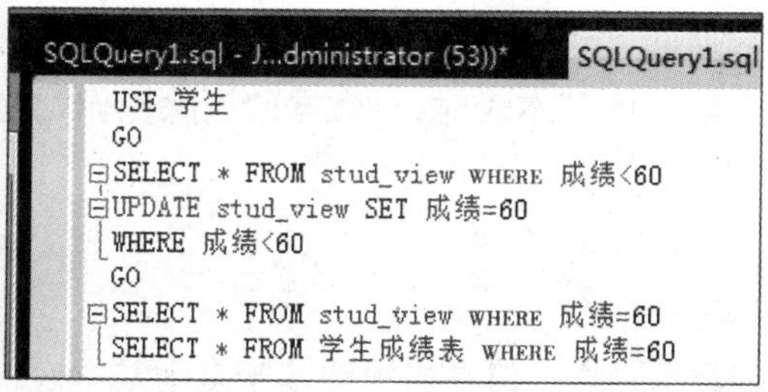

图 5.19 利用视图更新基本表中数据的 SQL 代码

	姓名	科目	成绩	学期
1	魏三	英语	56	第一学期
2	梅四	高数	33	第一学期
3	张五	高数	51	第一学期

	姓名	科目	成绩	学期
1	魏三	英语	60	第一学期
2	梅四	高数	60	第一学期
3	张五	高数	60	第一学期

	学号	科目	成绩	学期
1	201503	英语	60	第一学期
2	201504	高数	60	第一学期
3	201505	高数	60	第一学期

图 5.20 利用视图更新基本表中数据

5.3.4 知识链接

视图由于是一个虚拟的表，那么使用视图修改数据实际上就是在修改视图的基本表中的数据，也就是说如果对视图增加或删除记录，实际上是对其基本表进行增加或删除记录。更新视图的时候都将转到基本表中进行更新，从而更新视图。更新视图是指通过视图来插入、更新、删除表中数据，主要也是利用 INSERT，UPDATE 和 DELETE 语句完成的。利用视图完成数据的更新应遵循以下准则：

- 如果在视图定义中使用 WITH CHECK OPTION 子句，则所有在视图上执行的数据修改语句都必须符合定义视图的 SELECT 语句中所设置的条件。如果使用了 WITH CHECK OPTION 子句，修改行时需注意不让它们在修改完成后从视图中消失。任何可能导致行消失的修改都会被取消，并显示错误。
- 修改视图中的数据时，不能同时修改两个或多个基本表。
- 在基本表的列中修改的数据必须符合对这些列的约束，例如某列设置为空值(NULL)、约束及默认值(DEFAULT)定义等，如果要删除一行，则相关表中的所有 FOREIGN KEY 约束必须仍然得到满足，删除操作才能成功。
- 不能修改视图中通过计算得到的字段，例如利用聚合函数实现的计算字段。
- 如果视图上没有包括基本表中所有属性为 NOT NULL 的行，那么插入操作会由于那些列的 NULL 值而失败。

本任务中已经给出了 UPDATE 进行视图更新，在以下内容中将不再赘述其操作实例。

1）通过视图插入数据

使用视图插入数据与在基本表中插入数据一样，都可以通过 INSERT 语句来实现。插入数据的操作是针对视图中的列的插入操作，而不是针对基本表中的所有的列的插入操作。

提示：如果对于由多个基本表连接而成的视图来说，一个插入操作只能作用于一个基本表上。

2）通过视图删除数据

通过视图删除数据与通过基本表删除数据的方式一样，在视图中删除的数据同时在基本表中也将被删除。当一个视图连接了两个以上的基本表时，对数据的删除操作则是不允许的。

3）通过视图更新数据

在视图中更新数据也与在基本表中更新数据一样。但是当视图基于多个基本表中的数据时，与插入操作一样，每次更新操作只能更新一个基本表中的数据。在视图中同样使用 UPDATE 语句进行更新操作，而且更新操作也受到与插入操作一样的限制条件。

提示:如果通过视图修改一个以上基本表中的数据时,则对不同的基本表要分别使用UPDATE语句来实现,这是因为每次只能对一个基本表中的数据进行更新。

【例 5.3】　在数据库“学生管理表”中,基于“学生基本信息表”创建一个名为“学生_view”的视图,该视图包含“学生基本信息表”中的学号、姓名字段。向“学生_view”视图中插入一条数据,该条数据信息内容描述为:学号:'201510',姓名:'吴八'。实现上述操作,可以使用INSERT语句。

INSERT INTO 学生_view VALUES('201510','吴八')

单击工具栏中的“执行”按钮后,在“消息”框中显示“1 行受影响”,查看视图“学生_view”信息,如图 5.21 所示。

当查看基本表“学生基本信息表”时,可以看到通过视图“学生_view”中执行一条INSERT语句操作,实际上是向基本表“学生基本信息表”中插入了一条新记录,允许为空的字段由于没有插入新值则显示为空值“NULL”,如图 5.22 所示。

结果　消息

	学号	姓名
1	201501	范一
2	201502	赵二
3	201503	魏三
4	201504	梅四
5	201505	张五
6	201506	蒋六
7	201507	张浩
8	201510	吴八

图 5.21　视图“学生_view”中插入记录后信息显示

	学号	姓名	性别	出生日期	联系电话	家庭住址
1	201501	范一	1	1996-01-01 00:00:00	13145555555	广厦学院9号楼
2	201502	赵二	1	1996-02-02 00:00:00	18204061111	广厦学院9号楼
3	201503	魏三	1	1997-05-03 00:00:00	15545467345	广厦学院9号楼
4	201504	梅四	1	1996-04-07 00:00:00	18803217729	广厦学院9号楼
5	201505	张五	1	1996-11-21 00:00:00	13145467366	广厦学院9号楼
6	201506	蒋六	1	1996-04-01 00:00:00	15555555555	广厦学院9号楼
7	201507	张浩	0	1999-09-09 00:00:00	88888888888	NULL
8	201510	吴八	NULL	NULL	NULL	NULL

图 5.22　基本表“学生基本信息表”中记录显示信息

【例 5.4】　在数据库“学生管理”中,基于“学生基本信息表”和“学生成绩表”创建的名为“学生_成绩_view”的视图,尝试向该视图中插入记录。

将例 5.3 中的语句进行插入时,INSERT INTO 学生_成绩_view VALUES('201511','郑九')将会在“消息框”中出现错误提示,如图 5.23所示,提示“学生_成绩_view”的视图是基于两个表创建的,所以不能直接利用INSERT语句对单表插入记录。

消息

消息 4405，级别 16，状态 1，第 1 行
视图或函数 '学生_成绩_view' 不可更新，因为修改会影响多个基本表。

图 5.23　“消息框”中的错误提示信息

【例 5.5】　将例 5.3 中的视图“学生_view”中姓名为“张浩”的记录删除。

在新建查询窗口中输入如下语句,如图 5.24 所示。

单击“执行”按钮显示效果如图 5.25 所示。

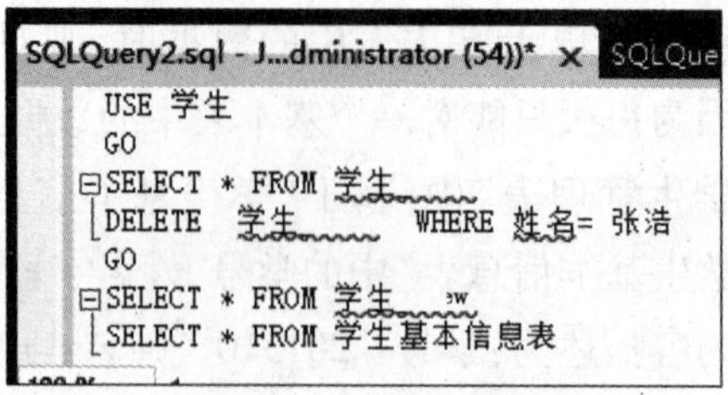

图 5.24 利用视图删除基本表中数据

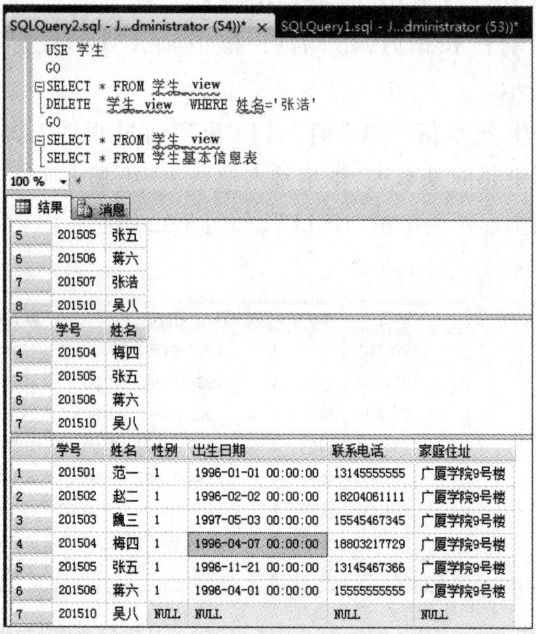

图 5.25 通过 DELETE 删除视图中的记录

任务 4 查看视图“学生_view”

5.4.1 情境设置

学生管理数据库的数据库管理者需要查看“学生_view”视图的定义，以便关注视图里的数据是如何从基本表中引用的。

5.4.2 样例展示

样例如图 5.26 所示。

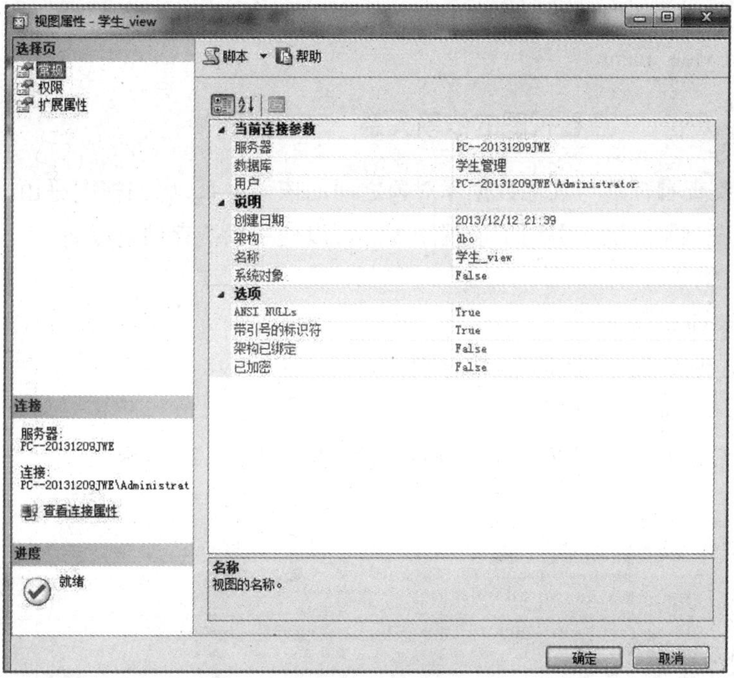

图 5.26 利用 SSMS 查看视图的相关信息

5.4.3 利用 SSMS 查看视图实施步骤

步骤 1:在“对象资源管理器”中打开“数据库”节点,选择要修改的视图,单击鼠标右键选择“属性”命令,打开视图“属性”窗口,如图 5.26 所示。

步骤 2:在“视图属性”窗口中的各个页面中可以获得视图的一些有关信息,如视图的名称、视图的所有者、创建视图的时间、视图的定义文本等。

5.4.4 知识链接

除了通过 SSMS 方式查看视图信息之外,还可以使用其他方式对视图的相关信息进行全方位的查看,以便更有效地了解视图。

1)利用 sp_help 查看视图的基本信息

可以使用系统存储过程 sp_help 查看已经创建的视图的基本信息,例如使用系统存储过程 sp_help 来显示视图的名称、拥有者及创建时间等信息。其语法格式如下:

sp_help view_name

2)利用 sp_helptext 查看视图的文本信息

如果视图在创建或修改时没有被加密,那么可以使用系统存储过程 sp_helptext 来显示视图定义的语句。如果已经加密,则连视图的拥有者和系统管理员都无法看到它的定义。

其语法格式如下：

sp_helptext view_name

3)利用 sp_depends 查看视图的依赖关系

有时候需要查看视图与其他数据库对象之间的依赖关系,比如视图是由哪些表创建的,又有哪些数据库对象的定义引用了该视图等。可以使用系统存储过程 sp_depends 查看。其语法格式如下：

sp_depends view_name

【例 5.6】 查看视图“学生_view”信息。

sp_help 学生_view

单击工具栏中的“执行”按钮即可查看,查看结果如图 5.27 所示。

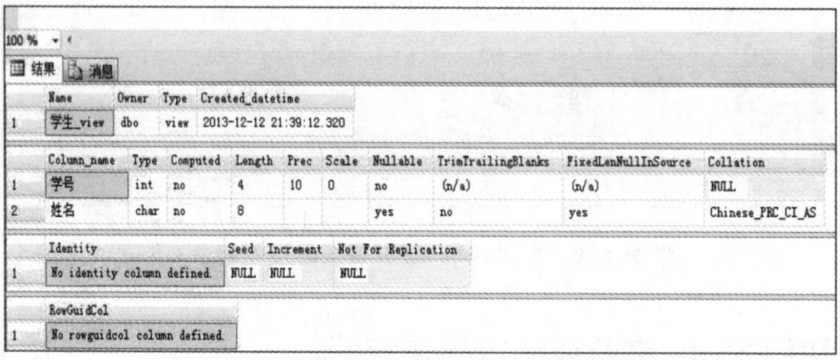

	Name	Owner	Type	Created_datetime
1	学生_view	dbo	view	2013-12-12 21:39:12.320

	Column_name	Type	Computed	Length	Prec	Scale	Nullable	TrimTrailingBlanks	FixedLenNullInSource	Collation
1	学号	int	no	4	10	0	no	(n/a)	(n/a)	NULL
2	姓名	char	no	8			yes	no	yes	Chinese_PRC_CI_AS

	Identity	Seed	Increment	Not For Replication
1	No identity column defined.	NULL	NULL	NULL

	RowGuidCol
1	No rowguidcol column defined.

图 5.27 利用存储过程 sp_help 查看视图结果

此外,也可以通过命令“sp_helptext view_name”查看视图的文本信息。需要注意的是：如果视图已经被加密,则会返回该视图被加密的信息。当查看被加密的视图时,系统会返回“对象‘学生_view’的文本已加密”的信息提示,表明一般用户无法查看其信息。

任务 5 删除视图“学生_view”

5.5.1 情境设置

视图“学生_view”在本数据库中不再使用,现将其从数据库中删除。

5.5.2 样例展示

样例如图 5.28 所示。

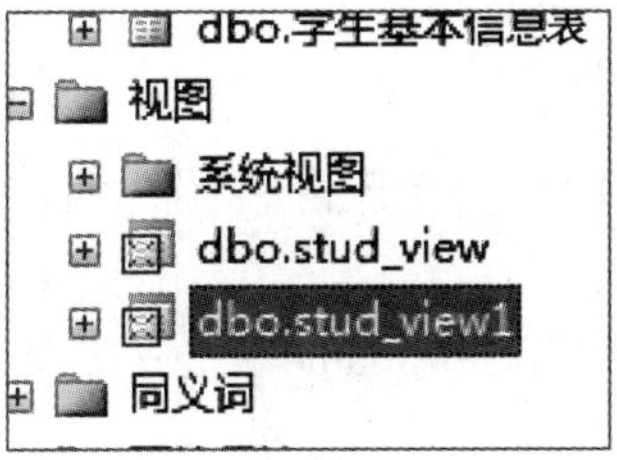

图 5.28 "学生_view"已被从数据库中删除

5.5.3 利用 SSMS 删除视图实施步骤

步骤 1:在"对象资源管理器"窗口里,展开"数据库"节点的树形目录,找到视图"学生_view"。单击鼠标右键,在弹出的快捷菜单里选择"删除"命令。

步骤 2:在弹出的"删除对象"对话框里可以看到要删除的视图名称。这里会显示视图"学生_view",如图 5.29 所示,单击"确定"按钮完成操作。

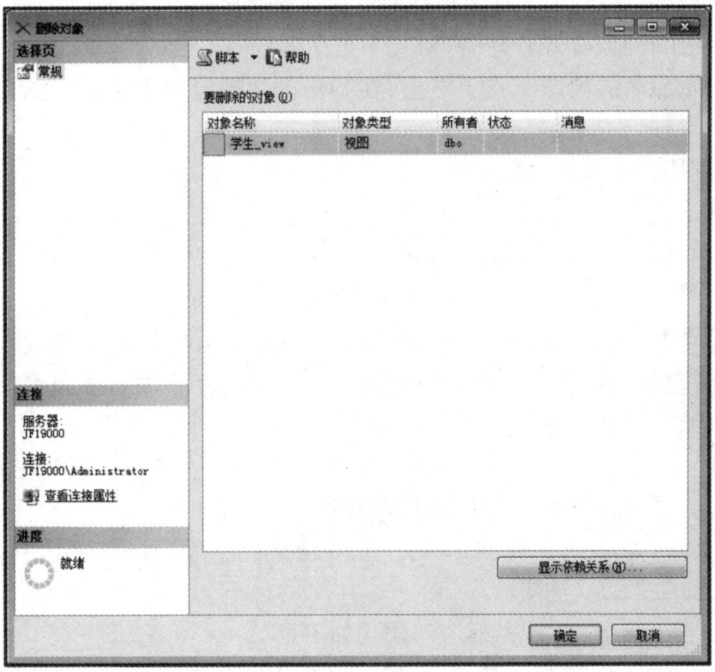

图 5.29 删除视图"学生_view"对话框

5.5.4 知识链接

1)视图删除的意义

当一个视图不再需要时,可以将其删除,就是把视图的定义从数据库中删除。删除一个视图,就是删除其定义和赋予它的全部权限。删除一个表并不能自动删除引用该表的视图,因此,视图必须明确地删除。

2)利用 T-SQL 删除视图

在 T-SQL 中可以用 DROP VIEW 语句删除视图,并且可以删除一个或者同时删除多个不再需要的视图。其语法格式为:

DROP VIEW [schema_name .] view_name [,…,n] [;]

语法格式说明:

- 当需要一次删除多个视图时,只要在删除语句中各个视图的名称之间用逗号隔开即可。
- 删除一个视图后,虽然它所基于的表和数据不会受到任何影响,但是依赖于该视图的其他对象或查询将会在执行时出现错误。
- 删除视图后重建与修改视图不一样。删除一个视图,然后重建该视图,那么必须重新指定视图的权限。但当使用 ALTER VIEW 语句修改视图时,视图原来的权限不会发生改变。

3)重命名视图

视图如同其他数据库对象一样也可以对其进行重命名。

- 方法一:利用“对象资源管理器”对视图重命名。

在需要进行重命名的视图节点上右击,在弹出的快捷菜单中选择“重命名”,如图 5.30 所示。

- 方法二:利用存储过程对视图重命名。

语法格式如下:

sp_rename [@ objname =] ' oldviewname ',

[@ newname =] ' newviewname '

[,[@ objtype =] ' object_type ']

图 5.30 利用“对象资源管理器”的方法对视图进行重命名

其中,@ objtype = ' object_type '表示要重命名对象的类型。object_type 为 varchar(13)类型,其默认值为 NULL。

【例 5.17】 删除“学生_view”视图。其对应的语句如下:

DROP VIEW 学生_view

【例 5.18】 同时删除“学生_view”视图和“学生_view2”视图。

其对应的语句如下:

DROP VIEW 学生_view, 学生_view2

项目小结

本项目主要介绍了视图的应用,通过一系列的操作实例,讲述了创建、修改视图以及查看视图、删除视图的方法。另外,还对视图中的数据的查询、修改、更新和删除作了详细的阐述。通过本项目的学习,应该掌握以下内容:

①视图是虚拟表,它提供了查看数据库数据的另外一种方法。定义视图就是指定一个查询语句,然后将结果作为视图的形式存储。通过视图,可以对不同的用户提供同一个表的不同数据表现。

②视图是逻辑上的概念,视图中的数据实际上还是存储在基本表中,视图既可以基于表创建,还可以基于已经创建的视图创建。但为了提高视图的性能,建议最好基于表创建视图。

③创建视图有多种方法,可以利用 SSMS 图形化界面创建或者利用 T-SQL 语句实现。

④使用视图具有很多优点,可以集中多个表中数据,简化数据的操作或者可以重新组织数据等。

⑤视图的结构信息都存储在相应的系统表中。

⑥可以利用 INSERT,UPDATE 和 DELETE 对视图中的数据进行插入、更新和删除操作,从而改变基本表中的数据。

⑦如果创建视图时,使用了 WITH ENCRYPTION 选项,则对视图进行了加密。

习 题

一、选择题

1.SQL 的视图是从(　　)中导出的。

A.基本表　　B.视图　　C.数据库　　D.基本表或视图

2.用于创建视图的 SQL 语句为(　　)。

A.CREATE DATABASE　　B.CREATE VIEW

C.CREATE TRIGGER　　D.CREATE TABLE

3.用于修改视图的 SQL 语句为(　　)。

A.ALTER TABLE　　B.ALTER TRIGGER

C.ALTER DATABASE　　D.ATLER VIEW

4.修改视图时,使用(　　)选项,可以对 CREATE VIEW 的文本进行加密。

A.WITH ENCRYPTION　　B.WITH CHECK OPTION

C.VIEW_METADATE　　D.AS SQL 语句

二、填空题

1.对视图的操作与对基本表的操作一样,都可以对其进行________、________与________,但是对于数据的操作要满足一定的条件。当对通过视图看到的数据进行修改时,相应的基本表的数据也会发生变化,同样,如果基本表中的数据发生变化,也会自动反映到________中。

2.WITH CHECK OPTION 选项强制视图上的所有数据修改语句都必须符合由________设置的准则。通过视图修改数据行时,WITH CHECK OPTION 可以确保提交修改后,仍然可以通过视图看到修改的数据。

三、简答题

1.什么是视图?其优势体现在哪里?

2.视图和基本表的区别在哪里?它们之间有何联系?

项目 6

触发器

【项目描述】

本项目主要介绍了 SQL Server 中触发器的创建、使用、修改和删除等相关内容。

本项目重点是创建、使用和管理触发器;难点是通过创建和使用触发器理解并掌握触发器的作用。包含的任务如表 6.1 所示。

表 6.1　项目 6 包含的任务

名　称	任务名称
项目 6 触发器	任务 1　创建 DML 触发器“trigger_student1”
	任务 2　创建 DDL 触发器“safe”
	任务 3　修改 DML 触发器“trigger_student1”

任务 1　创建 DML 触发器“trigger_student1”

6.1.1　情境设置

课程学习结束,需要给出学生成绩并将成绩录入到“学生成绩表”中,当用户向“学生成绩表”中插入一条新记录时,判断该记录的学号在“学生基本信息表”中是否存在,如果存在则插入成功,否则插入失败。

6.1.2　样例展示

样例如图 6.1 所示。

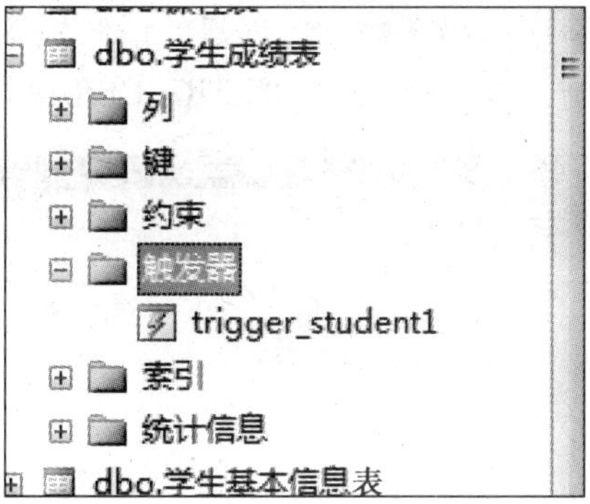

图 6.1 创建后的触发器“trigger_student1”

6.1.3 利用 SSMS 创建触发器实施步骤

步骤 1:在“对象资源管理器”窗口中,选择当前“数据库”节点,依次展开“表”下的“学生成绩表”可以看到“触发器”节点,如图 6.2 所示。

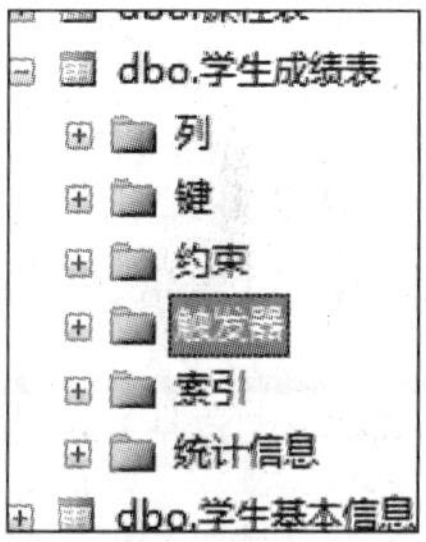

图 6.2 “对象资源管理器”中的“触发器”节点

步骤 2:右击“触发器”节点,在弹出的菜单中选择“新建触发器”命令,此时右边会出现一个可编程窗口,如图 6.3 所示。在这个窗口中可以定义实现触发器的 T-SQL 语句。

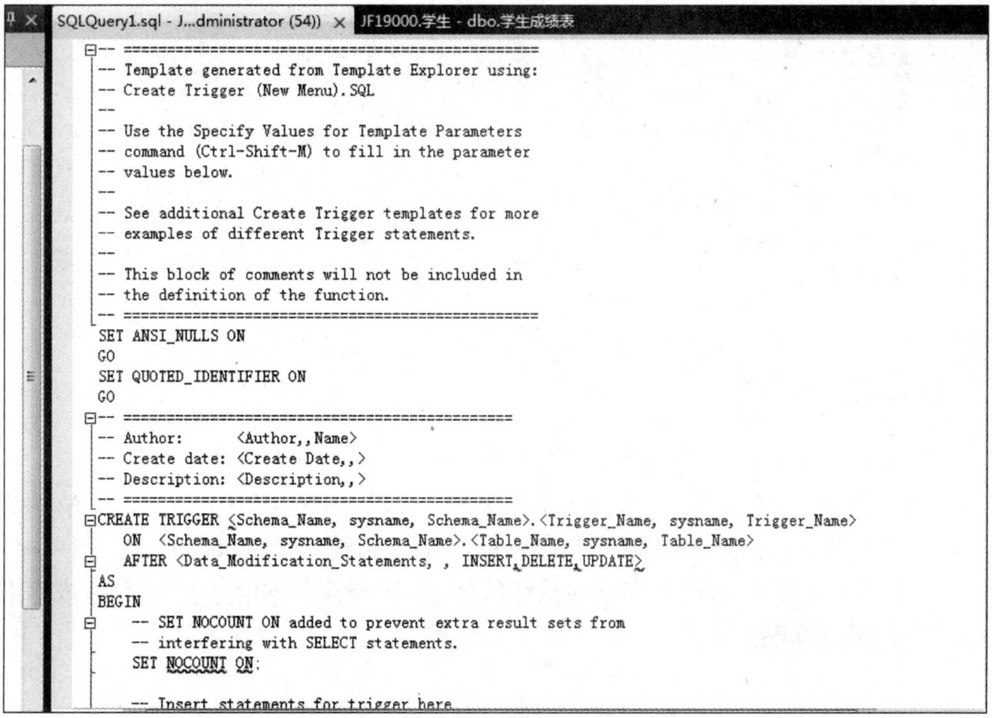

图 6.3 创建触发器的可编程窗口

步骤 3:在图 6.3 所示窗口中给出了触发器创建的语法框架,用户根据实际需要加入相应的 T-SQL 代码即可。本任务中完整的 CREATE TRIGGER 语句如图 6.4 所示。

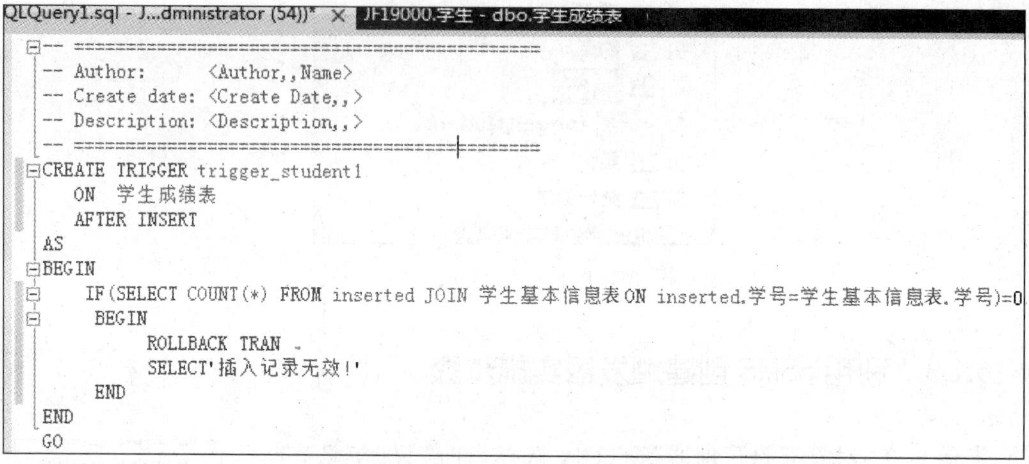

QLQuery1.sql - J...dministrator (54))*
JF19000.学生 - dbo.学生成绩表
-- ==
-- Author: <Author,,Name>
-- Create date: <Create Date,,>
-- Description: <Description,,>
-- ==
CREATE TRIGGER trigger_student1
ON 学生成绩表
AFTER INSERT
AS
BEGIN
IF(SELECT COUNT(*) FROM inserted JOIN 学生基本信息表 ON inserted.学号=学生基本信息表.学号)=0
BEGIN
ROLLBACK TRAN
SELECT'插入记录无效!'
END
END
GO

图 6.4　创建触发器的 T-SQL 代码

步骤 4:单击"执行"按钮,得到执行结果,表示触发器已经成功创建,如图 6.5 所示。用户可在"对象资源管理器"窗口中看到对应的触发器对象,如图 6.1 所示。

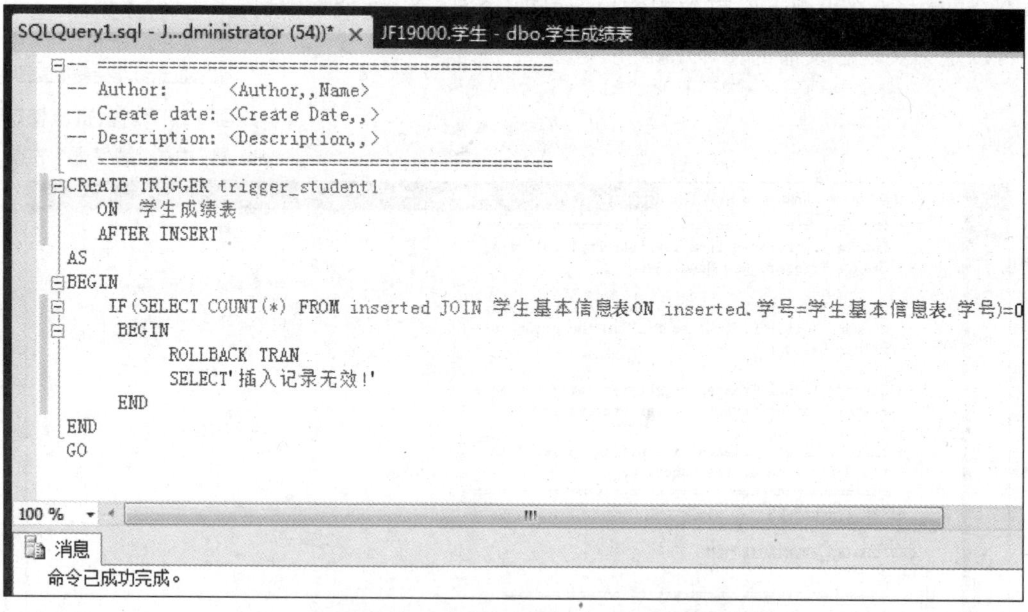

图 6.5　创建触发器"trigger_student1"SQL 语句的执行结果

步骤 5:用户向"学生成绩表"中插入学号为' 201507 '的学生成绩信息,由于"学生基本信息表"中没有该学生信息,系统提示错误并进行回滚,如图 6.6 及图 6.7 所示。用户向"学生成绩表"中插入学号为' 201506 '的学生成绩信息,由于"学生基本信息表"中存在该学生信息,插入成功,如图 6.8 所示。

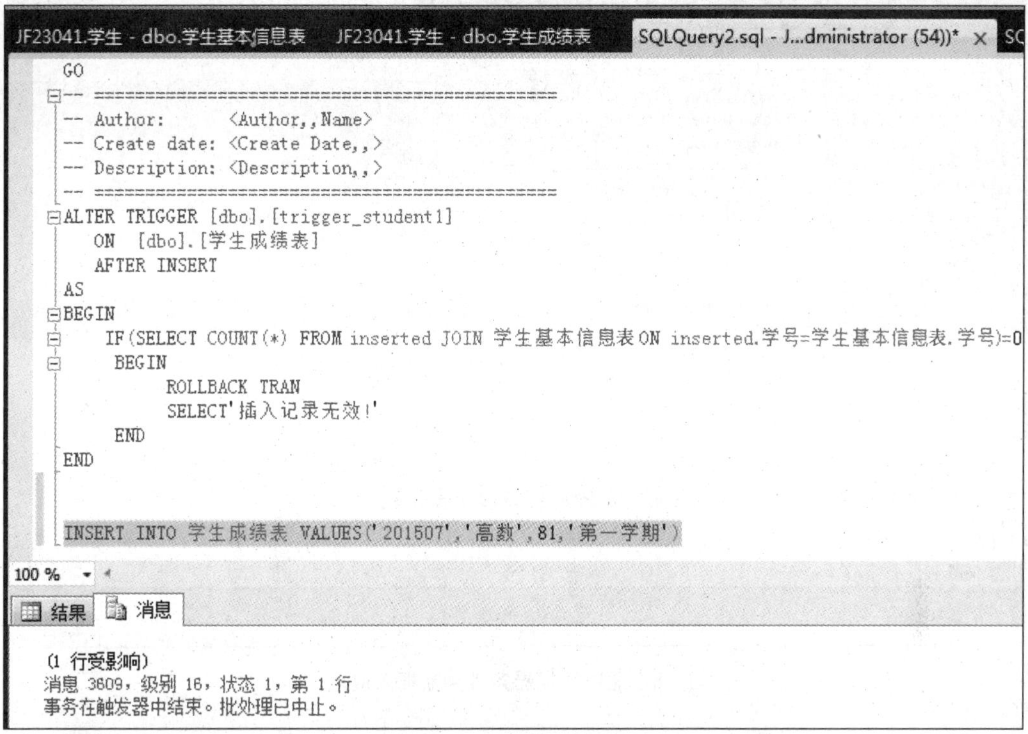

JF23041.学生 - dbo.学生基本信息表
JF23041.学生 - dbo.学生成绩表
SQLQuery2.sql - J...dministrator (54))*
GO
-- ===
-- Author:		<Author,,Name>
-- Create date: <Create Date,,>
-- Description: <Description,,>
-- ===
ALTER TRIGGER [dbo].[trigger_student1]
ON [dbo].[学生成绩表]
AFTER INSERT
AS
BEGIN
IF(SELECT COUNT(*) FROM inserted JOIN 学生基本信息表 ON inserted.学号=学生基本信息表.学号)=0
BEGIN
ROLLBACK TRAN
SELECT'插入记录无效!'
END
END
INSERT INTO 学生成绩表 VALUES('201507','高数',81,'第一学期')
100 %
结果
消息
(1 行受影响)
消息 3609，级别 16，状态 1，第 1 行
事务在触发器中结束。批处理已中止。

图 6.6　验证触发器功能

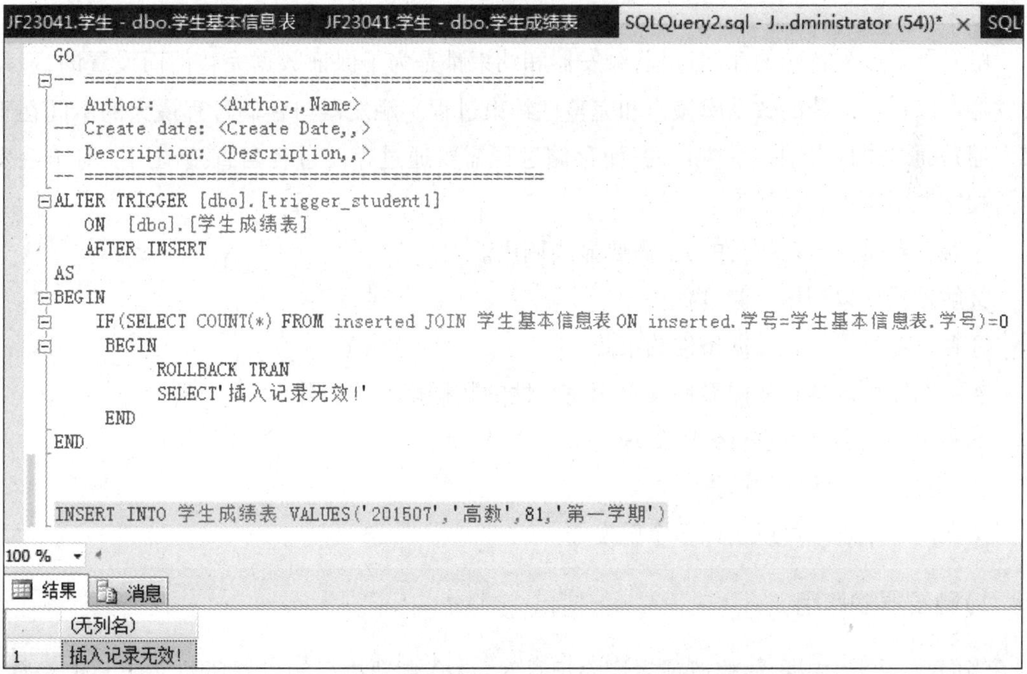

图 6.7　系统提示触发器创建时用户给出的错误信息

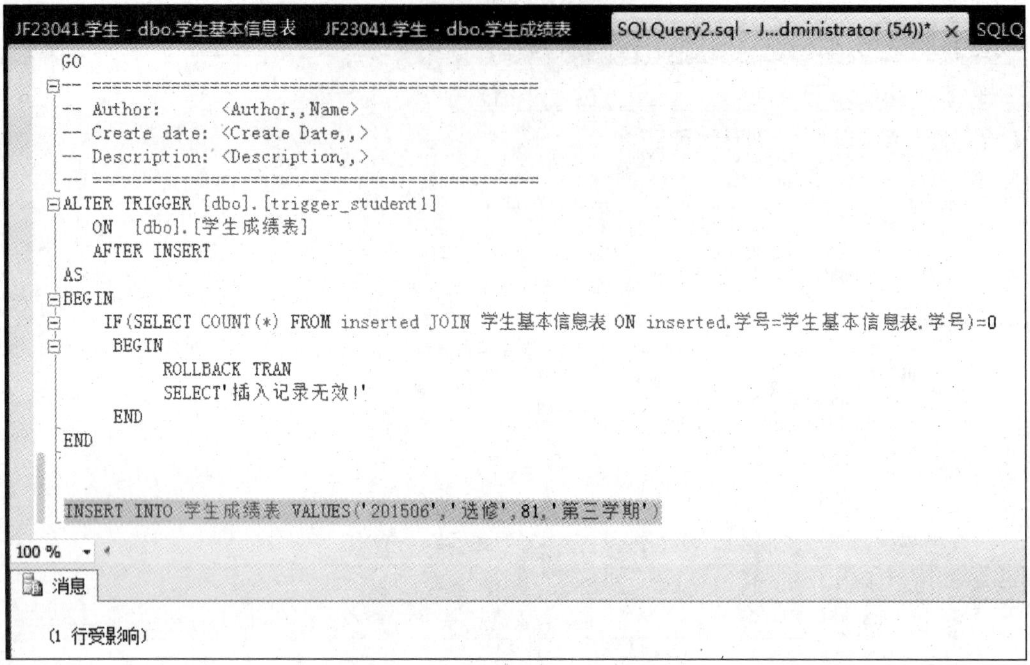
JF23041.学生 - dbo.学生基本信息表
JF23041.学生 - dbo.学生成绩表
SQLQuery2.sql - J...dministrator (54))*
GO
-- ==
-- Author: <Author,,Name>
-- Create date: <Create Date,,>
-- Description: <Description,,>
-- ==
ALTER TRIGGER [dbo].[trigger_student1]
ON [dbo].[学生成绩表]
AFTER INSERT
AS
BEGIN
IF(SELECT COUNT(*) FROM inserted JOIN 学生基本信息表 ON inserted.学号=学生基本信息表.学号)=0
BEGIN
ROLLBACK TRAN
SELECT'插入记录无效!'
END
END
INSERT INTO 学生成绩表 VALUES('201506','选修',81,'第三学期')
100 %
消息
(1 行受影响)

图 6.8 通过触发器条件判断插入成功

6.1.4 知识链接

触发器是一种特殊的存储过程,触发器和约束都是为了保证数据完整性而设置的,但是触发器可以执行复杂的数据库操作和完整性约束过程。触发器与存储过程最大的不同在于触发器是通过事件自动触发执行的,而存储过程需要通过存储过程名直接调用。对于触发器的相关说明可以表述如下:

①触发器是被自动执行的,不需要显式调用。

②触发器可以调用存储过程。

③触发器可以强化数据条件约束。

④触发器可以禁止或回滚违反引用完整性的数据修改或删除。

⑤利用触发器可以进行数据处理。

⑥触发器可以级联、并行执行。

⑦在同一个表中可以设计多个触发器。

1)触发器的作用

当向某一个表中插入、修改或者删除记录时,就会自动执行触发器所定义的 SQL 语句,从而确保对数据的处理必须符合对应 SQL 语句所定义的规则。触发器的基本作用可以表述如下:

①强制数据库间的引用完整性。

②级联修改数据库中所有相关的表,自动触发其他与之相关的操作。

③跟踪变化,撤销或回滚违法操作,防止非法修改数据。

④返回自定义的错误信息,约束无法返回信息,而触发器可以。

⑤触发器可以调用更多的存储过程。

2)触发器的分类

触发器有两种类型,包括数据操作语言触发器(DML 触发器)和数据定义语言触发器(DDL 触发器)。

(1)DML 触发器

DML 触发器有 3 种,分别为 INSERT 触发器、UPDATE 触发器、DELETE 触发器。

SQL Sever 中,针对每个 DML 触发器定义了两个特殊的表——"deleted 表"和"inserted 表",这两个逻辑表在内存中存放,由系统来创建和维护,用户不能对它们进行修改。触发器执行完成之后与该触发器相关的这两个表也会被删除。

①deleted 表存放执行 DELETE 或者 UPDATE 语句要从表中删除的所有行。在执行 DELETE 或 UPDATE 时,被删除的行从触发相应触发器的表中被移动到 deleted 表,这两个表会有公共的行。

②inserted 表存放执行 INSERT 或 UPDATE 语句而向表中插入的所有行,在执行 INSERT 或 UPDATE 事务时,新行同时添加到触发相应触发器的表和 inserted 表中。inserted 表的内容是触发相应触发器的表中新行的副本,即 inserted 表中的行总是与作用表中的新行相同。

(2)DDL 触发器

DDL 触发器是当服务器或者数据库中发生数据定义语言事件时被激活调用,使用 DDL 触发器可以防止对数据库架构进行某些更改或记录数据库架构中的更改或事件。

3)创建 DML 触发器语法格式

(1)格式

CREATE TRIGGER [架构名称.] 触发器名

ON 表名或视图名　　——用于指定在其上执行触发器的表或视图

{FOR|AFTER|INSTEAD OF} {[DELETE][,][INSERT][,][UPDATE]}

AS

SQL 语句　　——触发器的条件和操作,用 SQL 语句来说明

(2)功能

①视图只能被 INSTEAD OF 触发器引用。

②CREATE TRIGGER 必须是批处理中的第一条语句,并且只能应用到一个表中。

③INSTEAD OF 用于规定执行的是触发器而不是执行触发 SQL 语句,从而用触发器替代触发语句的操作。在表或视图上,每个 INSERT,UPDATE,DELETE 语句最多可以定义一

个 INSTEAD OF 触发器。

④AFTER 和 FOR 类型触发器只能建立在表上,不能建立在视图上。AFTER 和 FOR 的区别在于触发 DML 触发器要遵循之前建立的约束,是先检验之前设定的规则还是先触发触发器执行,在作用上没有什么不同。

⑤{[DELETE][,][INSERT][,][UPDATE]}用于指定在表或视图上执行数据操作语句时,将激活的触发器。必须至少指定一个选项。

⑥触发器中不允许出现的 T-SQL 语句有:ALTER DATABASE,CREATE DATABASE,DISK INIT, DISK RESIZE, DROP DATABASE, LOAD DATABASE, LOAD LOG, RECONFIGURE, RESTORE DATABASE,RESTORE LOG。

⑦与使用存储过程一样,当触发器激发时,将向调用应用程序返回结果。若要避免由于触发器激发而向应用程序返回结果,请不要包含返回结果的 SELECT 语句,也不要包含在触发器中进行变量赋值的语句。应包含向用户返回结果的 SELECT 语句或进行变量赋值的语句的触发器需要特殊处理;如果必须在触发器中进行变量赋值,则应该在触发器的开头使用 SET NOCOUNT 语句,以避免返回任何结果集。

⑧嵌套触发器:触发器最多可以嵌套 32 层。如果一个触发器更改了包含另一个触发器的表,则第二个触发器将激活,然后该触发器可以再调用第三个触发器,以此类推。如果链中任意一个触发器引发了无限循环,则会超出嵌套级限制,从而导致取消触发器。若要禁用嵌套触发器,请用 sp_configure 将 nested triggers 选项设置为 0(关闭)。

4) RAISERROR

返回用户定义的错误信息并设系统标志,记录发生的错误。通过使用 RAISERROR 语句,客户端可以从 sysmessages 表中检索条目,或者使用用户指定的严重度和状态信息动态地生成一条消息。这种消息在定义后就作为服务器错误信息返回给客户端。

(1)格式

RAISERROR{MSG_ID|MSG_STR}{,严重级别,状态}

(2)功能

①MSG_ID 是存储于 sysmessages 表中的用户定义的错误信息号。用户定义错误信息的错误号应大于 50 000,由于特殊消息产生的错误是第 50 000 号。

②MSG_STR 是一条特殊消息,此错误信息最多可包含 400 个字符。如果该信息包含的字符超过 400 个,则只能显示前 397 个并将添加一个省略号以表示该信息已被截断。所有特定消息的标准消息 ID 是 14 000。

③消息与字符类型 d,i,o,p,s,u 或 X 一起使用,用于创建不同类型的数据。字符类型 d 或 i 表示带符号的整数;o 表示不带符号的八进制整数;p 表示指针型;s 表示 String;u 表示不带符号的整数;x 或 X 表示不带符号的十六进制数。

④与消息关联的严重级别。用户可以使用 0~18 的严重级别。19~25 的严重级别只能由 sysadmin 固定角色成员使用。若要使用 19~25 的严重级别,必须选择 WITHLOG

选项。

⑤20~25 的严重级别被认为是致命的。如果遇到致命的严重级别,客户端连接将在收到消息后终止,并将错误记入错误日志和应用程序日志。

⑥状态是 1~127 的任意整数,默认为 1,表示有关错误调用状态的信息。

【例 6.1】 在“学生基本信息表”上创建一个触发器“trigger_student2”,该触发器被 DELETE 操作触发,当用户在该表中删除一条记录时,判断该记录的学号在“学生成绩表”中是否存在,如果不存在,允许删除,否则不允许删除该学生信息。

单击“新建查询”按钮,在新建立的查询窗口中输入 SQL 代码,建立该触发器的语句如图 6.9 所示。

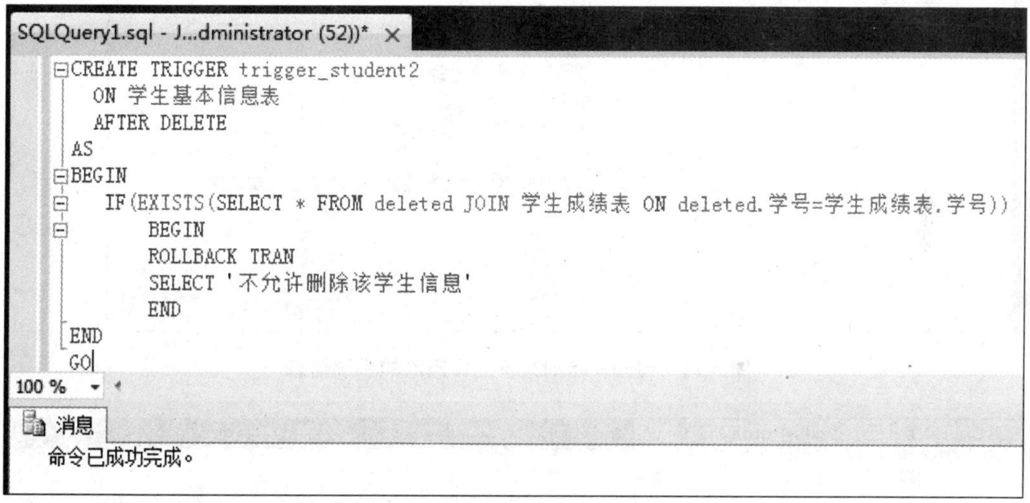
SQLQuery1.sql - J...dministrator (52))*
CREATE TRIGGER trigger_student2
ON 学生基本信息表
AFTER DELETE
AS
BEGIN
IF(EXISTS(SELECT * FROM deleted JOIN 学生成绩表 ON deleted.学号=学生成绩表.学号))
BEGIN
ROLLBACK TRAN
SELECT '不允许删除该学生信息'
END
END
GO
100 %
消息
命令已成功完成。

图 6.9 “trigger_student2”触发器的创建代码

命令成功执行后将在当前数据库中创建名为“trigger_student2”的触发器,刷新触发器节点,得到如图 6.10 所示的列表。

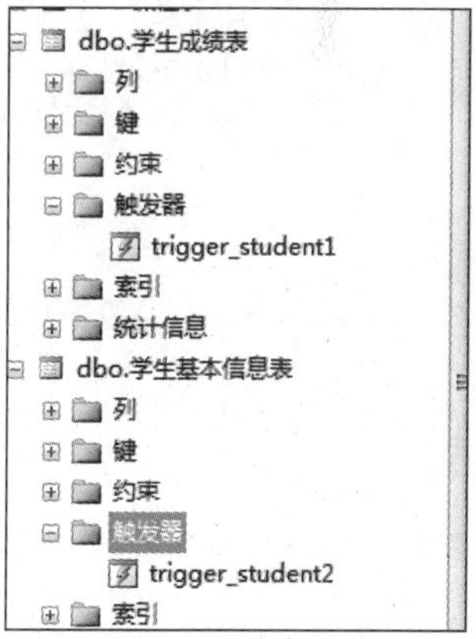
dbo.学生成绩表
列
键
约束
触发器
trigger_student1
索引
统计信息
dbo.学生基本信息表
列
键
约束
触发器
trigger_student2
索引

图 6.10 本例中创建的触发器“trigger_student2”

对“学生基本信息表”中的记录作删除操作,以验证 DELETE 触发器的作用。用户使用 SSMS 方式删除学号为“201506”的学生信息,系统给出错误信息,如图 6.11 所示。用户使用 T-SQL 语句进行删除,系统给出的错误信息如图 6.12和图 6.13 所示(错误提示为用户在触发器创建时给出的)。以上两种方式删除记录的操作系统最终都没有执行,进行了回滚。

该例中指定的是 AFTER 选项,或者也可以直接使用 FOR 选项,表示触发器只有在删除操作完成后才被触发。

【例 6.2】 在“学生基本信息表”上创建一个触发器“trigger_student3”,该触发器被 UPDATE 操作触发,当用户在该表中修改一条记录的学号时,同时自动更新“学生成绩表”中相应的学号。

图 6.11　因触发器约束不允许删除的系统信息

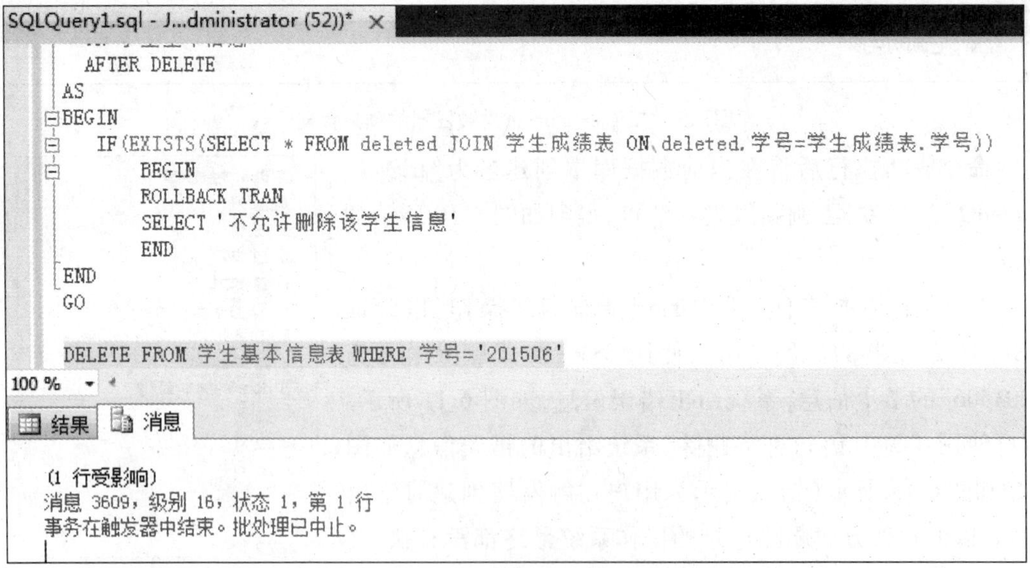

图 6.12　因触发器约束不允许删除的系统信息

单击“新建查询”按钮，在新建立的查询窗口中输入 SQL 代码，建立该触发器的语句如图 6.14 所示。

命令成功执行后将在当前数据库中创建名为“trigger_student3”的触发器，刷新触发器节点，得到如图 6.15 所示的列表。

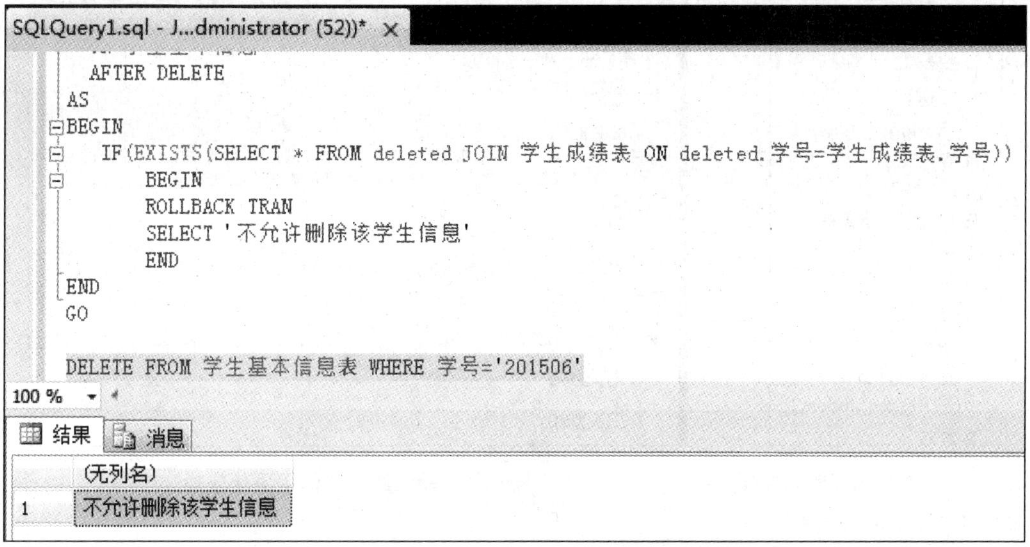
SQLQuery1.sql - J...dministrator (52))*
AFTER DELETE
AS
BEGIN
IF(EXISTS(SELECT * FROM deleted JOIN 学生成绩表 ON deleted.学号=学生成绩表.学号))
BEGIN
ROLLBACK TRAN
SELECT '不允许删除该学生信息'
END
END
GO
DELETE FROM 学生基本信息表 WHERE 学号='201506'
100 %
结果
消息
(无列名)
1
不允许删除该学生信息

图 6.13 系统提示的信息为用户创建触发器时给出的

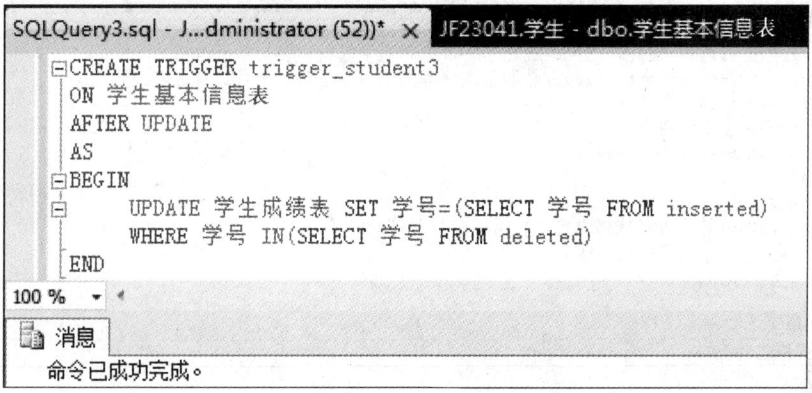
SQLQuery3.sql - J...dministrator (52))*
JF23041.学生 - dbo.学生基本信息表
CREATE TRIGGER trigger_student3
ON 学生基本信息表
AFTER UPDATE
AS
BEGIN
UPDATE 学生成绩表 SET 学号=(SELECT 学号 FROM inserted)
WHERE 学号 IN(SELECT 学号 FROM deleted)
END
100 %
消息
命令已成功完成。

图 6.14 trigger_student3 触发器的创建代码

对“学生基本信息表”中的记录作修改操作，以验证 UPDATE 触发器的作用。用户修改学号为“201506”的学号信息，自动更新了“学生成绩表”中对应的学号，验证结果如图 6.16 所示。

本例中创建的触发器是由更新操作触发的，称为 UPDATE 触发器。当修改“学生基本信息表”中学生记录的学号时，这条学生记录对应的旧学号就被保存在 deleted 表中，而更新后的新学号就被保存到 inserted 表中。当触发器被触发后，就要到“学生成绩表”中将修改过的学号进行自动更新，这就是级联更新。

【例 6.3】 创建一个触发器“trigger_student4”，如果修改、删除、插入“学生基本信息表”中的任何数据，都将向用户显示一条信息“不得对数据表进行任何修改！”。

单击“新建查询”按钮，在新建立的查询窗口中输入 SQL 代码，建立该触发器的语句，如图 6.17 所示。

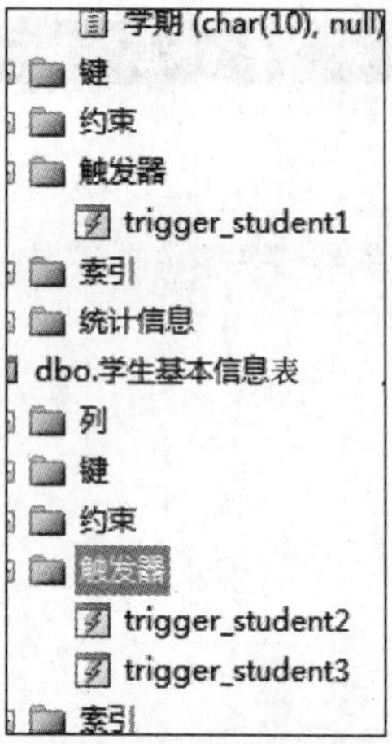
学期 (char(10), null)
键
约束
触发器
trigger_student1
索引
统计信息
dbo.学生基本信息表
列
键
约束
触发器
trigger_student2
trigger_student3
索引

图 6.15 本例中创建的触发器“trigger_student3”列示

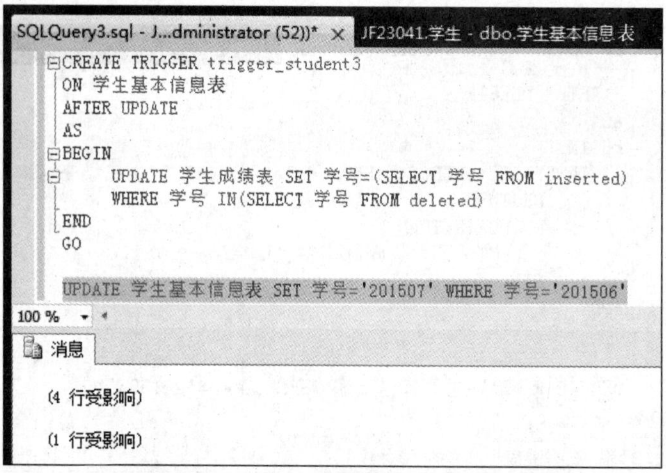
SQLQuery3.sql - J...dministrator (52))*
JF23041.学生 - dbo.学生基本信息表
CREATE TRIGGER trigger_student3
ON 学生基本信息表
AFTER UPDATE
AS
BEGIN
UPDATE 学生成绩表 SET 学号=(SELECT 学号 FROM inserted)
WHERE 学号 IN(SELECT 学号 FROM deleted)
END
GO
UPDATE 学生基本信息表 SET 学号='201507' WHERE 学号='201506'
100 %
消息
(4 行受影响)
(1 行受影响)

图 6.16 验证触发器作用更新成功

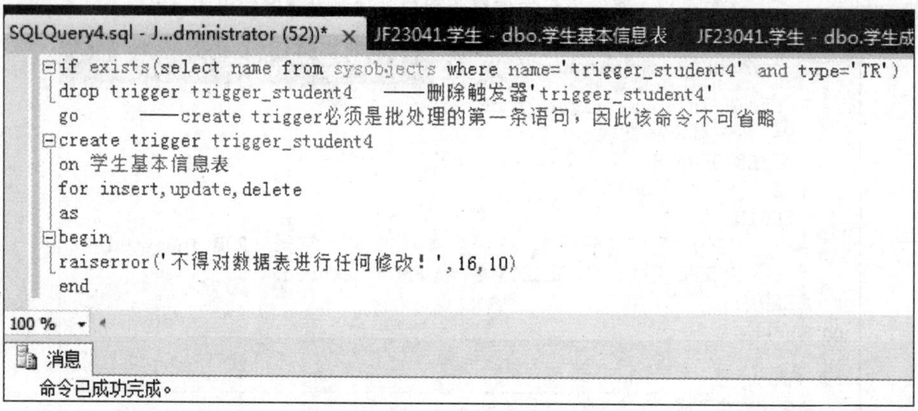
SQLQuery4.sql - J...dministrator (52))*
JF23041.学生 - dbo.学生基本信息表
JF23041.学生 - dbo.学生成
if exists(select name from sysobjects where name='trigger_student4' and type='TR')
drop trigger trigger_student4 ——删除触发器'trigger_student4'
go ——create trigger必须是批处理的第一条语句，因此该命令不可省略
create trigger trigger_student4
on 学生基本信息表
for insert,update,delete
as
begin
raiserror('不得对数据表进行任何修改！',16,10)
end
100 %
消息
命令已成功完成。

图 6.17 trigger_student4 触发器的创建代码

命令成功执行后将在当前数据库中创建名为“trigger_student4”的触发器，刷新触发器节点，得到如图 6.18 所示的列表。

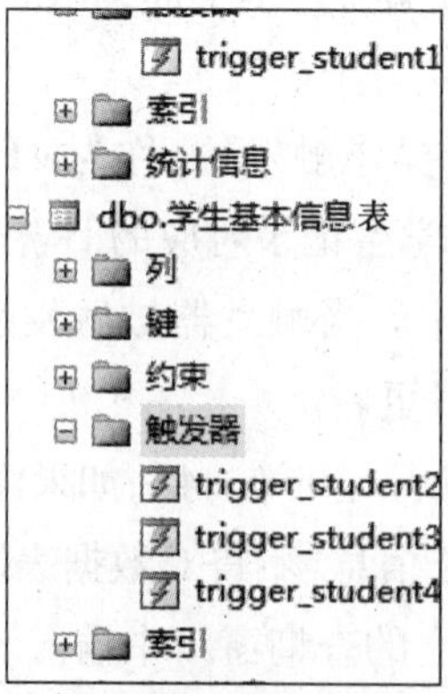
trigger_student1
索引
统计信息
dbo.学生基本信息表
列
键
约束
触发器
trigger_student2
trigger_student3
trigger_student4
索引

图 6.18 本例中创建的触发器“trigger_student4”列示

对“学生基本信息表”中的记录作修改、删除及插入等各项操作，以验证该触发器的作

用。验证结果如图6.19所示。

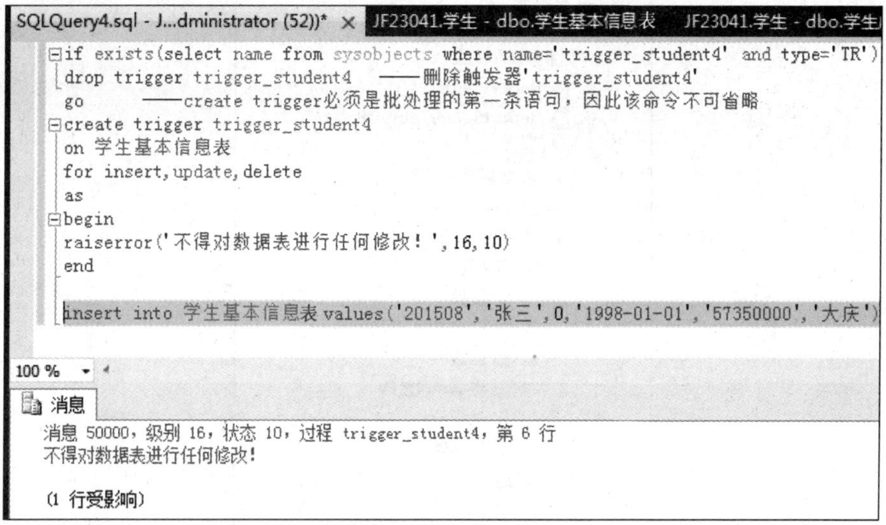
SQLQuery4.sql - J...dministrator (52))*
JF23041.学生 - dbo.学生基本信息表
if exists(select name from sysobjects where name='trigger_student4' and type='TR')
drop trigger trigger_student4 ——删除触发器'trigger_student4'
go ——create trigger必须是批处理的第一条语句，因此该命令不可省略
create trigger trigger_student4
on 学生基本信息表
for insert,update,delete
as
begin
raiserror('不得对数据表进行任何修改！',16,10)
end
insert into 学生基本信息表 values('201508','张三',0,'1998-01-01','57350000','大庆')
100 %
消息
消息 50000，级别 16，状态 10，过程 trigger_student4，第 6 行
不得对数据表进行任何修改！
(1 行受影响)

图 6.19　验证触发器"trigger_student4"的作用

任务 2　创建 DDL 触发器"safe"

6.2.1　情境设置

数据库管理员为了保障数据库中数据的安全有效，在当前数据库中创建一个 DDL 触发器，用来防止该数据库中的任一表被修改或删除。

6.2.2　样例展示

样例如图 6.20 所示。

6.2.3　创建 DDL 触发器的实施步骤

步骤 1：在 SQL Server 环境下，单击"新建查询"按钮，打开 SQL 代码窗口输入创建 DDL 触发器的代码，如图 6.21 所示。由图 6.21 可以看出代码被成功执行。

步骤 2：命令成功执行后将在当前数据库中创建名为"safe"的 DDL 触发器，刷新触发器节点，得到如图 6.20 所示的列表。

步骤 3：输入图 6.22 所示的代码，以验证 DDL 触发器"safe"的作用。

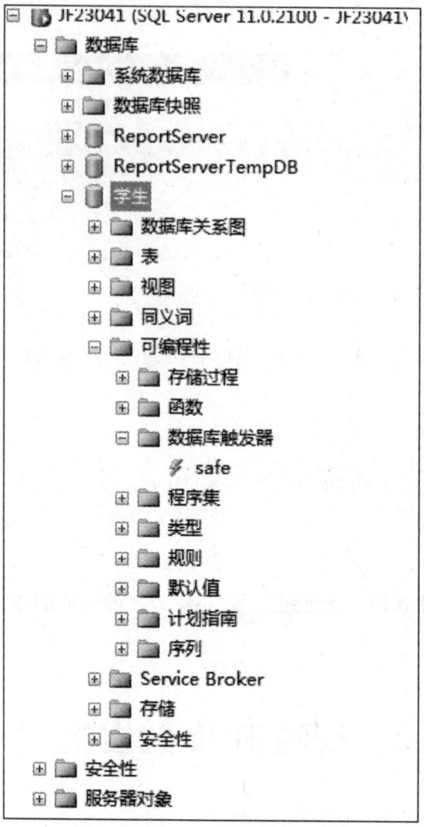

图 6.20 创建 DDL 触发器“safe”列示

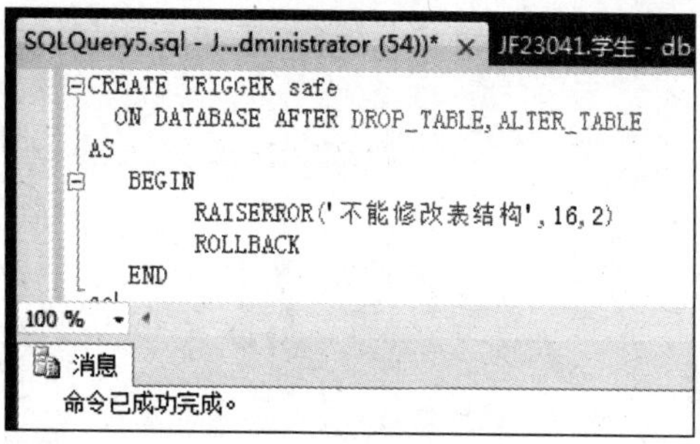

图 6.21 创建 DDL 触发器“safe”T-SQL 语句

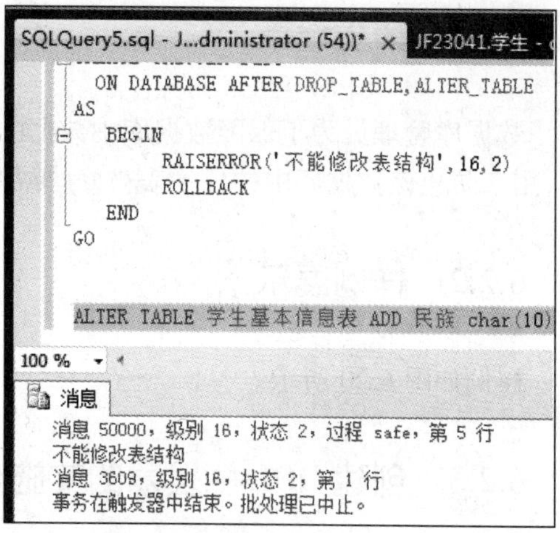

图 6.22 输入 DDL 语句以验证 DDL 触发器的作用

步骤 4:通过图 6.22 可以看出,由于 DDL 触发器给出的事件为“DROP_TABLE”和“ALTER_TABLE”,因此执行 DDL 代码“ALTER TABLE”后触发器中止了该语句的执行并进行了回滚,用以保证数据库的安全有效。

步骤 5:本任务完成后请禁用“safe”触发器。

6.2.4 知识链接

DML 触发器属于表级触发器,而 DDL 触发器属于数据库级触发器。像 DML 触发器一样,DDL 触发器也是被自动执行的;但与 DML 触发器不同的是,它们不是响应表或视图的 INSERT,UPDATE,DELETE 等记录操作语句,而是响应数据定义语句 CREATE,ALTER,DROP 等操作。DDL 触发器可用于管理任务,例如审核和控制数据库操作。

1)DDL 触发器的作用

DDL 触发器一般具有以下作用:

①防止对数据库结构进行某些更改。

②希望数据库中发生某种情况以响应数据库中结构的更改。

③要记录数据库结构中的更改或事件。

2)创建 DDL 触发器语法格式

(1)格式

CREATE TRIGGER 触发器名
ON {ALL SERVER|DATABASE}
{FOR|AFTER} {event_type|event_group}[,…,n]
AS
SQL 语句

(2)功能

①ALL SERVER:将 DDL 触发器的作用域应用于当前服务器。如果指定了此参数,则只要当前服务器中的任何位置出现 event_type 或 event_group 关键字,就会激发该触发器。

②event_type|event_group:T-SQL 语言事件的名称或事件组名称,事件执行后,将触发该 DDL 触发器。如 DROP_TABLE 为删除事件,ALTER_TABLE 为修改表结构事件,CREATE_TABLE 为建立表事件等。

【例 6.4】 在当前数据库上创建一个 DDL 触发器“create”,用来防止在该数据库中创建表。单击“新建查询”按钮,在新建立的查询窗口中输入 SQL 代码,建立该触发器的语句如图 6.23 所示。

命令成功执行后将在当前数据库中创建名为“create”的触发器,得到如图 6.24 所示的列表。

在当前查询窗口中输入如图 6.25 所示语句,得到结果如图 6.26 所示,验证了 DDL 触发器的作用。

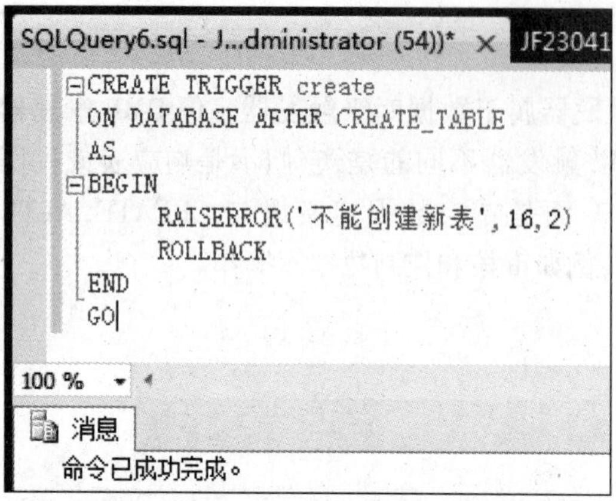
SQLQuery6.sql - J...dministrator (54))*
JF23041
CREATE TRIGGER create
ON DATABASE AFTER CREATE_TABLE
AS
BEGIN
RAISERROR('不能创建新表',16,2)
ROLLBACK
END
GO
100 %
消息
命令已成功完成。

图 6.23 “create”触发器的创建代码

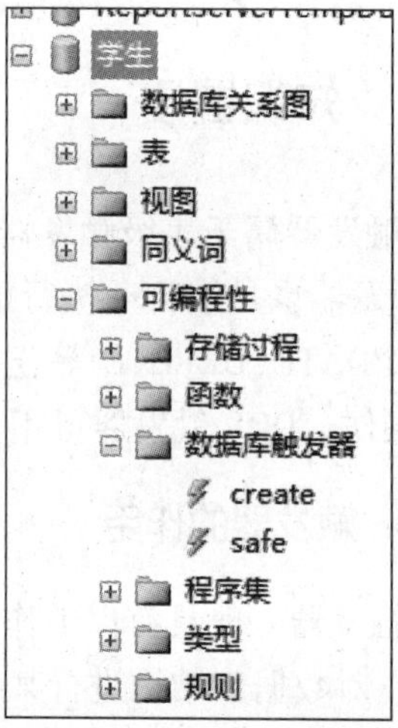
学生
数据库关系图
表
视图
同义词
可编程性
存储过程
函数
数据库触发器
create
safe
程序集
类型
规则

图 6.24 本例中创建的 DDL 触发器“create”列示

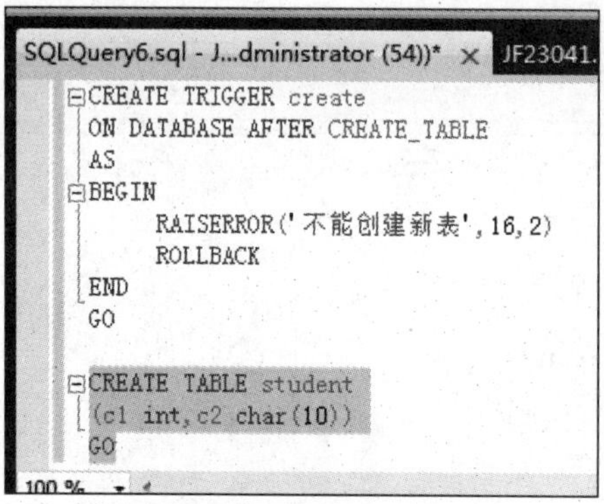
SQLQuery6.sql - J...dministrator (54))*
JF23041.
CREATE TRIGGER create
ON DATABASE AFTER CREATE_TABLE
AS
BEGIN
RAISERROR('不能创建新表',16,2)
ROLLBACK
END
GO
CREATE TABLE student
(c1 int,c2 char(10))
GO

图 6.25 输入创建新表代码以验证 DDL 触发器功能

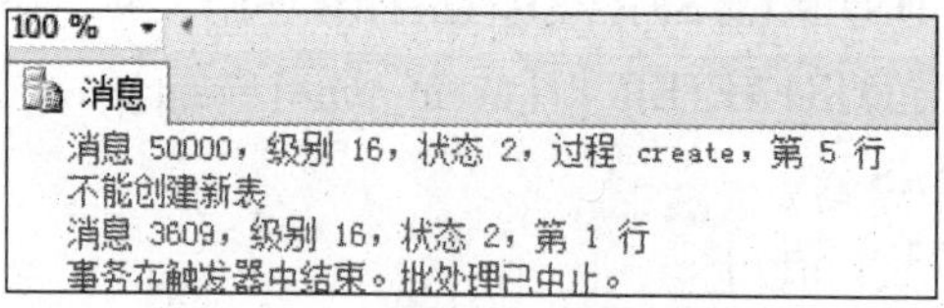
100 %
消息
消息 50000，级别 16，状态 2，过程 create，第 5 行
不能创建新表
消息 3609，级别 16，状态 2，第 1 行
事务在触发器中结束。批处理已中止。

图 6.26 因触发器约束不允许在当前数据库中创建新表

任务 3 修改 DML 触发器“trigger_student1”

6.3.1 情境设置

任务 1 中创建的 DML 触发器“trigger_student1”为 INSERT 操作触发，当用户向“学生成绩表”插入一条记录时，判断该记录的学号在“学生基本信息表”中是否存在，如果存在插入成功，否则插入失败。为使“trigger_student1”更加严谨，需要对其进行必要的修改，在完成原有功能基础上同时判断该记录的课程在“课程表”中是否存在，如果存在插入成功，否则插入失败。

6.3.2 样例展示

样例如图 6.27 所示。

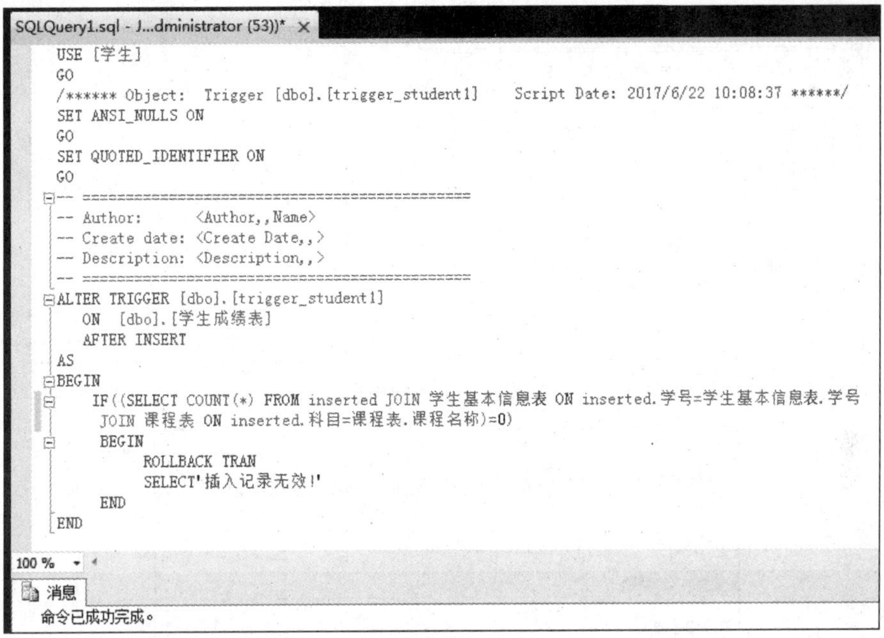

SQLQuery1.sql - J...dministrator (53))*
USE [学生]
GO
/****** Object: Trigger [dbo].[trigger_student1] Script Date: 2017/6/22 10:08:37 ******/
SET ANSI_NULLS ON
GO
SET QUOTED_IDENTIFIER ON
GO
-- ===
-- Author: <Author,,Name>
-- Create date: <Create Date,,>
-- Description: <Description,,>
-- ===
ALTER TRIGGER [dbo].[trigger_student1]
ON [dbo].[学生成绩表]
AFTER INSERT
AS
BEGIN
IF((SELECT COUNT(*) FROM inserted JOIN 学生基本信息表 ON inserted.学号=学生基本信息表.学号
JOIN 课程表 ON inserted.科目=课程表.课程名称)=0)
BEGIN
ROLLBACK TRAN
SELECT'插入记录无效!'
END
END
100 %
消息
命令已成功完成。

图 6.27 修改 DML 触发器“trigger_student1”的代码窗口

6.3.3 修改触发器的实施步骤

步骤 1:在“对象资源管理器”窗口中,选择当前“数据库”节点,依次展开“表”下的“学生成绩表”,在“触发器”节点下可以看到任务 1 中创建的 DML 触发器“trigger_student1”,右击该触发器对象,在弹出的快捷菜单中选择“修改”,如图6.28 所示。

步骤 2:此时右边会出现一个可编程窗口,如图 6.29 所示。在这个窗口中可以对当前触发器的定义进行修改,根据需要加入相应 T-SQL,修改后的语句如图 6.27 所示,单击“执行”按钮完成触发器的修改。

步骤 3:输入如图 6.30 所示的代码,以验证修改后触发器“trigger_student1”的作用。

步骤 4:由图 6.30 可以看出,插入的学号“201506”在“学生基本信息表”中存在,但由于

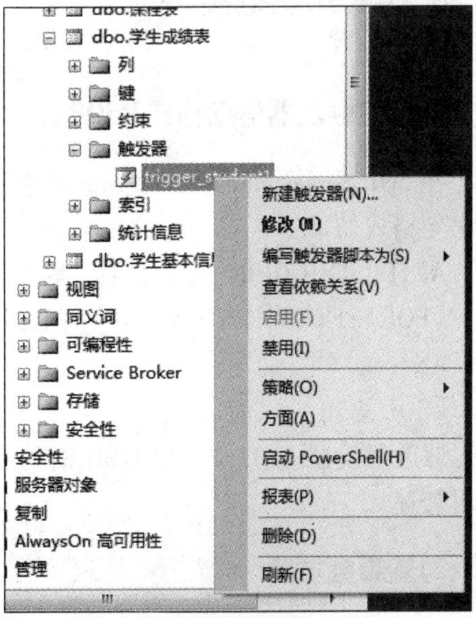

图 6.28 对象资源管理器列表

“课程表”中没有“选修”这一课程名称，触发器中止了插入动作，验证有效。

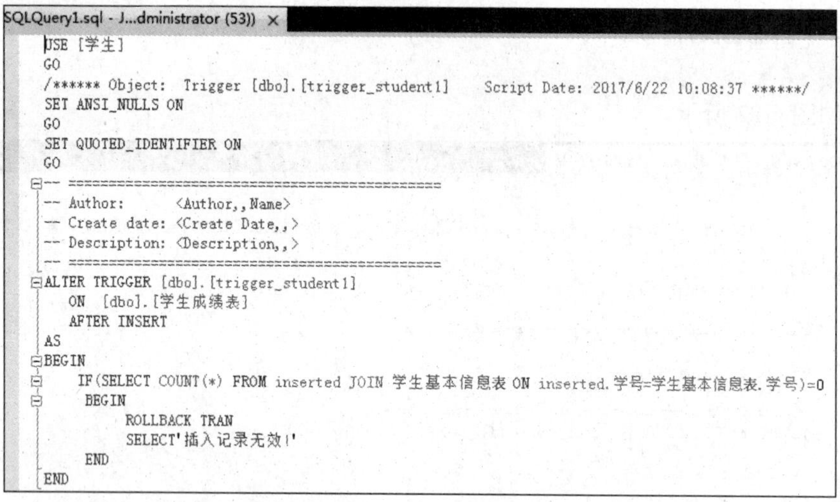
SQLQuery1.sql - J...dministrator (53))
USE [学生]
GO
/****** Object: Trigger [dbo].[trigger_student1]   Script Date: 2017/6/22 10:08:37 ******/
SET ANSI_NULLS ON
GO
SET QUOTED_IDENTIFIER ON
GO
-- ===
-- Author: <Author,,Name>
-- Create date: <Create Date,,>
-- Description: <Description,,>
-- ===
ALTER TRIGGER [dbo].[trigger_student1]
ON [dbo].[学生成绩表]
AFTER INSERT
AS
BEGIN
IF(SELECT COUNT(*) FROM inserted JOIN 学生基本信息表 ON inserted.学号=学生基本信息表.学号)=0
BEGIN
ROLLBACK TRAN
SELECT'插入记录无效!'
END
END

图 6.29　可编程窗口

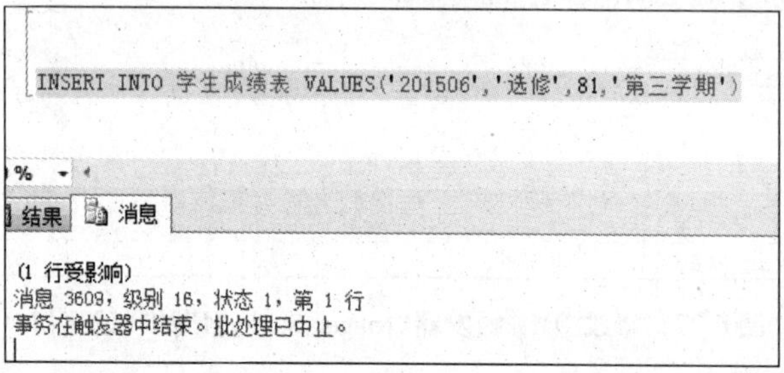
INSERT INTO 学生成绩表 VALUES('201506','选修',81,'第三学期')
%
结果
消息
(1 行受影响)
消息 3609，级别 16，状态 1，第 1 行
事务在触发器中结束。批处理已中止。

图 6.30　输入 INSERT 语句向“学生成绩表”插入记录以验证触发器的作用

6.3.4　知识链接

1)修改触发器语句格式及说明

在 SQL Server Management Studio 中修改触发器，关键是要掌握 ALTER TRIGGER 语句，该语句格式如下：

ALTER TRIGGER [架构名称.]触发器名 ON 表名|视图名

{FOR|AFTER|INSTEAD OF}[DELETE][,INSERT][,UPDATE]

AS

[SQL 语句]

修改触发器 ALTER TRIGGER 语句格式各选项的说明与创建触发器的说明相同，在此不再赘述。

2)查看触发器

(1)sys.triggers 表

数据库中创建的每个触发器都会在 sys.triggers 表中对应一个记录，因此可以通过

SELECT 命令查看 sys.triggers 表中的相关记录以了解当前数据库中已经创建的触发器情况。

(2)使用存储过程查看触发器

系统存储过程 sp_help,sp_helptext,sp_depends 分别提供了有关触发器的不同信息(这些系统存储过程只适用于 DML 触发器)。

①sp_help。用于查看触发器的一般信息,如触发器的名称、属性、类型和创建时间,使用语法格式如下:

EXEC sp_help '触发器名称'

②sp_helptext。用于查看触发器的正文信息,使用语法格式如下:

EXEC sp_help text '触发器名称'

③sp_depends。用于查看指定触发器所引用的表或者指定的表涉及的所有触发器,使用语法格式如下:

EXEC sp_ depends '触发器名称'

3)禁用和启用触发器

(1)禁用触发器

禁用触发器不会删除触发器,该触发器仍然作为对象存在于当前数据库中。但是,当执行任意 INSERT,UPDATE,DELETE 语句(在其上对触发器进行了编程时),触发器将不会激发。

禁用触发器可以使用 DISABLE TRIGGER 语句,其基本语法格式如下:

DISABLE TRIGGER 触发器名 ON 表名

(2)启用触发器

已禁用的触发器可以被重新启用,启用触发器会以最初创建它时的方式将其激发。在默认情况下,创建触发器后会自动启用触发器。

启用触发器可以使用 ENABLE TRIGGER 语句,其基本语法格式如下:

ENABLE TRIGGER 触发器名 ON 表名

4)删除触发器

当不再需要某个触发器时,可将其删除。删除了触发器后,它就从当前数据库中删除了,它所基于的表和数据不会受到影响。删除表将自动删除其上所有的触发器。删除触发器的权限默认授予该触发器所在表的所有者。

删除触发器可在"对象资源管理器"中找到要删除的触发器对象,使用操作方式将其删除,也可以通过 DROP TRIGGER 语句,其语法格式如下:

DROP TRIGGER 触发器名[,…,n]

【例 6.5】 显示本项目前述任务中当前数据库中创建的所有触发器。

单击“新建查询”按钮，在新建立的查询窗口中输入 SQL 代码，查看触发器的语句如图 6.31 所示。

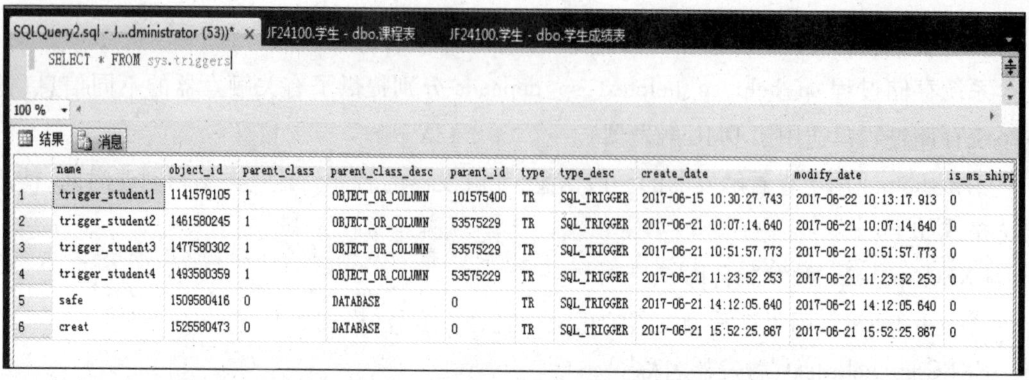

图 6.31 通过“sys.triggers”表查看当前数据库中所有已创建的触发器

命令成功执行后将显示当前数据库中已经创建的所有触发器，包含 DML 和 DDL 触发器的相关信息。

如果要显示作用于表（或数据库）上的触发器究竟对表（或数据库）有哪些操作，必须查看触发器信息。

【例 6.6】 编程利用系统存储过程查看“学生成绩表”上的触发器“trigger_student1”。

单击“新建查询”按钮，在新建立的查询窗口中输入 SQL 代码，使用存储过程查看触发器的语句如图 6.32 所示。

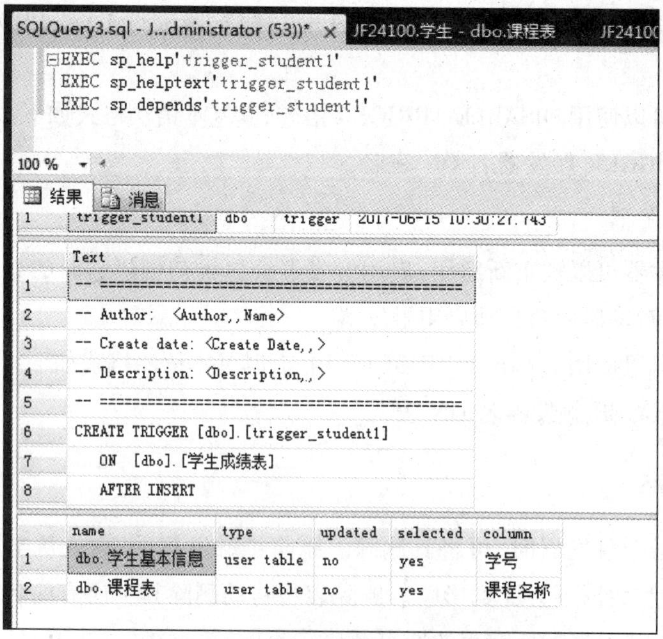

图 6.32 利用系统存储过程查看触发器相关信息

【例 6.7】 编程实现禁用当前数据库中“学生基本信息表”上的触发器“trigger_student2”。

单击“新建查询”按钮，在新建立的查询窗口中输入 SQL 代码，禁用触发器“trigger_

student2”的语句如图 6.33 所示。

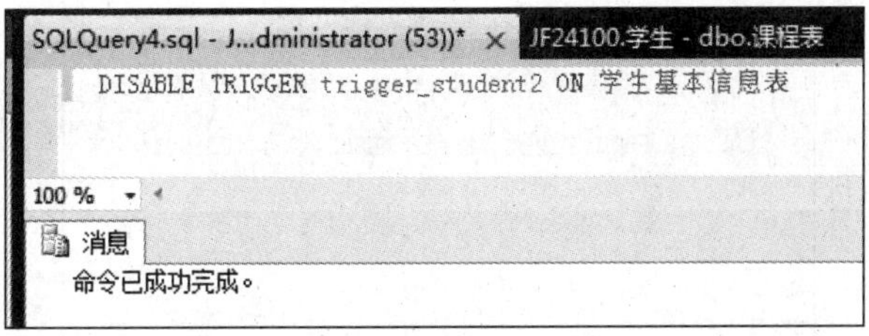

图 6.33 使用命令完成对触发器“trigger_student2”的禁用

触发器“trigger_student2”禁用后，用户可以验证该触发器是否还可以正常激发，在当前窗口输入代码如图 6.34 所示。

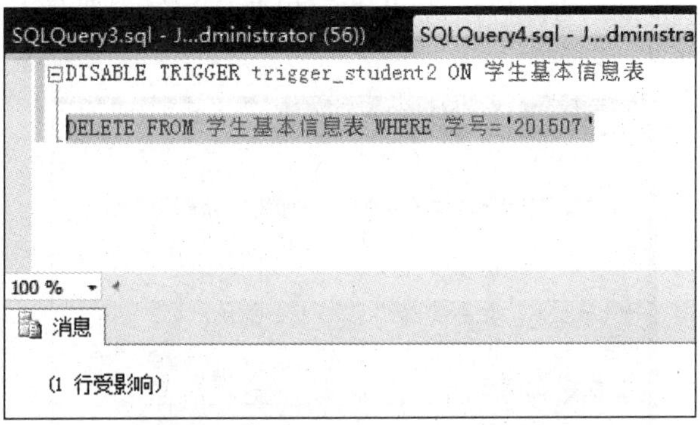

图 6.34 验证已经禁用的触发器的作用

由于“trigger_student2”触发器已经被禁用，因此执行删除“学生成绩表”中也存在的学号记录时没有受到触发器“trigger_student2”的约束，记录被成功删除。

本例要求也可以通过“对象资源管理器”的方法完成。用户可在“对象资源管理器”列表中找到需要禁用的触发器对象，右击该对象，在弹出的快捷菜单中选择“禁用”，将出现如图 6.35 所示的窗口。

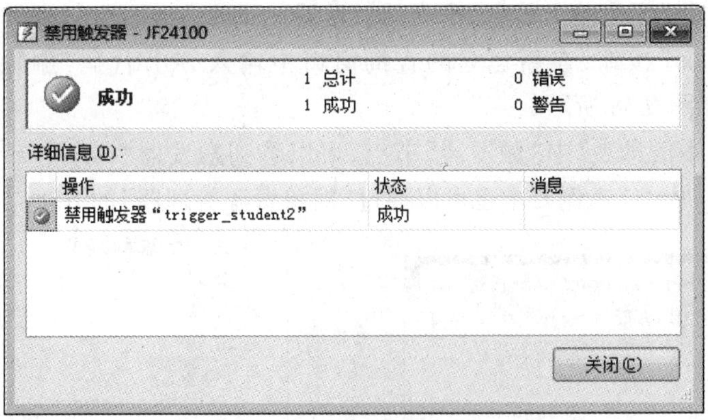

图 6.35 “禁用触发器”对话框

注意：当前数据库中其他触发器可能也对本例中执行的 DELETE 命令进行了限制，为了达到本例中成功删除的效果，用户也可对本例有限制的其他触发器进行禁用。

【例 6.8】 编程实现对已经禁用的触发器“trigger_student2”进行重新启用。

单击“新建查询”按钮，在新建立的查询窗口中输入 SQL 代码，启用触发器“trigger_

student2”的语句如图 6.36 所示。

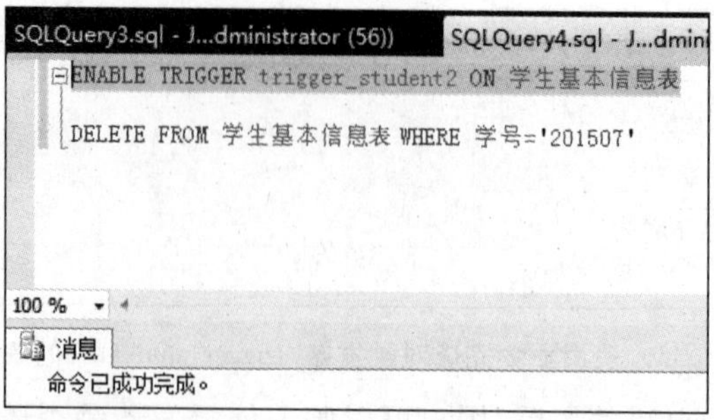
SQLQuery3.sql - J...dministrator (56))
SQLQuery4.sql - J...dmini
ENABLE TRIGGER trigger_student2 ON 学生基本信息表
DELETE FROM 学生基本信息表 WHERE 学号='201507'
100 %
消息
命令已成功完成。

图 6.36　使用命令完成对触发器“trigger_student2”的重新启用

触发器“trigger_student2”重新启用后，用户可以验证该触发器是否能够正常激发，在当前窗口输入代码如图 6.37 所示。

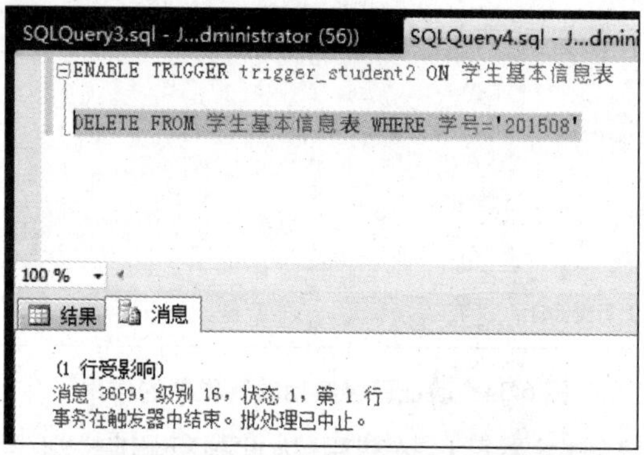
SQLQuery3.sql - J...dministrator (56))
SQLQuery4.sql - J...dmini
ENABLE TRIGGER trigger_student2 ON 学生基本信息表
DELETE FROM 学生基本信息表 WHERE 学号='201508'
100 %
结果
消息
(1 行受影响)
消息 3609，级别 16，状态 1，第 1 行
事务在触发器中结束。批处理已中止。

图 6.37　验证重新启用的触发器的作用

由于“trigger_student2”触发器被重新启用，因此执行删除“学生成绩表”中也存在的学号记录时再次受到触发器“trigger_student2”的约束，删除操作被中止并回滚。本例要求也可以通过“对象资源管理器”的方法完成。

【例 6.9】　删除“学生基本信息表”中的触发器“trigger_student2”。

单击“新建查询”按钮，在新建立的查询窗口中输入 SQL 代码，删除触发器“trigger_student2”的语句如图 6.38 所示。

刷新“学生基本信息表”中“触发器”节点，可以看到触发器“trigger_student2”已经被成功删除，如图 6.39 所示。本例要求也可以通过“对象资源管理器”的方法完成。

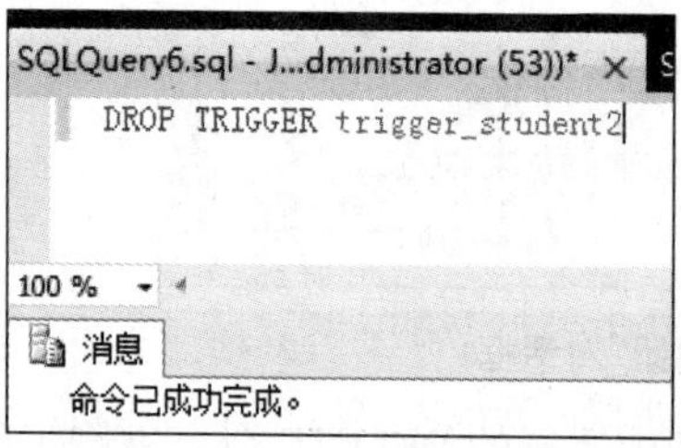
SQLQuery6.sql - J...dministrator (53))*
DROP TRIGGER trigger_student2
100 %
消息
命令已成功完成。

图 6.38　使用命令完成对触发器“trigger_student2”的删除

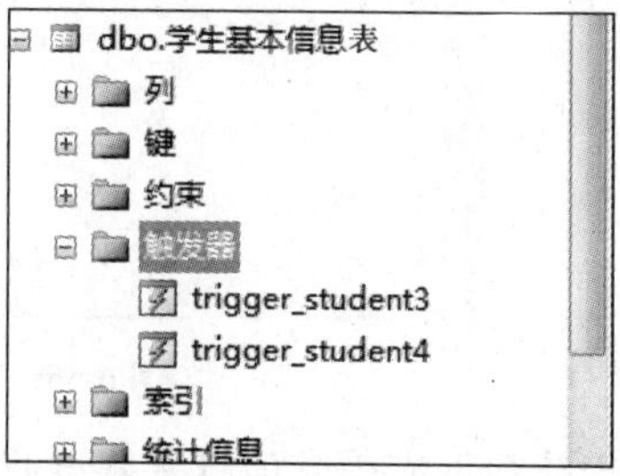
dbo.学生基本信息表
列
键
约束
触发器
trigger_student3
trigger_student4
索引
统计信息

图 6.39　“学生基本信息表”下触发器节点列表

项目小结

本项目主要介绍了触发器的作用、分类,触发器的创建、使用以及管理的方法。通过本项目学习,应该掌握以下内容:

①触发器是一种特殊的存储过程,但是触发器是自动执行的,不需要显式调用。

②触发器和约束都是为了保证数据完整性而设置的,但是由于触发器的限制功能是通过 SQL 语句由用户自行设计的,因此可以执行复杂的数据库操作。

③触发器可以进行多层嵌套,以及级联、并行执行。

④用户对于“deleted”和“inserted”这两个逻辑表存在的意义和功能的理解有助于对触发器的学习。

习　题

一、选择题

1.下列对触发器的描述中错误的是(　　)。

A.触发器属于一种特殊的存储过程

B.触发器与存储过程的区别在于触发器能够自动执行并且不含有参数

C.触发器有助于在添加、更新或删除表中的记录时保留表之间已经定义的关系

D.既可以对 inserted 和 deleted 临时表进行查询,也可以进行修改

2.当对表进行(　　)操作时,触发器将可能根据表发生操作的情况而自动被 SQL SERVER 触发而运行。

A.DECLARE　　B.CREATE DATABASE

C.INSERT　　D.CREATE TRIGGER

3.用于创建触发器的 SQL 语句为(　　)。

A.CREATE DATABASE　　B.CREATE PROCEDURE

C.CREATE TRIGGER　　D.CREATE TABLE

4.用于修改触发器的 SQL 语句为(　　)。

A.ALTER TABLE　　B.ALTER TRIGGER

C.ALTER DATABASE　　D.ATLER PROCEDURE

5.触发器的作用主要体现在(　　)。

A.强化约束　　B.保证参照完整性

C.级联运行　　D.以上都包括

二、填空题

1.触发器可以划分为________触发器、________触发器和________触发器三种类别。

2.触发器有两种触发方式,它们是________和________。

3.当对某一表进行诸如________、________、________这些操作时,SQL Server 就会自动执行触发器所定义的 SQL 语句。

4.SQL Server 为每个触发器创建了两个临时表,它们是________和________。

三、简答题

1.存储过程与触发器有何区别?

2.DML 触发器有 AFTER 和 INSTEAD OF 两种类型,它们的主要区别是什么?

3.INSERT,UPDATE 和 DELETE 触发器执行时对 inserted 表和 deleted 表的操作有什么不同?

项目 7

高级数据操作

【项目描述】

本项目主要介绍了 SELECT 语句的语法结构，详细介绍了条件子句、排序子句、分组子句、聚合函数、子查询等各类子句的语法结构，及 UPDATE，INSERT，DELETE 语句中子查询的语法结构。

本项目重点是掌握 SELECT 语句的语法格式，掌握简单查询、条件子句、排序子句、分组汇总；难点是聚合函数，嵌套查询（子查询），UPDATE，INSERT，DELETE 语句中的子查询、并运算。包含的任务如表 7.1 所示。

表 7.1　项目 7 包含的任务

名　称	任务名称
项目 7 高级数据操作	任务 1　创建查询
	任务 2　条件子句
	任务 3　排序子句
	任务 4　连接查询
	任务 5　聚合函数
	任务 6　分组汇总
	任务 7　子查询与嵌套查询
	任务 8　UPDATE，INSERT 和 DELETE 语句中的子查询
	任务 9　并运算

任务 1　创建查询

7.1.1　情境设置

在建立了数据库后，学院领导要求老师和同学能够掌握快速查询所需信息，实现数据的高级操作和管理。管理数据的目的有：有效地存储数据，快速地查询、统计数据等。

7.1.2　样例展示

样例如图 7.1 所示。

	学号	科目	成绩	学期
1	201501	高数	80	第一学期
2	201501	英语	90	第二学期
3	201501	专业	70	第三学期
4	201502	高数	85	第一学期
5	201502	英语	78	第二学期
6	201502	专业	88	第三学期

图 7.1　查询后的学生成绩单(部分)

7.1.3　利用查询设计器创建查询实施步骤

步骤 1：从“开始”菜单中选择“程序”|Microsoft SQL Server 2012|SQL Server Management Studio 命令，打开 Microsoft SQL Server Management Studio 窗口，并使用 Windows 或 SQL Server 身份验证建立连接，在此选择的是 Windows 身份验证，如图 7.2 所示。

图 7.2　连接到服务器设置窗口

步骤 2：在“对象资源管理器”窗口中，右击要查询的数据表，在弹出的快捷菜单中选择“编辑前 200 行”命令，出现“查询设计器”窗口，如图 7.3 所示。

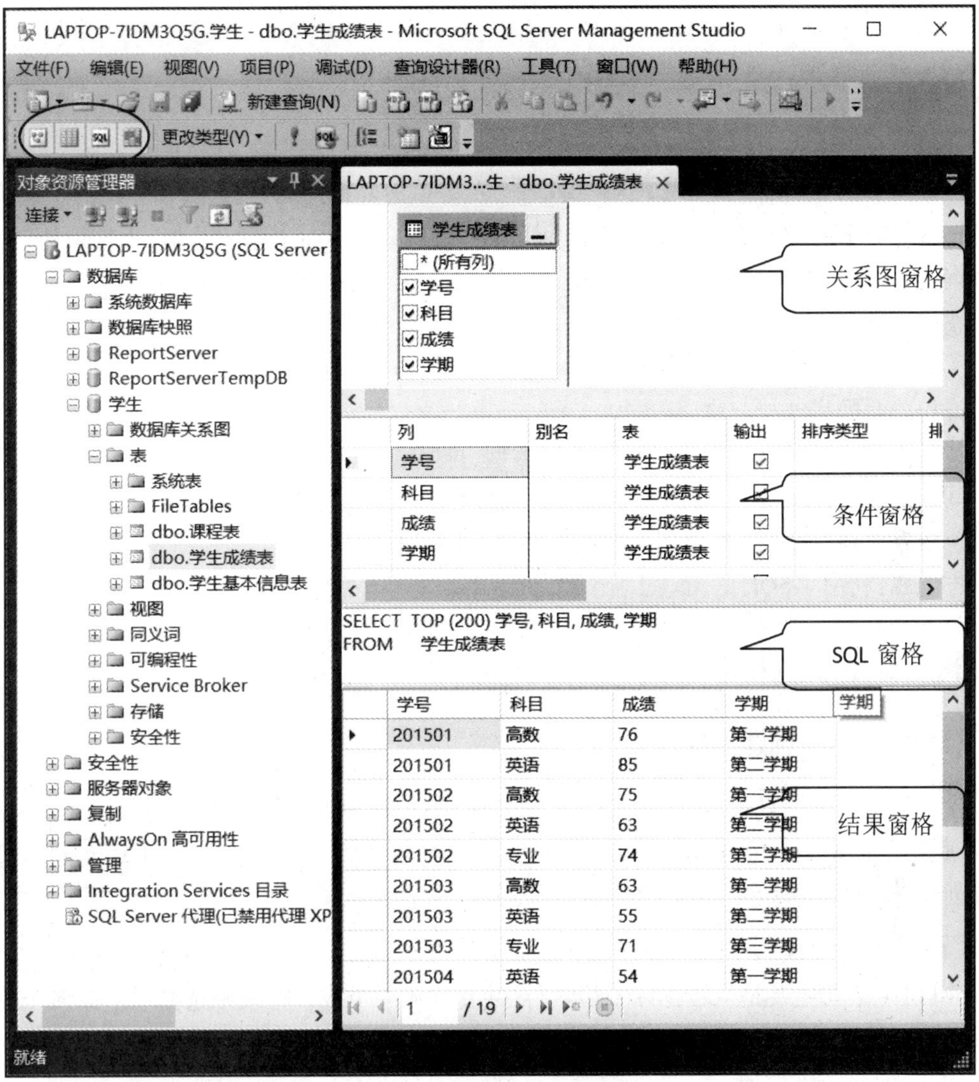

图 7.3 “查询设计器”窗口

①显示/隐藏关系图窗格。

②显示/隐藏条件窗格。

③显示/隐藏 SQL 窗格。

④显示/隐藏结果窗格。

步骤 3：通过单击工具栏上的“关系图窗格”“条件窗格”“SQL 窗格”和“结果窗格”4 个按钮，可以显示或隐藏对应窗格。

步骤 4：在“关系图窗格”中将所有列打钩，“条件窗格”中会动态显示对应操作，“SQL 窗格”中会自动显示对应的 SQL 命令，单击工具栏上 ! 执行(X) 按钮，执行 SQL 命令，结果显示在“结果窗格”中。

7.1.4 知识链接

1)创建查询的方法

方法一:利用查询设计器。

打开 SSMS,在"对象资源管理器"窗口中,右键单击要查询的数据表,在弹出的快捷菜单中选择"编辑前 200 行"命令,弹出"查询设计器"窗口,在"关系图窗格"和"条件窗格"中设置查询选项后,单击工具栏 ! 执行(X) 按钮,在"结果窗格"中显示查询结果。

查询设计器中 4 个窗格的功能如下:

①关系图窗格:用于选择查询中使用的表、视图,以及选择在表或视图中要输出的字段,并允许相关联的表连接起来。

②条件窗格:用于设置输出字段、排序类型、排序顺序、分组依据及相关条件等。

③SQL 窗格:用于输入或编辑 SELECT 语句。

④结果窗格:显示 SQL 语句执行结果,并允许复制、删除记录。

方法二:利用 T-SQL 语句。

单击工具栏"新建查询"按钮,在 SQL 编辑器中,编写 SELECT 语句,单击工具栏上 ! 执行(X) 按钮,在 SELECT 语句下方显示查询结果。

2)利用 T-SQL 创建查询

除了利用查询设计器图形界面创建查询外,还可以利用命令来创建查询,SQL Server 2012 使用的 T-SQL 是标准 SQL(结构化查询语言)的增强版本,使用 SELECT 语句同样可以完成创建查询的操作。

(1)SELECT 语句的基本结构

SELECT 语句主要是从数据库中检索行,并允许从一个或多个表中选择一个或多个行或列。SELECT 语句的语法格式如下:

```
<SELECT statement> ::=
    <query_expression>
    [ ORDER BY{order_by_expression|column_position[ ASC|DESC ]}
    [ ,…,n] ]
    [ COMPUTE
  { {AVG | COUNT | MAX | MIN | SUM }(expression)} [ ,…,n ]
[ BY expression [ ,…,n ] ]
]
  [ <FOR Clause>]
  [ OPTION(<query_hint> [ ,…,n ])]
<query_expression> ::=
  { <query_specification> |(<query_expression>)}
```

```
[  { UNION [ ALL ] | EXCEPT | INTERSECT }
      <query_specification> | ( <query_expression> ) [ ,…,n ] ]
<query_specification> ::=
SELECT [ ALL | DISTINCT ]
    [TOP expression [PERCENT] [ WITH TIES ] ]
        < select_list >
    [ INTO new_table ]
    [ FROM { <table_source> } [ ,…,n ] ]
    [ WHERE <search_condition> ]
    [ <GROUP BY> ]
    [ HAVING < search_condition > ]
```

虽然 SELECT 语句的完整语法较复杂,但其主要子句可归纳如下:

```
SELECT select_list [ INTO new_table_name]
        [ FROM table_source ]
        [ WHERE search_condition ]
        [ ORDER BY order_expression[ASC | DESC] ]
        [ GROUP BY group_by_expression]
        [HAVING search_condition]
```

- 每一种特定的符号都表示有特殊的含义,语法格式说明如下:

①括号[ ]中的内容表示可以省略的选项或参数,[,…,n]表示同样的选项可以重复 1 到 n 遍。

②如果某项的内容太多需要额外的说明,可以用< >括起来,如句法中的<query_expression>,而该项的真正语法在 ::= 后面加以定义。

③括号{ }通常会与符号|连用,表示{ }中的选项或参数必选其中之一,不可省略。

- SELECT 语句的参数及说明如下:

①select_list:指定由查询返回的列。它是一个逗号分隔的表达式列表。每个表达式同时定义格式(数据类型和大小)和结果集列的数据来源。每个选择列表表达式通常是对从中获取数据的表源或视图的列的引用,但也可能是其他表达式,如常量或 T-SQL 函数。在选择列表中使用 * 表达式指定返回源表中的所有列。

②INTO new_table:创建新表并将查询行从查询插入新表中。new_table 指定新表的名称。

③FROM table_source:指定从其中检索行的表。这些来源包括基本表、视图和链接表。FROM 子句还可包含连接说明,该说明定义了 SQL Server 用来在表之间进行导航的特定路径。FROM 子句还用在 DELETE 和 UPDATE 语句中以定义要修改的表。

④WHERE search_condition:WHERE 子句指定用于限制返回的行的搜索条件。WHERE 子句还用在 DELETE 和 UPDATE 语句中以定义目标表中要修改的行。

⑤ORDER BY order_expression [ASC | DESC]:ORDER BY 子句定义结果集中的行排列的顺序。order_expression 指定组成排序列表的结果集的列。ASC 和 DESC 关键字用于指定行是按升序还是按降序排序。ORDER BY 之所以重要,是因为关系理论规定,除非已经指

定 ORDER BY,否则不能假设结果集中的行带有任何序列。如果结果集行的顺序对于 SELECT 语句来说很重要,那么在该语句中就必须使用 ORDER BY 子句。

⑥GROUP BY group_by_expression:GROUP BY 子句根据 group_by_expression 列中的值将结果集分成组。例如,student 表在“性别”中有两个值。GROUP BY 性别子句将结果集分成两组,每组对应于性别的一个值。

⑦HAVING search_condition:HAVING 子句是指定组或聚合的搜索条件。从逻辑上讲,HAVING 子句从中间结果集中对行进行筛选,这些中间结果集是用 SELECT 语句中的 FROM,WHERE 或 GROUP BY 子句创建的。HAVING 子句通常与 GROUP BY 子句一起使用。

(2)利用 T-SQL 创建查询实施步骤

步骤 1:在“对象资源管理器”窗口中,选择“学生”数据库,单击工具栏上的“新建查询”按钮,出现“SQL 编辑器”窗口,如图 7.4 所示,在编辑器中编辑 SELECT 语句。

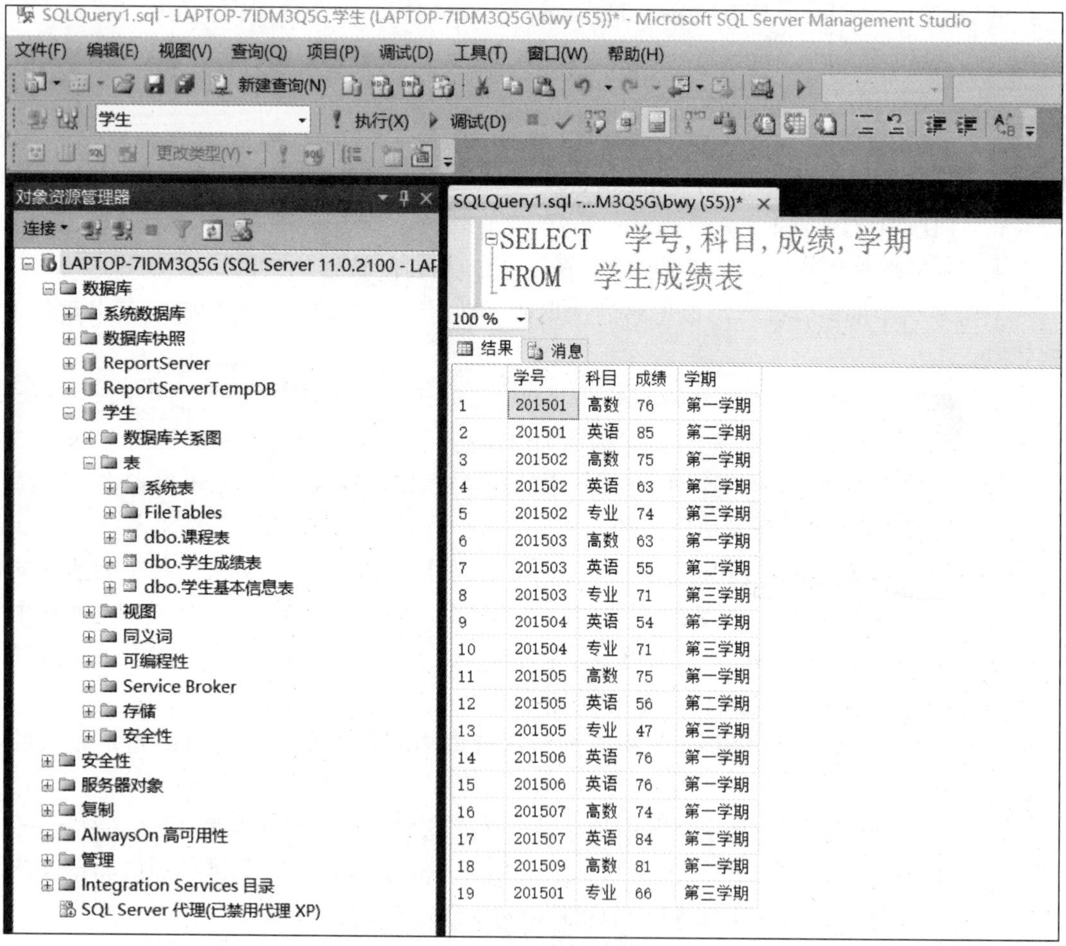

图 7.4 “SQL 编辑器”窗口

```
SELECT 学号,科目,成绩,学期
    FROM 学生成绩表
```

步骤 2:单击工具栏上的 执行(X) 按钮,执行 SQL 命令,结果显示在“结果窗格”中。

3)SELECT…FROM 子句

SELECT 表明要读取信息,FROM 指定要从中获取数据的一个或多个表的名称。SELECT…FROM 就构成了一个基本的查询语句。

(1)格式

SELECT <属性列表> [INTO <新表>]

FROM <基本表>(或视图序列)

(2)功能

"<列表>"指定要选择的属性或表达式,子句"INTO <新表>"将查询结果存放到指定新表,"FROM <基本表>(或视图序列)"指定数据来源表。

格式中< >表示必选项,[ ]表示可选项。

4)选择指定的属性列

SELECT 语句用于指定要查询的数据。要查询的数据主要由表中的字段组成,也就是属性列。可以用"表名.字段名"的形式给出,其中表名可以省略。属性列可以是以下几种形式:

①" * "表示查询表中所有字段。

②部分字段或包含字段的表达式列表,如学号、姓名、YEAR(出生日期)。

5)DISTINCT 关键字

DISTINCT 关键字主要用来从 SELECT 语句的结果集中去掉重复的记录。如果没有指定 DISTINCT 关键字,系统将返回所有符合条件的记录组成结果集,其中包括重复的记录。

SELECT DISTINCT <属性列表>

FROM <基本表>(或视图序列)

6)设置属性列的别名

定义别名有以下 3 种方法:

①SELECT 列名 AS 别名 FROM <基本表>(或视图序列)

②SELECT 列名 别名 FROM <基本表>(或视图序列)

③SELECT 别名=列名 FROM <基本表>(或视图序列)

当自定义的别名有空格时,要用中括号或单引号括起来,而且可以省略 AS 关键字。

7)使用查询表达式

查询语句 SELECT 可直接查询表达式的值。

8)TOP 关键字

TOP 关键字可以限制查询结果显示的行数,不仅可以列出结果集中的前几行,还可以列出结果集中的后几行。

(1)格式

SELECT [TOP n [PERCENT]] <属性列表>
    FROM <基本表>(或视图序列)

(2)功能

①[PERCENT]:返回前百分之 n 条记录,n 必须介于 0 到 100 之间的正整数。

②n:是一个正整数,介于 0 到 4294967295 之间。

例如:

"SELECT TOP 3"表示输出查询结果集的前 3 行;

"SELECT TOP 3 PERCENT"表示输出查询结果集的前 3%记录行。

9)INTO 子句

创建新表并将查询的结果行插入新表中。

(1)格式

SELECT <属性列表> [INTO <new_table>]
    FROM <基本表>(或视图序列)

(2)参数说明

new_table:根据选择列表中的列和 WHERE 子句选择的行,指定要创建的新表名。new_table 的格式通过对选择列表中的表达式进行取值来确定。new_table 中的列按选择列表指定的顺序创建。new_table 中的每列与选择列表中的相应表达式具有相同的名称、数据类型和值。

【例 7.1】 查询学生成绩表中的所有列的信息。

SQL 语句如下所示,执行结果如图 7.5 所示。

```
USE 学生
SELECT * FROM 学生成绩表        ——*表示选择当前表的所有属性列
```

【例 7.2】 查询学生基本信息表中学生的学号、姓名。

SQL 语句如下所示,执行结果如图 7.6 所示。

结果 消息

	学号	科目	成绩	学期
1	201501	高数	80	第一学期
2	201501	英语	90	第二学期
3	201501	专业	70	第三学期
4	201502	高数	85	第一学期

图 7.5 执行结果(部分)

结果 消息

	学号	姓名
1	201501	范一
2	201502	赵二
3	201503	魏三
4	201504	梅四
5	201505	张五
6	201506	蒋六
7	201507	张浩

图 7.6 执行结果

```
USE 学生
SELECT 学号,姓名
    FROM 学生基本信息表
```

【例 7.3】 查询所有考核的课程。

SQL 语句如下所示,执行结果如图 7.7 所示。

```
USE 学生
SELECT DISTINCT 科目 FROM 学生成绩表
```

	科目
1	高数
2	英语
3	专业

图 7.7 执行结果

【例 7.4】 查询学生基本信息表的学号和姓名信息,其中设置学号的别名为 XH,设置姓名的别名为 XM。

SQL 语句如下所示,执行结果如图 7.8 所示。

```
USE 学生
SELECT 学号 AS XH,姓名 AS XM FROM 学生基本信息表
```

或

```
SELECT 学号 XH,姓名 XM FROM 学生基本信息表
```

或

```
SELECT XH=学号, XM=姓名 FROM 学生基本信息表
```

或

```
SELECT 学号 AS 'X H',姓名 AS 'X M' FROM 学生基本信息表
```

或

```
SELECT 学号 AS [X H],姓名 AS [X M] FROM 学生基本信息表
```

或

```
SELECT 'X H'=学号,'X M'=姓名 FROM 学生基本信息表
```

【例 7.5】 列出学生基本信息表中学生的学号和出生年份情况。

SQL 语句如下所示,执行结果如图 7.9 所示。

	XH	XM
1	201501	范一
2	201502	赵二
3	201503	魏三
4	201504	梅四
5	201505	张五
6	201506	蒋六
7	201507	张浩

图 7.8 执行结果

	学号	出生年份
1	201501	1996
2	201502	1996
3	201503	1997
4	201504	1996
5	201505	1996
6	201506	1996
7	201507	1999

图 7.9 执行结果

```
USE 学生
SELECT 学号, 出生年份=YEAR(出生日期) FROM 学生基本信息表
```

或

```
SELECT 学号, YEAR(出生日期) AS 出生年份 FROM 学生基本信息表
```

提示:YEAR()返回日期所对应的年份;YEAR(出生日期) AS 出生年份,其中的 AS 为指定的列定义的别名(列标题)。

【例 7.6】 列出学生基本信息表中前 5 名同学的记录信息。

SQL 语句如下所示,执行结果如图 7.10 所示。

结果 消息

	学号	姓名	性别	出生日期	二级学院	联系电话	家庭住址
1	201501	范一	男	1996-01-01 00:00:00	信息学院	13145555555	广厦学院9号楼
2	201502	赵二	男	1996-02-02 00:00:00	信息学院	18204061111	广厦学院9号楼
3	201503	魏三	男	1997-05-03 00:00:00	财经学院	15545467345	广厦学院8号楼
4	201504	梅四	女	1996-04-07 00:00:00	财经学院	18803217729	广厦学院8号楼
5	201505	张五	女	1996-11-21 00:00:00	通识学院	13145467366	广厦学院7号楼

图 7.10 执行结果

```
USE 学生
SELECT TOP 5 *
    FROM 学生基本信息表
```

【例 7.7】 查询学生成绩表中前 5 条记录的信息。

SQL 语句如下所示，执行结果如图 7.11 所示。

```
USE 学生
SELECT TOP 5 *
    FROM 学生成绩表
```

【例 7.8】 使用 INTO 子句创建一个新表"新学生基本信息表"，"新学生基本信息表"中包含学号、姓名、二级学院的信息。

SQL 语句如下所示，执行结果如图 7.12 所示。

结果 消息

	学号	科目	成绩	学期
1	201501	高数	80	第一学期
2	201501	英语	90	第二学期
3	201501	专业	70	第三学期
4	201502	高数	85	第一学期
5	201502	英语	78	第二学期

图 7.11 执行结果

学号	姓名	二级学院
201501	范一	信息学院
201502	赵二	信息学院
201503	魏三	财经学院
201504	梅四	财经学院
201505	张五	通识学院
201506	蒋六	通识学院
201507	张浩	艺术与传媒学院
NULL	NULL	NULL

图 7.12 执行结果

```
USE 学生
SELECT 学号，姓名，二级学院 INTO 新学生基本信息表
    FROM 学生基本信息表
```

任务 2 条件子句

7.2.1 情境设置

查询时要按照指定条件查找指定记录，可以通过条件表达式设定查询条件，条件表达式

中可以使用比较运算符、逻辑运算符、字符串运算符、连接运算符、日期时间比较运算符、集合成员资格运算符等。例如，信息学院需要统计学生信息，要求查找“信息学院”学生的学号、姓名、性别、出生日期、二级学院等信息。

7.2.2 样例展示

样例如图 7.13 所示。

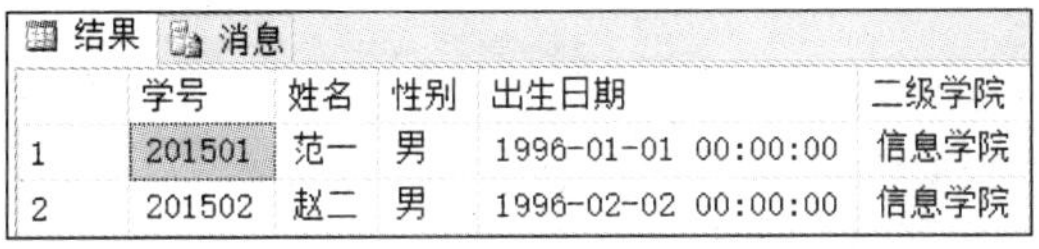

	学号	姓名	性别	出生日期	二级学院
1	201501	范一	男	1996-01-01 00:00:00	信息学院
2	201502	赵二	男	1996-02-02 00:00:00	信息学院

图 7.13 查询后的学生信息

7.2.3 利用查询设计器创建 WHERE 子句查询实施步骤

步骤 1：从“开始”菜单中选择“程序”|Microsoft SQL Server 2012|SQL Server Management Studio 命令，打开 Microsoft SQL Server Management Studio 窗口，并使用 Windows 或 SQL Server 身份验证建立连接，在此选择的是 Windows 身份验证，如图 7.14 所示。

图 7.14 连接到服务器设置窗口

步骤 2：在“对象资源管理器”窗口中，右击要查询的数据表，在弹出的快捷菜单中选择“编辑前 200 行”命令，出现“查询设计器”窗口。

步骤 3：通过单击工具栏上的“关系图窗格”“条件窗格”“SQL 窗格”和“结果窗格”4 个按钮，显示对应窗格，如图 7.15 所示。

步骤 4：在“关系图窗格”中将学号、姓名、性别、出生日期字段打钩，“条件窗格”会动态显示对应操作，“SQL 窗格”中会自动显示对应的 SQL 命令，单击工具栏上 ! 执行(X) 按钮，执行 SQL 命令，结果显示在“结果窗格”中。

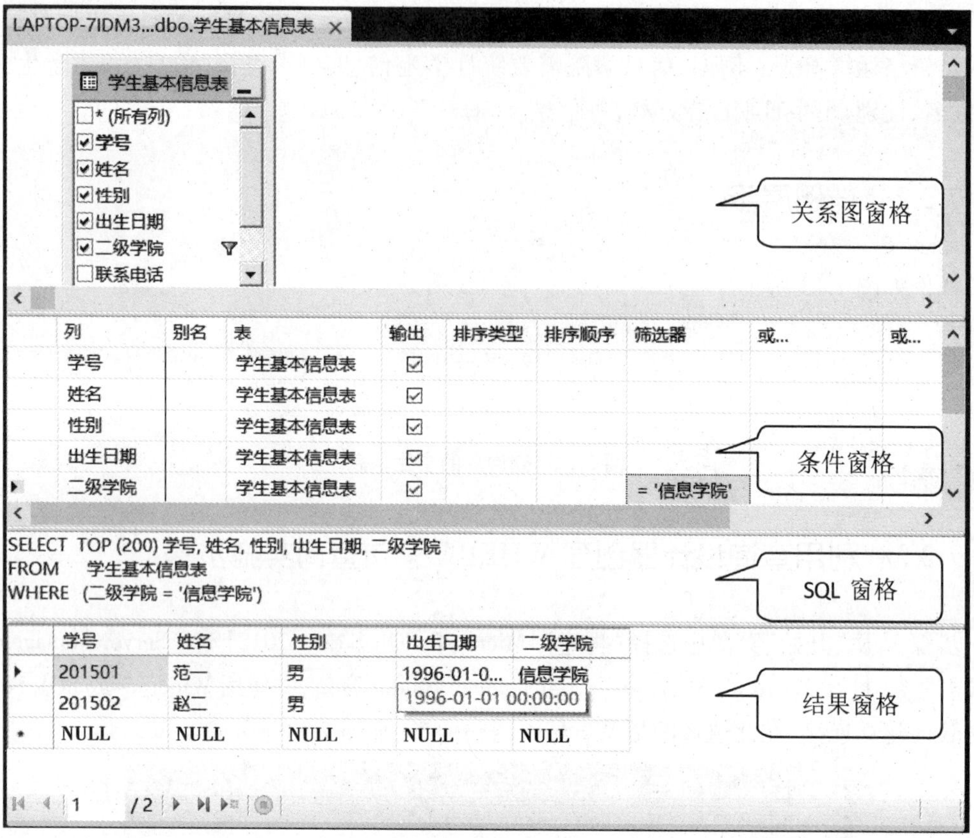

图 7.15 “查询设计器”窗口

7.2.4 知识链接

在 SELECT 查询语句中,WHERE 子句是可选的,条件表达式用于指定查询的记录所满足的条件,WHERE 子句实现了针对二维表格的选择运算,条件表达式中可以使用比较运算符、逻辑运算符、字符串运算符、连接运算符、日期时间比较运算符、集合成员资格运算符等各类条件运算符。

1)WHERE 子句

(1)WHERE 子句的基本结构

● 指定查询返回行的搜索条件。语法格式如下:

WHERE <search_condition>

< search_condition > ::=

{ [NOT] <predicate> | (search_condition) }

[{ AND | OR } [NOT] { <predicate> | (search_condition) }]

[,…,n]

<predicate> ::=

{ expression { = | < > | ! = | > | >= | ! > | < | <= | ! < } expression

```
| string_expression [ NOT ] LIKE string_expression
[ ESCAPE 'escape_character']
| expression [ NOT ] BETWEEN expression AND expression
| expression IS [ NOT ] NULL
| CONTAINS
({ column | * }, '< contains_search_condition >')
| FREETEXT({ column | * } , 'freetext_string')
| expression [ NOT ] IN(subquery | expression [ ,…,n ])
| expression { = | < > | ! = | > | >= | ! > | < | <= | ! < }
{ ALL | SOME | ANY }(subquery)
| EXISTS(subquery)          }
```

● WHERE 子句的参数及说明如下：

①<search_condition>：指定要在 SELECT 语句、查询表达式或子查询的结果集中返回的行的条件。

②NOT：对谓词指定的布尔表达式求反。

③AND：组合两个条件，并在两个条件都为 TRUE 时取值为 TRUE。

④OR：组合两个条件，并在任何一个条件为 TRUE 时取值为 TRUE。

⑤<predicate>：返回 TRUE，FALSE 或 UNKNOWN 的表达式。

⑥expression：列名、常量、函数、变量、标量子查询，或者是通过运算符或子查询连接的列名、常量和函数的任意组合。表达式还可以包含 CASE 函数。

⑦[NOT] LIKE：指示后续字符串使用时要进行模式匹配。

⑧ESCAPE 'escape_ character'：允许在字符串中搜索通配符，而不是将其作为通配符使用。escape_character 是放在通配符前表示此特殊用法的字符。

⑨[NOT] BETWEEN expression AND expression：指定值的包含范围。使用 AND 分隔开始值和结束值。

⑩IS [NOT] NULL：根据使用的关键字，指定是否搜索空值或非空值。如果有任何一个操作数为 NULL，则包含位运算符或算术运算符的表达式的计算结果为 NULL。

⑪CONTAINS：在包含字符数据的列中，搜索单个词和短语的精确或不精确（"模糊"）的匹配项、在一定范围内相同的近似词以及加权匹配项。

⑫FREETEXT：在包含字符数据的列中，搜索与谓词中的词的含义相符而非精确匹配的值，提供一种形式简单的自然语言查询。此选项只能与 SELECT 语句一起使用。

⑬[NOT] IN：根据是在列表中包含还是排除某表达式，指定对该表达式的搜索。

⑭subquery：可以看成是受限的 SELECT 语句，与 SELECT 语句中的<query_expresssion>相似。不允许使用 ORDER BY 子句、COMPUTE 子句和 INTO 关键字。

⑮ALL：与比较运算符和子查询一起使用。如果子查询检索的所有值都满足比较运算，则为<predicate>返回 TRUE；如果并非所有值都满足比较运算或子查询未向外部语句返回行，则返回 FALSE。

⑯{ SOME | ANY }：与比较运算符和子查询一起使用。如果子查询检索的任何值都满足比较运算，则为<谓词>返回 TRUE；如果子查询内没有值满足比较运算或子查询未向外部

语句返回行,则返回 FALSE。其他情况下,表达式为 UNKNOWN。

⑰EXISTS:与子查询一起使用,用于测试是否存在子查询返回的行。

(2)利用 T-SQL 创建 WHERE 子句查询实施步骤

步骤 1:在“对象资源管理器”窗口中,选择“学生”数据库,单击工具栏上的“新建查询”按钮,出现“SQL 编辑器”窗口,在编辑器中编辑 SELECT 语句。

```
USE 学生
SELECT 学号,姓名,性别,出生日期,二级学院
    FROM 学生基本信息表
```

步骤 2:单击工具栏上的 执行(X) 按钮,执行 SQL 命令,执行结果如图 7.16 所示。

结果 | 消息

	学号	姓名	性别	出生日期	二级学院
1	201501	范一	男	1996-01-01 00:00:00	信息学院
2	201502	赵二	男	1996-02-02 00:00:00	信息学院
3	201503	魏三	男	1997-05-03 00:00:00	财经学院
4	201504	梅四	女	1996-04-07 00:00:00	财经学院
5	201505	张五	女	1996-11-21 00:00:00	通识学院
6	201506	蒋六	男	1996-04-01 00:00:00	通识学院
7	201507	张浩	女	1999-09-09 00:00:00	艺术与传媒学院

图 7.16 执行结果

2)比较运算符

WHERE 子句中,允许出现的比较运算符如表 7.2 所示,用于比较两个表达式的值,比较运算返回的值为 TRUE 或 FLASE,当其中一个表达式的值为空值时,则返回 UNKNOW。

表 7.2 比较运算符

运算符	说 明
=	用于测试两个表达式是否相等的运算符
< >	用于测试两个表达式彼此不相等的条件的运算符
! =	用于测试两个表达式彼此不相等的条件的运算符
>	用于测试一个表达式是否大于另一个表达式的运算符
>=	用于测试一个表达式是否大于或等于另一个表达式的运算符
! >	用于测试一个表达式是否不大于另一个表达式的运算符
<	用于测试一个表达式是否小于另一个表达式的运算符
<=	用于测试一个表达式是否小于或等于另一个表达式的运算符
! <	用于测试一个表达式是否不小于另一个表达式的运算符

3)逻辑运算符(NOT,AND,OR)

如果想把几个单一条件组合成一个复合条件,这就需要使用逻辑运算符 NOT,AND 和

OR 才能完成复合条件查询。

(1)NOT

对布尔型输入取反,使用 NOT 返回不满足表达式的行。

语法格式如下:

[NOT] boolean_expression

参数说明:

- boolean_expression:任何有效的布尔表达式。
- 结果类型:boolean 类型。

(2)AND

组合两个布尔表达式,当两个表达式均为 TRUE 时返回 TRUE。当语句中使用多个逻辑运算符时,将首先计算 AND 运算符,可以通过使用括号改变求值顺序。使用 AND 返回满足所有条件的行。

语法格式如下:

boolean_expression AND boolean_expression

参数说明:

- boolean_expression:返回布尔值的任何有效表达式,即 TRUE,FALSE 或 UNKNOWN。
- 结果类型:boolean 类型。

(3)OR

将两个条件组合起来。在一个语句中使用多个逻辑运算符时,在 AND 运算符之后对 OR 运算符求值,不过使用括号可以更改求值的顺序。使用 OR 返回满足任一条件的行。

语法格式如下:

boolean_expression OR boolean_expression

参数说明:

- boolean_expression:返回 TRUE,FALSE 或 UNKNOWN 的任何有效表达式。
- 结果类型:boolean 类型。

逻辑运算符的优先顺序是 NOT 最高,然后是 AND,最后是 OR。

4)指定范围运算符(BETWEEN…AND 或 NOT BETWEEN…AND)

WHERE 子句中可以用 BETWEEN…AND…来限定一个值的范围。

(1)格式

表达式 1 [NOT] BETWEEN 表达式 2 AND 表达式 3

提示:表达式 2 的值不能大于表达式 3 的值。

(2)功能

如果操作数位于某一指定范围,则返回 TRUE,否则返回 FALSE。加 NOT 表示不位于某一指定范围。

5)集合成员资格运算符(IN 或 NOT IN)

(1)格式

表达式 1 [NOT] IN (表达式 2[,…,n])

(2)功能

集合成员资格运算符 IN 可以比较表达式 1 的值与表达式 2 值表中的值是否匹配,如果匹配,则返回 TRUE,否则返回 FALSE(加 NOT 表示不匹配)。

6)字符串运算符(LIKE 或 NOT LIKE 或+)

(1)字符串比较运算符 LIKE

通过比较运算符可以对字符串进行比较,根据模式匹配原理比较字符串,实现模糊查找。

格式如下:

s [NOT] LIKE p [ESCAPE '通配符字符']

s,p 是字符表达式,它们中可以出现通配符,ESCAPE 要求其后的每个字符作为实际的字符进行处理。通配符是特殊字符,用来匹配原字符串中的特定字符模式。这些注释符和通配符如表 7.3 所示。

表 7.3 T-SQL 注释符和通配符

模 式	说 明
%	s 中任意序列的 0 个或多个字符串进行匹配
-	可以与 s 中任意序列的一个字符串进行匹配
[a-d]	a~d 范围内的任一字符(包括它们自己)
[aef]	单个字符 a,e,f
[^a-d]	a~d 范围(包括它们自己)以外的字符
[^aef]	单个字符 a,e,f 之外的任一字符

(2)连接运算符

"+":连接运算符,把两个字符串连接起来,形成一个新的字符串。

例如,命令 SELECT ' abc '+' def '的执行结果为 abcdef。

7)空值比较运算符(NULL 或 NOT NULL)

(1)格式

表达式 IS [NOT] NULL

（2）功能

在 SQL 中，允许列值为空，空值用保留字 NULL 表示。查询空值操作不是用 =' NULL '，而是用 IS NULL 来测试。若表达式的值为空，返回 TRUE，否则返回 FALSE（加 NOT 表示不为空）。

【例 7.9】　在学生基本信息表中查询“张浩”的详细信息。

SQL 语句如下所示，执行结果如图 7.17 所示。

```
USE 学生
SELECT *
    FROM 学生基本信息表
        WHERE 姓名='张浩'
```

	学号	姓名	性别	出生日期	二级学院	联系电话	家庭住址
1	201507	张浩	女	1999-09-09 00:00:00	艺术与传媒学院	138xxxxxxxx	广厦学院6号楼

图 7.17　执行结果

【例 7.10】　查询学生基本信息表中信息学院且年龄大于 20 岁的学生的学号、二级学院、出生年份信息。

SQL 语句如下所示，执行结果如图 7.18 所示。

```
USE 学生
SELECT 学号,二级学院,YEAR(出生日期) AS 出生年份
    FROM 学生基本信息表
        WHERE 二级学院='信息学院' AND YEAR(GETDATE())-YEAR(出生日期)
>20
```

提示：函数 GETDATE( ) 返回当前系统日期，函数 YEAR(GETDATE( )) 可获得今年年份，表达式 YEAR(GETDATE( ))-YEAR(出生日期) 表示年龄。

【例 7.11】　查询学生基本信息表中信息学院男生学号、姓名等信息。

SQL 语句如下所示，执行结果如图 7.19 所示。

	学号	二级学院	出生年份
1	201501	信息学院	1996
2	201502	信息学院	1996

图 7.18　执行结果

	学号	姓名	性别	二级学院
1	201501	范一	男	信息学院
2	201502	赵二	男	信息学院

图 7.19　执行结果

```
USE 学生
SELECT 学号,姓名,性别,二级学院
    FROM 学生基本信息表
        WHERE 二级学院='信息学院' AND 性别='男'
```

【例 7.12】　查找成绩在 60~70 的学生的学号、科目、成绩信息。

SQL 语句如下所示，执行结果如图 7.20 所示。

```
USE 学生
SELECT 学号,科目,成绩
    FROM 学生成绩表
        WHERE 成绩 BETWEEN 60 AND 70
```

或

```
USE 学生
SELECT 学号,科目,成绩
    FROM 学生成绩表
        WHERE 成绩>=60 AND 成绩<=70
```

【例 7.13】 查询不在 1996 年出生的学生学号、姓名、出生日期信息。

SQL 语句如下所示,执行结果如图 7.21 所示。

	学号	科目	成绩
1	201501	专业	70
2	201503	英语	67
3	201504	英语	66
4	201505	英语	68

图 7.20 执行结果

	学号	姓名	出生日期
1	201503	魏三	1997-05-03 00:00:00
2	201507	张浩	1999-09-09 00:00:00

图 7.21 执行结果

```
USE 学生
SELECT 学号,姓名,出生日期
    FROM 学生基本信息表
        WHERE 出生日期 NOT BETWEEN '1996-01-01' AND '1996-12-31'
```

或

```
USE 学生
SELECT 学号,姓名,出生日期
    FROM 学生基本信息表
        WHERE YEAR(出生日期)<>1996
```

【例 7.14】 查询成绩为 70,80,90 分的学生学号、科目、成绩信息。

SQL 语句如下所示,执行结果如图 7.22 所示。

```
USE 学生
SELECT 学号,科目,成绩
    FROM 学生成绩表
        WHERE 成绩 IN(70,80,90)
```

或

```
USE 学生
SELECT 学号,科目,成绩
    FROM 学生成绩表
        WHERE 成绩=70 OR 成绩=80 OR 成绩=90
```

	学号	科目	成绩
1	201501	高数	80
2	201501	英语	90
3	201501	专业	70
4	201506	英语	90
5	201506	英语	90

图 7.22 执行结果

【例 7.15】 查询学号不是 201501,201502,201503 的学生信息。

SQL 语句如下所示,执行结果如图 7.23 所示。

	学号	姓名	性别	出生日期	二级学院	联系电话	家庭住址
1	201504	梅四	女	1996-04-07 00:00:00	财经学院	18803217729	广厦学院8号楼
2	201505	张五	女	1996-11-21 00:00:00	通识学院	13145467366	广厦学院7号楼
3	201506	蒋六	男	1996-04-01 00:00:00	通识学院	15555555555	广厦学院7号楼
4	201507	张浩	女	1999-09-09 00:00:00	艺术与传媒学院	13865654523	广厦学院6号楼

图 7.23 执行结果

```
USE 学生
SELECT *
    FROM 学生基本信息表
        WHERE 学号 NOT IN('201501','201502','201503')
```

或

```
USE 学生
SELECT *
    FROM 学生基本信息表
        WHERE 学号<>'201501'
            AND 学号<>'201502'
            AND 学号<>'201503'
```

【例 7.16】 查询科目是高数、英语的学生成绩信息。

SQL 语句如下所示,执行结果如图 7.24 所示。

```
USE 学生
    SELECT 学号,科目,成绩
        FROM 学生成绩表
            WHERE 科目 IN ('高数','英语')
```

	学号	科目	成绩
1	201501	高数	80
2	201501	英语	90
3	201502	高数	85
4	201502	英语	78
5	201503	高数	78
6	201503	英语	67
7	201504	高数	89
8	201504	英语	66
9	201505	高数	85
10	201505	英语	68
11	201506	高数	79
12	201506	英语	90
13	201506	英语	90
14	201507	高数	88
15	201507	英语	99

图 7.24 执行结果

或

```
USE 学生
SELECT 学号,科目,成绩
    FROM 学生成绩表
        WHERE 科目='高数' OR 科目='英语'
```

【例 7.17】 查询陈老师所教的课程信息。

SQL 语句如下所示,执行结果如图 7.25 所示。

```
USE 学生
SELECT *
    FROM 课程表
        WHERE 任课教师 LIKE '陈%'
```

	课程名称	任课教师	学时	学期
1	高数	陈老师	16	第一学期

图 7.25 执行结果

【例 7.18】 查询姓名中不含有"浩"字的学生信息。

SQL 语句如下所示,执行结果如图 7.26 所示。

	学号	姓名	性别	出生日期	二级学院	联系电话	家庭住址
1	201501	范一	男	1996-01-01 00:00:00	信息学院	13145555555	广厦学院9号楼
2	201502	赵二	男	1996-02-02 00:00:00	信息学院	18204061111	广厦学院9号楼
3	201503	魏三	男	1997-05-03 00:00:00	财经学院	15545467345	广厦学院8号楼
4	201504	梅四	女	1996-04-07 00:00:00	财经学院	18803217729	广厦学院8号楼
5	201505	张五	女	1996-11-21 00:00:00	通识学院	13145467366	广厦学院7号楼
6	201506	蒋六	男	1996-04-01 00:00:00	通识学院	15555555555	广厦学院7号楼

图 7.26　执行结果

```
USE 学生
SELECT *
    FROM 学生基本信息表
        WHERE 姓名 NOT LIKE '%浩%'
```

【例 7.19】　查找姓"赵""张""范"同学的信息。

SQL 语句如下所示,执行结果如图 7.27 所示。

	学号	姓名	性别	出生日期	二级学院	联系电话	家庭住址
1	201501	范一	男	1996-01-01 00:00:00	信息学院	13145555555	广厦学院9号楼
2	201502	赵二	男	1996-02-02 00:00:00	信息学院	18204061111	广厦学院9号楼
3	201505	张五	女	1996-11-21 00:00:00	通识学院	13145467366	广厦学院7号楼
4	201507	张浩	女	1999-09-09 00:00:00	艺术与传媒学院	13865654523	广厦学院6号楼

图 7.27　执行结果

```
USE 学生
SELECT *
    FROM 学生基本信息表
        WHERE 姓名 LIKE '[赵张范]%'
```

【例 7.20】　查找不姓"赵""张""范"同学的信息。

SQL 语句如下所示,执行结果如图 7.28 所示。

	学号	姓名	性别	出生日期	二级学院	联系电话	家庭住址
1	201503	魏三	男	1997-05-03 00:00:00	财经学院	15545467345	广厦学院8号楼
2	201504	梅四	女	1996-04-07 00:00:00	财经学院	18803217729	广厦学院8号楼
3	201506	蒋六	男	1996-04-01 00:00:00	通识学院	15555555555	广厦学院7号楼

图 7.28　执行结果

```
USE 学生
SELECT *
    FROM 学生基本信息表
        WHERE 姓名 LIKE '[^赵张范]%'
```

【例 7.21】　查询缺少成绩的学生的学号和相应的科目。

SQL 语句如下所示:

```
USE 学生
SELECT 学号,科目
```

```
    FROM 学生成绩表
        WHERE 成绩 IS NULL
```

【例 7.22】 查询有选修成绩的学生的学号和相应的科目。

SQL 语句如下所示：

```
USE 学生
SELECT 学号,科目
    FROM 学生成绩表
        WHERE 成绩 IS NOT NULL
```

任务 3 排序子句

7.3.1 情境设置

如何快速查找到需要的数据,可以使用排序的方式。按照一个或多个属性升序或降序排列查询结果。例如,学期末,任课教师如何快速查找成绩最高的前 3 名学生信息? 首先,将成绩降序排序,成绩最高的前 3 名学生就会排在前 3 位,从而利用排序可以实现数据的快速查找。

7.3.2 样例展示

样例如图 7.29 所示。

	学号	科目	成绩
1	201507	英语	99
2	201501	英语	90
3	201506	英语	90
4	201506	英语	90
5	201504	高数	89

图 7.29 查询结果

7.3.3 利用查询设计器创建 ORDER BY 子句查询实施步骤

步骤 1:从"开始"菜单中选择"程序"|Microsoft SQL Server 2012|SQL Server Management Studio 命令,打开 Microsoft SQL Server Management Studio 窗口,并使用 Windows 或 SQL Server 身份验证建立连接,在此选择的是 Windows 身份验证,如图7.30所示。

步骤 2:在"对象资源管理器"窗口中,右击要查询的数据表,在弹出的快捷菜单中选择"编辑前 200 行"命令,出现"查询设计器"窗口。

步骤 3:通过单击工具栏上的"关系图窗格""条件窗格""SQL 窗格"和"结果窗格"4 个按钮,显示对应窗格,如图 7.31 所示。

步骤 4:在"关系图窗格"中将学号、科目、成绩字段打钩,在"条件窗格"中将成绩字段的排序类型选为"降序","SQL 窗格"中会自动显示对应的 SQL 命令,单击工具栏上 ! 执行(X) 按钮,执行 SQL 命令,结果显示在"结果窗格"中。

图 7.30 连接到服务器设置窗口

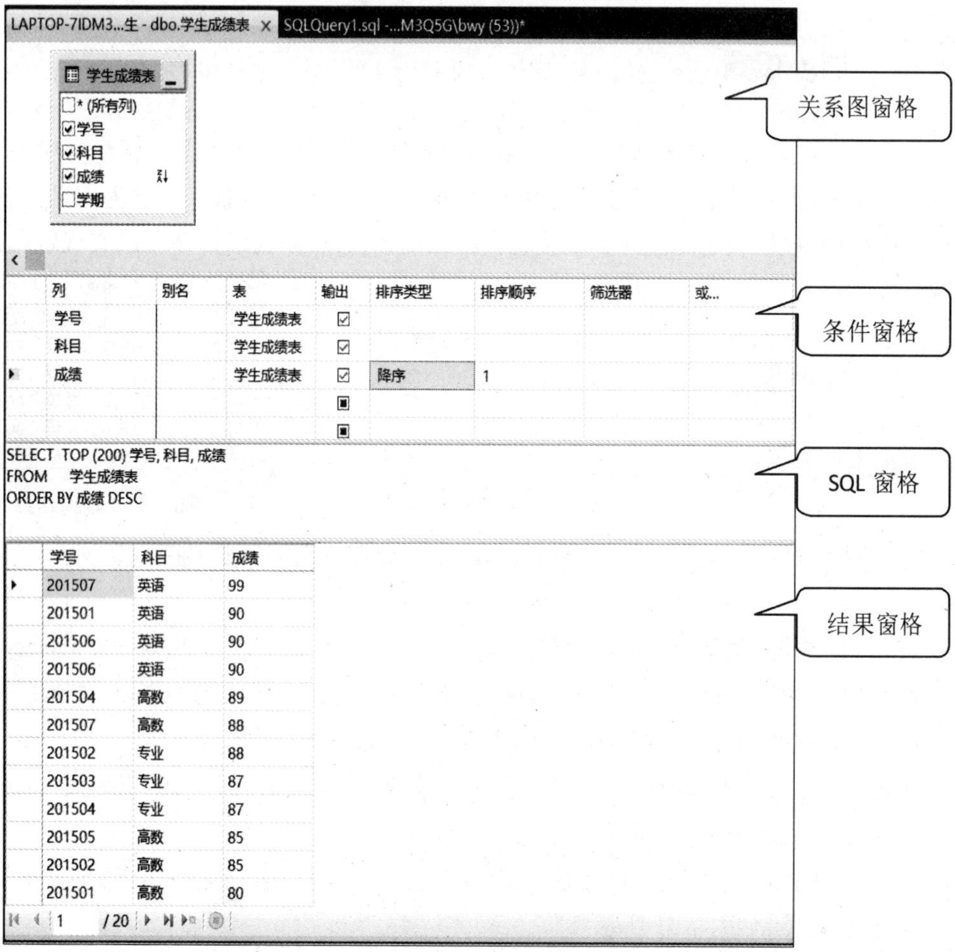

图 7.31 “查询设计器”窗口

7.3.4 知识链接

1)排序子句

指定在 SELECT 语句返回的列中所使用的排序顺序。

(1)格式

SELECT<列表> [INTO<新表>]
    FROM<基本表>(或视图序列)
    [WHERE<条件表达式>]
    [ORDER BY 属性名[ASC | DESC] [,…,n]]　　——排序子句

(2)功能

排序子句“ORDER BY[属性名[ASC|DESC][,…,n]]”设置信息输出的排序规则,用户可以按照一个或多个属性列升序(ASC)或降序(DESC)排列查询结果。设置[ASC|DESC]选项时,系统默认为升序排列。ASC 指定按升序,从最低值到最高值对指定列中的值进行排序。DESC 指定按降序,从最高值到最低值对指定列中的值进行排序。

除非同时指定了 TOP,否则 ORDER BY 子句在视图、内联函数、派生表和子查询中无效。ORDER BY 子句中不能使用 ntext,text,image 或 xml 列。

2)TOP 子句

TOP 关键字可以限制查询结果显示的行数,不仅可以列出结果集中的前几行,还可以列出结果集中的后几行。

(1)格式

TOP 关键字的语法格式如下:

SELECT TOP n [PERCENT]
    FROM <基本表>(或视图序列)
    [WHERE<条件表达式>]
    ORDER BY 属性名[ASC | DESC] [,…,n]

(2)功能

[PERCENT]:返回行的百分之 n,而不是 n 行。

n:如果 SELECT 语句中没有 ORDER BY 子句,TOP n 返回满足 WHERE 子句的前 n 条记录。如果子句中满足条件的记录少于 n,那么仅返回这些记录。

【例 7.23】 在学生基本信息表中查询女学生的详细信息,并按出生日期的降序排列。

SQL 语句如下所示,执行结果如图 7.32 所示。

USE 学生

结果 消息

	学号	姓名	性别	出生日期	二级学院	联系电话	家庭住址
1	201507	张浩	女	1999-09-09 00:00:00	艺术与传媒学院	13865654523	广厦学院6号楼
2	201505	张五	女	1996-11-21 00:00:00	通识学院	13145467366	广厦学院7号楼
3	201504	梅四	女	1996-04-07 00:00:00	财经学院	18803217729	广厦学院8号楼

图 7.32 执行结果

```
SELECT *
    FROM 学生基本信息表
        WHERE 性别='女'
            ORDER BY 出生日期 DESC
```

【例 7.24】 在学生基本信息表中查询年龄大于 20 的学生的详细信息,并按出生日期的升序排列。

SQL 语句如下所示,执行结果如图 7.33 所示。

```
USE 学生
SELECT *
    FROM 学生基本信息表
        WHERE YEAR(GETDATE())-YEAR(出生日期)>20
            ORDER BY 出生日期 ASC
```

结果 消息

	学号	姓名	性别	出生日期	二级学院	联系电话	家庭住址
1	201501	范一	男	1996-01-01 00:00:00	信息学院	13145555555	广厦学院9号楼
2	201502	赵二	男	1996-02-02 00:00:00	信息学院	18204061111	广厦学院9号楼
3	201506	蒋六	男	1996-04-01 00:00:00	通识学院	15555555555	广厦学院7号楼
4	201504	梅四	女	1996-04-07 00:00:00	财经学院	18803217729	广厦学院8号楼
5	201505	张五	女	1996-11-21 00:00:00	通识学院	13145467366	广厦学院7号楼

图 7.33 执行结果

【例 7.25】 将学生成绩表中的学生信息按学号升序、科目降序排列。

SQL 语句如下所示,执行结果如图 7.34 所示。

```
USE 学生
SELECT *
    FROM 学生成绩表
        ORDER BY 学号 ASC,科目 DESC
```

结果 消息

	学号	科目	成绩	学期
1	201501	专业	70	第三学期
2	201501	英语	90	第二学期
3	201501	高数	80	第一学期
4	201502	专业	88	第三学期
5	201502	英语	78	第二学期
6	201502	高数	85	第一学期
7	201503	专业	87	第三学期
8	201503	英语	67	第二学期
9	201503	高数	78	第一学期
10	201504	专业	87	第三学期
11	201504	英语	66	第一学期
12	201504	高数	89	第一学期
13	201505	专业	57	第三学期
14	201505	英语	68	第二学期
15	201505	高数	85	第一学期
16	201506	英语	90	第一学期
17	201506	英语	90	第一学期

图 7.34 执行结果

【例 7.26】 查询学生成绩表中英语成绩前 3 名的同学信息。

SQL 语句如下所示,执行结果如图 7.35 所示。

```
USE 学生
SELECT TOP 3 *
    FROM 学生成绩表
        WHERE 科目='英语'
```

```
            ORDER BY 科目 DESC
```

【例 7.27】 查询学生成绩表中英语成绩前 50%的同学信息。

SQL 语句如下所示,执行结果如图 7.36 所示。

	学号	科目	成绩	学期
1	201501	英语	90	第二学期
2	201502	英语	78	第二学期
3	201503	英语	67	第二学期

图 7.35 执行结果

	学号	科目	成绩	学期
1	201501	英语	90	第二学期
2	201502	英语	78	第二学期
3	201503	英语	67	第二学期
4	201504	英语	66	第一学期

图 7.36 执行结果

```
USE 学生
SELECT TOP 50 PERCENT *
    FROM 学生成绩表
        WHERE 科目='英语'
            ORDER BY 科目 DESC
```

【例 7.28】 在学生成绩表中,查询学号为 201502 的学生获得最高成绩的科目。

SQL 语句如下所示,执行结果如图 7.37 所示。

```
USE 学生
SELECT TOP 1 *
    FROM 学生成绩表
        WHERE 学号=' 201502 '
            ORDER BY 科目 DESC
```

【例 7.29】 在学生成绩表中,找出选修了科目为英语的学生选课信息,而且课程成绩最高的前两位同学。

SQL 语句如下所示,执行结果如图 7.38 所示。

	学号	科目	成绩	学期
1	201502	专业	88	第三学期

图 7.37 执行结果

	学号	科目	成绩	学期
1	201507	英语	99	第二学期
2	201501	英语	90	第二学期

图 7.38 执行结果

```
USE 学生
SELECT TOP 2 *
    FROM 学生成绩表
        WHERE 科目='英语'
            ORDER BY 成绩 DESC
```

任务 4　连接查询

7.4.1　情境设置

根据查询的不同情况，一个数据库中的多个表之间一般都存在某种内在联系，若一个查询同时涉及两个以上的表，称为连接查询。例如，查询数据库中信息学院学生的学号、姓名、选修的科目和成绩，其中学号、姓名在学生基本信息表中，而科目、成绩在学生成绩表中，像这种查询就要学习多表的连接查询。

7.4.2　样例展示

样例如图 7.39 所示。

结果　消息

	学号	姓名	科目	成绩
1	201501	范一	高数	80
2	201501	范一	英语	90
3	201501	范一	专业	70
4	201502	赵二	高数	85
5	201502	赵二	英语	78
6	201502	赵二	专业	88

图 7.39　查询结果

7.4.3　利用查询设计器创建查询实施步骤

步骤 1：从“开始”菜单中选择“程序”|Microsoft SQL Server 2012|SQL Server Management Studio 命令，打开 Microsoft SQL Server Management Studio 窗口，并使用 Windows 或 SQL Server 身份验证建立连接，在此选择的是 Windows 身份验证，如图7.40所示。

步骤 2：在“对象资源管理器”窗口中，右击要查询的学生基本信息表，在弹出的快捷菜单中选择“编辑前 200 行”命令，出现“查询设计器”窗口。

步骤 3：通过单击工具栏上的“关系图窗格”“条件窗格”“SQL 窗格”和“结果窗格”4 个按钮，显示对应窗格。在关系图窗格空白处右击，在弹出的快捷菜单中选择“添加表”命令，如图 7.41 所示，在弹出的“添加表”对话框中选择“学生成绩表”，单击“添加”按钮，如图7.42所示。

步骤 4：在“关系图窗格”中将学号、姓名、科目、成绩字段打钩，在“条件窗格”中将二级学院字段的筛选器输入“信息学院”，“SQL 窗格”中会自动显示对应的 SQL 命令，单击工具栏上 ! 执行(X) 按钮，执行 SQL 命令，结果显示在“结果窗格”中，如图 7.43 所示。

图 7.40　连接到服务器设置窗口

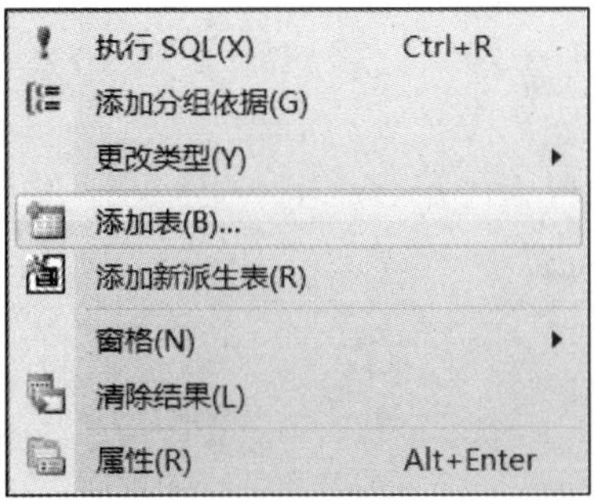

图 7.41　快捷菜单

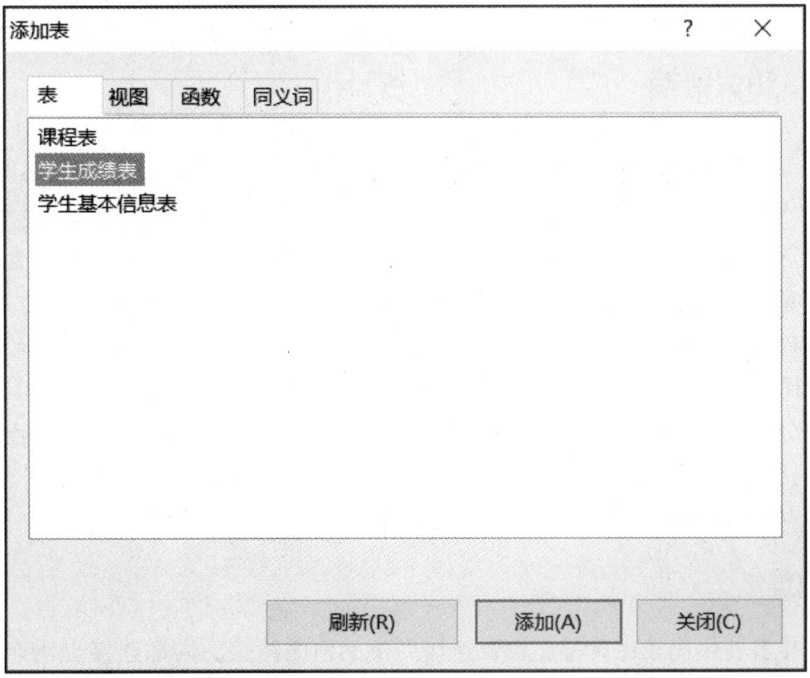

图 7.42　“添加表”对话框

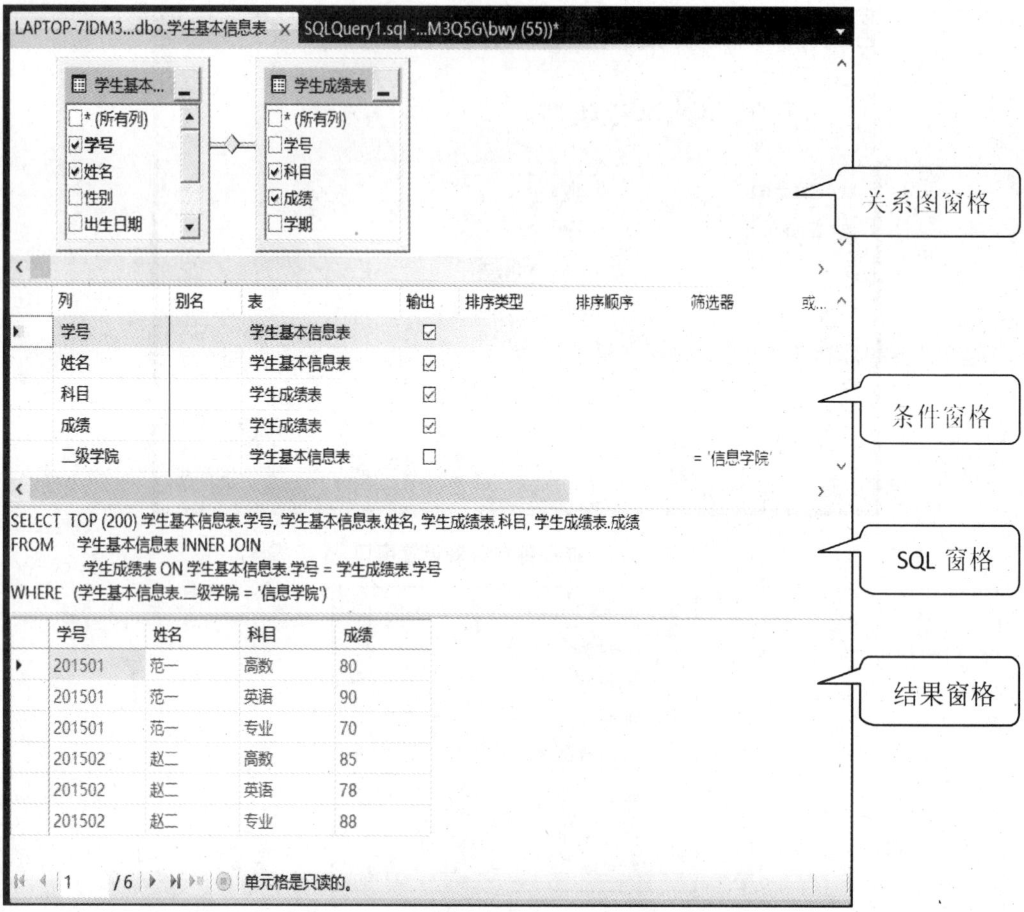

图 7.43 查询设计器窗口

7.4.4 知识链接

连接查询是使用多个表进行查询，只不过连接查询是由一个笛卡尔乘积运算再加一个选取运算构成的查询。首先用笛卡尔乘积完成对两个数据集合的乘运算，然后对生成的结果集合进行选取运算，确保只把分别来自两个数据集合并且具有重叠部分的行合并在一起。连接的全部意义在于水平方向上合并两个数据集合，并产生一个新的结果集合。

连接条件可在 FROM 或 WHERE 子句中指定，建议在 FROM 子句中指定连接条件。WHERE 和 HAVING 子句还可以包含搜索条件，以进一步筛选根据连接条件选择的行。

连接可分为内部连接、外部连接和交叉连接 3 种。外部连接则扩充了内部连接的功能，会把内部连接中删除表源中的一些行保留下来，由于保留下来的行不同，可将外部连接分为左外连接、右外连接或全外连接。

1）内部连接

内部连接是使用比较运算符比较要连接列中的值的连接。内部连接也叫连接，是最早的一种连接，最早被称为普通连接或自然连接。内部连接是从结果中删除其他被连接表中没有匹配行的所有行，所以内部连接可能会丢失信息。

(1)格式

内部连接使用JOIN进行连接，具体语法格式如下：

```
SELECT fieldlist
    FROM table1 [INNER] JOIN table2
        ON table1.column=table2.column
```

(2)功能

内部连接按照ON指定的连接条件合并两个表，只返回满足条件的行，也可用于多个表的连接，只返回符合查询条件或连接条件的行作为结果集，即删除所有不符合限定条件的行。

(3)参数说明

①fieldlist：搜索条件。

②table1 [INNER] JOIN table2：将table1表与table2表进行内部连接。

③table1.column=table2.column：table1表中与table2表中相同的列。

2)左外连接

左外连接使用LEFT JOIN进行连接，左外连接的结果集包括LEFT JOIN子句中指定的左表的所有行，而不仅是连接列所匹配的行。如果左表的某一行在右表中没有匹配行，则在关联的结果集行中，来自右表的所有选择列表列均为空值。

(1)格式

```
SELECT fieldlist
    FROM table1 LEFT JOIN table2
        ON table1.column=table2.column
```

(2)功能

返回满足条件的行及左表中所有的行。如果左表的某条记录在右表中没有匹配记录，则在查询结果中右表的所有选择属性列用NULL填充。

(3)参数说明

fieldlist：搜索条件。

table1 LEFT JOIN table2：将table1表与table2表进行外部连接。

table1.column=table2.column：table1表中与table2表中相同的列。

3)右外连接

右外连接使用RIGHT JOIN进行连接，是左外连接的反向连接，将返回右表的所有行。如果右表的某一行在左表中没有匹配行，则将为左表返回空值。

(1)格式

```
SELECT fieldlist
```

```
FROM table1 RIGHT JOIN table2
    ON table1.column = table2.column
```

(2)功能

返回满足条件的行及右表所有的行。如果右表的某条记录在左表中没有匹配记录,则在查询结果中左表的所有选择属性列用 NULL 填充。

4)全外连接

全外连接使用 FULL JOIN 进行连接,将返回左表和右表中的所有行。当某一行在另一个表中没有匹配行时,另一个表的选择列表列将包含空值。如果表之间有匹配行,则整个结果集行包含基本表的数据值。

(1)格式

```
SELECT fieldlist
    FROM table1 FULL JOIN table2
        ON table1.column = table2.column
```

(2)功能

返回满足条件的行及左右表所有的行。当某条记录在另一表中没有匹配记录,则在查询结果中对应的选择属性列用 NULL 填充。其中,OUTER 关键字均可省略。

5)交叉连接

交叉连接使用 CROSS JOIN 进行连接,没有 WHERE 子句的交叉连接将产生连接所涉及的表的笛卡尔积。第一个表的行数乘以第二个表的行数等于笛卡尔积结果集的大小。

交叉连接中列和行的数量是这样计算的:

交叉连接中的列=原表中列的数量的总和(相加)。

交叉连接中的行=原表中的行数的积(相乘)。

(1)格式

```
SELECT fieldlist
    FROM table1
        CROSS JOIN table2
```

(2)功能

交叉连接相当于广义笛卡尔积,不能加筛选条件,即不能带 WHERE 子句。结果表是第一个表的每行与第二个表的每行拼接后形成的表,结果表的行数等于两个表行数之积。

注意:由于交叉连接的结果集中行数是两个表所有行数的乘积,因此避免对大型表使用交叉连接,否则会导致大型计算机的瘫痪。

6)连接多表的方法

(1)在 WHERE 子句中连接多表

在 WHERE 子句中使用比较运算符给出连接条件对表进行连接。

①格式：

```
SELECT fieldlist
    FROM table1,table2
        WHERE table1.column 比较运算符 table2.column
```

②功能：

各连接列名的类型必须是可以比较的。当查询的信息涉及多张数据表时，往往先读取 FROM 子句中基本表或视图的数据，执行广义笛卡尔积，在广义笛卡尔积中选取满足 WHERE 子句中给出的条件表达式的记录行。当引用一个在多张数据表中均存在的属性时，则要明确指出这个属性的来源表。关系中属性的引用格式为<关系名>.<属性名>。

当比较运算符是"="时，就是自然连接，即按照两个表中的相同属性进行等值连接，并且目标列中去掉了重复的属性列，保留了所有不重复的属性列。

(2)在 FROM 子句中连接多表

在 FROM 子句中连接多个表是内部连接的扩展。

①格式：

```
SELECT fieldlist
    FROM table1 JOIN table2 JOIN table3…
        ON table1.column=table2.column AND table2.column=table3.column
```

②功能：

当在 FROM 子句中连接多表时，要书写多个用来定义其中两个表的公共部分的 ON 语句，ON 语句必须遵循 FROM 后面所列表的顺序，即 FROM 后面先写的表相应的 ON 语句要先写。

【例 7.30】 查询信息学院学生的学号、姓名，以及他们选修的课程科目和成绩。

SQL 语句如下所示，执行结果如图 7.44 所示。

```
USE 学生
SELECT 学生基本信息表.学号,姓名,科目,成绩
    FROM 学生基本信息表,学生成绩表
        WHERE 学生基本信息表.学号=学生成绩表.学号
            AND 二级学院='信息学院'
```

或

```
USE 学生
SELECT 学生基本信息表.学号,姓名,科目,成绩
    FROM 学生基本信息表 INNER JOIN 学生成绩表
        ON 学生基本信息表.学号=学生成绩表.学号
            WHERE 二级学院='信息学院'
```

【例 7.31】 查询信息学院学生的学号、姓名，以及他们选修的课程科目、成绩、任课教师、开课学期。

SQL 语句如下所示，执行结果如图 7.45 所示。

	学号	姓名	科目	成绩
1	201501	范一	高数	80
2	201501	范一	英语	90
3	201501	范一	专业	70
4	201502	赵二	高数	85
5	201502	赵二	英语	78
6	201502	赵二	专业	88

图 7.44　执行结果

	学号	姓名	科目	成绩	任课教师	学期
1	201501	范一	高数	80	陈老师	第一学期
2	201501	范一	英语	90	王老师	第二学期
3	201501	范一	专业	70	郭老师	第三学期
4	201502	赵二	高数	85	陈老师	第一学期
5	201502	赵二	英语	78	王老师	第二学期
6	201502	赵二	专业	88	郭老师	第三学期

图 7.45　执行结果

```
USE 学生
SELECT 学生基本信息表.学号,姓名,科目,成绩,任课教师,课程表.学期
    FROM 学生基本信息表,学生成绩表,课程表
        WHERE 学生基本信息表.学号=学生成绩表.学号
            AND 学生成绩表.科目=课程表.课程名称
            AND 二级学院='信息学院'
```

或

```
USE 学生
SELECT 学生基本信息表.学号,姓名,科目,成绩,任课教师,课程表.学期
    FROM 学生基本信息表 INNER JOIN 学生成绩表
        ON 学生基本信息表.学号=学生成绩表.学号 INNER JOIN 课程表
        ON 学生成绩表.科目=课程表.课程名称
            WHERE 学生基本信息表.二级学院='信息学院'
```

【例 7.32】　检索艺术与传媒学院学生的姓名、选修课程和成绩,没有选修的同学也列出。

SQL 语句如下所示,执行结果如图 7.46 所示。

	姓名	科目	成绩
1	张浩	高数	88
2	张浩	英语	99
3	王明	NULL	NULL

图 7.46　执行结果

左外连接,将学生基本信息表中的所有记录显示出来,不管右表学生成绩表中有没有对应的记录。

```
USE 学生
SELECT 姓名,科目,成绩
    FROM 学生基本信息表 LEFT JOIN 学生成绩表
        ON 学生基本信息表.学号=学生成绩表.学号
            WHERE 二级学院='艺术与传媒学院'
```

【例 7.33】　检索选修了英语学科学生的姓名、科目和成绩,没有注册学籍的同学也列出。SQL 语句如下所示,执行结果如图 7.47 所示。

右外连接,将右表学生成绩表中的所有记录显示出来,不管左表学生基本信息表中有没有对应的记录。

```
USE 学生
SELECT 姓名,科目,成绩
    FROM 学生基本信息表 RIGHT JOIN 学生成绩表
        ON 学生基本信息表.学号=学生成绩表.学号
```

WHERE 科目='英语'

结果 消息

	姓名	科目	成绩
1	范一	英语	90
2	赵二	英语	78
3	魏三	英语	67
4	梅四	英语	66
5	张五	英语	68
6	蒋六	英语	90
7	蒋六	英语	90
8	张浩	英语	99
9	NULL	英语	86

图 7.47 执行结果

【例 7.34】 检索每个学生的基本信息和成绩，没有成绩的学生信息和没有注册学籍的同学的成绩也列出。

SQL 语句如下所示，执行结果如图 7.48 所示。

全外连接，将左表和右表中的所有记录都显示出来，不管两表中有没有对应的记录。

```
USE 学生
SELECT *
    FROM 学生基本信息表 FULL JOIN 学生成绩表
        ON 学生基本信息表.学号=学生成绩表.学号
```

结果 消息

	学号	姓名	性别	出生日期	二级学院	联系电话	家庭住址	学号	科目	成绩	学期
1	201501	范一	男	1996-01-01 00:00:00	信息学院	13145555555	广厦学院9号楼	201501	高数	80	第一学期
2	201501	范一	男	1996-01-01 00:00:00	信息学院	13145555555	广厦学院9号楼	201501	英语	90	第二学期
3	201501	范一	男	1996-01-01 00:00:00	信息学院	13145555555	广厦学院9号楼	201501	专业	70	第三学期
4	201502	赵二	男	1996-02-02 00:00:00	信息学院	18204061111	广厦学院9号楼	201502	高数	85	第一学期
5	201502	赵二	男	1996-02-02 00:00:00	信息学院	18204061111	广厦学院9号楼	201502	英语	78	第二学期
6	201502	赵二	男	1996-02-02 00:00:00	信息学院	18204061111	广厦学院9号楼	201502	专业	88	第三学期
7	201503	魏三	男	1997-05-03 00:00:00	财经学院	15545467345	广厦学院8号楼	201503	高数	78	第一学期
8	201503	魏三	男	1997-05-03 00:00:00	财经学院	15545467345	广厦学院8号楼	201503	英语	67	第二学期
9	201503	魏三	男	1997-05-03 00:00:00	财经学院	15545467345	广厦学院8号楼	201503	专业	87	第三学期
10	201504	梅四	女	1996-04-07 00:00:00	财经学院	18803217729	广厦学院8号楼	201504	高数	89	第一学期
11	201504	梅四	女	1996-04-07 00:00:00	财经学院	18803217729	广厦学院8号楼	201504	英语	66	第一学期
12	201504	梅四	女	1996-04-07 00:00:00	财经学院	18803217729	广厦学院8号楼	201504	专业	87	第三学期
13	201505	张五	女	1996-11-21 00:00:00	通识学院	13145467366	广厦学院7号楼	201505	高数	85	第一学期
14	201505	张五	女	1996-11-21 00:00:00	通识学院	13145467366	广厦学院7号楼	201505	英语	68	第二学期
15	201505	张五	女	1996-11-21 00:00:00	通识学院	13145467366	广厦学院7号楼	201505	专业	57	第三学期
16	201506	蒋六	男	1996-04-01 00:00:00	通识学院	15555555555	广厦学院7号楼	201506	高数	79	第一学期
17	201506	蒋六	男	1996-04-01 00:00:00	通识学院	15555555555	广厦学院7号楼	201506	英语	90	第一学期
18	201506	蒋六	男	1996-04-01 00:00:00	通识学院	15555555555	广厦学院7号楼	201506	英语	90	第一学期
19	201507	张浩	女	1999-09-09 00:00:00	艺术与传媒学院	13865654523	广厦学院6号楼	201507	高数	88	第一学期
20	201507	张浩	女	1999-09-09 00:00:00	艺术与传媒学院	13865654523	广厦学院6号楼	201507	英语	99	第二学期
21	201508	王明	男	1996-05-02 00:00:00	艺术与传媒学院	13302211554	广厦学院6号楼	NULL	N...	N...	NULL
22	NULL	N...	N...	NULL	NULL	NULL	NULL	201509	英语	86	第二学期
23	NULL	N...	N...	NULL	NULL	NULL	NULL	201509	高数	96	第一学期

图 7.48 执行结果

任务 5 聚合函数

7.5.1 情境设置

需要统计选修了某门课程的学生人数及这门课的平均成绩，或者学生的总人数和平均年龄，这些统计汇总需要用到相应的聚合函数来完成。

7.5.2 样例展示

样例如图 7.49 所示。

	选修高数的总人数	高数平均成绩
1	8	85

图 7.49 查询统计结果

7.5.3 利用查询设计器创建查询实施步骤

步骤 1:从“开始”菜单中选择“程序”|Microsoft SQL Server 2012|SQL Server Management Studio 命令,打开 Microsoft SQL Server Management Studio 窗口,并使用 Windows 或 SQL Server 身份验证建立连接,在此选择的是 Windows 身份验证,如图 7.50 所示。

图 7.50 连接到服务器设置窗口

步骤 2:在“对象资源管理器”窗口中,右击要查询的数据表学生成绩表,在弹出的快捷菜单中选择“编辑前 200 行”命令,出现“查询设计器”窗口。

步骤 3:通过单击工具栏上的“关系图窗格”“条件窗格”“SQL 窗格”和“结果窗格”4 个按钮,显示对应窗格。在“关系图窗格”空白区域右击鼠标,弹出快捷菜单,选择“添加分组依据”命令,如图 7.51 所示。

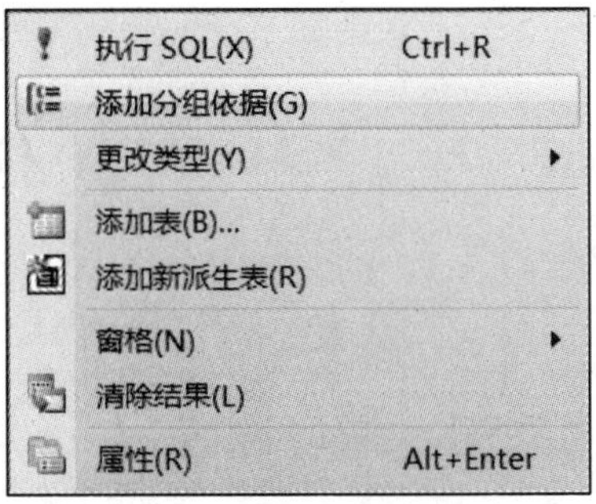

图 7.51 添加分组依据列

步骤 4:在“条件窗格”中出现分组依据列,设置“成绩”列,别名为“高数平均成绩”,分组依据为 AVG 求平均值函数。设置“ * ”列,别名为“选修高数的总人数”,分组依据为 COUNT 计数函数。

“SQL 窗格”中会自动显示对应的 SQL 命令，单击工具栏上 执行(X) 按钮，执行 SQL 命令，结果显示在“结果窗格”中，如图 7.52 所示。

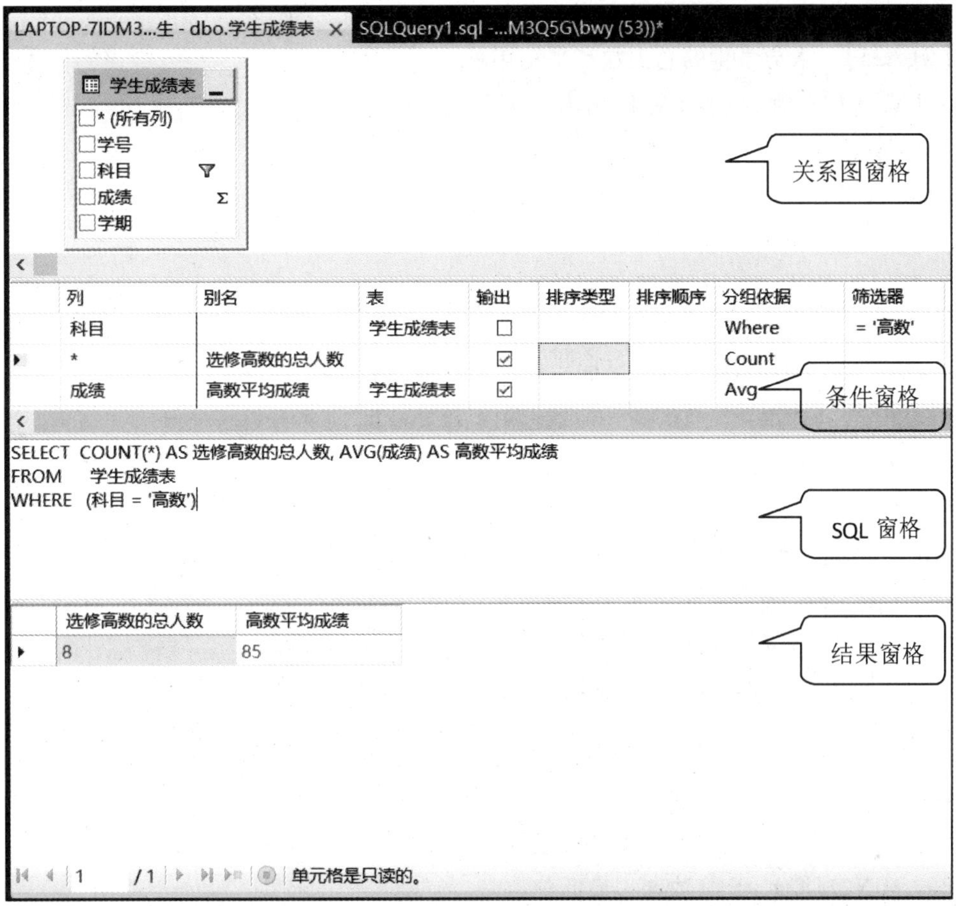

图 7.52 查询设计器窗口

7.5.4 知识链接

SQL 提供了许多聚合函数，用来统计汇总信息，常用的包括以下几种，如表 7.4 所示。

表 7.4 常用的聚合函数

聚合函数	描　述
SUM	数值表达式中所有值的和
AVG	数值表达式中所有值的平均值
COUNT	统计元组的个数
MAX	表达式中的最高值
MIN	表达式中的最低值

聚合函数对一组数据执行计算，并返回单个值。除了 COUNT 以外，聚合函数都会忽略空值。在 SELECT 子句、HAVING 子句中可以使用聚合函数，在 WHERE 子句中不能使用聚合函数。

【例 7.35】 求男学生的总人数和平均年龄。

SQL 语句如下所示，执行结果如图 7.53 所示。

```
USE 学生
SELECT COUNT( * ) AS 男生总人数,
    AVG(YEAR(GETDATE())-YEAR(出生日期)) AS 平均年龄
        FROM 学生基本信息表
            WHERE 性别='男'
```

注意：函数 GETDATE()表示返回当前机器日期，函数 YEAR(GETDATE())可获得今年年份。表达式(YEAR(GETDATE())-YEAR(出生日期))表示年龄，表达式 AVG(YEAR(GETDATE())-YEAR(出生日期))表示平均年龄。

【例 7.36】 求查询选修了高数课程的学生的最高分和最低分。

SQL 语句如下所示，执行结果如图 7.54 所示。

结果 消息

	男生总人数	平均年龄
1	5	20

图 7.53 执行结果

结果 消息

	高数课程最高分	高数课程最低分
1	96	78

图 7.54 执行结果

```
USE 学生
SELECT MAX(成绩) AS 高数课程最高分,
    MIN(成绩) AS 高数课程最低分
        FROM 学生成绩表
            WHERE 科目='高数'
```

任务 6 分组汇总

7.6.1 情境设置

如何按性别统计学生人数，又如何分学院统计男女生人数，在学过聚合函数之后，我们知道要使用 COUNT 函数来完成这个问题，但如果只用该函数，统计的结果就会是全院学生的总人数，而不是分类统计了，这就需要用到分组汇总的知识。例如，按性别统计全院学生中男生和女生人数，或者按二级学院分类，统计每个二级学院男生和女生人数。

7.6.2 样例展示

样例如图 7.55 所示。

	二级学院	性别	人数
1	财经学院	男	1
2	通识学院	男	1
3	信息学院	男	2
4	艺术与传媒学院	男	1
5	财经学院	女	1
6	通识学院	女	1
7	艺术与传媒学院	女	1

图 7.55 查询后结果

7.6.3 利用查询设计器创建 GROUP BY 子句查询实施步骤

步骤 1：从"开始"菜单中选择"程序"|Microsoft SQL Server 2012|SQL Server Management Studio 命令，打开 Microsoft SQL Server Management Studio 窗口，并使用 Windows 或 SQL Server 身份验证建立连接，在此选择的是 Windows 身份验证，如图 7.56 所示。

图 7.56 连接到服务器设置窗口

步骤 2：在"对象资源管理器"窗口中，右击要查询的数据表学生基本信息表，在弹出的快捷菜单中选择"编辑前 200 行"命令，出现"查询设计器"窗口。

步骤 3：通过单击工具栏上的"关系图窗格""条件窗格""SQL 窗格"和"结果窗格"4 个按钮，显示对应窗格。在"关系图窗格"空白区域右击鼠标，弹出快捷菜单，选择"添加分组依据"命令，如图 7.57 所示。

图 7.57 添加分组依据列

步骤 4：在"条件窗格"中出现分组依据列，设置"性别"列，设置" * "列，别名为"人数"，分组依据为 COUNT 计数函数。"SQL 窗格"中会自动显示对应的 SQL 命令，单击工具栏上 ! 执行(X) 按钮，执行 SQL，结果显示在"结果窗格"中，如图 7.58 所示。

那么，如何分学院统计男女生人数？分别按二级学院、性别两个字段分组。查询设计器如图 7.59 所示。

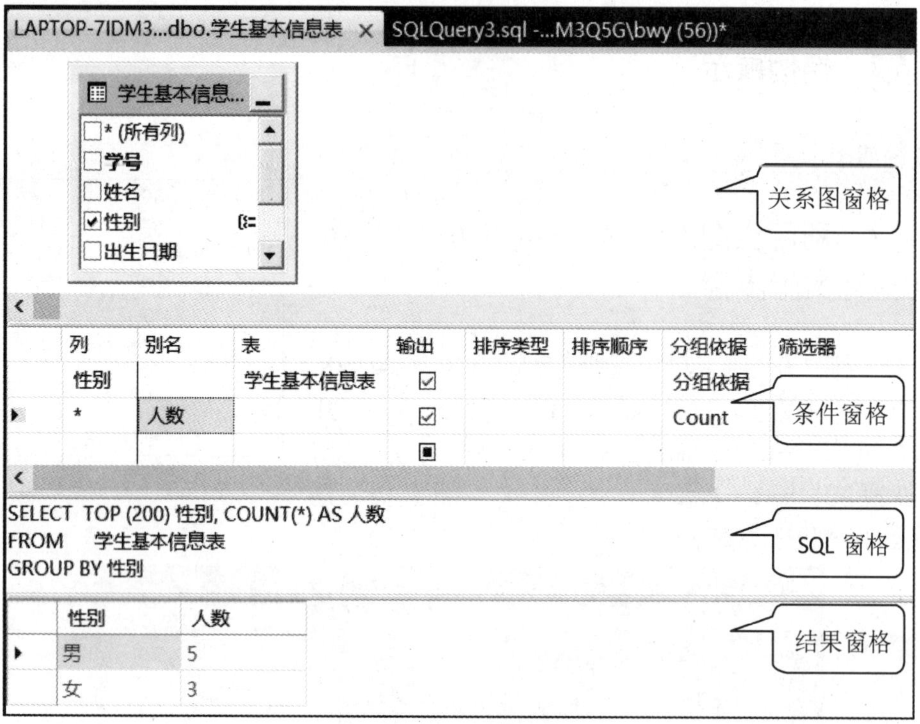

图 7.58 查询设计器窗口

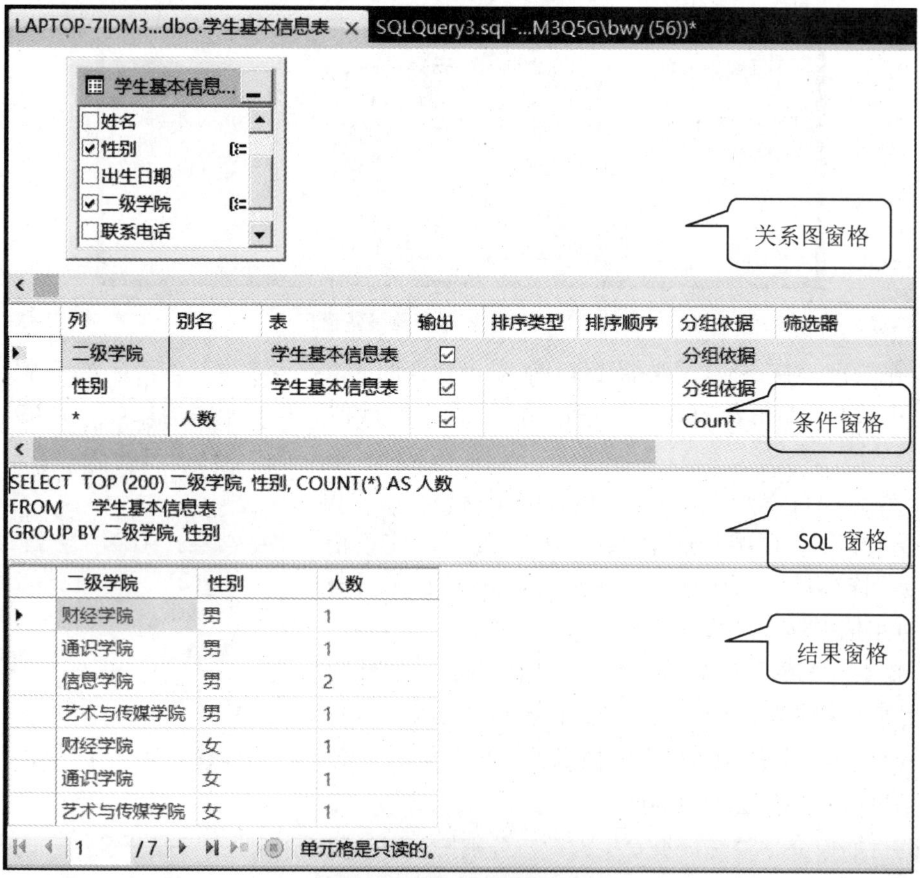

图 7.59 查询设计器窗口

7.6.4 知识链接

1)GROUP BY 子句

GROUP BY 表示按一个或多个列或表达式的值将一组选定行组合成一个摘要行集,针对每组返回一行。

(1)格式

SELECT <列名表>(逗号隔开)
　　FROM 基本表或视图序列
　　[WHERE 条件表达式]　　——条件子句
　　[GROUP BY [ALL] 属性名表]　　——分组子句
　　[HAVING 组条件子句]

(2)功能

根据分组子句[GROUP BY 属性名表]对表中的记录行进行分组。使用了 GROUP BY 子句后,将为结果集中的每一行产生聚合值。

(3)说明

①Text,ntext,image 类型的属性列不能用于分组表达式。

②SELECT 子句中的列表只能包含在 GROUP BY 中指定的列或在聚合函数中指定的列。

③如果 SELECT 子句不包含汇总函数,查询结果将按分类字段排序。

④SELECT 子句如果包含汇总函数,则分类计算。

⑤SELECT 子句中还可以包含 WHERE 子句与 ALL 关键字子句。

2)HAVING 子句

HAVING 子句用于指定组或聚合的搜索条件。HAVING 只能与 SELECT 语句一起使用。HAVING 通常在 GROUP BY 子句中使用。如果不使用 GROUP BY 子句,则 HAVING 的功能与 WHERE 子句一样。

(1)格式

SELECT <列名表>(逗号隔开)
　　FROM 基本表或视图序列
　　[WHERE 条件表达式]　　——条件子句
　　[GROUP BY [ALL] 属性名表]　　——分组子句
　　[HAVING 组条件子句]

(2)功能

先分组,后使用 HAVING 子句对分组后的记录进行筛选。

①SELECT 子句中的列表只能包含在 GROUP BY 中指定的列或在聚合函数中指定的列。

【例 7.37】 将学生基本信息表中的学生信息按性别进行分组。

SQL 语句如下所示,执行结果如图 7.60 所示。

```
USE 学生
SELECT 姓名,性别
    FROM 学生基本信息表
        GROUP BY 性别
```

消息

消息 8120,级别 16,状态 1,第 1 行

选择列表中的列 '学生基本信息表.姓名' 无效,因为该列没有包含在聚合函数或 GROUP BY 子句中。

图 7.60 执行结果

将会出现"选择列表中的列'学生基本信息表.姓名'无效,因为该列没有包含在聚合函数或 GROUP BY 子句中"的错误信息。

解决方法:

方法一:将 SELECT 子句中的姓名字段删除,执行结果如图 7.61 所示。

```
USE 学生
SELECT 性别
    FROM 学生基本信息表
        GROUP BY 性别
```

	性别
1	男
2	女

图 7.61 执行结果

方法二:在 GROUP BY 子句中增加姓名字段,执行结果如图 7.62 所示。

```
USE 学生
SELECT 姓名,性别
    FROM 学生基本信息表
        GROUP BY 姓名,性别
```

【例 7.38】 查询学生的学号、姓名、所有学生所有课程的最高成绩。

SQL 语句如下所示,执行结果如图 7.63 所示。

	姓名	性别
1	范一	男
2	蒋六	男
3	梅四	女
4	王明	男
5	魏三	男
6	张浩	女
7	张五	女
8	赵二	男

图 7.62 执行结果

	学号	姓名	最高成绩
1	201501	范一	90
2	201502	赵二	88
3	201503	魏三	87
4	201504	梅四	89
5	201505	张五	85
6	201506	蒋六	90
7	201507	张浩	99

图 7.63 执行结果

```
USE 学生
SELECT DISTINCT 学生基本信息表.学号,姓名, MAX(成绩) AS 最高成绩
    FROM 学生基本信息表,学生成绩表
        WHERE 学生基本信息表.学号=学生成绩表.学号
            GROUP BY 学生基本信息表.学号,姓名
```

②如果 SELECT 子句不包含汇总函数,查询结果将按分类字段排序。

【例 7.39】 从学生成绩表中查询被学生选修了的课程。

SQL 语句如下所示,执行结果如图 7.64 所示。

```
USE 学生
SELECT 科目
    FROM 学生成绩表
        GROUP BY 科目
```

结果 消息

	科目
1	高数
2	英语
3	专业

图 7.64 执行结果

子句“GROUP BY 科目”不但使查询结果按分类字段排序,而且去除了重复的元组。如果没有分组子句“GROUP BY 科目”,则查询结果不会排序,而且存在重复的元组,如图 7.65 所示。

```
USE 学生
SELECT 科目
    FROM 学生成绩表
```

结果 消息

	科目
1	高数
2	英语
3	专业
4	高数
5	英语
6	专业
7	高数
8	英语
9	专业
10	高数
11	英语
12	专业
13	高数
14	英语
15	专业
16	高数
17	英语
18	英语
19	高数
20	英语
21	英语
22	高数

图 7.65 执行结果

③SELECT 子句如果包含汇总函数,则分类计算。

【例 7.40】 查询数据库中各个二级学院的学生人数。

SQL 语句如下所示,执行结果如图 7.66 所示。

```
USE 学生
SELECT 二级学院,COUNT( * ) AS 各二级学院人数
    FROM 学生基本信息表
        GROUP BY 二级学院
```

④SELECT 子句中还可以包含 WHERE 子句与 ALL 关键字子句。

a.包含 WHERE 子句。

如果查询命令在使用 WHERE 子句的同时,又进行了分组,则语句的执行顺序是先筛选出满足条件的子句的记录集,然后对此记录集进行分组。

【例 7.41】 查询每个学生的平均成绩。

SQL 语句如下所示,执行结果如图 7.67 所示。

```
USE 学生
SELECT 学号,AVG(成绩) AS 平均成绩
    FROM 学生成绩表
        GROUP BY 学号
```

	二级学院	各二级学院人数
1	财经学院	2
2	通识学院	2
3	信息学院	2
4	艺术与传媒学院	2

图 7.66 执行结果

	学号	平均成绩
1	201501	80
2	201502	83
3	201503	77
4	201504	80
5	201505	70
6	201506	86
7	201507	93
8	201509	91

图 7.67 执行结果

【例 7.42】 查询课程成绩在 88 分以上的学生的平均成绩。

SQL 语句如下所示,执行结果如图 7.68 所示。

```
USE 学生
SELECT 学号,AVG(成绩) AS 平均成绩
    FROM 学生成绩表
        WHERE 成绩>88
            GROUP BY 学号
```

	学号	平均成绩
1	201501	90
2	201504	89
3	201506	90
4	201507	99
5	201509	96

图 7.68 执行结果

因此,带有 WHERE 子句的分组查询,现筛选出成绩大于 88 分的记录集,然后在此记录集的基础上按照学号进行分组,求平均成绩。

b.包含 ALL 关键字。

如果在分组子句中使用 ALL 关键字,则忽略 WHERE 子句指定的条件,查询结果包含不满足 WHERE 子句的分组,相应属性列的值用空值填充。

【例 7.43】 查询课程成绩在 88 分以上的学生的平均成绩。

SQL 语句如下所示,执行结果如图 7.69 所示。

```
USE 学生
SELECT 学号,AVG(成绩) AS 平均成绩
    FROM 学生成绩表
        WHERE 成绩>88
            GROUP BY ALL 学号
```

【例 7.44】 查询选修课程在 3 门及以上并且成绩都在 65 分以上的学生的学号和平均成绩。

SQL 语句如下所示,执行结果如图 7.70 所示。

```
USE 学生
SELECT 学号,AVG(成绩) AS 平均成绩
    FROM 学生成绩表
        WHERE 成绩>65
            GROUP BY 学号 HAVING COUNT(科目)>=3
```

	学号	平均成绩
1	201501	90
2	201502	NULL
3	201503	NULL
4	201504	89
5	201505	NULL
6	201506	90
7	201507	99
8	201509	96

图 7.69　执行结果

	学号	平均成绩
1	201501	80
2	201502	83
3	201503	77
4	201504	80
5	201506	86

图 7.70　执行结果

任务 7　子查询与嵌套查询

7.7.1　情境设置

学生基本信息表中存储的是学生的基本信息,学生成绩表中存储的是学生的成绩信息,查询在学生基本信息表中成绩大于等于 90 分的学生信息,用连接查询可以解决。现在来学习一种新的方法——嵌套查询,也可以解决这个问题,而且嵌套查询逻辑关系更清晰。例如,查询成绩大于 90 分的学生的学号、姓名、二级学院等信息。

7.7.2　样例展示

样例如图 7.71 所示。

	学号	姓名	二级学院
1	201501	范一	信息学院
2	201506	蒋六	通识学院
3	201507	张浩	艺术与传媒学院

图 7.71　查询后结果

7.7.3　利用查询设计器创建嵌套查询实施步骤

步骤 1:从"开始"菜单中选择"程序"|Microsoft SQL Server 2012|SQL Server Management Studio 命令,打开 Microsoft SQL Server Management Studio 窗口,并使用 Windows 或 SQL Server 身份验证建立连接,在此选择的是 Windows 身份验证,如图 7.72 所示。

步骤 2:在"对象资源管理器"窗口中,右击要查询的数据表学生基本信息表,在弹出的快捷菜单中选择"编辑前 200 行"命令,出现"查询设计器"窗口。

图 7.72　连接到服务器设置窗口

步骤 3:通过单击工具栏上的"关系图窗格""条件窗格""SQL 窗格"和"结果窗格"4 个按钮,显示对应窗格。

步骤 4:在"关系图窗格"中将学号、姓名、二级学院字段打钩,在"条件窗格"中将学号字段的"筛选器"输入"IN(SELECT 学号 FROM 学生成绩表 WHERE(成绩 >= 90))"SQL 语句,"SQL 窗格"中会自动显示对应的 SQL 命令,单击工具栏上 执行(X) 按钮,执行 SQL 命令,结果显示在"结果窗格"中,如图 7.73 所示。

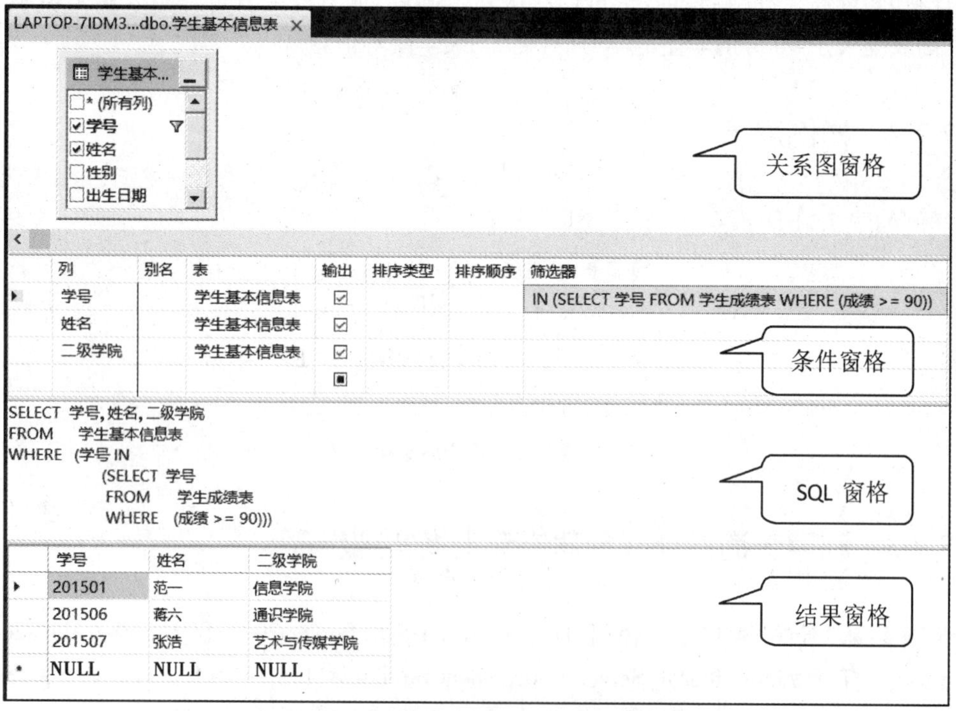

图 7.73　"查询设计器"窗口——嵌套查询方法

另一种方法就是利用两表连接的方式实现,如图 7.74 所示。

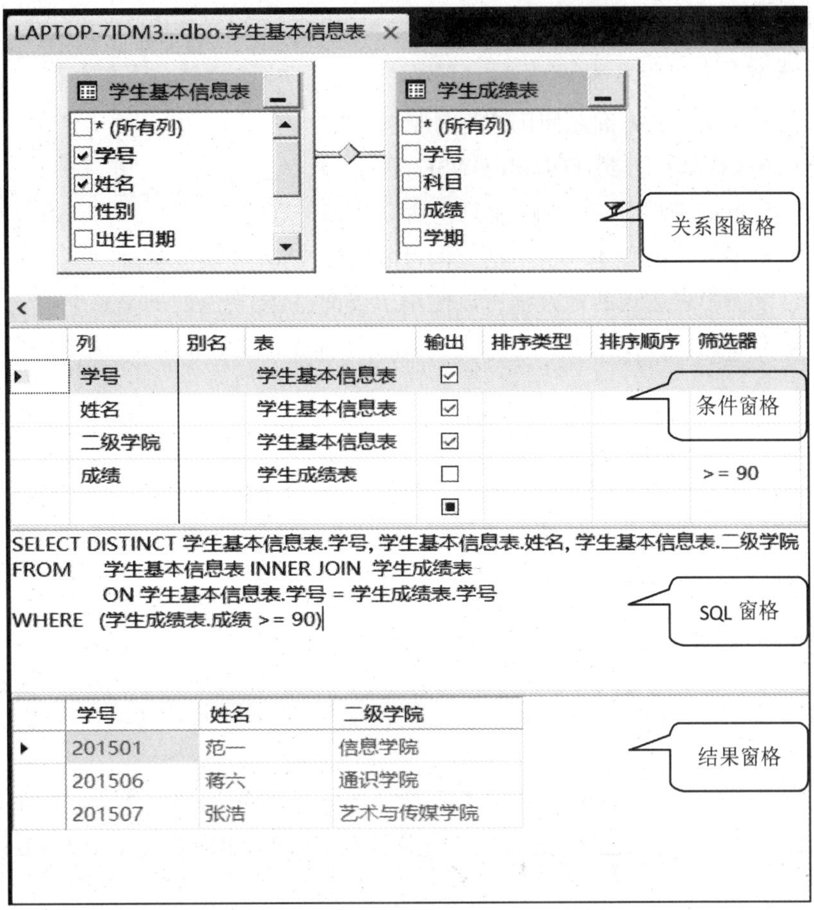

图 7.74 “查询设计器”窗口——连接查询方法

7.7.4 知识链接

在使用 SELECT 语句检索数据时，可以使用 WHERE 子句指定用于限制返回的行的搜索条件，GROUP BY 子句将结果集分成组，ORDER BY 子句定义结果集中的行排列的顺序。使用这些子句可以方便地查询表中的数据。但是，当由 WHERE 子句指定的搜索条件指向另一张表时，就需要使用子查询或嵌套查询。

1)什么是子查询

子查询是一个嵌套在 SELECT，INSERT，UPDATE，DELETE 语句或其他子查询中的查询。任何允许使用表达式的地方都可以使用子查询。

(1)子查询的语法

SELECT [ALL | DISTINCT] <select item list>

FROM <table list>

[WHERE <search condition>]

[GROUP BY <group item list>

[HAVING <group by search condition>]]]

(2)语法规则

①子查询的 SELECT 查询总使用圆括号括起来。

②不能包括 COMPUTE 或 FOR BROWSE 子句。

③如果同时指定 TOP 子句,则可能只包括 ORDER BY 子句。

④子查询最多可以嵌套 32 层,个别查询可能会不支持 32 层嵌套。

⑤任何可以使用表达式的地方都可以使用子查询,只要它返回的是单个值。

⑥如果某个表只出现在子查询中而不出现在外部查询中,那么该表中的列就无法包含在输出中。

(3)语法格式

- WHERE 查询表达式 [NOT] IN(子查询)
- WHERE 查询表达式 比较运算符[SOME|ANY|ALL](子查询)
- WHERE [NOT] EXISTS(子查询)

2)什么是嵌套查询

嵌套查询是指将一个查询块嵌套在另一个查询块的 WHERE 子句或 HAVING 短语的条件中的查询。

嵌套查询中上层的查询块称为外侧查询或父查询,下层查询块称为内层查询或子查询。SQL 语言允许多层嵌套,但是在子查询中不允许出现 ORDER BY 子句,ORDER BY 子句只能用在最外层的查询块中。

嵌套查询的处理方法是:先处理最内侧的子查询,然后一层一层地向上处理,直到最外层的查询块。

3)简单的嵌套查询

嵌套查询中的内层子查询通常作为搜索条件的一部分呈现在 WHERE 或 HAVING 子句中。例如,把一个表达式的值和一个由子查询生成的一个值相比较,这个测试类似于简单比较测试。

子查询比较测试用到的运算符是=、<>、<、>、<=、>=。子查询比较测试把一个表达式的值和由子查询产生的一个值进行比较,返回比较结果为 TRUE 的记录。

4)带 IN 的嵌套查询

(1)语法格式

SELECT [ALL | DISTINCT] | <select item list>

FROM <table list>

[WHERE 查询表达式 IN(子查询)]

[GROUP BY <group item list>

[HAVING <group by search condition>]]

(2)功能

一些嵌套内层的子查询会产生一个值,也有一些子查询会返回一列值,即子查询不能返回带几行和几列数据的表。原因在于子查询的结果必须适合外层查询的语句。当子查询产生一系列值时,适合用带 IN 的嵌套查询。

把查询表达式单个数据和由子查询产生的一系列的数值相比较,如果数值匹配一系列值中的一个,则返回 TRUE。

5)带 NOT IN 的嵌套查询

(1)语法格式

SELECT [ALL | DISTINCT] | <select item list>

FROM <table list>

[WHERE 查询表达式 NOT IN(子查询)]

[GROUP BY <group item list>

[HAVING <group by search condition>]]

(2)功能

NOT IN 和 IN 的查询过程相类似。

6)带 ANY 的嵌套查询

SQL 支持 SOME,ANY,ALL 3 种定量比较谓词,它们都是判断是否任何或全部返回值都满足搜索要求。ANY 用于确定给定的值是否满足子查询或列表中的部分值。

(1)语法格式

WHERE 比较运算符 [NOT] ANY(子查询)

(2)功能

S>ANY R:当且仅当 S 至少大于子查询 R 中的一个值时,该条件为真(TRUE)。

NOT S>ANY R:当且仅当 S 是子查询 R 中的最小值时,该条件为真(TRUE)。

谓词 SOME 或 ANY 表示表达式只要与子查询结果集中的某个值满足比较的关系时,就返回 TRUE,否则返回 FALSE。

7)带 SOME 的嵌套查询

其中 SOME 和 ANY 谓词只注重是否有返回值满足搜索要求,这两种谓词含义相同,可以替换使用。SOME 属于 SQL 支持的 3 种定量谓词之一,且和 ANY 完全等价,即能用 ANY 的地方完全可以使用 SOME。

8)带 ALL 的嵌套查询

ALL 谓词的使用方法和 ANY 或者 SOME 谓词一样,也是把列值与子查询结果进行比较,但是它不要求任意结果值的列值为真,而是要求所有列的查询结果都为真,否则就不返回行。

ALL 谓词用于指定表达式与子查询结果集中的每个值都进行比较，当表达式与每个值都满足比较关系时，才返回 TRUE，否则返回 FALSE。

(1)语法格式

WHERE 表达式 1 比较运算符 [NOT] ALL(子查询)

(2)功能

子查询的结果集的列必须与表达式 1 有相同的数据类型。结果类型为布尔型。

S>ALL R：当 S 大于子查询 R 中的每一个值时，该条件为真(TRUE)。

NOT S>ALL R：当且仅当 S 不是 R 中的最大值时，该条件为真(TRUE)。

9)带 EXISTS 的嵌套查询

EXISTS 谓词只注重子查询是否返回行。如果子查询返回一个或多个行，谓词返回为真值，否则为假值。EXISTS 搜索条件并不真正地使用子查询的结果，它仅测试子查询是否产生任何结果。

EXISTS 谓词用于测试子查询的结果是否为空表，带有 EXISTS 的子查询不返回任何实际数据，它只产生逻辑值 TRUE 或 FALSE，若内层查询结果为非空，则外层的 WHERE 子句返回真值，否则返回假值。EXISTS 还可以与 NOT 结合使用。

(1)语法格式

WHERE [NOT] EXISTS(子查询)

(2)功能

按约定，通过 EXISTS 引入的子查询的选择列表由星号(*)组成，而不使用单个列名。由于通过 EXISTS 引入的子查询进行了存在测试，外部查询的 WHERE 子句即可完成对子查询返回的行是否存在的测试。

EXISTS R：当且仅当 R 非空时，该条件为真。

NOT EXISTS R：当且仅当 R 为空时，该条件为真。

子查询设计上不产生任何数据；只返回 TRUE 或 FALSE，因此这些子查询的规则与标准选择列表的规则完全相同。

用带 IN 的嵌套查询也可以用带 EXISTS 的嵌套查询改写。

【例 7.45】 查询平均成绩高于所有学生的平均成绩的学生的学号和平均成绩。

SQL 语句如下所示，执行结果如图 7.75 所示。

```
USE 学生
SELECT DISTINCT 学号,AVG(成绩) AS 平均成绩
    FROM 学生成绩表
        GROUP BY 学号
        HAVING AVG(成绩)>
        (SELECT AVG(成绩) FROM 学生成绩表)
```

【例 7.46】 查询所有科目中,平均成绩高于英语的科目信息。

SQL 语句如下所示,执行结果如图 7.76 所示。

```
USE 学生
SELECT DISTINCT 科目,AVG(成绩)AS 平均成绩
    FROM 学生成绩表
        GROUP BY 科目
            HAVING AVG(成绩)>
            (SELECT AVG(成绩) FROM 学生成绩表 WHERE 科目='英语')
```

【例 7.47】 在学生基本信息表和学生成绩表中,查询参加考试的学生信息。

SQL 语句如下所示,执行结果如图 7.77 所示。

```
USE 学生
SELECT 学号,姓名
    FROM 学生基本信息表
        WHERE 学号 IN
            (SELECT 学号 FROM 学生成绩表)
```

结果 消息

	学号	平均成绩
1	201502	83
2	201506	86
3	201507	93
4	201509	91

图 7.75 执行结果

结果 消息

	科目	平均成绩
1	高数	85

图 7.76 执行结果

结果 消息

	学号	姓名
1	201501	范一
2	201502	赵二
3	201503	魏三
4	201504	梅四
5	201505	张五
6	201506	蒋六
7	201507	张浩

图 7.77 执行结果

【例 7.48】 在学生基本信息表和学生成绩表中,查询没有考试的学生信息。

SQL 语句如下所示,执行结果如图 7.78 所示。

```
USE 学生
SELECT 学号,姓名
    FROM 学生基本信息表
        WHERE 学号 NOT IN
            (SELECT 学号 FROM 学生成绩表 WHERE 成绩 IS NOT NULL)
```

【例 7.49】 查询信息学院同学中,年龄大于所有学生的同学的学号、姓名和年龄信息。

SQL 语句如下所示,执行结果如图 7.79 所示。

```
USE 学生
SELECT 学号,姓名,YEAR(GETDATE( ))- YEAR(出生日期) AS 年龄
    FROM 学生基本信息表
        WHERE 二级学院='信息学院' AND YEAR(GETDATE( ))-YEAR(出生日
期)>SOME
```

```
            (SELECT DISTINCT YEAR(GETDATE( ))- YEAR(出生日期) FROM 学生基本信息表)
```

或

```
    USE 学生
    SELECT 学号,姓名,YEAR(GETDATE( ))- YEAR(出生日期) AS 年龄
        FROM 学生基本信息表
            WHERE 二级学院='信息学院' AND YEAR(GETDATE( ))- YEAR(出生日期)>ANY
            (SELECT DISTINCT YEAR(GETDATE( ))- YEAR(出生日期) FROM 学生基本信息表)
```

或

```
    USE 学生
    SELECT 学号,姓名,YEAR(GETDATE( ))- YEAR(出生日期) AS 年龄
        FROM 学生基本信息表
            WHERE 二级学院='信息学院' AND YEAR(GETDATE( ))- YEAR(出生日期)>
            (SELECT MAX(YEAR(GETDATE( ))- YEAR(出生日期)) FROM 学生基本信息表)
```

【例 7.50】 在学生基本信息表和学生成绩表中,查询比所有信息学院的学生的年龄都小的学生学号和姓名。

SQL 语句如下所示,执行结果如图 7.80 所示。

结果 消息

	学号	姓名
1	201508	王明

图 7.78 执行结果

结果 消息

	学号	姓名	年龄
1	201501	范一	21
2	201502	赵二	21

图 7.79 执行结果

结果 消息

	学号	姓名
1	201503	魏三
2	201504	梅四
3	201505	张五
4	201506	蒋六
5	201507	张浩
6	201508	王明

图 7.80 执行结果

```
    USE 学生
    SELECT 学号,姓名 FROM 学生基本信息表
        WHERE 出生日期>ALL
            (SELECT 出生日期 FROM 学生基本信息表 WHERE 二级学院='信息学院')
```

或

```
    USE 学生
    SELECT 学号,姓名 FROM 学生基本信息表
        WHERE 出生日期>
        (SELECT MAX(出生日期) FROM 学生基本信息表 WHERE 二级学院='信息学院')
```

【例 7.51】 查询所有选修了高数的学生学号、姓名。

SQL 语句如下所示,执行结果如图 7.81 所示。

```
USE 学生
SELECT 学号,姓名 FROM 学生基本信息表
    WHERE EXISTS
        (SELECT * FROM 学生成绩表 WHERE 科目='高数')
```

【例 7.52】 查询没有选修高数课程的学生学号、姓名。

SQL 语句如下所示,执行结果如图 7.82 所示。

```
USE 学生
SELECT 学号,姓名 FROM 学生基本信息表
    WHERE NOT EXISTS
        (SELECT * FROM 学生成绩表
        WHERE 学号=学生基本信息表.学号 AND 科目='高数')
```

结果 | 消息

	学号	姓名
1	201501	范一
2	201502	赵二
3	201503	魏三
4	201504	梅四
5	201505	张五
6	201506	蒋六
7	201507	张浩
8	201508	王明

图 7.81　执行结果

结果 | 消息

	学号	姓名
1	201504	梅四
2	201506	蒋六
3	201508	王明

图 7.82　执行结果

任务 8　UPDATE,INSERT 和 DELETE 语句中的子查询

7.8.1　情境设置

在数据表的管理中,除了基本的查询管理,还要求利用查询所得的记录对原始数据表中的数据进行插入、更新、删除等管理。这时就需要用到 UPDATE,INSERT,DELETE 语句与 SELECT 语句的嵌套使用。例如,将学号是 201501 同学的高数成绩在原有的基础上增加 5 分,该如何实现?

7.8.2　样例展示

样例如图 7.83 和图 7.84 所示。

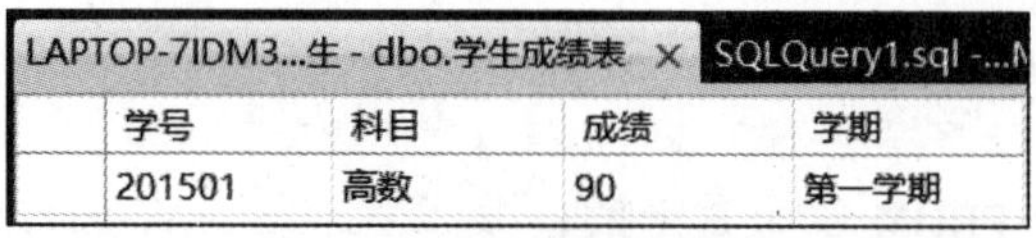

学号	科目	成绩	学期
201501	高数	90	第一学期

图 7.83 更新前

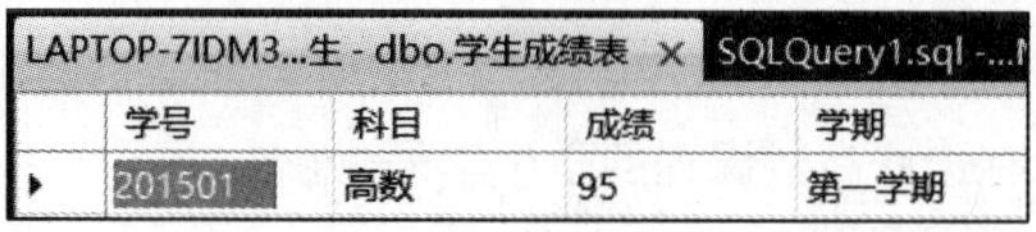

学号	科目	成绩	学期
201501	高数	95	第一学期

图 7.84 更新后

7.8.3 利用子查询实现更新、插入、删除

```
USE 学生
UPDATE 学生成绩表
    SET 成绩=成绩+5
    WHERE 科目='高数' AND
        学号 IN
        (SELECT 学号 FROM 学生基本信息表 WHERE 姓名='范一')
```

7.8.4 知识链接

子查询可以嵌套在 UPDATE,DELETE,INSERT 语句中。

1)UPDATE 语句的子查询

(1)语法

```
UPDATE 基本表名
    SET 列名=值表达式
    WHERE 条件表达式(子查询)
```

(2)语法规则

①子查询的 SELECT 查询使用圆括号括起来。

②如果同时指定 TOP 子句,则可能只包括 ORDER BY 子句。

③子查询最多可以嵌套 32 层,个别查询可能会不支持 32 层嵌套。

④任何可以使用表达式的地方都可以使用子查询,只要它返回的是单个值。

⑤如果某个表只出现在子查询中而不出现在外部查询中,那么该表中的列就无法包含在输出中。

(3)语法格式

```
WHERE 条件表达式 [NOT] IN(子查询)
WHERE 条件表达式 比较运算符 [SOME|ANY|ALL](子查询)
WHERE [NOT] EXISTS(子查询)
```

2)INSERT 语句的子查询

(1)语法

```
INSERT INTO 数据表名(列名表)
    SELECT 查询语句
    WHERE 条件表达式 (子查询)
```

(2)语法规则

①子查询的 SELECT 查询总使用圆括号括起来。

②如果同时指定 TOP 子句,则可能只包括 ORDER BY 子句。

③子查询最多可以嵌套 32 层,个别查询可能会不支持 32 层嵌套。

④任何可以使用表达式的地方都可以使用子查询,只要它返回的是单个值。

⑤如果某个表只出现在子查询中而不出现在外部查询中,那么该表中的列就无法包含在输出中。

(3)语法格式

```
WHERE 条件表达式 [NOT] IN(子查询)
WHERE 条件表达式 比较运算符 [SOME|ANY|ALL](子查询)
WHERE [NOT] EXISTS(子查询)
```

3)DELETE 语句的子查询

(1)语法

```
DELETE FROM 数据表名
    WHERE 条件表达式 (子查询)
```

(2)语法规则

①子查询的 SELECT 查询总使用圆括号括起来。

②如果同时指定 TOP 子句,则可能只包括 ORDER BY 子句。

③子查询最多可以嵌套 32 层,个别查询可能会不支持 32 层嵌套。

④任何可以使用表达式的地方都可以使用子查询,只要它返回的是单个值。

⑤如果某个表只出现在子查询中而不出现在外部查询中,那么该表中的列就无法包含在输出中。

(3)语法格式

```
WHERE 条件表达式 [NOT] IN(子查询)
WHERE 条件表达式 比较运算符 [SOME|ANY|ALL](子查询)
WHERE [NOT] EXISTS(子查询)
```

【例 7.53】 当高数课的成绩低于该门课程平均成绩时,提高 5%。

SQL 语句如下所示,执行结果如图 7.85、图 7.86 所示。

```
USE 学生
UPDATE 学生成绩表
```

SET 成绩=成绩 * 1.05
    WHERE 成绩<
        (SELECT AVG(成绩) FROM 学生成绩表 WHERE 科目='高数')

LAPTOP-7IDM3...生 - dbo.学生成绩表 × SQLQuery1.sql -...M

学号	科目	成绩	学期
201501	高数	76	第一学期
201501	英语	85	第二学期
201501	专业	58	第三学期
201502	高数	75	第一学期
201502	英语	56	第二学期
201502	专业	74	第三学期
201503	高数	56	第一学期
201503	英语	49	第二学期
201503	专业	62	第三学期
201504	英语	48	第一学期
201504	专业	62	第三学期
201505	高数	75	第一学期
201505	英语	50	第二学期
201505	专业	41	第三学期
201506	英语	76	第一学期
201506	英语	76	第一学期
201507	高数	74	第一学期
201507	英语	84	第二学期
201509	英语	76	第二学期
201509	高数	81	第一学期
NULL	NULL	NULL	NULL

图 7.85 更新前

LAPTOP-7IDM3...生 - dbo.学生成绩表 × SQLQuery1.sql -...M

LAPTOP-7IDM3Q5G.学生 - dbo.学生成绩表

			学期
201501	高数	76	第一学期
201501	英语	85	第二学期
201501	专业	66	第三学期
201502	高数	75	第一学期
201502	英语	63	第二学期
201502	专业	74	第三学期
201503	高数	63	第一学期
201503	英语	55	第二学期
201503	专业	71	第三学期
201504	英语	54	第一学期
201504	专业	71	第三学期
201505	高数	75	第一学期
201505	英语	56	第二学期
201505	专业	47	第三学期
201506	英语	76	第一学期
201506	英语	76	第一学期
201507	高数	74	第一学期
201507	英语	84	第二学期
201509	英语	76	第二学期
201509	高数	81	第一学期
NULL	NULL	NULL	NULL

图 7.86 更新后

【例 7.54】 将目前还没有选修课程的学生自动增加选修英语课程的记录并插入到学生成绩表中。

SQL 语句如下所示，执行结果如图 7.87、图 7.88 所示。

INSERT INTO 学生成绩表 (学号,科目)
SELECT 学号,科目='英语' FROM 学生成绩表
    WHERE 学号 NOT IN
    (SELECT DISTINCT 学号 FROM 学生成绩表 WHERE 科目='英语')

【例 7.55】 删除范一同学的所有选修记录。

SQL 语句如下所示，执行结果如图 7.89、图 7.90 所示。

USE 学生
DELETE FROM 学生成绩表 WHERE 学号 IN
(SELECT 学号 FROM 学生基本信息表 WHERE 姓名='范一')

请考虑以上子查询是否可以通过连接查询来实现。

LAPTOP-7IDM3...生 - dbo.学生成绩表 × LAPTOP-7IDM3...d

学号	科目	成绩	学期
201501	高数	76	第一学期
201501	英语	85	第二学期
201501	专业	66	第三学期
201502	高数	75	第一学期
201502	英语	63	第二学期
201502	专业	74	第三学期
201503	高数	63	第一学期
201503	英语	55	第二学期
201503	专业	71	第三学期
201504	英语	54	第一学期
201504	专业	71	第三学期
201505	高数	75	第一学期
201505	英语	56	第二学期
201505	专业	47	第三学期
201506	英语	76	第一学期
201506	英语	76	第一学期
201507	高数	74	第一学期
201507	英语	84	第二学期
201509	高数	81	第一学期
NULL	NULL	NULL	NULL

图 7.87 插入前

LAPTOP-7IDM3...生 - dbo.学生成绩表 × LAPTOP-7IDM3...d

学号	科目	成绩	学期
201501	高数	76	第一学期
201501	英语	85	第二学期
201501	专业	66	第三学期
201502	高数	75	第一学期
201502	英语	63	第二学期
201502	专业	74	第三学期
201503	高数	63	第一学期
201503	英语	55	第二学期
201503	专业	71	第三学期
201509	英语	NULL	NULL
201504	英语	54	第一学期
201504	专业	71	第三学期
201505	高数	75	第一学期
201505	英语	56	第二学期
201505	专业	47	第三学期
201506	英语	76	第一学期
201506	英语	76	第一学期
201507	高数	74	第一学期
201507	英语	84	第二学期
201509	高数	81	第一学期
NULL	NULL	NULL	NULL

图 7.88 插入后

LAPTOP-7IDM3...生 - dbo.学生成绩表 × SQLQuery3.sql -...M

学号	科目	成绩	学期
201501	高数	76	第一学期
201501	英语	85	第二学期
201502	高数	75	第一学期
201502	英语	63	第二学期
201502	专业	74	第三学期
201503	高数	63	第一学期
201503	英语	55	第二学期
201503	专业	71	第三学期
201504	英语	54	第一学期
201504	专业	71	第三学期
201505	高数	75	第一学期
201505	英语	56	第二学期
201505	专业	47	第三学期
201506	英语	76	第一学期
201506	英语	76	第一学期
201507	高数	74	第一学期
201507	英语	84	第二学期
201509	高数	81	第一学期
201501	专业	66	第三学期
NULL	NULL	NULL	NULL

图 7.89 删除前

LAPTOP-7IDM3...生 - dbo.学生成绩表 × SQLQuery3.sql -...M

学号	科目	成绩	学期
201502	高数	75	第一学期
201502	英语	63	第二学期
201502	专业	74	第三学期
201503	高数	63	第一学期
201503	英语	55	第二学期
201503	专业	71	第三学期
201504	英语	54	第一学期
201504	专业	71	第三学期
201505	高数	75	第一学期
201505	英语	56	第二学期
201505	专业	47	第三学期
201506	英语	76	第一学期
201506	英语	76	第一学期
201507	高数	74	第一学期
201507	英语	84	第二学期
201509	高数	81	第一学期
NULL	NULL	NULL	NULL

图 7.90 删除后

任务 9　并运算

7.9.1　情境设置

有时需要将两个查询结果合并到一起。表的合并操作是将两个表的行合并到一个表中,且不需要对这些行作任何更改。在合并时两个 SELECT 语句选择列表中的列数目必须一样多,而且对应位置上的列的数据类型必须相同或者兼容。例如,查找选修了高数课程和成绩在 75 分以上的学生信息,该如何实现呢?

7.9.2　样例展示

样例如图 7.91 所示。

	学号	科目	成绩	学期
1	201501	高数	76	第一学期
2	201501	英语	85	第二学期
3	201502	高数	75	第一学期
4	201503	高数	63	第一学期
5	201505	高数	75	第一学期
6	201506	英语	76	第一学期
7	201507	高数	74	第一学期
8	201507	英语	84	第二学期
9	201509	高数	81	第一学期

图 7.91　合并后

7.9.3　利用 UNION 语句实现并运算

```
USE 学生
SELECT * FROM 学生成绩表 WHERE 科目='高数'
UNION
SELECT * FROM 学生成绩表 WHERE 成绩>75
```

7.9.4　知识链接

1)格式

SELECT 查询语句 1

UNION [ALL]

SELECT 查询语句 2 [,…,n]

2)功能

查询结果的结构一致时可将两个查询进行并(UNION)操作,要求查询属性列的数目和顺序都必须相同,对应属性列的数据类型兼容。

如果合并后的结果集中存在重复记录,则在合并时默认只显示一条记录,可使用 ALL 关键字包含重复的记录。

【例 7.56】 查找选修了高数或英语课程的学生的学号、姓名、科目,不包含重复记录行。

SQL 语句如下所示,执行结果如图 7.92 所示。

```
USE 学生
(SELECT 学生基本信息表.学号,姓名,科目 FROM 学生基本信息表,学生成绩表
    WHERE 学生基本信息表.学号=学生成绩表.学号 AND 科目='高数')
UNION
(SELECT 学生基本信息表.学号,姓名,科目 FROM 学生基本信息表,学生成绩表
    WHERE 学生基本信息表.学号=学生成绩表.学号 AND 科目='英语')
```

【例 7.57】 查找选修了高数或英语课程的学生的学号、姓名、科目,包含重复记录行。

SQL 语句如下所示,执行结果如图 7.93 所示。

	学号	姓名	科目
1	201501	范一	高数
2	201501	范一	英语
3	201502	赵二	高数
4	201502	赵二	英语
5	201503	魏三	高数
6	201503	魏三	英语
7	201504	梅四	英语
8	201505	张五	高数
9	201505	张五	英语
10	201506	蒋六	英语
11	201507	张浩	高数
12	201507	张浩	英语

图 7.92　执行结果

	学号	姓名	科目
1	201501	范一	高数
2	201502	赵二	高数
3	201503	魏三	高数
4	201505	张五	高数
5	201507	张浩	高数
6	201501	范一	英语
7	201502	赵二	英语
8	201503	魏三	英语
9	201504	梅四	英语
10	201505	张五	英语
11	201506	蒋六	英语
12	201506	蒋六	英语
13	201507	张浩	英语

图 7.93　执行结果

```
USE 学生
(SELECT 学生基本信息表.学号,姓名,科目 FROM 学生基本信息表,学生成绩表
    WHERE 学生基本信息表.学号=学生成绩表.学号 AND 科目='高数')
UNION ALL
(SELECT 学生基本信息表.学号,姓名,科目 FROM 学生基本信息表,学生成绩表
    WHERE 学生基本信息表.学号=学生成绩表.学号 AND 科目='英语')
```

项目小结

本项目介绍了如何在 SQL Server 2012 中进行一些基本的查询操作。所谓查询就是对 SQL Server 发出一个数据请求。查询可以分为两类:一类是用于检索数据的选择查询;另一类是用于更新数据的行为查询。

SELECT 语句是 SQL Server 中基本、重要的语句之一,其基本功能是从数据库中检索出满足条件的记录。SELECT 语句中包括各种子句,其中,SELECT 子句用于指定输出字段;INTO 子句用于指定将检索结果存放在一个新的数据表中;FROM 子句用于指定检索的数据来源;WHERE 子句用于指定对记录的过滤条件;GROUP BY 子句的作用是对检索到的记录进行分组;ORDER BY 子句的作用是对检索到的记录进行排序。除此之外,还介绍了复杂的嵌套查询语句,它是构建数据库应用服务的基本手段之一。

习　题

一、选择题

1.“WHERE 年龄 BETWEEN 18 AND 27”条件语句等价于下面哪个语句?(　　)

A.WHERE 年龄>18 AND 年龄<27

B.WHERE 年龄>=18 AND 年龄<27

C.WHERE 年龄>18 AND 年龄<=27

D.WHERE 年龄>=18 AND 年龄<=27

2.下面哪些数据类型的字段不能作为 GROUP BY 子句的分组依据?(　　)

A.text　　B.ntext　　C.image　　D.varchar

3.使用 GROUP BY 子句进行分组查询后,再根据指定条件筛选查询结果集,应使用下面哪个子句?(　　)

A.HAVING　　B.WHERE　　C.GROUP BY　　D.ORDER BY

4.语句“SELECT 姓名,性别,出生日期 FROM 学生基本信息表”返回(　　)列。

A.1　　B.2　　C.3　　D.4

5.语句“SELECT count(*) FROM 学生基本信息表”返回(　　)行。

A.1　　B.2　　C.3　　D.4

6.SELECT 语句中,下列(　　)子句用于对数据按照某个字段分组,(　　)子句用于对分组统计进一步设置条件。

A.HAVING　　B.GROUP BY　　C.ORDER BY　　D.WHERE

7.在 SELECT 语句中,下列(　　)子句用于选择列表。

A.SELECT　　B.INTO　　C.FORM　　D.WHERE

8.在 SELECT 语句中,下列(　　)子句用于将查询结果存储在一个新表中。

A.SELECT　　B.INTO　　C.FROM　　D.WHERE

9.在 SELECT 语句中,下列(　　)子句用于指出所查询的数据表名。

A.SELECT　　B.INTO　　C.FROM　　D.WHERE

10.在 SELECT 语句中,下列(　　)子句用于对搜索的结果进行排序。

A.HAVING　　B.GROUP BY　　C.ORDER BY　　D.WHERE

11.在 SELECT 语句中,如果想要返回的结果集中不包含相同的行,应该使用关键字(　　)。

A.TOP　　B.AS　　C.DISTINCT　　D.JOIN

12.在 SQL 中,谓词操作“EXISTS R(集合)”与(　　)等价。

A.当且仅当 R 空时,该条件为真　　B.< >SOME

C.当且仅当 R 非空时,该条件为真　　D.=SOME

13.SQL 的聚合函数 COUNT,不允许出现在下列查询语句的(　　)子句中。

A.SELECT　　B.HAVING　　C.WHERE　　D.GROUP BY

14.在关系数据库系统中,为了简化用户的查询操作,而又不增加数据的存储空间,常用的方法是创建(　　)。

A.另一个表　　B.游标　　C.视图　　D.索引

15.一个查询的结果成为另一个查询的条件,这种查询被称为(　　)。

A.连接查询　　B.内查询　　C.自查询　　D.子查询

二、填空题

1.在 SQL 语句中,________语句使用频率最高。

2.WHERE 子句后一般跟着________。

3.使用 SELECT INTO 创建查询结果表时,若只需要临时表则要在表名前加________。

4.在查询条件中,可以使用令一个查询的结果作为条件的一部分,例如判定列值是否与某个查询的结果集中的值相等,作为查询条件一部分的查询称为________。

5.EXISTS 谓词用于测试子查询的结果是否为空表。若子查询的结果集不为空,则 EXISTS 返回________,否则返回________。EXISTS 还可以与 NOT 结合使用,即 NOT EXISTS,其返回值与 EXISTS 刚好相反。

6. SELECT 语句中,主要子句包括________、________、________、________及________等。

7.SQL 中文全称是________。

8.在查询窗口中用户可以输入 SQL 语句,并按________键,或单击工具栏上的运行按钮,将其送到服务器执行,执行的结果将显示在输出窗口中。

9.保存当前的查询命令或查询结果,系统默认的文件扩展名为________。

10.连接查询的类型有________、________、________3 种。

三、简答题

SELECT 语句的语法结构是什么?

项目 8

存储过程的创建与管理

【项目描述】

本项目介绍了存储过程的基本概念、分类、创建存储过程的方法、调用存储过程以及管理存储过程。

本项目重点是用户存储过程的创建、使用及其作用；本项目的难点是存储过程的管理以及带参数存储过程的使用。包含的任务如表 8.1 所示。

表 8.1　项目 8 包含的任务

名　称	任务名称
项目 8　存储过程的创建与管理	任务 1　创建不带参数存储过程“proc_student1”
	任务 2　创建带参数存储过程“s_count”
	任务 3　查看存储过程“s_count”的相关信息及其创建代码
	任务 4　用 T-SQL 语句修改存储过程“proc_student1”
	任务 5　使用 SMSS 删除存储过程

任务 1　创建不带参数存储过程“proc_student1”

8.1.1　情境设置

辅导员经常要查询某位学生的基本情况，由于学生数量众多，直接在“学生基本信息”表中查找费时费力，如果使用检索语句，又涉及查询代码不能永久存放于数据库重复键入的问题。故决定将检索需求以存储过程的形式永久存储在数据库中，现创建存储过程 proc_student1，用于检索学号为“201504”的学生信息。

8.1.2 样例展示

样例如图 8.1 所示。

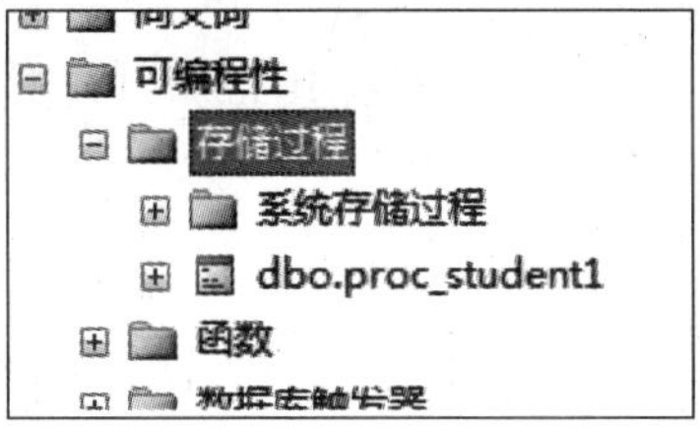

图 8.1 对象资源管理器列表显示当前数据库中已创建存储过程

8.1.3 利用 T-SQL 语句创建存储过程实施步骤

步骤 1:单击“新建查询”按钮,在新建立的查询窗口中输入 SQL 代码,语句内容如图 8.2 所示。命令成功执行后将在当前数据库中创建名为 proc_student1 的存储过程,如图 8.1 所示。

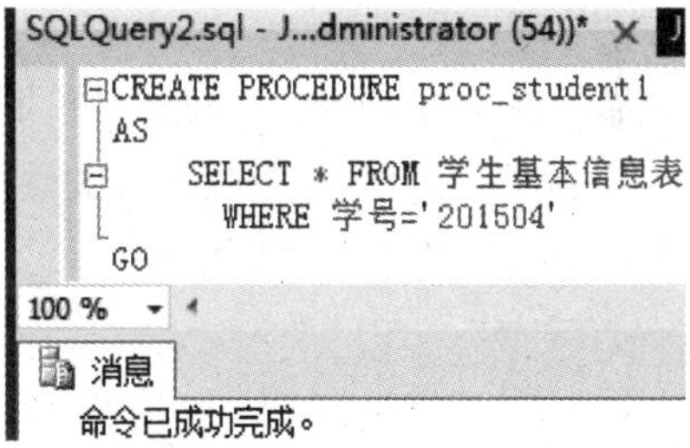

图 8.2 使用 T-SQL 方式创建存储过程 proc_student1

步骤 2:存储过程建立后,需要执行该存储过程以实现其功能。在当前查询窗口中输入执行存储过程的 T-SQL 代码,并只选中当前输入部分(用户也可新建查询窗口输入执行语句),单击“执行”按钮或按“F5”键得到存储过程的执行结果,如图 8.3 所示。

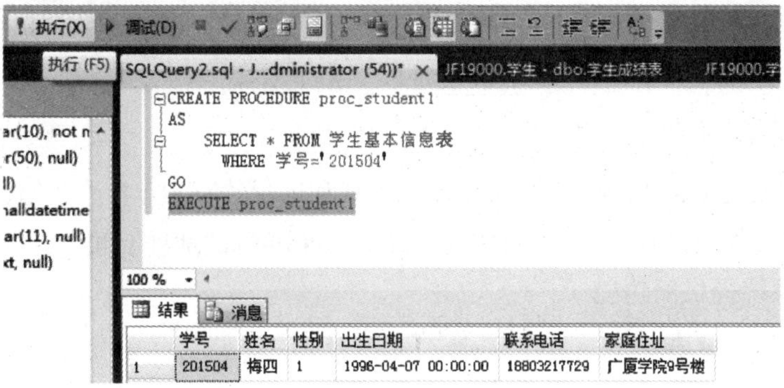

图 8.3 使用 T-SQL 语句执行存储过程及执行结果

8.1.4 知识链接

存储过程(Stored Procedure)是一组为了完成特定功能的 SQL 语句集,将常用的或很复杂的工作,预先用 SQL 语句写好,经编译后存储,并用一个指定的名称存储起来放在数据库中,用户通过指定存储过程的名字并给出参数(如果该存储过程带有参数)来执行它。

1)存储过程的作用

(1)模块化设计

当对数据库进行复杂操作,如对多个表进行更新(UPDATE)、插入(INSERT)、查询(QUERY)、删除(DELETE)时,可将此复杂操作用存储过程封装起来与数据库提供的事务处理结合在一起使用。

(2)提高执行速度

存储过程只在创造时进行编译,以后每次执行存储过程都不需再重新编译,而一般 SQL 语句每执行一次就编译一次,因此使用存储过程可提高数据库的执行速度。

(3)可重复使用

存储过程可以被执行多次、重复使用,可减少数据库开发人员的工作量,而且避免重复编程出错。

(4)安全性高

存储过程可被作为一种安全机制,可以让系统管理员通过对执行某一存储过程的权限进行限制,从而能够实现对相应的数据访问权限的限制。系统管理员可设定只有某用户才具有对指定存储过程的使用权。

2)存储过程的分类

(1)系统存储过程

系统存储过程主要存储在 master 数据库中,并以 sp_为前缀,系统存储过程主要是从系统表中获取信息,从而为系统管理员管理 SQL Server,用来实现系统的各项设定,并取得信息,从而实现相关管理工作。如 sp_help 就是取得指定对象的相关信息。

(2)扩展存储过程

扩展存储过程是 SQL Server 实例可以动态加载和运行的 DLL。扩展存储过程是使用 SQL Server 扩展存储过程 API 编写的,可直接在 SQL Server 实例的地址空间中运行。以 XP_开头,用来调用操作系统提供的功能。

(3)临时存储过程

SQL Server 支持两种临时存储过程:局部临时存储过程和全局临时存储过程。局部临时存储过程只能由创建该过程的连接使用。全局临时存储过程则可由所有连接使用。局部临时存储过程在当前会话结束时自动删除。全局临时存储过程在使用该过程的最后一个会话结束时除去。通常是在创建该过程的会话结束时。

临时存储过程用#和##命名,可以由任何用户创建。创建存储过程后,局部存储过程的所有者是唯一可以使用该过程的用户。执行局部临时存储过程的权限不能授予其他用户。如果创建了全局临时存储过程,则所有用户均可以访问该过程,权限不能显式除去。只有在 tempdb 数据库中具有显式 CREATE PROCEDURE 权限的用户,才可以在该数据库中显式创建临时存储过程。可以授予或废除这些过程中的权限。

(4)用户自定义存储过程

用户自定义存储过程是由用户创建,并能完成某一特定功能,存储过程的名称必须符合标识符的定义,同时不要创建任何使用 sp 作为前缀的存储过程。如果用户定义存储过程与系统存储过程名称相同,则该存储过程将永不执行,取而代之的是始终执行系统存储过程。

3)使用存储过程应注意事项

创建存储过程前,请考虑下列事项:

①CREATE PROCEDURE 语句不能与其他 SQL 语句在单个批处理中组合使用。

②要创建存储过程,用户必须具有数据库的 CREATE PROCEDURE 权限,还必须具有对架构(在其下创建过程)的 ALTER 权限。

③存储过程是架构作用域内的对象,它们的名称必须遵守标识符规则。

④只能在当前数据库中创建存储过程。

4)使用 T-SQL 语句创建存储过程的语法

(1)语法格式

使用 T-SQL 语句创建存储过程的语法格式如下:

```
CREATE PROCEDURE procedure_name
[@parameter data_type ][output]
[with]{recompile | encryption}
AS
sql_statement
```

(2)参数说明

①procedure_name:存储过程的名称。存储过程名必须符合标识符定义,且对于数据库及其所有者必须唯一。要创建局部临时过程,可以在 procedure_name 前面加一个编号符(#procedure_name),要创建全局临时过程,可以在 procedure_name 前面加两个编号符(##procedure_name)。完整的名称(包括 # 或 ##)不能超过 128 个字符。

②@ parameter:存储过程中的参数。使用@ 符号作为第一个字符来指定参数名称。参数名称必须符合标识符的规则。每个存储过程的参数仅用于该过程本身;相同的参数名称可以用在其他存储过程中。默认情况下,参数只能代替常量,而不能用于代替表名、列名或其在 CREATE PROCEDURE 语句中可以声明一个或多个参数。用户必须在执行存储过程时提供每个所声明参数的值(除非定义了该参数的默认值)。存储过程最多可以有 2 100 个参数。

③data_type:参数的数据类型。所有数据类型(包括 text,ntext 和 image)均可以用作存储过程的参数。不过游标(cursor)数据类型只能用于 OUTPUT 参数。如果指定的数据类型为 cursor,也必须同时指定 VARYING 和 OUTPUT 关键字。

④output:表明参数是返回参数。该选项的值可以返回给 EXECUTE。使用 output 参数可将信息返回给调用过程。text,ntext 和 image 参数可用作 output 参数。使用 output 关键字的输出参数可以是游标占位符。

⑤recompile:表示每次执行此存储过程时都重新编译一次。

⑥encryption:所创建的存储过程的内容会被加密。

存储过程习惯性使用 T-SQL 语句创建,但使用 SSMS 创建存储过程也很方便,适用于初学者。

【例 8.1】 在当前数据库中创建存储过程 proc_student2,完成与任务 1 相同的功能。

①在“对象资源管理器”窗口中选择“学生管理”数据库节点中的“可编程性”,在其中可以看到“存储过程”节点,如图 8.4 所示。

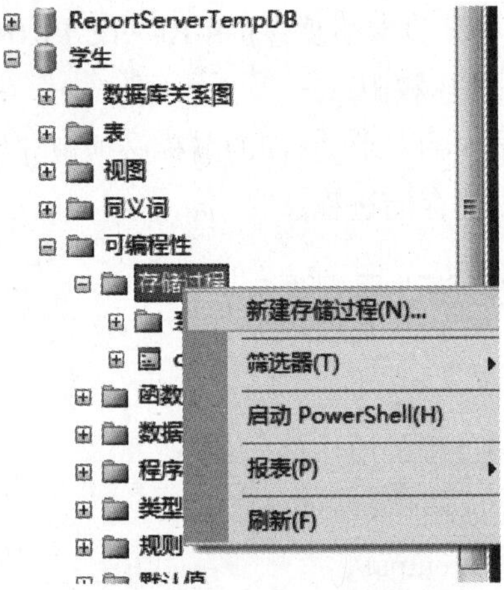

图 8.4 选择“新建存储过程”命令

②打开创建存储过程的代码模板,如图 8.5 所示。

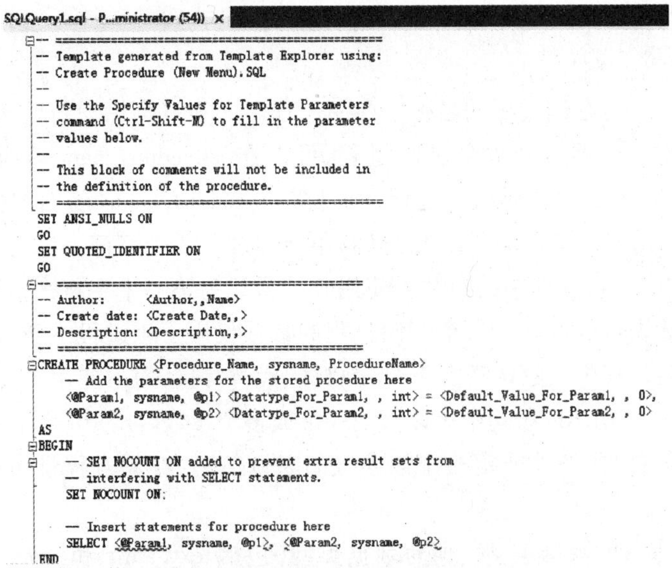

图 8.5 使用模板创建存储过程

③单击“查询”菜单中“指定模板参数的值”，打开“指定模板参数的值”对话框，根据实际需要，设置各个参数的值，如图 8.6 所示，本例根据例题要求修改存储过程名等参数。

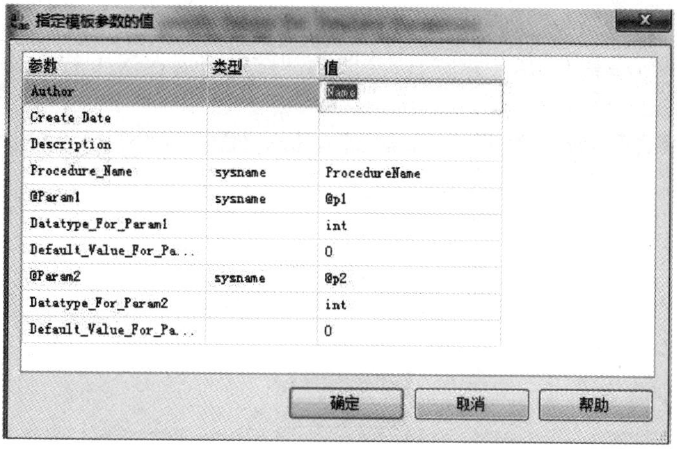

图 8.6 “指定模板参数的值”对话框

④设置各个参数的值后，单击“确定”按钮返回到存储过程的代码模板，然后在存储过程中的 BEGIN…END 代码块中添加需要的 SQL 语句。

⑤添加代码后，修改各个参数，单击“保存”按钮，完成存储过程的创建。

任务 2 创建带参数存储过程“s_count”

8.2.1 情境设置

由于经常需要统计某门课程的选课人数，基于执行效率考虑，决定将检索需求以存储过程的形式永久存储在数据库中，现创建存储过程 s_count，用于检索某门课程的选课人数。

8.2.2 样例展示

样例如图 8.7 所示。

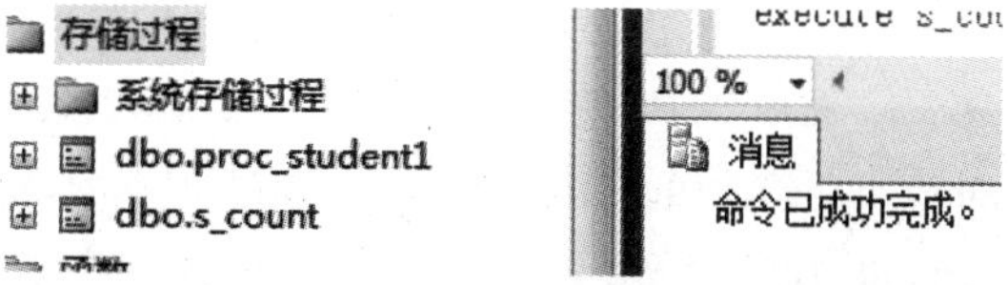

图 8.7 对象资源管理器列表显示当前数据库中已创建存储过程

8.2.3 利用 T-SQL 语句创建带参数存储过程实施步骤

步骤 1:单击“新建查询”按钮,在新建立的查询窗口中输入 SQL 代码,语句内容如图 8.8 所示。

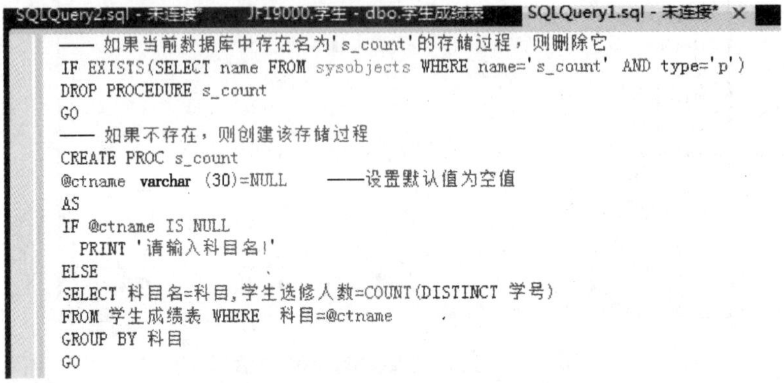

SQLQuery2.sql - 未连接*
JF19000.学生 - dbo.学生成绩表
SQLQuery1.sql - 未连接*
—— 如果当前数据库中存在名为's_count'的存储过程，则删除它
IF EXISTS(SELECT name FROM sysobjects WHERE name='s_count' AND type='p')
DROP PROCEDURE s_count
GO
—— 如果不存在，则创建该存储过程
CREATE PROC s_count
@ctname varchar (30)=NULL ——设置默认值为空值
AS
IF @ctname IS NULL
PRINT '请输入科目名!'
ELSE
SELECT 科目名=科目,学生选修人数=COUNT(DISTINCT 学号)
FROM 学生成绩表 WHERE 科目=@ctname
GROUP BY 科目
GO

图 8.8 使用 T-SQL 方式创建带参数存储过程 s_count

步骤 2:单击“执行”按钮或按“F5”键后,如命令成功执行,将在当前数据库中创建名为 s_count的存储过程,如图 8.8 所示。

步骤 3:存储过程建立后,需要执行该存储过程以实现其功能。在当前查询窗口中输入执行存储过程的 T-SQL 代码,并只选中当前输入部分,单击“执行”按钮或按“F5”键得到存储过程的执行结果,如图 8.9 所示。

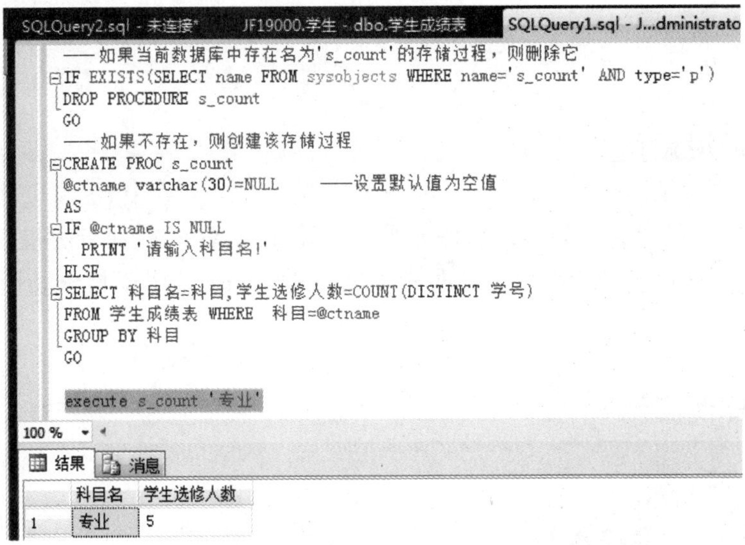

图 8.9 使用 T-SQL 语句执行存储过程及执行结果

步骤 4:由于该存储过程是带参数的,用户可以在调用时传递不同的实参,以达到灵活应用存储过程功能的目的。例如,执行语句“execute s_count '高数'”,将得到如图 8.10 所示的执行结果。

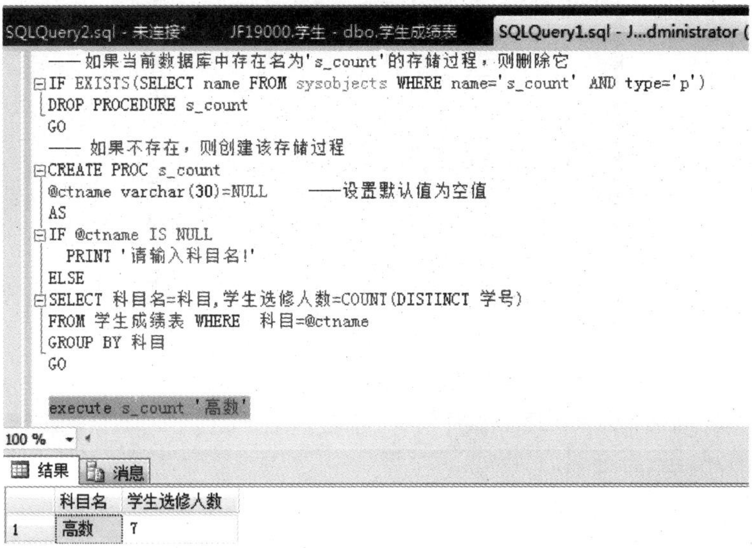

图 8.10　在调用语句中为参数传递不同的值

8.2.4　知识链接

在设计数据库应用系统时,可能会需要根据用户的输入信息产生对应的查询结果,这时就需要把用户的输入信息作为参数传递给存储过程,即开发者需要创建带输入参数的存储过程。

1)输入参数

输入参数允许调用程序为存储过程传送数据值。要定义存储过程的输入参数,必须在 CREATE PROCEDURE 语句中声明一个或多个变量及类型。在执行存储过程时,可以为输入参数传递参数值,或使用默认值。本任务中的参数@ ctname 就是一个输入参数。

2)输出参数

输出参数允许存储过程将数据值返回给调用程序。OUTPUT 关键字用来指出输出参数。

例如,需要创建一个存储过程,用来显示指定学号的学生各门课程的平均成绩,执行存储过程,返回学号为“201504”的学生各科的平均成绩。SQL 代码如图 8.11 所示。

输入图 8.12 的执行语句,得到对应执行结果,如图 8.13 所示。

3)返回状态值

存储过程可以返回整型状态值,表示过程是否成功执行,或者过程失败的原因。如果存储过程没有显示设置返回代码的值,SQL Server 默认返回代码为 0,表示成功执行;若返回-1~-99的整数,表示没有成功执行。也可以使用 RETURN 语句,用大于 0 或小于-99 的整数来定义自己的返回状态值,以表示不同的执行结果。在执行存储过程时,要定义一个变量来接收返回的状态值。

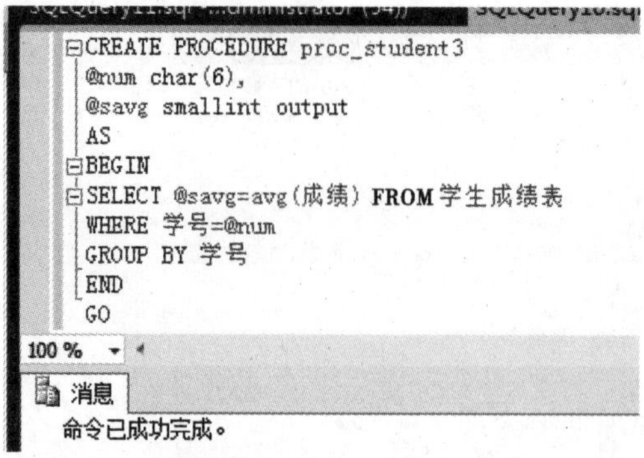

图 8.11　带输出参数存储过程的创建语句

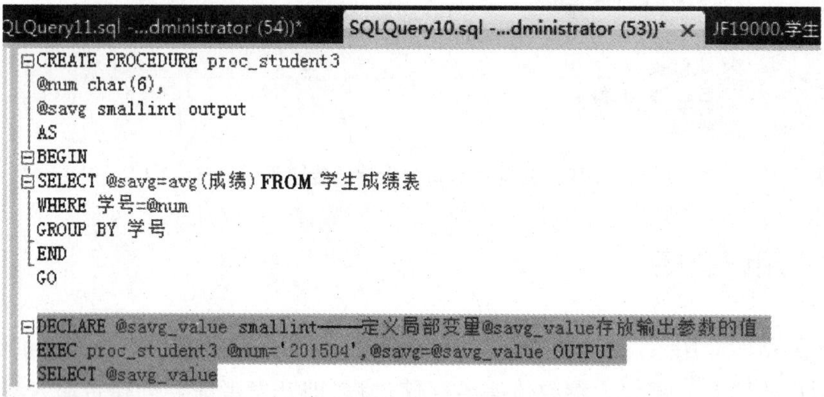

图 8.12　带输出参数存储过程的执行语句

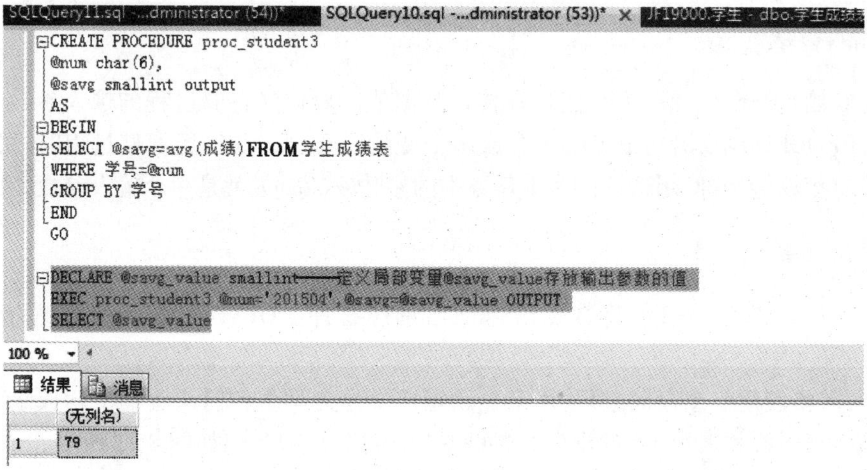

图 8.13　执行结果

例如,创建存储过程 findstudent,在执行该存储过程时没有给出学生姓名参数,RETURN 语句将一条消息发给用户,然后从过程中退出。

```
CREATE PROCEDURE findstudent
@ nm char(8)= NULL
AS
IF @ nm IS NULL
```

```
 BEGIN
    PRINT 'You must give a student name'
RETURN
  END
ELSE
  BEGIN
    SELECT 姓名,学号,性别
    FROM 学生基本信息表
     WHERE 姓名=@nm
  END
```

执行该存储过程。

EXEC findstudent

得到图8.14所示的执行结果。

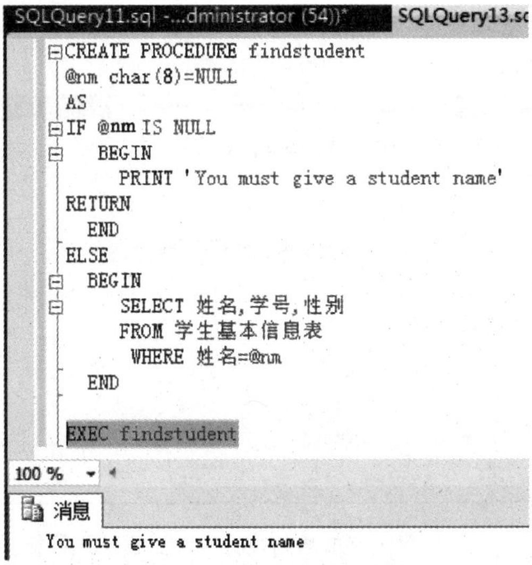

图8.14　自定义存储过程返回值

4)参数传递的说明

①直接给出参数的值,当有多个参数时,给出的参数的顺序与创建存储过程的语句中的参数的顺序一致,即参数传递的顺序就是定义的顺序。

②使用"参数名=参数值"的形式给出参数值,这种传递参数的方式的好处是,参数可以按任意的顺序给出。

为了便于用户理解带参存储过程,在此给出相应例题。

【例8.2】　在当前数据库中创建存储过程proc_seekinformation。根据学生学号查询学生的电话和家庭地址。

①单击"新建查询"按钮,在新建立的查询窗口中输入SQL代码,语句内容如图8.15所示。

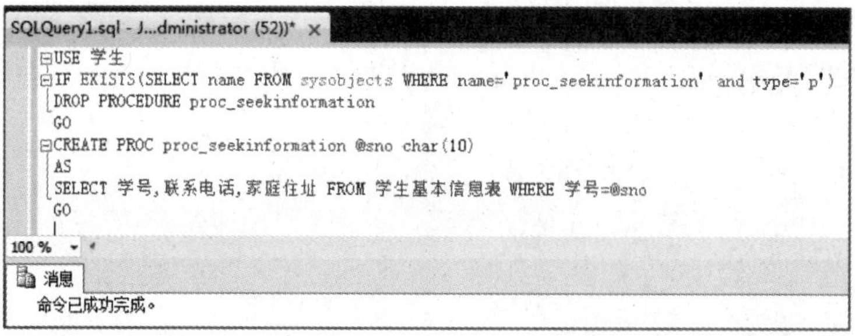

图 8.15　使用 T-SQL 方式创建带参数的存储过程 proc_seekinformation

②单击“执行”按钮或按“F5”键后，如命令成功执行，将在当前数据库中创建名为 proc_seekinformation 的存储过程，如图 8.16 所示。

③由于该存储过程是带参数的，用户可以在调用时传递不同的实参，以达到灵活应用存储过程功能的目的。例如，执行语句“execute proc_seekinformation '201501'”，将得到如图8.17所示的执行结果。

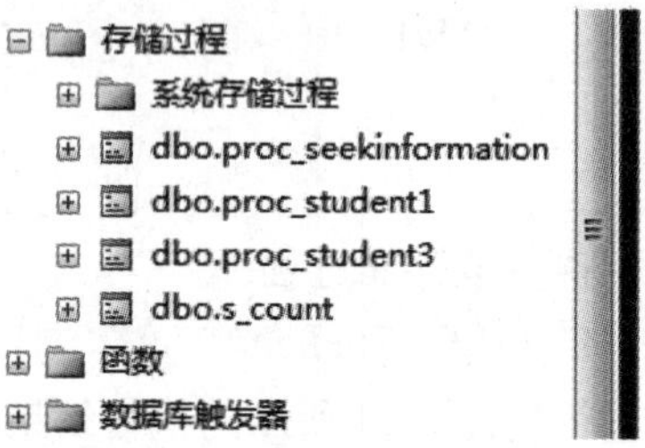

图 8.16　当前数据库中已创建的存储过程列表

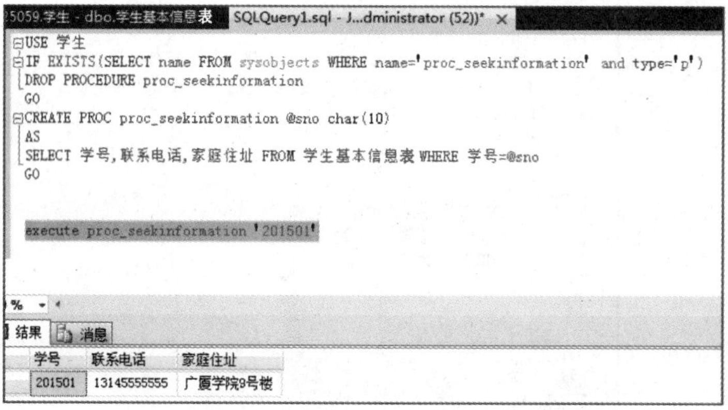

图 8.17　使用 T-SQL 语句执行存储过程及执行结果

任务 3　查看存储过程“s_count”的相关信息及其创建代码

8.3.1　情境设置

使用 T-SQL 代码可以创建各种功能需求的存储过程，灵活方便。数据库管理员经常需要了解存储过程的相关信息，并且通过修改存储过程的 SQL 代码以实现其他的需求。

8.3.2　样例展示

样例如图 8.18 所示。

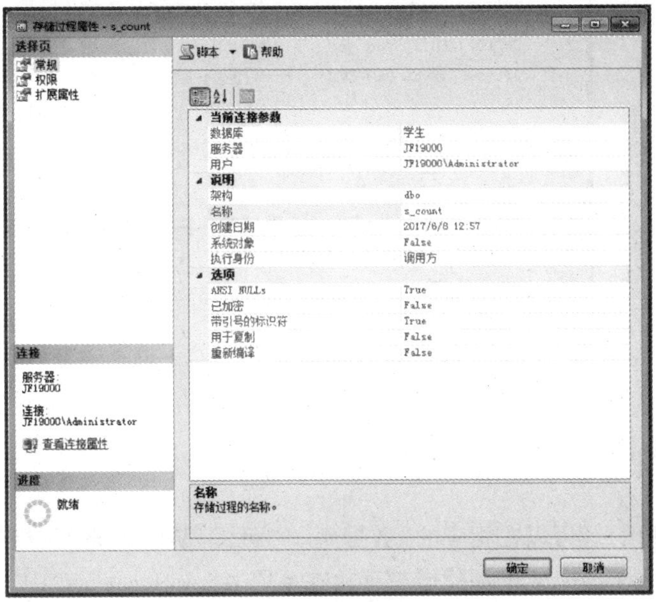

图 8.18　“存储过程属性”对话框

8.3.3　查看存储过程相关信息及创建代码的实施步骤

步骤 1:用户可以通过“对象资源管理器”对相应存储过程的基本信息进行查看,在“对象资源管理器”窗口存储过程节点下的 s_count 节点上右击,在弹出的快捷菜单中选择“属性”,将打开“存储过程属性”对话框,如图 8.18 所示。

步骤 2:如果想要了解存储过程相关参数等信息,用户可单击“新建查询”按钮新建查询窗口,在查询窗口中输入代码“sp_help s_count”,单击“执行”按钮得到执行结果如图 8.19 所示。

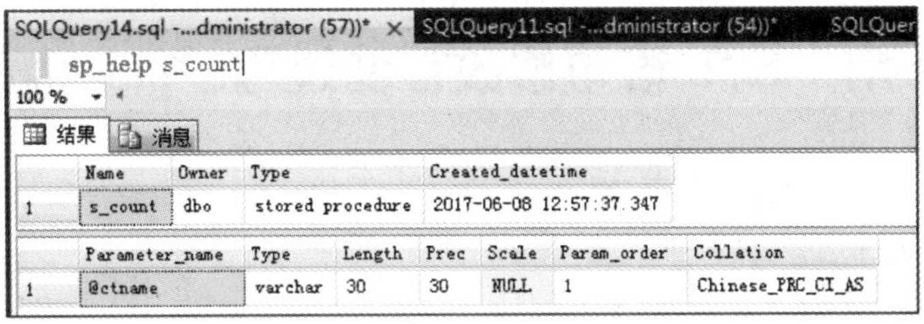

图 8.19　查看“s_count”存储过程相关信息

步骤 3:单击“新建查询”按钮新建查询窗口,在查询窗口中输入代码“sp_helptext s_count”,单击“执行”按钮得到执行结果如图 8.20 所示。

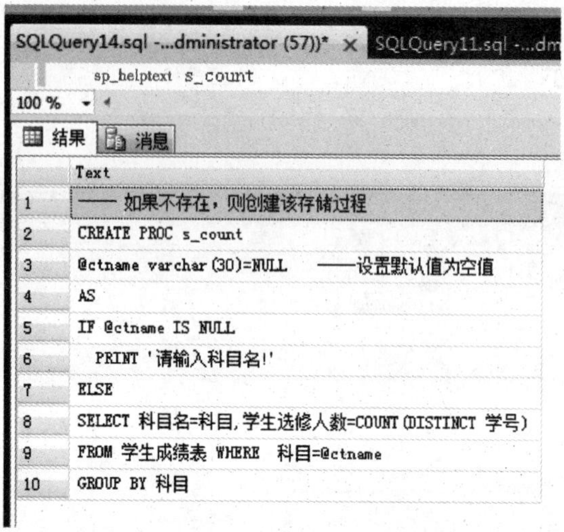
SQLQuery14.sql -...dministrator (57))*
SQLQuery11.sql -...dm
sp_helptext s_count
100 %
结果
消息
Text
1 —— 如果不存在，则创建该存储过程
2 CREATE PROC s_count
3 @ctname varchar(30)=NULL ——设置默认值为空值
4 AS
5 IF @ctname IS NULL
6 PRINT '请输入科目名!'
7 ELSE
8 SELECT 科目名=科目,学生选修人数=COUNT(DISTINCT 学号)
9 FROM 学生成绩表 WHERE 科目=@ctname
10 GROUP BY 科目

图 8.20 创建存储过程“s_count”的源代码

8.3.4 知识链接

存储过程创建后，就可以在相应的“数据库”|“可编程性”节点下查看。它的名字被存储在系统表“sysobjects”中，它的源代码被存放在系统表“syscomments”中。用户可以使用系统存储过程查看用户创建的存储过程的相关信息。

1)显示存储过程的参数及其数据类型

sp_help 用于显示存储过程的参数及其数据类型。语法格式如下：

sp_help [@objname=]存储过程名

2)显示存储过程的源代码

sp_helptext 用于显示存储过程的源代码。语法格式如下：

sp_helptext [@objname=]存储过程名

任务 4 用 T-SQL 语句修改存储过程“proc_student1”

8.4.1 情境设置

proc_student1 这一存储过程的功能是按学号检索学生基本信息，但数据库管理员发现，一般情况下都习惯用学生姓名进行检索，且该存储过程由于不能进行参数传递，使用起来不具有灵活性，故决定修改该存储过程以增强实用性。

8.4.2 样例展示

样例如图 8.21 所示。

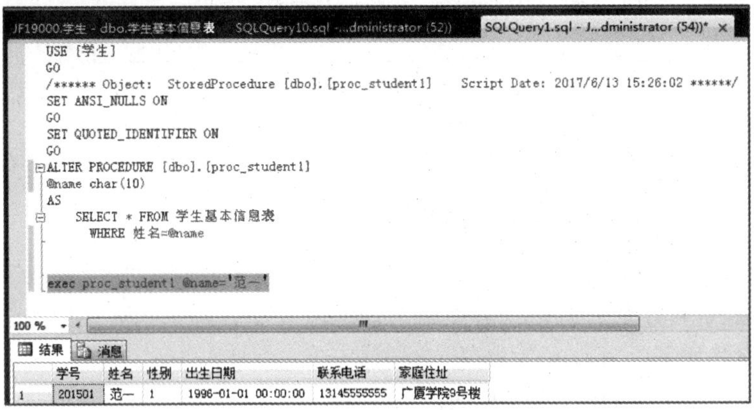

图 8.21 使用 ALTER PROCEDURE 语句修改存储过程

8.4.3 使用 T-SQL 语句修改存储过程的实施步骤

步骤 1:在“对象资源管理器”当前数据库“可编程性”节点“存储过程”中找到“proc_student1”,右击该对象,在弹出的快捷菜单中选择“修改”,将打开“SQL 代码编辑窗口”,如图 8.22 所示。

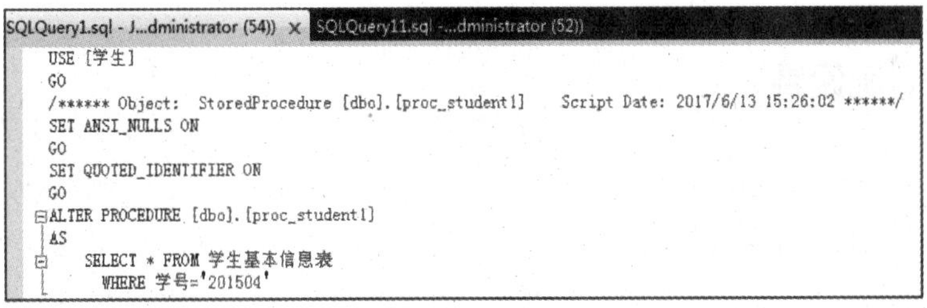

图 8.22 待修改创建存储过程的 SQL 代码

步骤 2:在图 8.22 所示窗口中对原有存储过程代码进行修改,修改后的 SQL 代码如图 8.23所示。

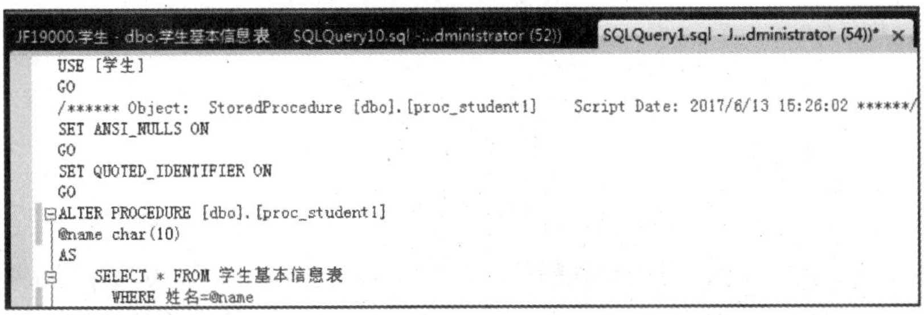

图 8.23 修改后的 SQL 代码

步骤 3:输入执行存储过程的语句后得到执行结果,如图 8.24 所示。用户可以在执行语句中查询任意给出的学生姓名,该存储过程将作为数据库对象永远存储在当前数据库中。

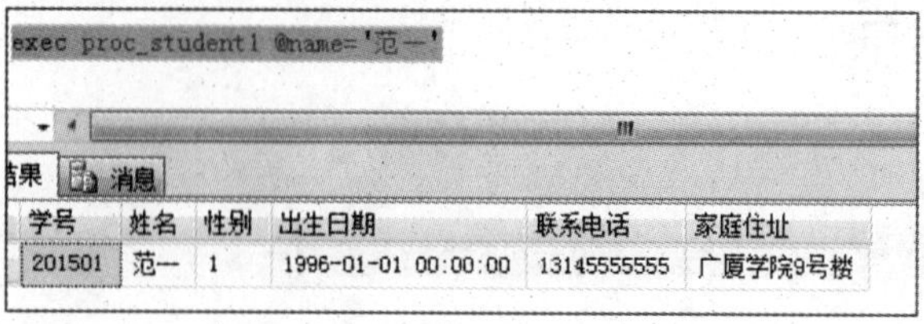

图 8.24　执行修改后的存储过程

8.4.4　知识链接

使用 T-SQL 修改存储过程的方法有很多,除了任务中介绍的方法之外用户也可以将原有存储过程删除重新建立。对于任务中给出的修改存储过程的语句 ALTER RPOCEDURE 语句,其语法格式如下:

```
ALTER PROC PROC_GET_STUDENT
AS
sql_statement
```

任务 5　使用 SMSS 删除存储过程

8.5.1　情境设置

"findstudent"这一存储过程的创建主要为了说明输出参数的问题,当前数据库系统并没有使用其功能,因此现需要将其删除。

8.5.2　样例展示

样例如图 8.25 所示。

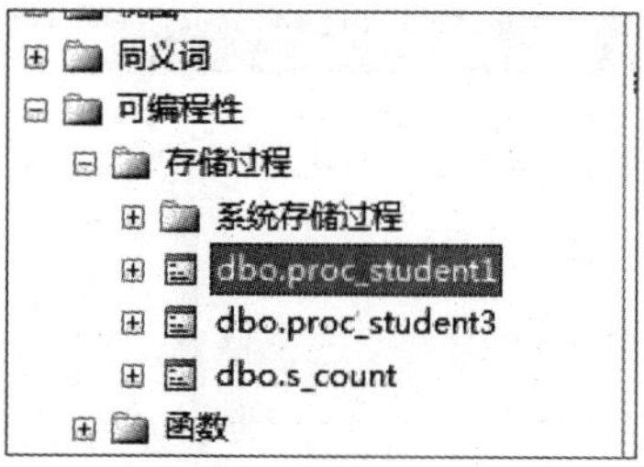

图 8.25　删除 find student 后的存储过程列表

8.5.3 使用SMSS语句删除存储过程“findstudent”实施步骤

步骤1:在“对象资源管理器”当前数据库“可编程性”节点“存储过程”中找到“findstudent”,右击该对象,在弹出的快捷菜单中选择“删除”,如图8.26所示。

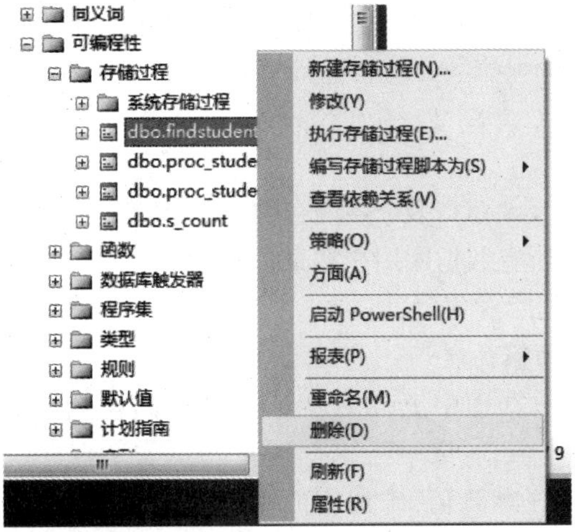

图8.26 删除存储过程“findstudent”

步骤2:打开“删除对象”对话框,如图8.27所示。用户单击“确定”即可删除该存储过程,删除后当前数据库中将不会存在该对象,如图8.25所示。

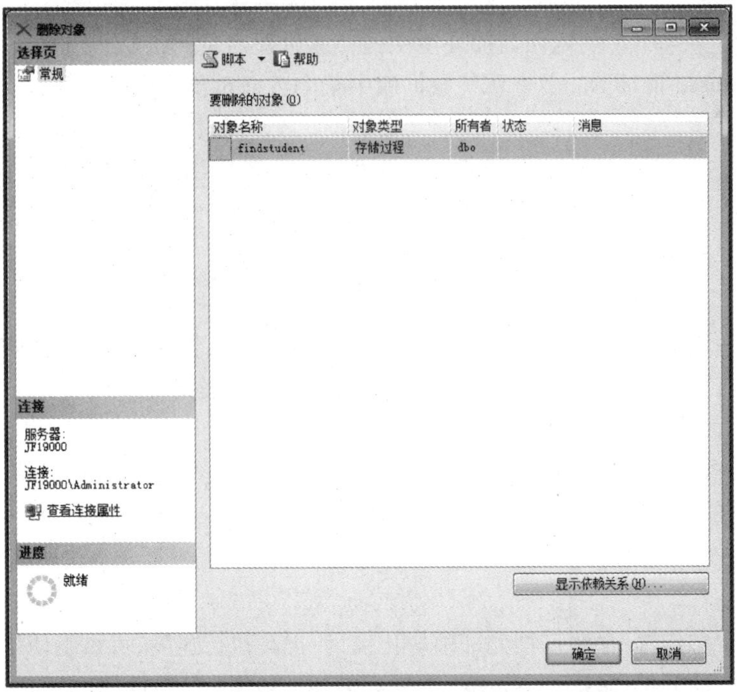

图8.27 “删除对象”对话框

8.5.4 知识链接

1)使用 T-SQL 语句删除存储过程

利用 T-SQL 语句删除存储过程的命令语法格式如下：

```
DROP PROCEDURE procedure_name
```

2)常用系统存储过程

SQL Server 2012 提供了 1 000 多个系统存储过程,常用系统存储过程有：

①sp_helplogins：查看所有数据库用户登录信息。

②sp_helpdb：查看数据库对象信息。

③sp_renamedb：数据库重命名。

④sp_rename：在当前数据库中更改用户创建的对象的名称,数据库对象可以是表、索引、数据类型等。

⑤sp_helptext：显示用户默认值,未加密的 T-SQL 存储过程源代码、触发器、CHECK 约束、视图或系统对象等。

⑥sp_helpfile：查询当前数据库文件信息。

⑦sp_tables：返回可在当前环境中查询的对象列表。这代表可在 FROM 子句中出现的任何对象。

⑧sp_stored_procedures：返回当前环境中的存储过程列表。

⑨sp_spaceused @ objname：查看某数据库中某个数据对象的大小。

项目小结

本项目主要阐述了存储过程的基本概念、作用、分类、创建存储过程、管理存储过程等内容。创建存储过程可以用 SQL Server Management Studio 管理器和 T-SQL 等方式实现。通过本项目学习,应该掌握以下内容：

①存储过程的基本概念：存储过程(Stored Procedure)是一组为了完成特定功能的 SQL 语句集,将常用的或很复杂的工作,预先用 SQL 语句写好,经编译后存储,并用一个指定的名称存储起来放在数据库中,用户通过指定存储过程的名字并给出参数(如果该存储过程带有参数)来执行它。

②存储过程的作用：存储过程允许模块化设计、提高执行速度、可重复使用、安全性高。

③存储过程的分类：系统存储过程、扩展存储过程、临时存储过程和用户自定义存储过程,并用重点实例阐述了用户自定义存储过程的创建和使用。

④创建存储过程的方法：SSMS 图形创建和 T-SQL 方式。

⑤创建不带参数、带输入参数、带输出参数的存储过程。

⑥管理存储过程:查看存储过程的属性、参数、修改存储过程等内容。

习 题

一、选择题

1.用于创建存储过程的 SQL 语句为(　　)。

A.CREATE DATABASE　　B.CREATE PROCEDURE

C.CREATE TRIGGER　　D.CREATE TABLE

2.用于修改存储过程的 SQL 语句为(　　)。

A.ALTER TABLE　　B.ALTER TRIGGER

C.ALTER DATABASE　　D.ATLER PROCEDURE

3.下面关于存储过程的描述中正确的是(　　)。

A.存储过程最多能够支持 64 层嵌套

B.存储过程中参数的个数不能超过 2 100 个

C.命名存储过程中的标识符时,长度不能超过 256 个

D.自定义存储过程与系统存储过程名称可以相同

4.在 SQL 中删除触发器用(　　)。

A.DEALLOCATE　　B.DROP

C.DELETE　　D.ROLLBACK

5.在 SQL Server 中,WAITFOR 语句中的 DELAY 参数是指(　　)。

A.要等待的时间　　B.用于指示时间

C.SQL Server 一直等到指定的时间过去　　D.以上都不是

二、填空题

1.系统存储过程通常以________开头。

2.使用________语句可以对存储过程进行重命名。

3.存储过程是存放在________上的预定义并编译好的 T-SQL 语句。

三、简答题

1.使用存储过程有何好处?

2.存储过程的输入参数如何表示,应如何使用?

3.存储过程有几种类型的参数? 各有什么用途?

4.请描述执行存储过程的 EXEC 语句的基本格式。

5.如何查看已经建立的存储过程的脚本?

项目 9

游　标

【项目描述】

本项目主要介绍如何使用游标,主要包括游标的简介、声明游标、打开游标、读取游标中的数据、关闭游标和释放游标等。要求熟练地掌握游标的一些用法,并应用游标编写 SQL 语句,从而优化查询和提高数据访问速度。

T-SQL 中的游标就像一个指针,在二维表格中,实现定位和逐行处理的功能。一个完整的游标顺序是:声明游标—打开游标—读取数据—关闭游标—删除游标。

本项目包含的任务如表 9.1 所示。

表 9.1　项目 9 包含的任务

名　称	任务名称
项目 9　游标	任务 1　声明游标
	任务 2　打开游标
	任务 3　读取游标中的数据
	任务 4　关闭游标
	任务 5　释放游标

任务 1　声明游标

9.1.1　情境设置

关系数据操作的操作对象和操作结果是由行和列构成的二维表格,应用程序(C 语言等)需要能够自由处理表格中的一行或一部分行,并能自由地定位和处理指定行。在学生基本信息表中,实现数据的定位和逐行处理,使用游标可以实现。

9.1.2 样例展示

样例如图 9.1 所示。

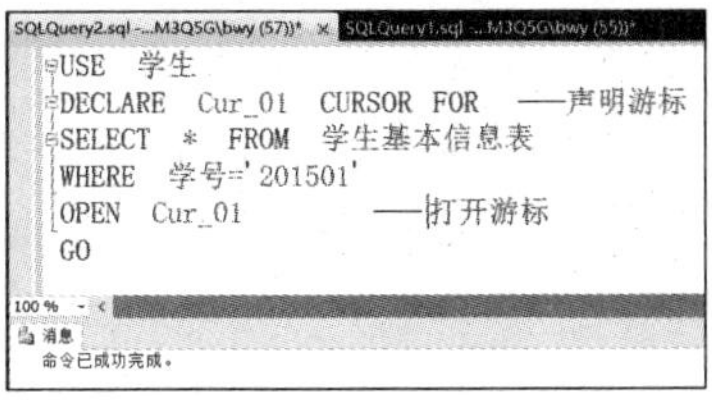

图 9.1 创建游标

9.1.3 利用 DECLARE CURSOR 语句声明游标

声明游标可以使用 DECLARE CURSOR 语句。此语句有两种语法声明格式,分别为 ISO 标准语法和 T-SQL 扩展的语法。下面将分别介绍。

1)ISO 标准语法

语法格式如下:

```
DECLARE cursor_name [INSENSITIVE][ SCROLL ]CURSOR
FOR select_statement
FOR[ READ ONLY|UPDATE[OF column_name[,…,n]]]
```

参数说明:

①DECLARE cursor_name:指定一个游标名称,其游标名称必须符合标识符规则。

②INSENSITIVE:定义一个游标,以创建将由该游标使用的数据的临时副本。对游标的所有请求都从 tempdb 的临时表中得到应答,因此,在对该游标进行提取操作时返回的数据中不反映对基本表所作的修改,并且该游标不允许修改。使用 SQL 语法时,如果省略 INSENSITIVE,(任何用户)对基本表提交的删除和更新都反映在后面的提取中。

③SCROLL:指定所有的提取选项(FIRST,LAST,PRIOR,NEXT,RELATIVE,ABSOLUTE)均可用。

- FIRST:取第一行数据。
- LAST:取最后一行数据。
- PRIOR:取前一行数据。
- NEXT:取后一行数据。
- RELATIVE:按相对位置取数据。
- ABSOLUTE:按绝对位置取数据。

如果未指定 SCROLL,则 NEXT 是唯一支持的提取选项。

- select_statement:定义游标结果集的标准 SELECT 语句。在游标声明的 select_statement 内不允许使用关键字 COMPUTE,COMPUTE BY,FOR BROWSE 和 INTO。
- READ ONLY:表明不允许游标内的数据被更新,尽管在默认状态下游标是允许更新的。在 UPDATE 或 DELETE 语句的 WHERE CURRENT OF 子句中不允许引用游标。

- UPDATE[OF column_name[,…,n]]:定义游标内可更新的列。如果指定 OF column_name[,…,n]参数,则只允许修改所列出的列。如果在 UPDATE 中未指定列的列表,则可以更新所有列。

2)T-SQL 扩展的语法

语法格式如下:

```
DECLARE cursor_name CURSOR
[LOCAL|GLOBAL ]
[FORWARD_ONLY|SCROLL]
[STATIC|KEYSET|DYNAMIC|FAST_FORWARD]
[READ_ONLY|SCROLL_LOCKS|OPTIMISTIC]
[TYPE_WARNING]
FOR select_statement
[FOR UPDATE[OF column_name [,…,n]]]
```

DECLARE CURSOR 语句的参数及说明如表 9.2 所示。

表 9.2 DECLARE CURSOR 语句的参数及说明

参 数	描 述
DECLARE cursor_name	指定一个游标名称,其游标名称必须符合标识符规则
LOCAL	定义游标的作用域仅限在其所在的批处理、存储过程或触发器中。当建立游标在存储过程执行结束后,游标会被自动释放
GLOBAL	指定该游标的作用域对连接是全局的。在由连接执行的任何存储过程或批处理中,都可以引用该游标名称。该游标仅在脱接时隐性释放
FORWARD_ONLY	指定游标只能从第一行滚动到最后一行。FETCH NEXT 是唯一受支持的提取选项,除非指定 STATIC,KEYSET 或 DYNAMIC 关键字,否则默认为 FORWARD_ONLY。STATIC,KEYSET 和 DYNAMIC 游标默认为 SCROLL。与 ODBC 和 ADO 这类数据库 API 不同,STATIC,KEYSET 和 DYNAMIC T-SQL 游标支持 FORWARD_ONLY。FAST FORWARD 和 FORWARD_ONLY 是互斥的,如果指定一个,则不能指定另一个
STATIC	定义一个游标,以创建将由该游标使用的数据的临时副本。对游标的所有请求都从 tempdb 的该临时表中得到应答,因此,在对该游标进行提取操作时返回的数据中不反映对基本表所作的修改,并且该游标不允许修改
KEYSET	当指定游标打开时,游标中行的成员资格和顺序已经固定。对行进行唯一标识的键集内置在 tempdb 内一个称为 KEYSET 的表中。对基本表中的非键值所作的更改(由游标所有者更改或由其他用户提交)在用户滚动游标时是可视的。其他用户进行的插入是不可视的(不能通过 T-SQL 服务器游标进行插入)。如果某行已删除,则对该行的提取操作将返回@@FETCH_STATUS 值-2。从游标外更新键值类似于删除旧行后接着插入新行的操作。含有新值的行不可视,对含有旧值的行的提取操作将返回@@FETCH_STATUS 值-2。如果通过指定 WHERE CURRENT OF 子句用游标完成更新,则新值可视

续表

参数	描述
DYNAMIC	定义一个游标，以反映在滚动游标时对结果集内的行所作的所有数据的更改。行的数据值、DYNAMIC 顺序和成员身份在每次提取时都会更改。动态游标不支持 ABSOLUTE 提取选项
FAST_FORWARD	指明一个 FORWARD_ONLY，READ_ONLY 型游标
SCROLL_LOCKS	指定确保通过游标完成的定位更新或定位删除可以成功。将行读入游标，以确保它们可用于以后的修改时，SQL Server 会锁定这些行。如果还指定了 FAST_FORWARD，则不能指定 SCROLL_LOCKS
OPTIMISTIC	指明在数据被读入游标后，如果游标中某行数据已发生变化，那么对游标数据进行更新或删除可能会导致失败
TYPE_WARNING	如果指定游标从所请求的类型隐性转换为另一种类型，则给客户端发送警告消息

9.1.4 知识链接

1）游标的实现

游标提供了一种从表中检索数据并进行操作的灵活手段，游标主要用在服务器上，处理由客户端发送给服务器端的 SQL 语句，或是批处理、存储过程、触发器中的数据处理请求。游标的优点在于它可以定位到结果集中的某一行，并可以对该行数据执行特定操作，为用户在处理数据的过程中提供了很大方便。一个完整的游标由 5 部分组成，并且这 5 个部分应符合下面的顺序：

①声明游标。

②打开游标。

③从一个游标中查找信息。

④关闭游标。

⑤释放游标。

2）游标的类型

SQL Server 提供了 4 种类型的游标：静态游标、动态游标、只进游标和键集驱动游标。这些游标的检测结果集变化的能力和内存占用的情况都有所不同，数据源没有办法通知游标当前提取行的更改。游标检测这些变化的能力也受事务隔离级别的影响。

（1）静态游标

静态游标的完整结果集在游标打开时建立在 tempdb 中。静态游标总是按照游标打开时的原样显示结果集。静态游标在滚动期间很少或根本检测不到变化，虽然它在 tempdb 中存储了整个游标，但消耗的资源很少。尽管动态游标使用 tempdb 的程度最低，在滚动期间它能够检测到所有变化，但消耗的资源也更多。键集驱动游标介于二者之间，它能检测到大部分的变化，但比动态游标消耗更少的资源。

(2)动态游标

动态游标与静态游标相对。当滚动游标时，行数据值、顺序和成员在每次提取时都会改变。动态游标反映结果集中所作的所有更改。结果集中的所有用户做的全部 UPDATE，INSERT 和 DELETE 语句均通过游标可见。

(3)只进游标

只进游标不支持滚动，它只支持游标按从头到尾的顺序提取。只在从数据库中提取出来后才能进行检索。对所有由当前用户发出或由其他用户提交，并影响结果集中的行的 INSERT，UPDATE 和 DELETE 语句，其效果在这些行从游标中提取时是可见的。

(4)键集驱动游标

打开游标时，键集驱动游标中的成员和行顺序是固定的。键集驱动游标由一套被称为键集的唯一标识符(键)控制。键由以唯一方式在结果集中标识行的列构成。键集是游标打开时来自所有适合 SELECT 语句的行中的一系列键值。键集驱动游标的键集在游标打开时建立在 tempdb 中。对非键集列中的数据值所作的更改(由游标所有者更改或其他用户提交)在用户滚动游标时是可见的，在游标外对数据库所作的插入在游标内是不可见的，除非关闭并重新打开游标。

【例 9.1】 创建一个名为 Cur_02 的只读游标。

SQL 语句如下：

```
USE 学生
DECLARE Cur_02 CURSOR FOR
SELECT * FROM 学生基本信息表
FOR READ ONLY      ——只读游标
GO
```

【例 9.2】 创建一个名为 Cur_03 的更新游标。

SQL 语句如下：

```
USE 学生
DECLARE Cur_03 CURSOR FOR
SELECT 学号,姓名,年龄 FROM 学生基本信息表
FOR UPDATE      ——更新游标
GO
```

任务 2　打开游标

9.2.1　情境设置

已经声明过的游标使用前需要先打开。“打开游标”操作只能打开已经声明但没有打开的游标。打开一个声明的游标可以使用 OPEN 命令。

9.2.2　样例展示

样例如图 9.2 所示。

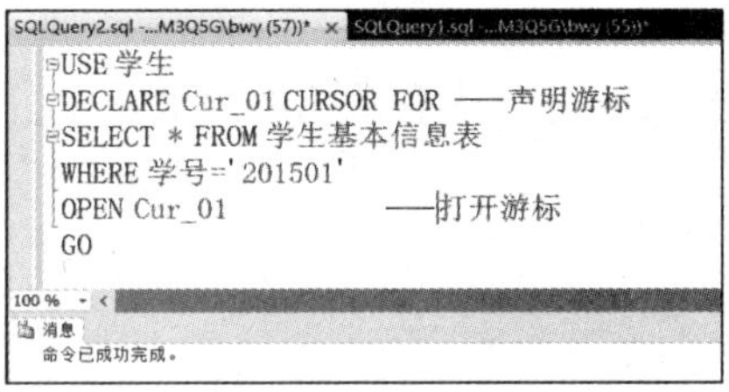

图 9.2　打开游标

9.2.3　利用 OPEN 语句打开游标

打开一个声明的游标可以使用 OPEN 命令。语法格式如下：

OPEN{{[GLOBAL]cursor_name} | cursor_ variable_name}

参数说明：

①GLOBAL：指定 cursor_name 为全局游标。

②cursor_name：已声明的游标名称，如果全局游标和局部游标都使用 cursor_name 作为其名称，那么如果指定了 GLOBAL，cursor_name 指的是全局游标，否则 cursor_name 指的是局部游标。

③cursor_variable_name：游标变量的名称，该名称引用一个游标。

说明：如果使用 INSENSITIV 或 STATIC 选项声明了游标，那么 OPEN 将创建一个临时表以保留结果集。如果结果集中任意行的大小超过 SQL Server 表的最大行大小，OPEN 将失败。如果使用 KEYSET 选项声明了游标，那么 OPEN 将创建一个临时表以保留键集。临时表存储在 tempdb 中。

【例 9.3】　声明一个游标，可前后滚动，可对学生成绩表中的成绩进行修改。

SQL 语句如下：

USE 学生

```
DECLARE 学生成绩表_cursor CURSOR
LOCAL SCROLL SCROLL_LOCKS
FOR SELECT * FROM 学生成绩表
FOR UPDATE OF 成绩
OPEN 学生成绩表_CURSOR
SELECT '游标数据行数'=@@CURSOR_ROWS
GO
```

任务 3 读取游标中的数据

9.3.1 情境设置

在声明游标、打开游标之后，就可以读取游标中的数据了。可以使用 FETCH 命令读取游标中的某一行数据。

9.3.2 样例展示

样例如图 9.3 所示。

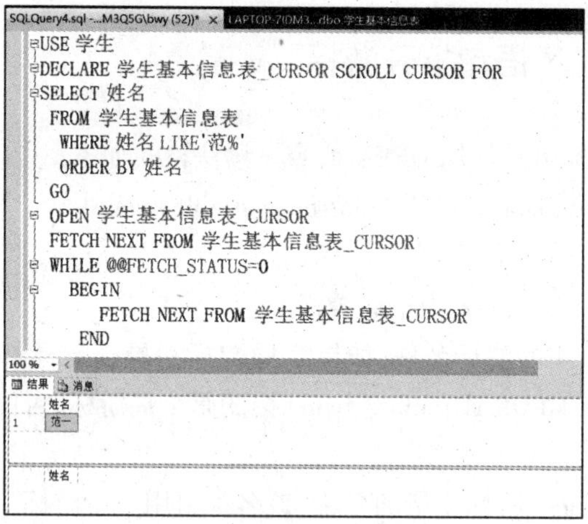

图 9.3 读取游标中的数据

9.3.3 利用 FETCH 语句读取游标中的数据

可以使用 FETCH 命令读取游标中的某一行数据。

语法格式如下：

FETCH

```
[[NEXT|PRIOR|FIRST|LAST
| ABSOLUTE { n|@nvar }
  | RELATIVE { n|@nvar }
]
FROM
]
{ { [ GLOBAL ]cursor_name } | @cursor_variable_name }
[ INTO @variable_name [ ,…,n ] ]
```

FETCH 命令的参数及说明如表 9.3 所示。

表 9.3 FETCH 命令的参数及说明

参 数	描 述
NEXT	返回紧跟当前行之后的结果行,并且当前行递增为结果行。如果 FETCH NEXT 为对游标的第一次提取操作,则返回结果集中的第一行。NEXT 为默认的游标提取选项
PRIOR	返回紧临当前行前面的结果行,并且当前行递减为结果行。如果 FETCH PRIOR 为对游标的第一次提取操作,则没有行返回并且游标置于第一行之前
FIRST	返回游标中的第一行并将其作为当前行
LAST	返回游标中的最后一行并将其作为当前行
ABSOLUTE {n|@nvar}	如果 n 或@nvar 为正数,返回从游标头开始的第 n 行,并将返回的行变成新的当前行。如果 n 或@nvar 为负数,返回游标尾之前的第 n 行,并将返回的行变成新的当前行。如果 n 或@nvar 为 0,则没有行返回
RELATIVE {n |@nvar}	如果 n 或@nvar 为正数,返回当前行之后的第 n 行,并将返回的行变成新的当前行。如果 n 或@nvar 为负数,返回当前行之前的第 n 行,并将返回的行变成新的当前行。如果 n 或@nvar 为 0,返回当前行。如果对游标的第一次提取操作时将 FETCH RELATIVE 的 n 或@nvar 指定为负数或 0,则没有行返回。n 必须为整型常量且@nvar 必须为 smallint,tinyint 或 int
GLOBAL	指定 cursor_name 为全局游标
cursor_name	要从中进行提取的开放游标的名称。如果同时以 cursor_name 作为名称的全局和局部游标存在,若指定为 GLOBAL,则 cursor_name 对应于全局游标,未指定 GLOBAL,则对应于局部游标
@cursor_variable_name	游标变量名,引用要进行提取操作的打开的游标
INTO @variable_name[,…,n]	允许将提取操作的列数据放到局部变量中。列表中的各个变量从左到右与游标结果集中的相应列相关联。各变量的数据类型必须与相应的结果列的数据类型匹配或是结果列数据类型所支持的隐性转换。变量的数目必须与游标选择列表中列的数目一致

续表

参　数	描　述
@@FETCH_STATUS	返回上次执行 FETCH 命令的状态。在每次用 FETCH 从游标中读取数据时，都应检查该变量，以确定上次 FETCH 操作是否成功，决定如何进行下一步处理。@@FETCH_STATUS 变量有 3 个不同的返回值，说明如下：①返回值为 0：FETCH 语句成功；②返回值为-1：FETCH 语句失败或此行不在结果集中；③返回值为-2：被提取的行不存在

说明：在前两个参数中包含了 n 和@nvar，其表示游标相对与作为基准的数据行所偏离的位置。

【例 9.4】　创建一个 SCROLL 游标，使其通过 LAST，PRIOR，RELATIVE 和 ABSOLUTE 选项支持所有滚动能力。

SQL 语句如下，运行结果如图 9.4 所示。

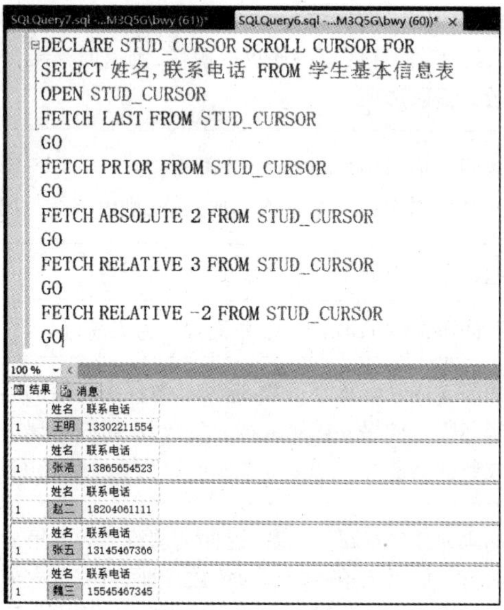

图 9.4　读取游标中的数据

```
DECLARE STUD_CURSOR SCROLL CURSOR FOR
SELECT 姓名,联系电话 FROM 学生基本信息表
OPEN STUD_CURSOR
FETCH LAST FROM STUD_CURSOR
GO
FETCH PRIOR FROM STUD_CURSOR
GO
FETCH ABSOLUTE 2 FROM STUD_CURSOR
GO
FETCH RELATIVE 3 FROM STUD_CURSOR
GO
FETCH RELATIVE -2 FROM STUD_CURSOR
GO
```

任务4 关闭游标

9.4.1 情境设置

当游标使用完毕之后，就要关闭游标，使用 CLOSE 语句可以关闭游标，但不释放游标占用的系统资源。

9.4.2 样例展示

样例如图 9.5 所示。

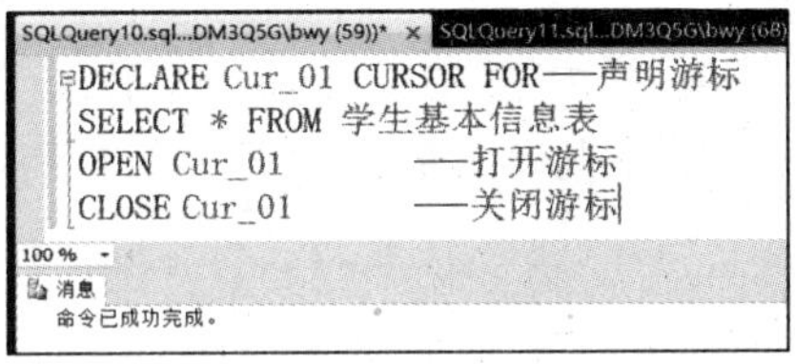

图 9.5 关闭游标

9.4.3 利用 CLOSE 语句关闭游标

SQL 语法格式如下：

CLOSE { { [GLOBAL] cursor_name } | cursor_variable_name }

参数说明：

①GLOBAL：指定 cursor_name 为全局游标。

②cursor_name：开放游标的名称。如果全局游标和局部游标都使用 cursor_name 作为它们的名称，那么当指定 GLOBAL 时，cursor_name 引用全局游标；否则 cursor_name 引用局部游标。

③cursor_variable_name：写开放游标关联的游标变量名称。

【例 9.5】 声明一个名为 CloseCursor 的游标，并使用 CLOSE 语句关闭游标。

SQL 语句如下，运行结果如图 9.6 所示。

```
USE 学生
DECLARE CloseCursor CURSOR FOR
SELECT * FROM 学生基本信息表
FOR READ ONLY
OPEN CloseCursor
CLOSE CloseCursor
```

图 9.6 关闭游标

任务 5 释放游标

9.5.1 情境设置

当游标关闭之后，并没有在内存中释放所占用的系统资源，因此可以使用 DEALLOCATE 命令删除游标引用。当释放最后的游标引用时，组成该游标的数据结构由 SQL Server 释放。

9.5.2 样例展示

样例如图 9.7 所示。

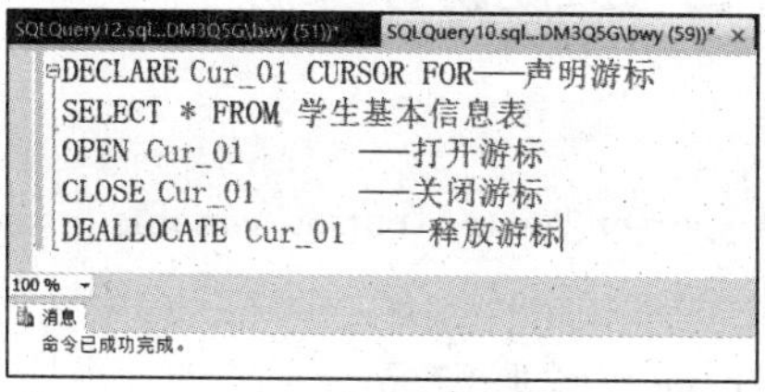

图 9.7 释放游标

9.5.3 利用 DEALLOCATE 释放游标

SQL 语法格式如下：

DEALLOCATE{{[GLOBAL]cursor_name}|@ cursor_variable_name}

参数说明：

①cursor_name：已声明游标的名称。当全局和局部游标都以 cursor_name 作为它们的名称存在时，如果指定 GLOBAL，则 cursor_ name 引用全局游标，如果未指定 GLOBAL，则 cursor_ name 引用局部游标。

②@ cursor_variable_name：cursor 变量的名称。@ cursor_variable_ name 必须为 CURSOR 类型。

当使用 DEALLOCATE @ cursor_variable_name 来删除游标时，游标变量并不会被释放，除非超过使用该游标的存储过程和触发器的范围。

【例 9.6】 使用 DEALLOCATE 命令释放名为 FreeCursor 的游标。

SQL 语句如下，运行结果如图 9.8 所示。

```
USE 学生
DECLARE FreeCursor CURSOR FOR
SELECT * FROM 学生基本信息表
OPEN FreeCursor
CLOSE FreeCursor
DEALLOCATE FreeCursor
```

图 9.8 释放游标

项目小结

本项目主要介绍了游标的概念、类型及游标的基本操作。游标为应用程序提供了每次对结果集处理一行或一部分行的机制。虽然游标可以解决结果集无法完成的所有操作，但要避免使用游标，游标非常消耗资源，而且会对性能产生很大的影响。游标只能在别无选择时使用。

习 题

简答题

1.SQL Server 提供了哪几种类型的游标？

2.一个完整的游标应由哪几部分组成？

项目 10

安全管理

【项目描述】

本项目详细介绍了 SQL Server 2012 的安全管理体系，包括数据库服务器的连接与登录权限的管理（含 Windows 和 SQL Server 两种身份验证）、数据库访问权限管理以及权限和角色的分配。

本项目的重点与难点一是用 T-SQL 方法创建和管理 SQL 账号、数据库用户以及服务器角色，二是权限管理。包含的任务如表 10.1 所示。

表 10.1　项目 10 包含的任务

名　称	任务名称
项目 10 安全管理	任务 1　SSMS 创建 SQL 账户
	任务 2　SSMS 修改、删除 SQL 账户
	任务 3　T-SQL 创建 SQL 账户
	任务 4　T-SQL 修改、删除 SQL 账户
	任务 5　SSMS 创建数据库用户
	任务 6　T-SQL 创建数据库用户
	任务 7　SSMS 创建服务器角色
	任务 8　T-SQL 创建服务器角色
	任务 9　SSMS 管理数据库角色
	任务 10　T-SQL 管理数据库角色
	任务 11　SSMS 管理权限
	任务 12　T-SQL 管理权限

任务1 SSMS 创建 SQL 账户

10.1.1 情境设置

合理有效的数据库技术安全机制不但可以保证被授权用户安全、方便地访问数据库中的数据，更能够防止非法用户的侵入。为加强数据库安全管理，小张决定为数据库系统设置安全有效的管理机制，利用 SSMS 创建一个账户名为 test，密码为 computer373，默认数据库为 studentcourse 的 SQL 账户。

10.1.2 样例展示

样例如图 10.1 所示。

图 10.1 创建 test 账户后的对象资源管理器登录名节点

10.1.3 SSMS 创建 SQL 账户实施步骤

步骤 1:在对象资源管理器 SSMS 中展开服务器节点。

步骤 2:展开树型结构中的“安全性”节点,右击“登录名”节点,选择“新建登录名”。

步骤 3:在弹出的窗口中“选择页”一栏选中“常规”选项,在右侧区域设置登录名为“test”,并选择 SQL Server 身份验证,密码及确认密码文本框内容设置为“computer373”,如图 10.2 所示,单击“确定”按钮。

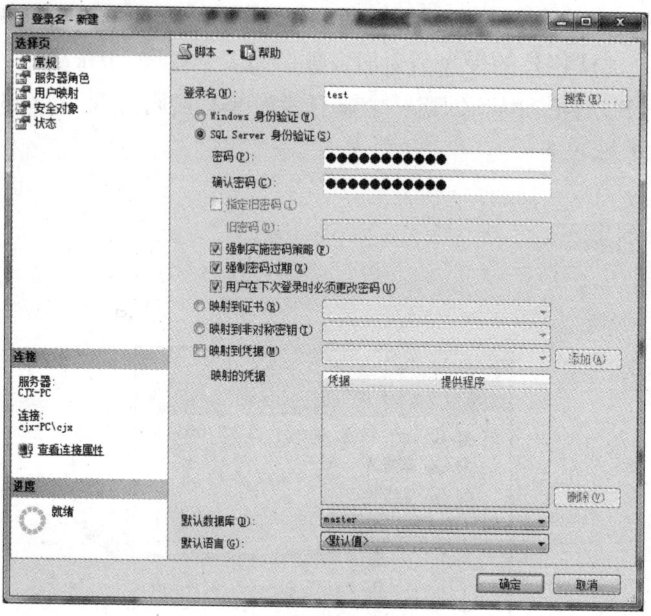

图 10.2 “登录名-新建”窗口

10.1.4 知识链接

只有设置了相应登录账户的用户才能成为合法的数据库用户,否则不能够登录到数据库服务器。在 SQL Server 2012 中登录账户有两类:一类是 Windows 身份验证方式的登录账户,由 Windows NT 操作系统验证合法性;一类是 SQL Server 身份验证方式的登录账户,由 SQL Server 系统负责验证。

在 SQL Server 系统中,登录密码并不是必需的,但用户最好设置密码,没有密码的账户就像是没有上锁的门,安全系数极低。另外,本任务中在图 10.2 单击“服务器角色”选项,用户可在右侧区域选择将要分配给登录账户的固定服务器角色,详细过程将在本项目任务 7 中介绍。

本任务中创建的是 SQL Server 账户,若创建 Windows 登录账户,则在图 10.2 中选中“Windows 身份验证”,一旦选择了 Windows 身份验证方式,此时登录名称必须是 Windows NT 的用户,不能随意键入。

任务 2 SSMS 修改、删除 SQL 账户

10.2.1 情境设置

小张在管理数据库系统过程中为避免长时间使用同一密码而产生安全隐患，决定不定期地修改账户密码，如将任务 1 中创建的 test 账户修改账户名、密码等属性。另外，小张打算将一些不常用的 SQL 账户删除，如删除许久不用的 cjx-PC\cjx 账户。

10.2.2 样例展示

样例如图 10.3 所示。

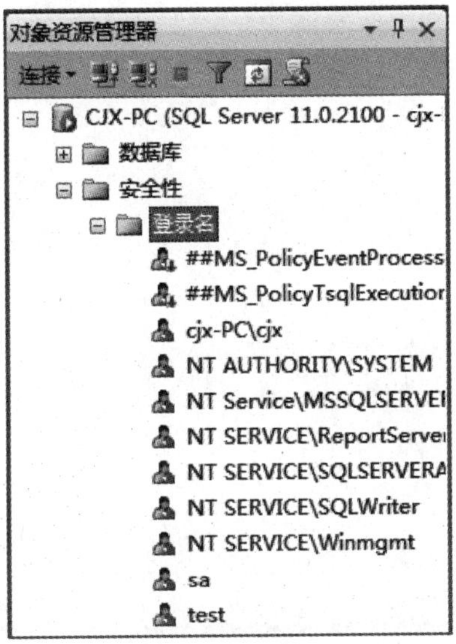

图 10.3 修改账户名称

10.2.3 SSMS 修改、删除 SQL 账户实施步骤

步骤 1：展开服务器节点，并选中树型结构中的“安全性”节点。

步骤 2：展开“登录名”，右击 test，选择“属性”命令，如图 10.4 所示，将弹出图 10.2 所示窗口，可以修改登录名、密码、默认数据库及默认语言等。

步骤 3：右击 cjx-PC\cjx，在弹出的快捷菜单中选择“删除”命令，再在弹出的窗口中单击“确定”，如图 10.5 所示。

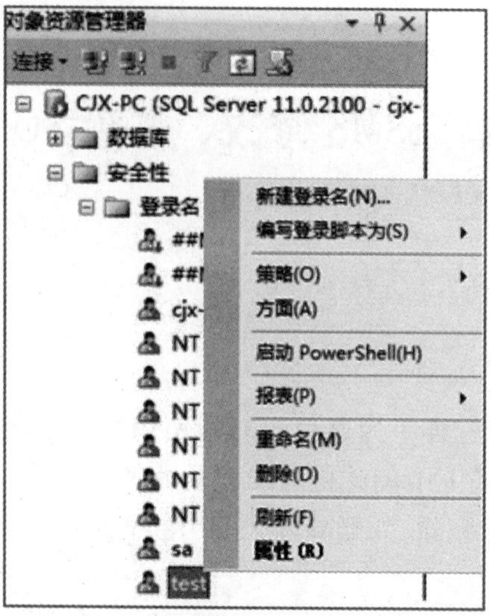

图 10.4 修改已有登录名的属性

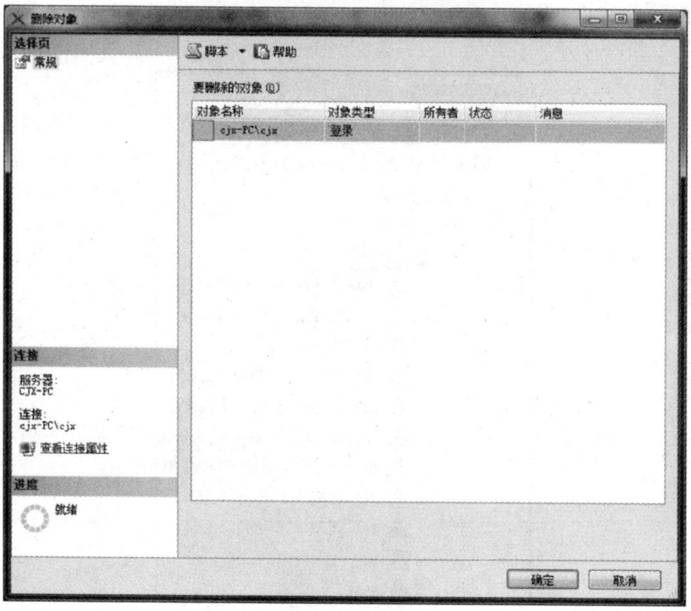

图 10.5 删除账户

10.2.4 知识链接

从任务 2 可以看出，在 SSMS 对象资源管理器中修改登录账户的属性比较容易，只要通过文本框中直接修改或在下拉列表中选择选项即可。另外，删除已有账户，只需在右击登录名的快捷菜单中选择删除命令即可。

任务 3 T-SQL 创建 SQL 账户

10.3.1 情境设置

小张打算尝试利用 T-SQL 方法创建一个账户名为 zs_sql，密码为 123456，默认数据库为 studentcourse 的 SQL 账户。

10.3.2 样例展示

样例如图 10.6 所示。

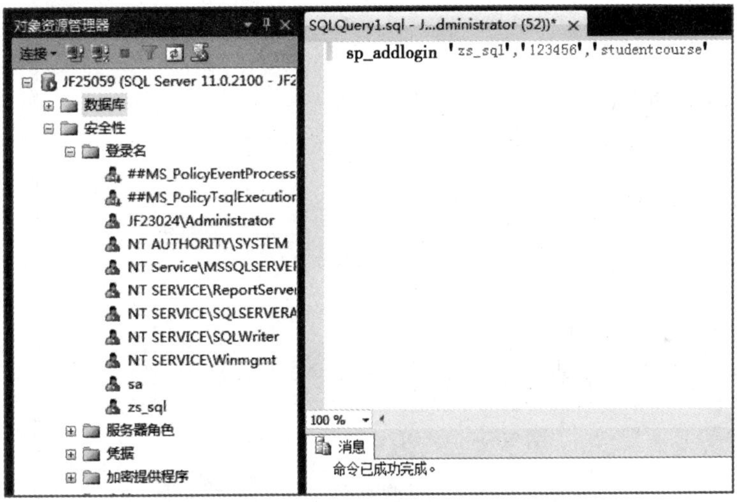

图 10.6 T-SQL 创建 SQL 账户

10.3.3 T-SQL 创建 SQL 账户实施步骤

步骤 1：启动查询编辑器，输入代码：sp_addlogin 'zs_sql','123456','studentcourse'。
步骤 2：按“F5”键或单击工具栏上的“执行” 命令按钮，执行结果如图 10.6 所示。

10.3.4 知识链接

用 T-SQL 也可以实现管理登录账户的创建，该方法主要是通过存储过程加以管理，只不过管理 Windows 账户与 SQL 账户所使用的系统存储过程不同。

使用系统存储过程创建 SQL 账户的命令格式：

sp_addlogin [@ loginame =]'新建登录账户的名称'

[,[@ passwd=]'密码']
[,[@ defdb=]'默认数据库']
[,[@ deflanguage=]'默认语言']

命令说明:密码默认为 NULL,若按照命令格式顺序设置值时,可省略@ loginame,@ passwd,@ defdb,@ deflanguage。

任务 4 T-SQL 修改、删除 SQL 账户

10.4.1 情境设置

小张用 T-SQL 将 SQL 账户 zs_sql 的密码由 123456 更改为 123,默认语言更改为英语,默认数据库更改为 master。

10.4.2 样例展示

样例如图 10.7 至图 10.9 所示。

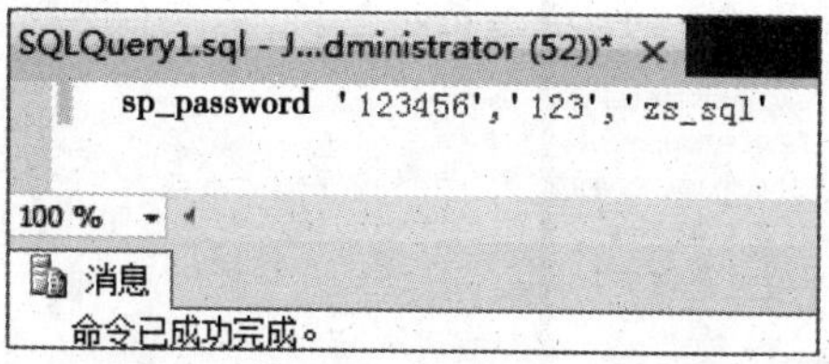

图 10.7 T-SQL 修改 SQL 账户密码

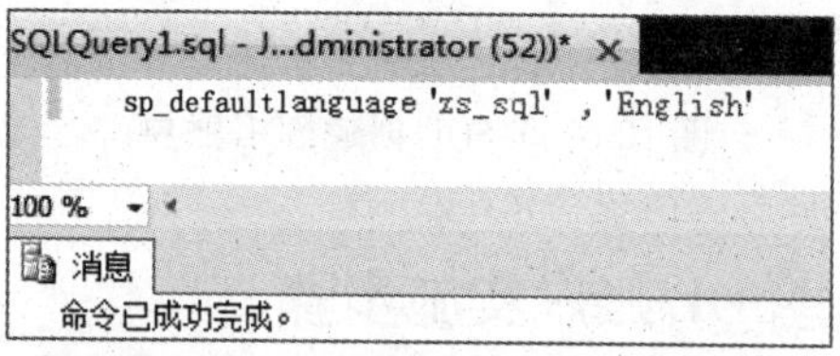

图 10.8 T-SQL 修改 SQL 账户的默认语言

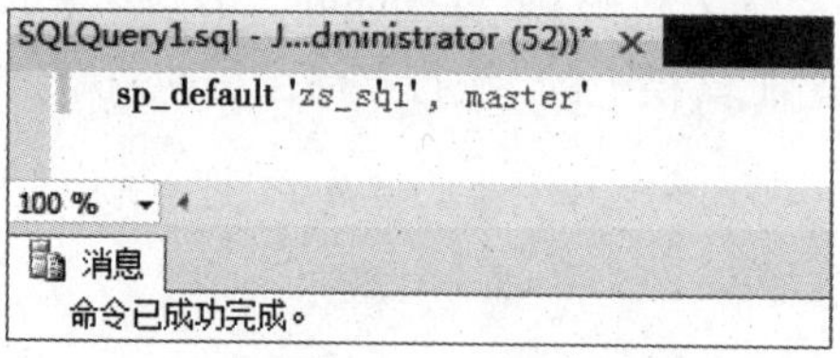

图 10.9 T-SQL 修改 SQL 账户的默认数据库

10.4.3 T-SQL修改、删除SQL账户实施步骤

步骤1:启动查询编辑器,输入代码:sp_password '123456','123','zs_sql'。
步骤2:按"F5"键或单击工具栏"执行"命令按钮,执行结果如图10.7所示。
步骤3:在查询编辑器中输入代码:sp_defaultlanguage 'zs_sql','English'。
步骤4:按"F5"键或单击工具栏"执行"命令按钮,执行结果如图10.8所示。
步骤5:在查询编辑器中输入代码:sp_defaultdb 'zs_sql','master'。
步骤6:按"F5"键或单击工具栏"执行"命令按钮,执行结果如图10.9所示。

10.4.4 知识链接

1)使用系统存储过程修改SQL账户密码

命令格式:
sp_password [[@old=]'旧的登录密码']
[[@new=]'新的登录密码']
[,[@loginame=]'需要更改密码的登录名']
命令说明:原密码默认为NULL,更改后的密码无默认值,且需要更改密码的登录名必须存在。

2)使用系统存储过程修改SQL账户默认语言

命令格式:
sp_defaultlanguage [[@loginame=]'登录名'[,@deflanguage=]'language']
命令说明:language是更改后的数据库默认语言。

3)使用系统存储过程修改SQL账户默认数据库

命令格式:
sp_defaultdb [@loginame=]'登录名'[,[@defdb=]'database']
命令说明:database是新的默认数据库名。

4)使用系统存储过程删除SQL账户

命令格式:sp_droplogin '登录名'

5)Windows身份验证登录账户的管理

(1)授权Windows账户的命令格式
sp_grantlogin[@loginame=]'用户或用户组名'
(2)拒绝Windows账户登录的命令格式
sp_denylogin [@loginame:]'用户或用户组名'
(3)删除Windows账户的命令格式
sp_revokelogin [@loginame:]'用户或用户组名'

6）System Administrator 账户 sa

SQL Server 2012 在安装时自动创建一个 System Administrator 账户 sa，该账户默认是所有数据库的 dbo 用户，sa 账户拥有最高权限，可执行服务器范围内所有操作，而且不可删除。

任务 5　SSMS 创建数据库用户

10.5.1　情境设置

小张在设置了数据库安全登录后，决定使用 SSMS 为登录账户 zs_sql 在 studentcourse 数据库中创建一用户名为 zs_sqluser 的数据库用户。

10.5.2　样例展示

样例如图 10.10 所示。

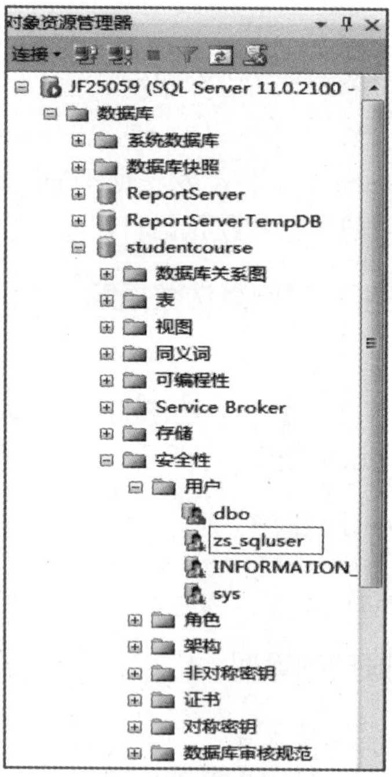

图 10.10　SSMS 方式创建数据库用户

10.5.3　SSMS 创建数据库用户实施步骤

步骤 1：在对象资源管理器中展开要创建用户的“数据库”节点。

步骤 2:展开数据库 studentcourse 节点。

步骤 3:展开“安全性”节点。

步骤 4:右击“用户”节点,选择“新建用户”命令,如图 10.11 所示。

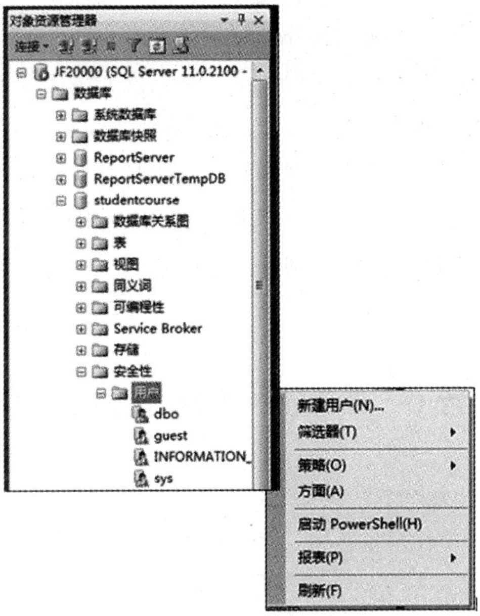

图 10.11 **新建用户**

步骤 5:在弹出的“数据库用户-新建”对话框“用户类型”下拉列表框中选择“Windows 用户”,“用户名”文本框中输入“zs_sqluser”,如图 10.12 所示。

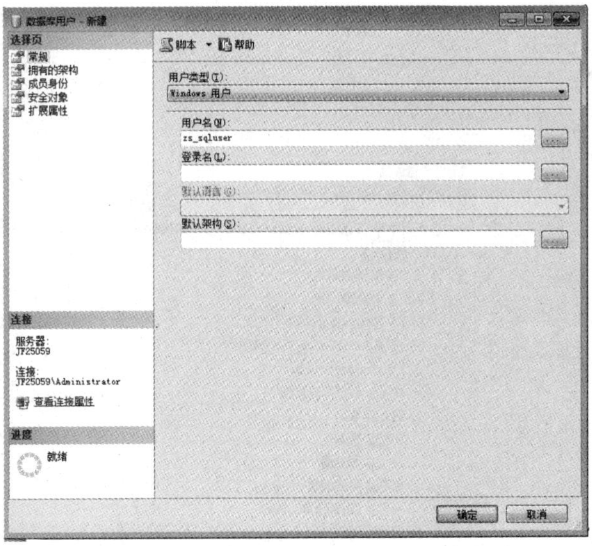

图 10.12 **“数据库用户-新建”对话框**

10.5.4 知识链接

设置了数据库安全登录后,下一个用户的安全权限为数据库的访问权限,如果一个用户登录到 SQL Server 服务器后，系统管理员 sa 没有为该用户在数据库中建立一个用户名，则该用户不能对数据库进行操作，数据库访问权限是通过数据库用户和登录账户之间的关系实现的。如同登录账户是服务器级安全实体一样，数据库用户是数据库级的安全实体。Windows 账户或 SQL 账户登录数据库服务器后操作是相同的。

每一台服务器有一套服务器登录账号列表，每个数据库中又有一套相互独立的数据库用户列表。因此每个数据库用户都与服务器登录账号之间存在一种映射关系，管理员可将一个服务器登录账号映射到用户需要访问的每个数据库中的一个用户账号或角色。一个登录账号在不同的数据库中可以映射成不同的用户，近而可以具有不同的权限。这种映射关系为同一服务器上不同数据库的权限管理提供了便利。

任务 6　T-SQL 创建数据库用户

10.6.1　情境设置

除了用 SSMS 方法创建数据库用户以外，T-SQL 方法也可创建数据库用户，小张决定在 studentcourse 数据库中为 SQL 账户 zs_sql 创建一个数据库用户 sqlscuser。

10.6.2　样例展示

样例如图 10.13 所示。

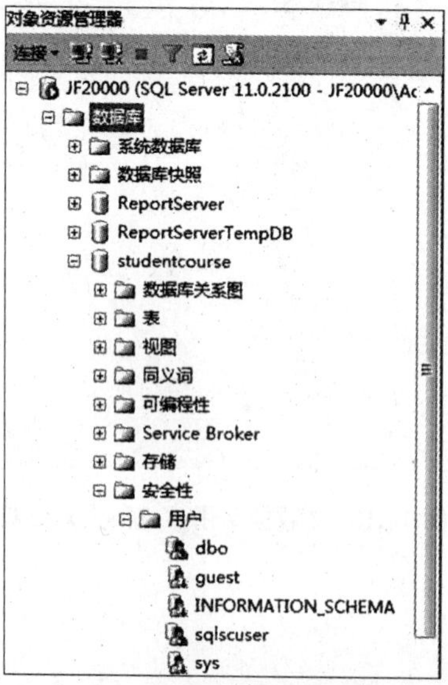

图 10.13　T-SQL 方式创建数据库用户

10.6.3 T-SQL 创建数据库用户实施步骤

步骤 1:启动查询设计器,输入代码:

```
USE studentcourse
GO
sp_grantdbaccess 'zs_sql','sqlscuser'
GO
```

步骤 2:按“F5”键或单击工具栏上的“执行”命令按钮,执行结果如图 10.14 所示。

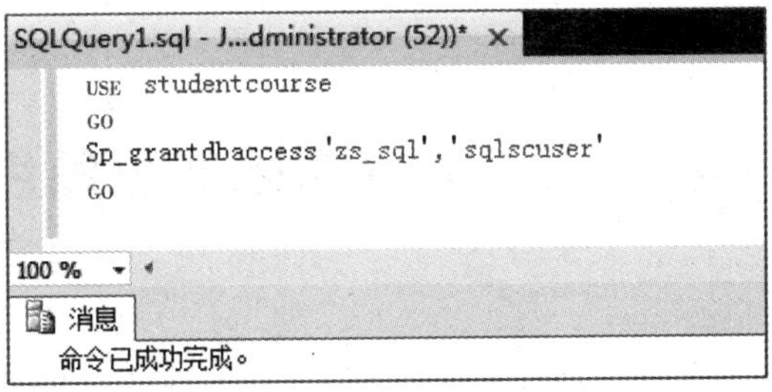

图 10.14 T-SQL 命令创建数据库用户

10.6.4 知识链接

1)创建数据库用户

命令格式:

sp_grantdbaccess [@loginame=]'登录名'[,@name_in_db]=数据库用户名

命令说明:当为 SQL 账户创建数据库用户时,采用'登录名'的格式;若为 Windows 账户创建数据库用户,则采用'域名\登录名'的格式。若省略“数据库用户名”,则默认数据库用户名与登录名相同。

2)删除数据库用户

命令格式:

sp_revokedbaccess 数据库用户名

如删除任务 6 中创建的数据库用户 sqlscuser 的命令如下:

```
USE studentcourse
GO
sp_revokedbaccess sqlscuser
```

3)数据库用户 dbo 和 guest

SQL Server 2012 数据库中有两个特殊用户:dbo 和 guest。

(1) dbo

当创建某一数据库时,系统自动将创建该数据库的登录账户设置为该数据库的一个用户,并命名为 dbo,即数据库拥有者。dbo 不能从数据库中删除,可对数据库行使各种操作,并可将各种操作权限的全部或部分授予其他数据库用户。此外,属于固定服务器角色 sysadmin 的成员也映射为所有数据库的 dbo 数据库用户。

(2) guest

如果某登录者登录数据库服务器时,该服务器上的所有数据库都没有为登录者建立数据库账户,则该登录者只能访问具有 guest 用户的数据库。另外,除了系统数据库 master 和 tempdb 中的 guest 用户不能被删除外,其他数据库可以删除或添加 guest 数据库用户。

任务 7　SSMS 创建服务器角色

10.7.1　情境设置

角色是为了方便权限管理而设置的一种管理单位。角色的意义就好比现实生活中的官位。数据库管理员将操作数据库的权限赋予角色,就好像把职权赋予了一个官位。

10.7.2　样例展示

样例如图 10.15 所示。

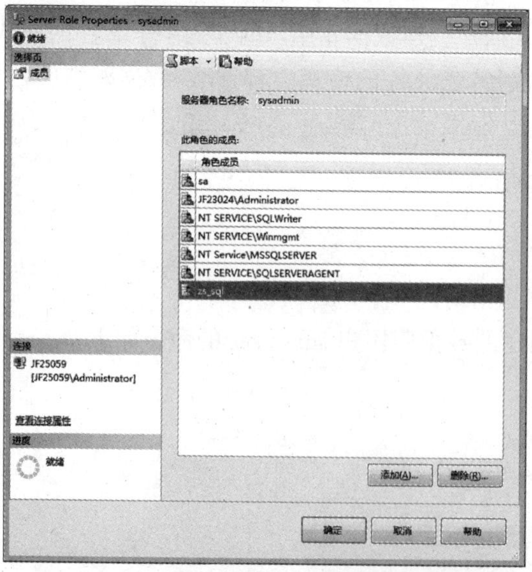

图 10.15　利用 SSMS 方式创建服务器角色

10.7.3 SSMS 创建服务器角色实施步骤

步骤1:启动资源管理器,展开"安全性"节点。

步骤2:展开"服务器角色"节点,右击 sysadmin 服务器角色。在弹出的快捷菜单中选择"属性"命令,如图10.16所示。

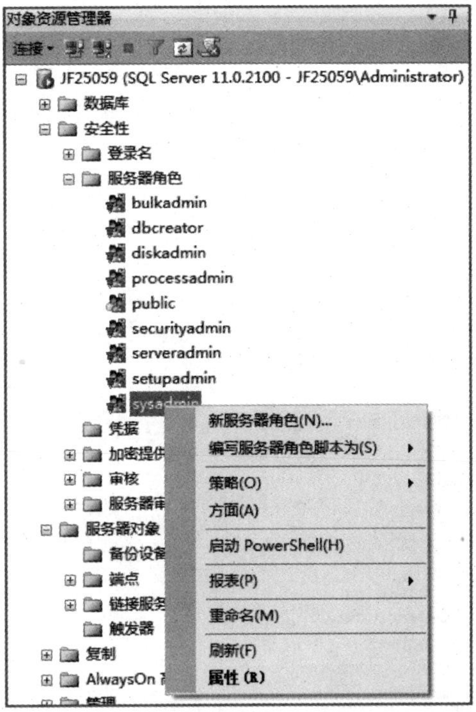

图10.16 服务器角色属性命令

步骤3:在弹出的"Server Role Properties-sysadmin"对话框中单击"添加"按钮,如图10.17所示。

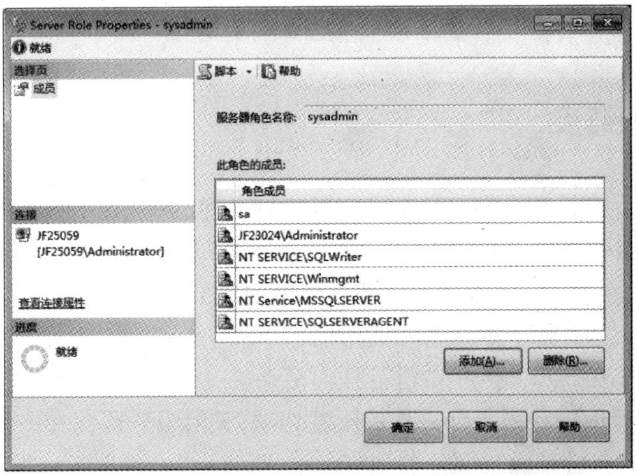

图10.17 "Server Role Properties-sysadmin"对话框

步骤 4:在弹出的"选择服务器登录名或角色"对话框中单击"浏览"按钮,如图 10.18 所示。

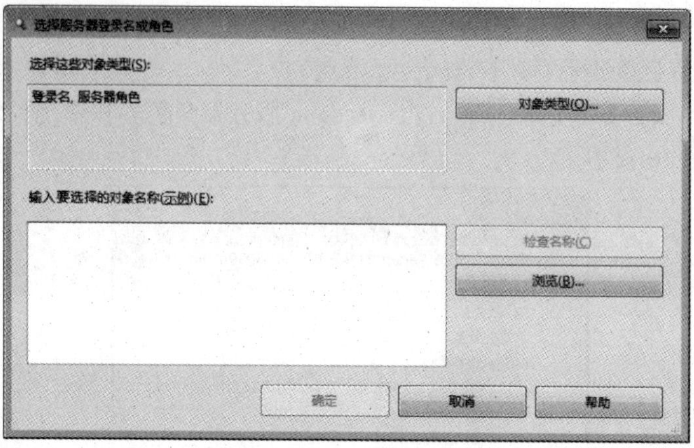

图 10.18 "选择服务器登录名或角色"对话框

步骤 5:在弹出的"查找对象"对话框中选中匹配的对象 zs_sql,如图 10.19 所示,单击"确定"按钮。

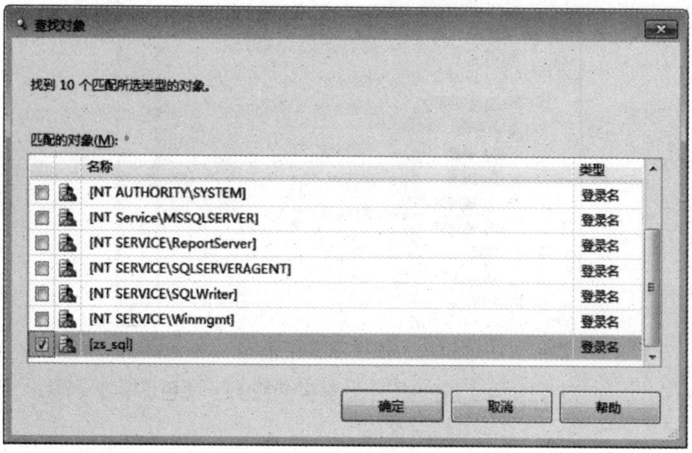

图 10.19 "查找对象"对话框

10.7.4 知识链接

SQL Server 2012 的服务器角色只有固定服务器角色,它是在 SQL Server 安装时就创建好的用于分配服务器级管理权限的实体。对数据库服务器操作的权限不能直接赋予其他登录账户,只能使某些登录账户成为固定服务器角色的成员,才能使他们具有这些权限。

SQL Server 2012 具有如下固定服务器角色:

①sysadmin,有权在 SQL Server 中进行任何活动。

②serveradmin,有权设置服务器一级的配置选项,关闭服务器。

③setupadmin,有权管理链接服务器和启动过程。

④securityadmin,有权管理登录和创建数据库,还可以读取错误日志和更改密码。

⑤processadmin,有权管理在 SQL Server 中运行的进程。

⑥dbcreator,有权创建、更改和删除数据库。

⑦diskadmin,有权管理磁盘文件。

⑧bulkadmin,有权执行 BULK INSERT 语句。

用户可使用企业管理器和 T-SQL 语句来实现固定服务器角色的管理,为登录账户赋予某种服务器角色。

任务 8　T-SQL 创建服务器角色

10.8.1　情境设置

资源管理器方式赋予账户服务器角色过程过于烦琐,小张欲使用 T-SQL 方式管理服务器角色。

10.8.2　样例展示

样例如图 10.20 所示。

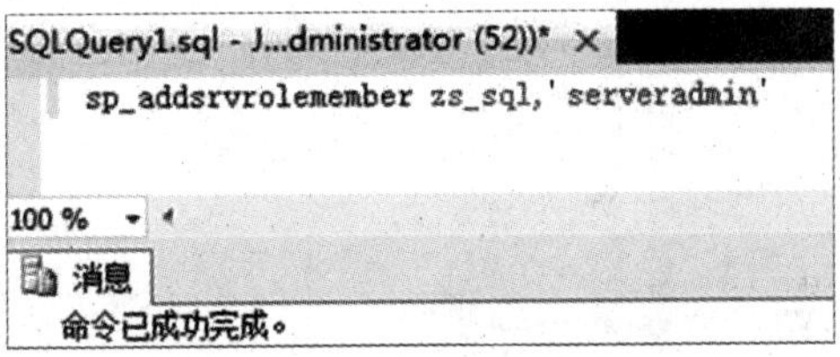

图 10.20　T-SQL 命令赋予服务器角色

10.8.3　T-SQL 创建服务器角色实施步骤

步骤 1:启动查询分析器,输入命令:sp_addsrvrolemember zs_sql,'serveradmin'。

步骤 2:按"F5"键或单击"执行"按钮,执行结果如图 10.20 所示。

10.8.4　知识链接

对账户进行固定服务器角色分配的命令格式为:sp_addsrvrolemember[账户名],固定服务器名。如若对 Windows 账户进行分配,须给出域名。

收回分配给某登录账户的指定固定服务器角色,命令格式为:sp_dropsrvrolemember zs_sql,'serveradmin'。如此便收回了分配给登录账户 zs_sql 的固定服务器角色 serveradmin。

任务 9　SSMS 管理数据库角色

10.9.1　情境设置

SQL Server 在数据库级设置了固定数据库角色来提供最基本的数据库权限综合管理。SQL Server 2012 中的数据库角色用于对单个数据库的操作。每个数据库都有一系列固定的数据库角色,尽管在不同的数据库内它们是同名的,但各自的作用范围都仅限于本数据库。小张计划为 sqlscuser 用户赋予 db_owner 数据库角色,使其具有数据库的全部权限。

10.9.2　样例展示

样例如图 10.21 所示。

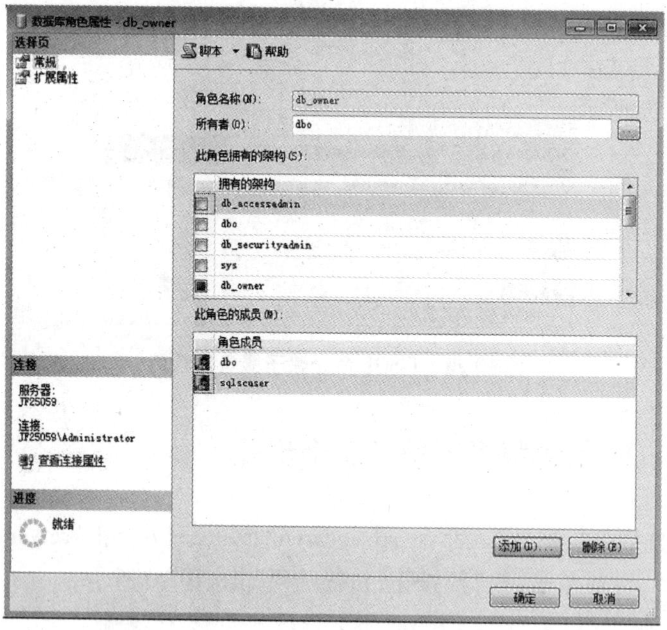

图 10.21　SSMS 方式为用户赋予数据库角色

10.9.3　SSMS 管理数据库角色实施步骤

步骤 1:参照图 10.22 所示,在对象资源管理器中依次展开"数据库""studentcourse""安全性""角色""数据库角色"各节点。右击 db_owner 数据库角色节点,选择"属性"命令。

步骤 2:在弹出的"数据库角色属性-db_owner"对话框中单击"添加"按钮,如图10.23 所示。

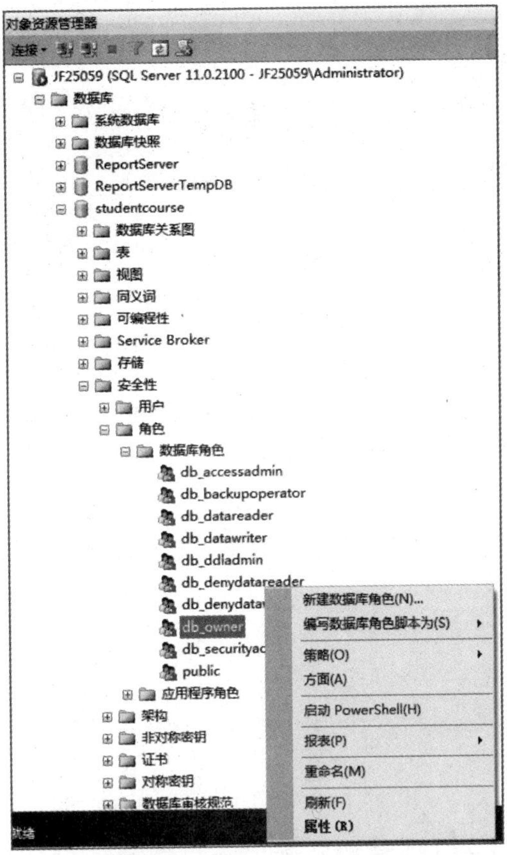

图 10.22　数据库角色界面

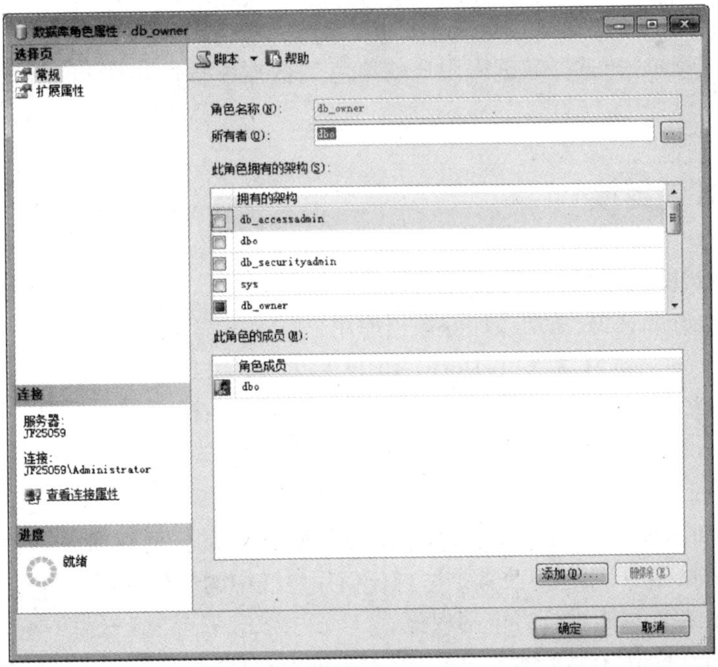

图 10.23　“数据库角色属性-db_owner”对话框

步骤 3:在弹出的“选择数据库用户或角色”对话框中单击“浏览”按钮,如图 10.24 所示。

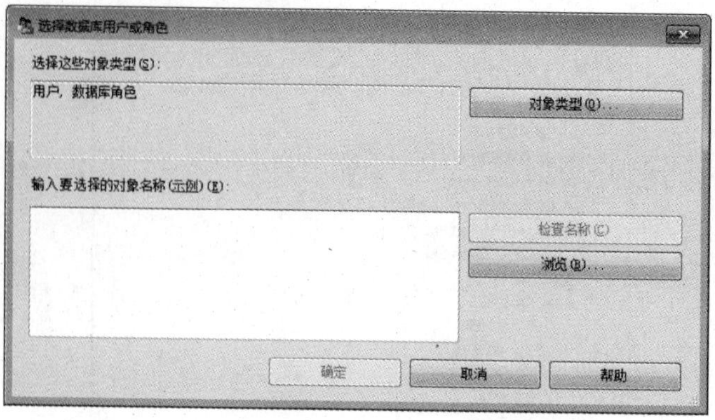

图 10.24 “选择数据库用户或角色”对话框

步骤 4:在弹出的“查找对象”对话框中选中匹配的对象 sqlscuser 用户,单击“确定”按钮,如图 10.25 所示。

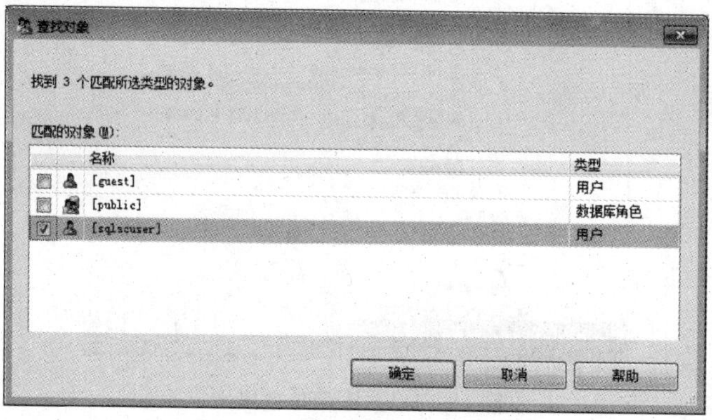

图 10.25 “查找对象”对话框

步骤 5:再继续单击“选择数据库用户或角色”“数据库角色属性-db_owner”对话框中的“确定”按钮。

10.9.4 知识链接

SQL Server 2012 具有以下固定数据库角色:

①db_accessadmin,有权添加或删除数据库用户。

②db_backupoperator,有权发出 DBCC,CHECKPOINT 和 BACKUP 语句。

③db_datareader,有权查询数据库内任何用户表中的所有数据。

④db_datawriter,有权更改数据库内任何用户表中的所有数据。

⑤db_ddladmin,有权发出 ALLDDL,但不能发出 GRANT,REVOKE 或 DENY 语句。

⑥db_denydatareader,不能查询数据库内任何用户表中的任何数据。

⑦db_denydatawriter,不能更改数据库内任何用户表中的任何数据。

⑧db_owner,在数据库中具有全部权限。

⑨db_securityadmin,有权管理全部权限、对象所有权、角色和角色成员资格。

⑩public,默认情况下所有的数据库用户都属于 public 角色,且该数据库角色无法删除。

可使用对象资源管理器和 T-SQL 语句来实现固定服务器角色的管理,为登录账户赋予某种服务器角色。

任务 10 T-SQL 管理数据库角色

10.10.1 情境设置

资源管理器方式赋予账户数据库角色过程过于烦琐,小张欲使用 T-SQL 方式管理数据库角色。

10.10.2 样例展示

样例如图 10.26 所示。

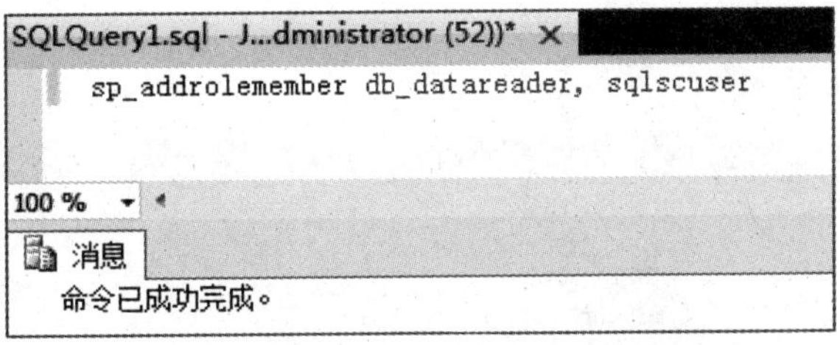

图 10.26 T-SQL 方式为用户赋予数据库角色

10.10.3 T-SQL 管理数据库角色实施步骤

步骤 1:在查询分析器窗口中输入命令:sp_addrolemember db_datareader,sqlscuser。

步骤 2:按“F5”键或单击工具栏“执行”命令按钮,结果如图 10.26 所示。

10.10.4 知识链接

对用户进行固定数据库角色分配的命令格式如下:

sp_addrolemember 固定数据库角色名,[用户名]

收回分配给用户的指定固定数据库角色,命令如下:

sp_droprolemember db_datareader,sqlscuser

sp_addrolemember 和 sp_droprolemember 系统存储过程只能对本数据库的用户进行控制。

任务 11　SSMS 管理权限

10.11.1　情境设置

在数据库内部,SQL Server 提供的权限是访问权设置的最后一个关卡。一个登录者若要对某个数据库进行修改或访问,必须具备特定权限,该权限涉及服务器级以及数据库级的相关操作。权限既可以直接获得,也可通过成为角色成员而继承角色的权限。管理权限包括授予、拒绝和废除权限。小张为确保万无一失,想为数据库设置最后一道关卡,即使用对象资源管理器将更改的权限赋予 sqlscuser 用户。

10.11.2　样例展示

样例如图 10.27 所示。

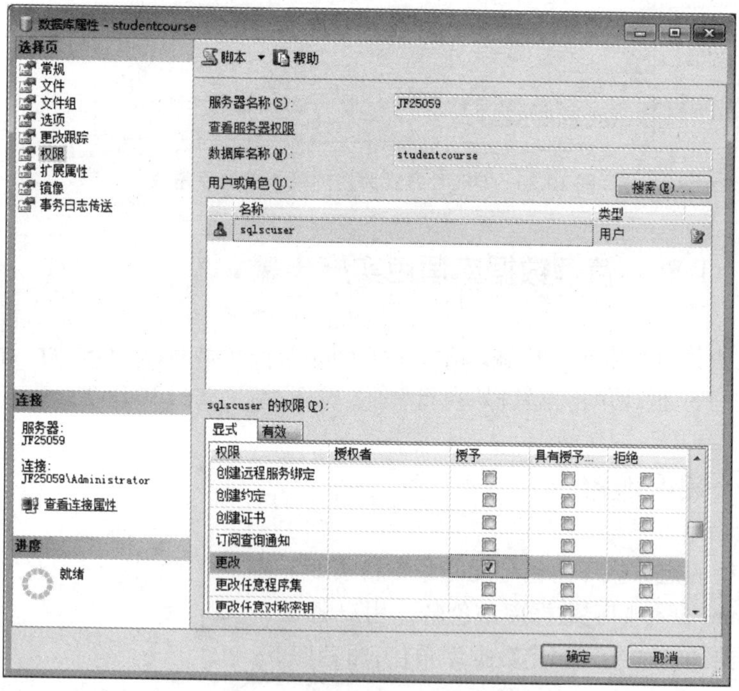

图 10.27　利用 SSMS 方式为用户设置权限

10.11.3　SSMS 管理权限实施步骤

步骤 1:在对象资源管理器中,展开数据库节点。

步骤 2:右击 studentcourse 数据库,在弹出的快捷菜单中选择“属性”命令。

步骤 3:在弹出的“数据库属性-studentcourse”对话框中单击选项页中的“权限”选项,再在“sqlscuser 的权限”中将“显示”选项“更改”项的“授予”权限打钩,如图 10.27 所示。

10.11.4 知识链接

1)权限分类

(1)对象权限

对象权限是指对已存在的数据库对象的操作权限,包括对数据库对象的 SELECT,INSERT,UPDATE,DELETE 和 EXECUTE 权限。

①SELECT,INSERT,UPDATE,DELETE 可以用于对表或视图进行操作。

②SELECT,UPDATE 可用于对表或视图中的列进行操作。

③INSERT,DELETE 用于对表或视图中的行进行操作。

④EXECUTE 用于执行存储过程和函数。

⑤SELECT 用于对用户定义的函数进行操作。

(2)语句权限

在创建数据库或数据库对象时用到语句权限。语句权限包括:

①BACKUP DATABASE:备份数据库。

②BACKUP LOG:备份数据库日志。

③CREATE DATABASE:创建数据库。

④CREATE DEFAULT:创建默认对象。

⑤CREATE FUNCTION:创建函数。

⑥CREATE PROCEDURE:创建存储过程。

⑦CREATE RULE:创建规则。

⑧CREATE TABLE:创建表。

⑨CREATE VIEW:创建视图。

2)使用对象资源管理器管理权限

在对象资源管理器中管理语句权限与管理对象权限的方法是不同的,语句权限是在数据库一级进行,对象权限是在数据库对象一级进行。

权限管理指对于用户或角色的某些操作赋予允许权限、拒绝权限以及废除权限。

①允许权限(GRANT):用户或角色能够执行某项操作。

②拒绝权限(DENY):用户或角色不能执行某项操作。

③废除权限(REVOKE):废除以前用户或角色所具有的允许权限或拒绝权限。

任务 12　T-SQL 管理权限

小张在管理数据库系统过程中为避免长时间使用同一密码而产生安全隐患，决定不定期地修改账户密码，另外，计划将一些不常用的 SQL 账户删除。

10.12.1　情境设置

利用 T-SQL 语句也可以进行对象权限的允许、禁止或废除操作。小张计划利用 T-SQL 语句将 score 表的增加、删除和修改权限赋予 sqlscuser 用户。

10.12.2　样例展示

样例如图 10.28 所示。

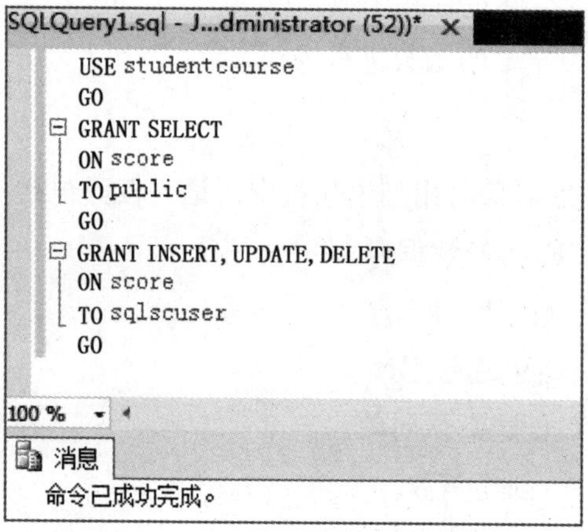

图 10.28　T-SQL 方式赋予对象权限

10.12.3　T-SQL 管理权限实施步骤

步骤 1：在查询分析器窗口中输入如下语句：

```
USE studentcourse
GO
GRANT SELECT
ON score
TO public
GO
GRANT INSERT,UPDATE,DELETE
```

```
ON score
TO sqlscuser
GO
```

步骤2:按“F5”键或单击工具栏“执行”命令按钮,结果如图10.28所示。

10.12.4 知识链接

T-SQL语句对对象权限的授权、禁止和废除的命令如下:

```
GRANT|DENY|REVOKE
{ALL[PRIVILEGES]|permission[,…,n]}
{{{[列|ON 表名]|ON 存储过程名}|ON 扩展存储过程名}|ON 用户定义函数名}
TO 账户|角色|用户|组
```

说明:

①GRANT,DENY,REVOKE:分别表示允许、禁止、废除对象权限。

②ALL:表示允许、禁止或废除所有适用的权限。值得一提的是,只有sysadmin,db_owner成员及数据库拥有者有权使用ALL。

③PRIVILEGES:关键字,可省略。

④permission:表示允许、禁止或废除的对象权限。

项目小结

本项目通过12个任务的完成介绍了SQL Server 2012的安全管理体系。通过本章的学习,可以掌握SQL Server的安全机制,管理和设计SQL Server登录信息,实现服务器级的安全控制,设计和实现数据库级的安全保护机制以及设计和实现数据库对象级安全保护机制。

习 题

简答题

1.SQL Server 2012用户名和登录名的区别是什么?

2.角色、权限的概念以及两者之间的关系是什么?

3.分别利用对象资源管理器和T-SQL的方法,创建名称为zs的SQL Server登录账户,并为其指派到processadmin角色。

项目 11

函　数

【项目描述】

SQL Server 提供了非常强大、简便易用的函数，通过这些函数，可大大改善用户对数据库的管理工作，提高数据库的功能。在数据查询等操作时经常用到各种函数，SQL Server 从功能上可划分为：字符串函数、数学函数、数据类型转换函数、文本和图像函数、日期和时间函数、系统函数。当然，用户也可根据自身实际需要编写实用的用户自定义函数。

本项目重点是字符串函数，难点是用户自定义函数，包含的任务如表 11.1 所示。

表 11.1　项目 11 包含的任务

名　称	任务名称
项目 11　函　数	任务 1　字符串函数
	任务 2　数学函数
	任务 3　日期和时间函数
	任务 4　文本和图像函数
	任务 5　系统函数
	任务 6　数据类型转换函数
	任务 7　用户自定义函数

任务 1　字符串函数

11.1.1　情境设置

字符串函数用于对字符进行各种操作，应用时返回用户所需的值，一般用于 SELECT 或者 WHERE 语句当中。大部分字符串函数针对 char,nchar,varchar 以及 nvarchar 类型进行应用,极少数字符串函数可针对 binary 和 varbinary 数据类型。

11.1.2 知识链接

1)ASCII()函数

格式:ASCII(character_expression)

功能:用于返回字符串表达式中最左侧字符的 ASCII 代码值。

参数说明:character_expression 必须是一个 char 或 varchar 类型的字符串表达式,当 character_expression 为纯数字的字符串时,可略去单引号。

示例:SELECT ASCII('a'),ASCII('abc'),ASCII(3)

执行后结果如图 11.1 所示。

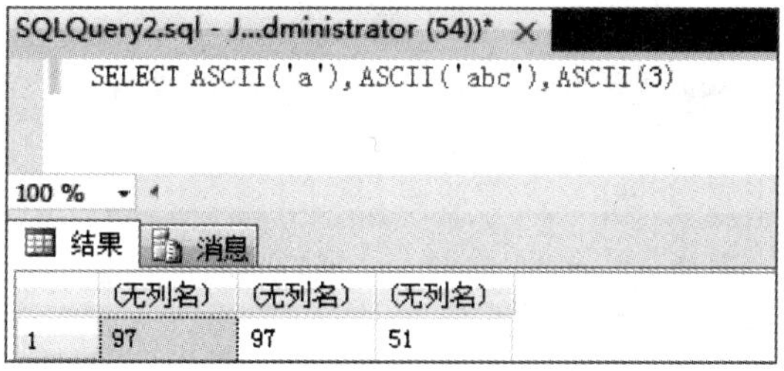

图 11.1 ASCII()函数示例

2)CHAR()函数

格式:CHAR(integer_expression)

功能:用于将整数类型的 ASCII 值转换为对应的字符。

参数说明:integer_expression 是一个介于 0~255的整数,若表达式不在此范围内,将返回 NULL 值。

示例:SELECT CHAR(67),CHAR(50),CHAR(300)

执行后结果如图 11.2 所示。

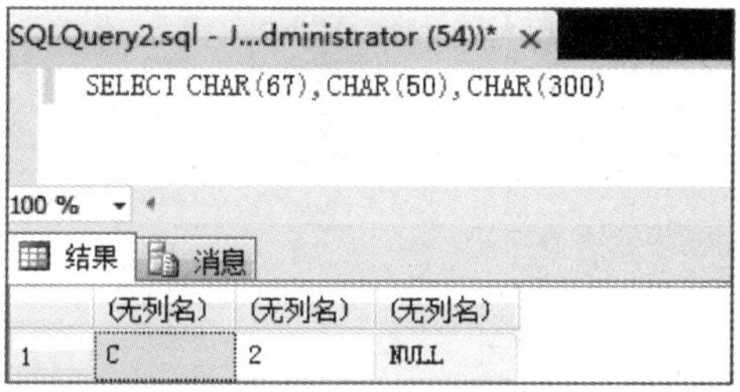

图 11.2 CHAR()函数示例

3)LEFT()函数

格式:LEFT(character_expression,integer_expression)

功能:返回字符串 character_expression 左起指定个数 integer_expression 的字符串、字符或二进制数据表达式。

参数说明:character_expression 是一个字符串表达式,可以是字符串常量、字符串变量或字段;integer_expression 是正整数,指定字符串返回的字符个数。

示例:SELECT LEFT('surprise',3),LEFT('哈尔滨',4)

执行结果如图 11.3 所示。

4)RIGHT()函数

格式:RIGHT(character_expression,integer_expression)

功能:返回字符串 character_expression 最右边 integer_expression 个字符。

参数说明:同 LEFT()函数的参数,character_expression 是一个字符串表达式,可以是字符串常量、字符串变量或字段;integer_expression 是正整数,指定字符串返回的字符个数。

示例:SELECT RIGHT('surprise',4),RIGHT('哈尔滨',2)

执行结果如图 11.4 所示。

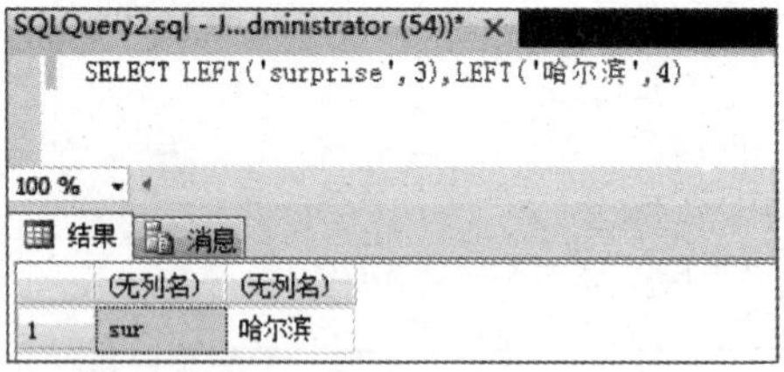

图 11.3 LEFT()函数示例

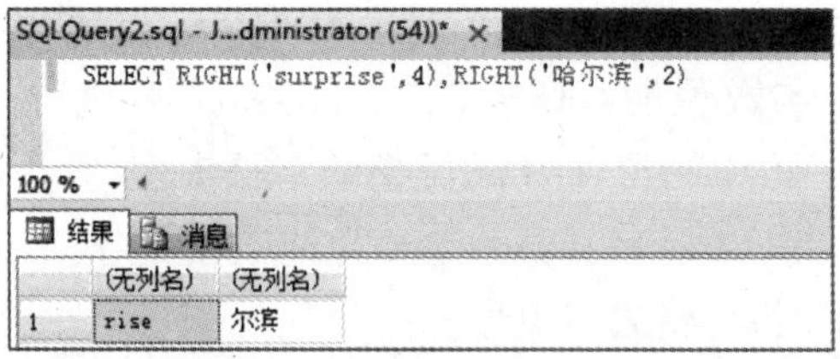

图 11.4 RIGHT()函数示例

5)LTRIM()

格式:LTRIM(character_expression)

功能:用于删除字符串左端的空格。

参数说明:character_expression 是一个字符串表达式,可以是字符串常量、字符串变量、字符字段或二进制数据列。

示例:SELECT LTRIM(' a good driver ')

执行结果如图 11.5 所示。

6)RTRIM()函数

格式:RTRIM(character_expression)

功能:用于删除字符串右端的空格。

参数说明:同 LTRIM。

示例:SELECT RTRIM(' a good driver ')

执行结果如图 11.6 所示。

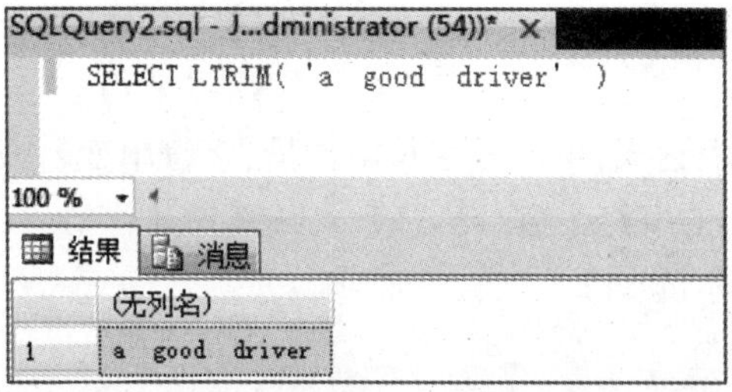

图 11.5 LTRIM()函数示例

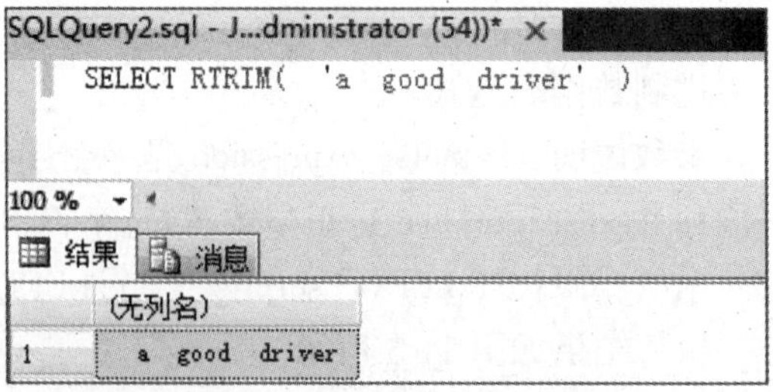

图 11.6 RTRIM()函数示例

7)STR()函数

格式:STR(float_expression[,length [,decimal]])

功能:用于将数值数据转换为字符数据。

参数说明:float_expression 是一个带小数点的 float 数据类型的近似数字表达式;length 为含小数点等在内的总长度,length 默认值为 10;decimal 为指定小数点后的位数,decimal 必须小于等于 16,若大于 16,则会截断结果,使其保留小数点后 16 位。

示例:SELECT STR(7635.248,6,1),STR(543.21,2,2)

执行结果如图 11.7 所示。

8)SUBSTRING()函数

格式:SUBSTRING(value_expression,start_expression,length_expression)

功能:返回从 start_expression 开始的 length_expression 长度的字符表达式、二进制表达式、文本表达式或图像表达式 value_expression 的一部分。

参数说明:value_expression 为字符(character)表达式、二进制(binary)表达式、文本(text,ntext)表达式或图像(image)表达式;start_expression 为指定返回字符的起始位置的表达式,若 start_expression 小于 0,则出错且语句终止,若 start_expression 大于值表达式 value_expression 的字符数,则返回一个零长度的表达式;length_expression 指定要返回的字符数表达式,若 length_expression 为负数,会出错且语句终止;若 start_expression 与 length_expression 的总和超过 value_expression 中的字符数,则返回整个值表达式。

示例:SELECT SUBSTRING('I am a good driver',8,4)

执行结果如图 11.8 所示。

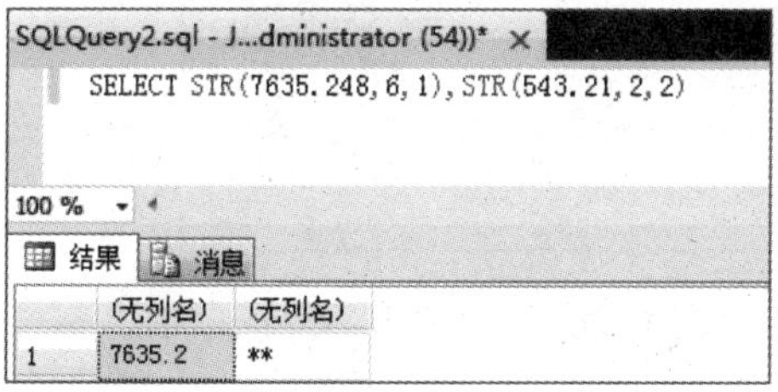

图 11.7 STR()函数示例

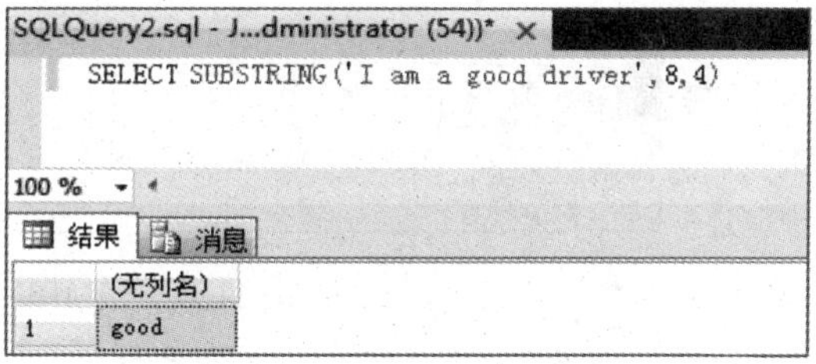

图 11.8 SUBSTRING()函数示例

9)LEN()函数

格式:LEN(str)

功能:返回字符表达式中的字符数。

参数说明:str 为字符串表达式,含空格,当 str 为纯数字时可略去单引号。

示例:SELECT LEN('I am a good driver'),LEN('日期'),LEN(158463)

执行结果如图 11.9 所示。

10)REVERSE()函数

格式:REVERSE(s)

功能:将字符串 s 逆序输出,即返回的字符串顺序与 s 字符顺序相反。

参数说明:s 为字符表达式。

示例:SELECT REVERSE('I am a good driver')

执行结果如图 11.10 所示。

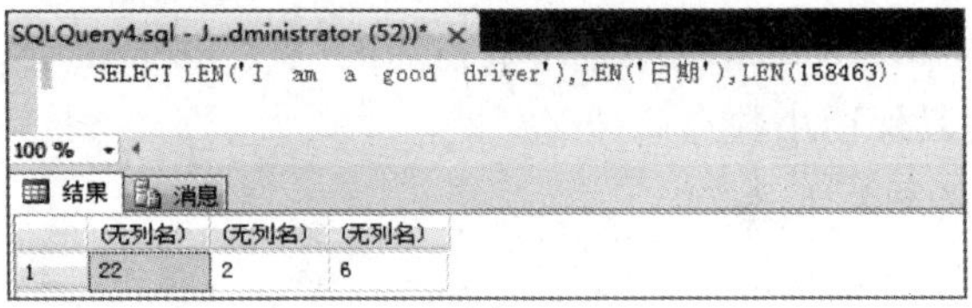

图 11.9　LEN( )函数示例

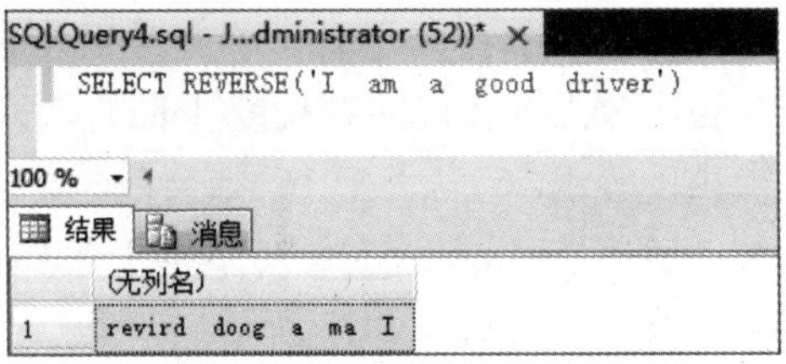

图 11.10　REVERSE( )函数示例

11)CHARINDEX 函数

格式:CHARINDEX(str1,str,[start])

功能:返回子字符串 str1 在字符串 str 中的开始位置。

参数说明:str 为搜索的位置,从 str 指定位置开始搜索,若不指定该参数或者指定为 0 或者为负值,则从字符串开始位置搜索。

示例:SELECT CHARINDEX('a','banana'),CHARINDEX('na','banana',4),CHARINDEX('a','banana',4)

执行结果如图 11.11 所示。

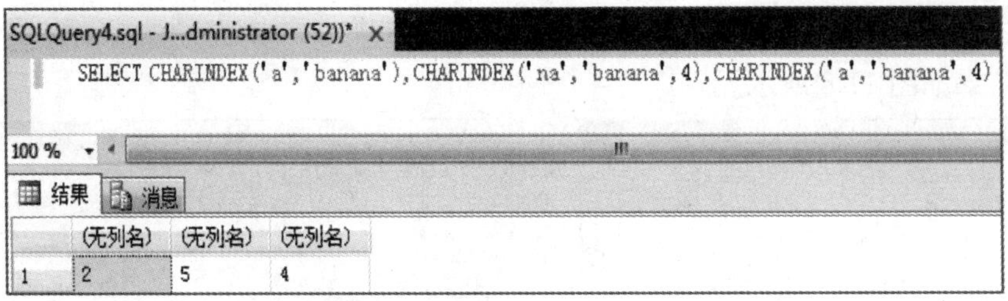

图 11.11　CHARINDEX( )函数示例

12)LOWER( )函数

格式:LOWER(character_expression)

功能:将大写字符转换为对应的小写字符。

参数说明:character_expression 为待转换的字符串。

示例:SELECT LOWER('SURPRISE'),LOWER('a good DRIVER')

执行结果如图 11.12 所示。

13)UPPER( )函数

格式:UPPER(character_expression)

功能:将小写字符转换为对应的大写字符。

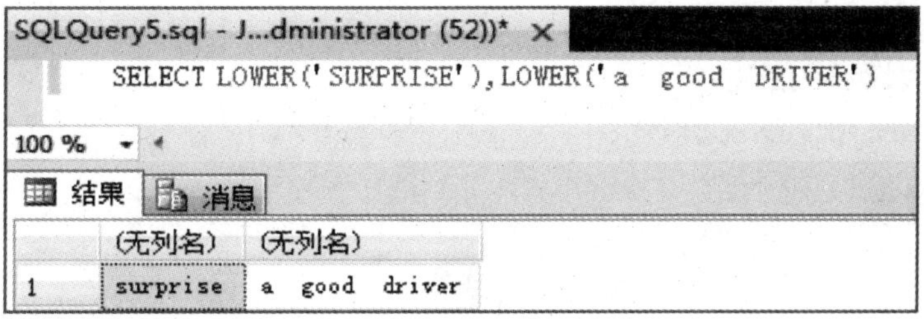

图 11.12 LOWER()函数示例

参数说明:character_expression 为待转换的字符串。

示例:SELECT UPPER('sql server2012')

执行结果如图 11.13 所示。

14)REPLACE()函数

格式:REPLACE(s,s1,s2)

功能:用 s2 替换 s 中所有的 s1。

参数说明:s 待替换的字符串;s1 为 s 中被替换掉的字符串;s2 为替换的字符串。

示例:SELECT REPLACE('book','oo','lac')

执行结果如图 11.14 所示。

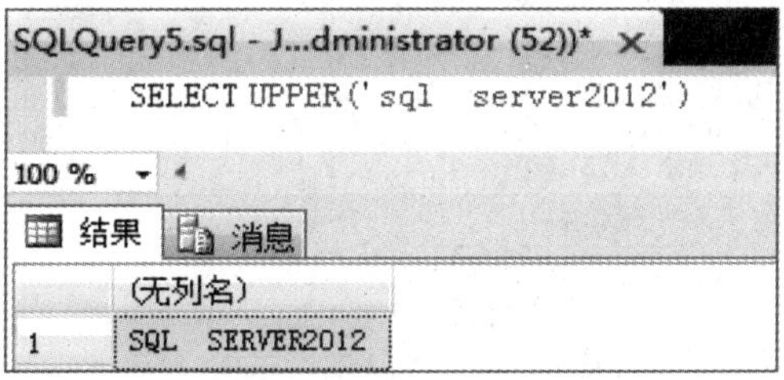

图 11.13 UPPER()函数示例

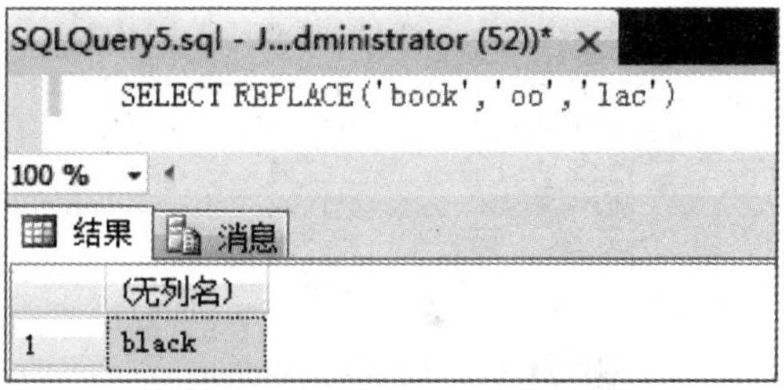

图 11.14 REPLACE()函数示例

任务 2 数学函数

11.2.1 情境设置

数学函数主要包括绝对值函数、三角函数、对数函数、随机函数等,用于处理数值数据。在使用数学函数出现错误时,将返回空值 NULL。

11.2.2 知识链接

1)ABS()函数

格式:ABS(X)
功能:返回 X 的绝对值。
参数说明:X 为任一数值。
示例:SELECT ABS(2),ABS(-53.6),ABS(-190)
执行结果如图 11.15 所示。

2)PI()函数

格式:PI()
功能:返回圆周率。
参数说明:圆周率函数是无参函数。
示例:SELECT PI()
执行结果如图 11.16 所示。

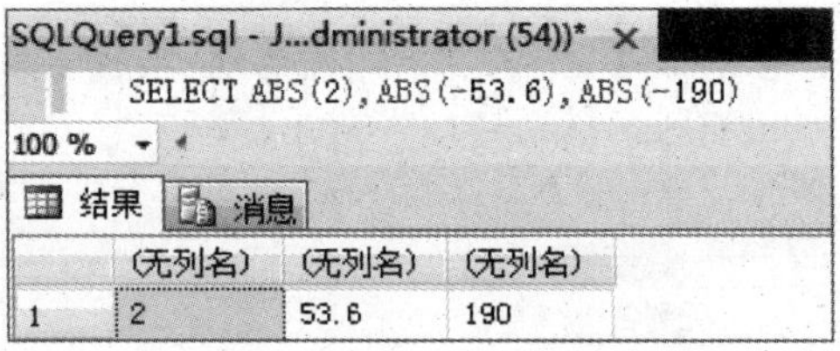

图 11.15 ABS()函数示例

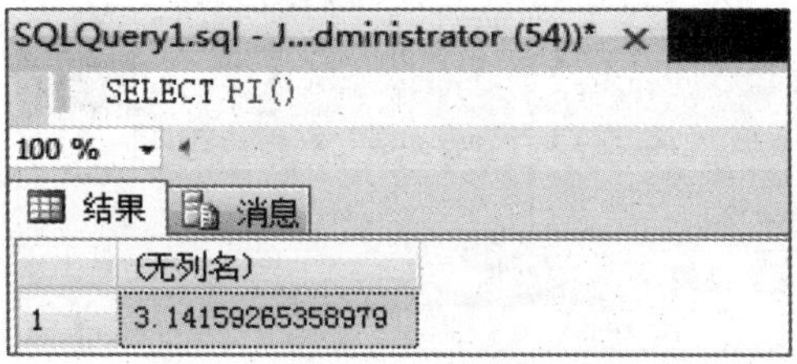

图 11.16 PI()函数示例

3)SQRT()

格式:SQRT(X)
功能:返回 X 的二次方根。
参数说明:X 是非负数,若 X 为负数,则执行时出错。
示例:SELECT SQRT(16),SQRT(38),SQRT(0)
执行结果如图 11.17 所示。

4)SIGN()函数

格式:SIGN(X)
功能:返回 X 的符号。
参数说明:当 X 分为正数、负数或零时,返回结果分别为 1,-1,0。
示例:SELECT SIGN(-217),SIGN(0),SIGN(86)
执行结果如图 11.18 所示。

图 11.17 SQRT( )函数示例

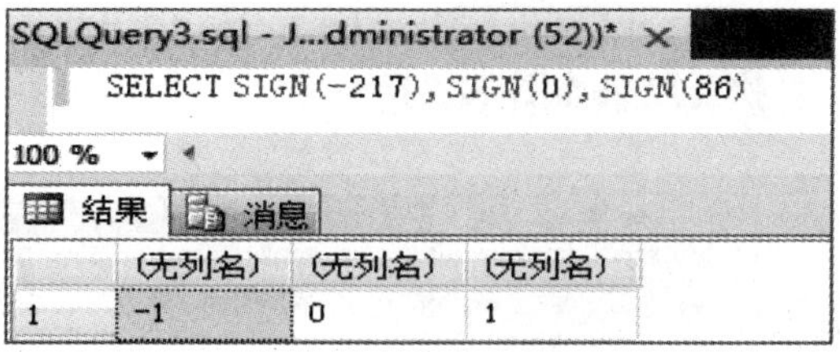

图 11.18 SIGN( )函数示例

5)RAND( )函数

格式:RAND( )或 RAND(X)

功能:返回一个大于等于 0 小于等于 1 之间的随机浮点数。

参数说明:不带参数的 RAND( )函数每次产生的随机数值不同;而带参数的 RAND(X)函数,参数 X 为一个整数,被作为种子值,使用相同的种子数将产生重复序列。当用同一种子值多次调用 RAND 函数时,将返回同一值。

示例 1:SELECT RAND( ),RAND( ),RAND( )

执行结果如图 11.19 所示。

示例 2:SELECT RAND(16),RAND(16),RAND(11)

执行结果如图 11.20 所示。

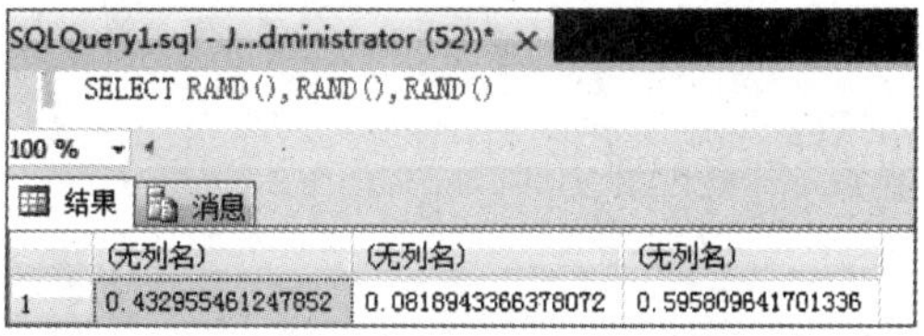

图 11.19 RAND( )函数示例

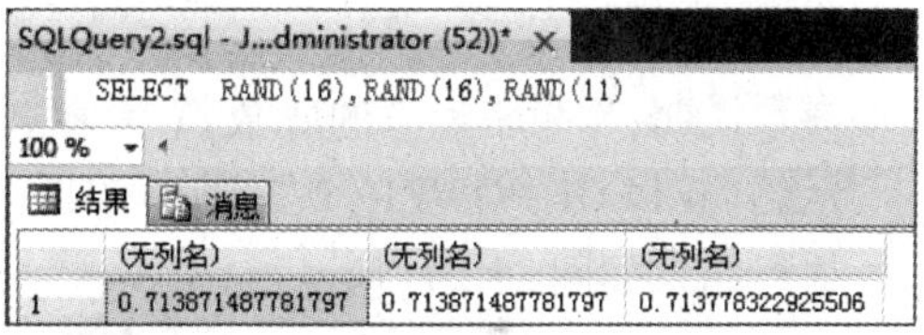

图 11.20 含参数的 RAND(X)函数示例

6)ROUND( )函数

格式:ROUND(X,Y)

功能:对 X 四舍五入,保留小数点后第 Y 位。

参数说明:X 是待四舍五入的数,Y 指定 X 要保留的小数位数。若 Y 为负数,则要求对 X 保留到小数点前相应位数。

示例:SELECT ROUND(521.26,1),ROUND(521.26,0),ROUND(521.26,-1),ROUND(521.26,-2)

执行结果如图 11.21 所示。

7)CEILING( )函数

格式:CEILING(X)

功能:返回不小于 X 的最小整数值。

参数说明:X 是待处理的数值。

示例:SELECT CEILING(5.36),CEILING(-5.36)
执行结果如图 11.22 所示。

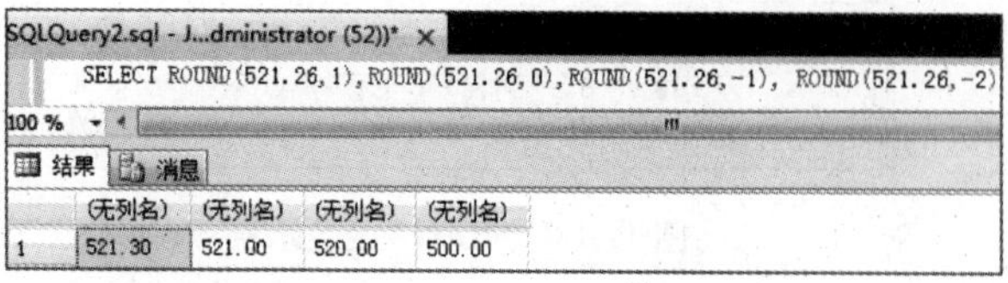

图 11.21 ROUND()函数示例

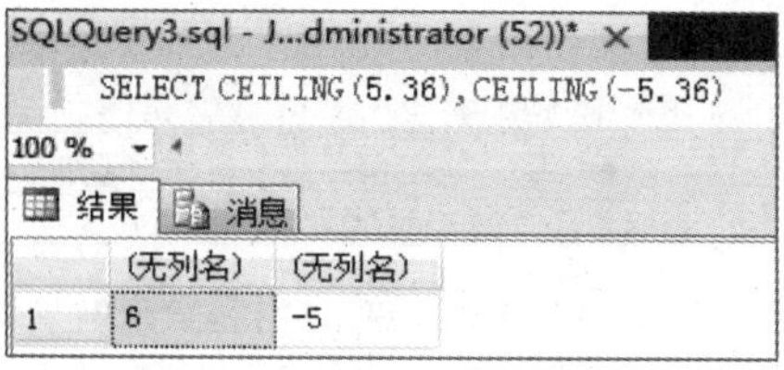

图 11.22 CEILING()函数示例

8)FLOOR()函数

格式:FLOOR(X)
功能:返回不大于 X 的最大整数值。
参数说明:X 是待处理的数值。
示例:SELECT FLOOR (5.36),FLOOR (-5.36)
执行结果如图 11.23 所示。

9)POWER()函数

格式:POWER(X,Y)
功能:返回 X 的 Y 次幂。
参数说明:X 为幂运算的底数,Y 为幂运算的指数。
示例:SELECT POWER(2,3),POWER(2.0,-4)
执行结果如图 11.24 所示。

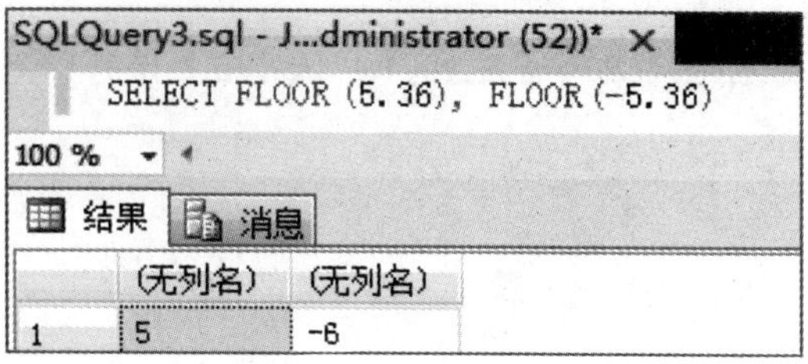

图 11.23 FLOOR()函数示例

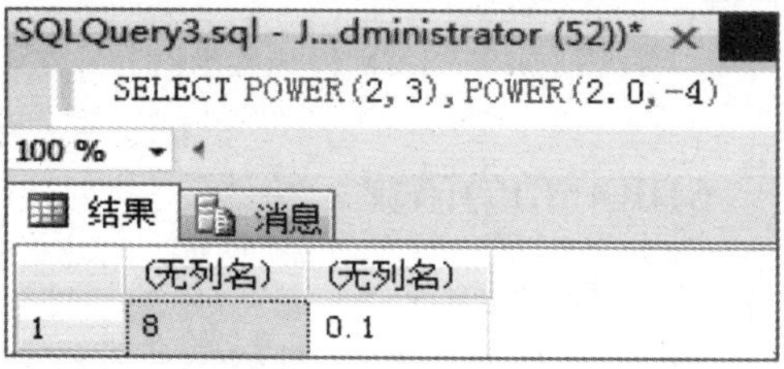

图 11.24 POWER()函数示例

10)SQUARE()函数

格式:SQUARE(X)
功能:返回 X 的平方值。
参数说明:X 是待乘方的数。
示例:SELECT SQUARE(3),SQUARE(-5)
执行结果如图 11.25 所示。

11)EXP()函数

格式:EXP(X)

功能:返回以 e 为底的 X 次方。
参数说明:X 为 e 的指数。
示例:SELECT EXP(2),EXP(-2),EXP(0)
执行结果如图 11.26 所示。

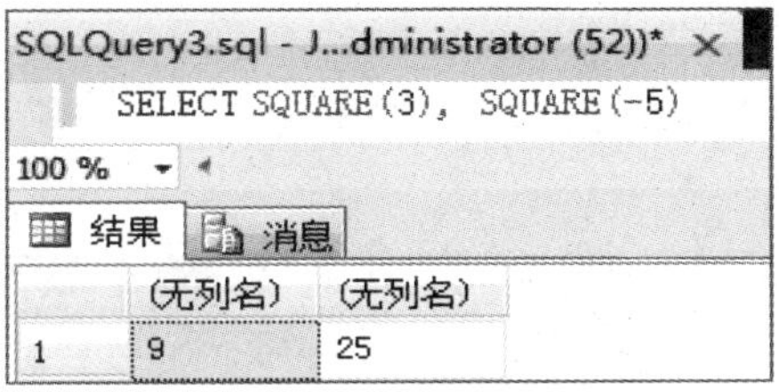

图 11.25 SQUARE()函数示例

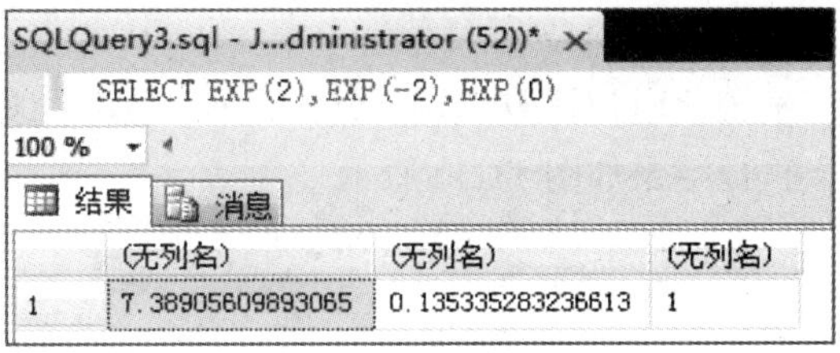

图 11.26 EXP()函数示例

12)LOG()函数

格式:LOG(X)
功能:返回以常数 e 为底数的 X 的指数。
参数说明:X 为以常数 e 为底数的自变量。
示例:SELECT LOG(2.72),LOG(6)
执行结果如图 11.27 所示。

13)LOG10()函数

格式:LOG10(X)
功能:返回以 10 为底数的 X 的指数。
参数说明:X 为以 10 为底数的自变量。
示例:SELECT LOG10(1),LOG10(100)
执行结果如图 11.28 所示。

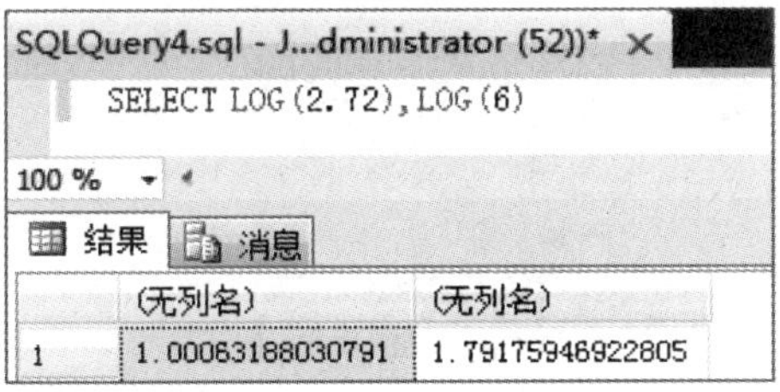

图 11.27 LOG()函数示例

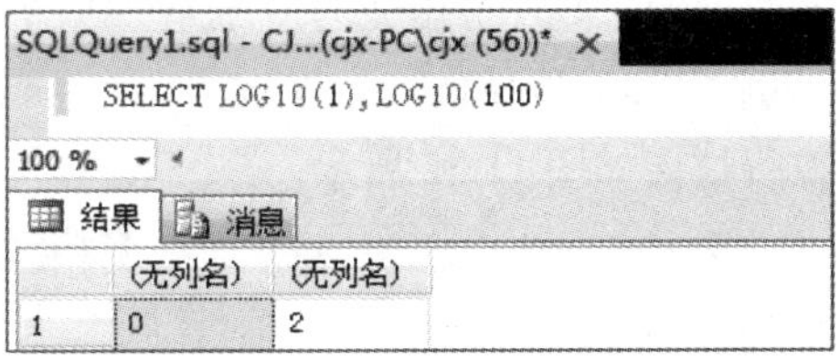

图 11.28 LOG10()函数示例

14)RADIANS()函数

格式:RADIANS(X)
功能:将参数 X 由角度转换为弧度。
参数说明:X 为角度值。
示例:SELECT RADIANS(180.0),RADIANS(270)
执行结果如图 11.29 所示。

15）DEGREES（）函数

格式：DEGREES（X）

功能：将参数由弧度转换为角度。

参数说明：X 为弧度值。

示例：SELECT DEGREES（PI（）/2），DEGREES（PI（））

执行结果如图 11.30 所示。

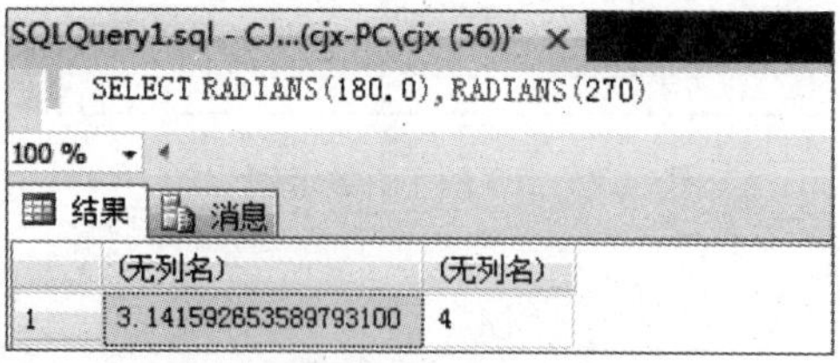

图 11.29　RADIANS（）函数示例

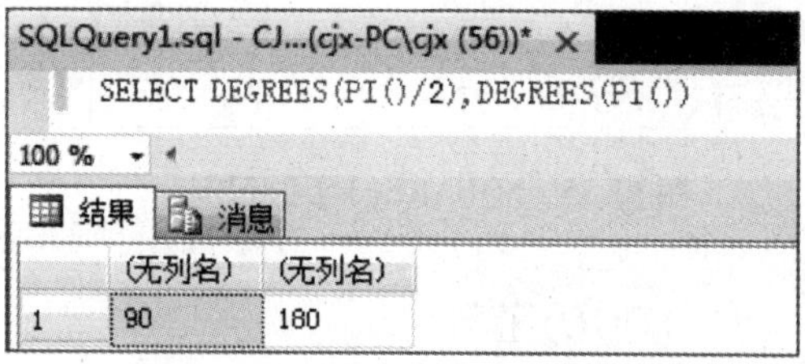

图 11.30　DEGREES（）函数示例

16）SIN（）函数

格式：SIN（X）

功能：返回 X 的正弦值。

参数说明：X 为弧度值。

示例：SELECT SIN（PI（）/2），ROUND（SIN（PI（）），0）

执行结果如图 11.31 所示。

17）ASIN（）函数

格式：ASIN（X）

功能：返回 X 的反正弦值，即正弦是 X 的值。

参数说明：ASIN（）函数的值域是 SIN（）函数的定义域，X 是某一正弦的值。

示例：SELECT ASIN（0），ASIN（1）

执行结果如图 11.32 所示。

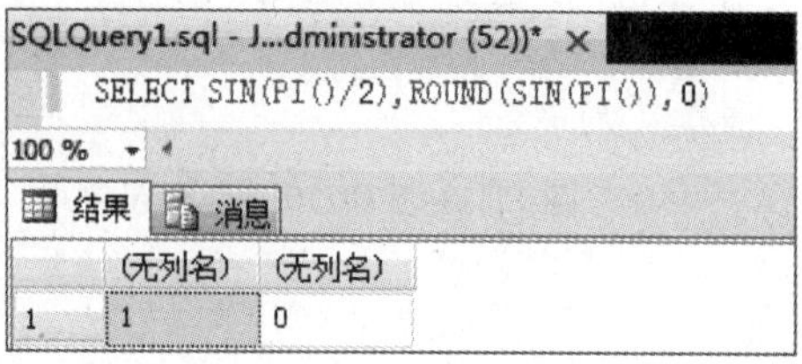

图 11.31　SIN（）函数示例

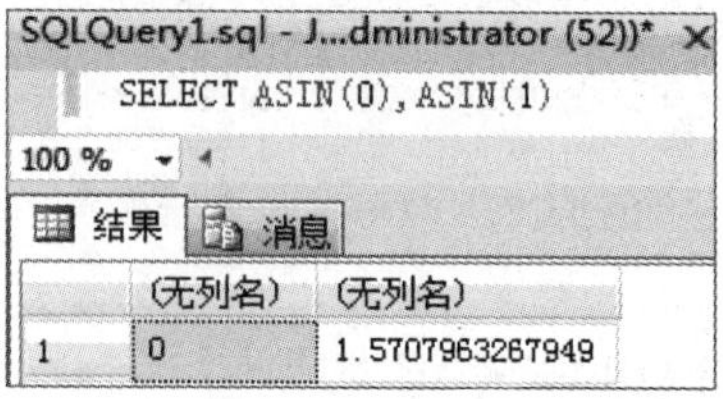

图 11.32　ASIN（）函数示例

18）COS（）函数

格式：COS（X）函数

功能：返回 X 的余弦值。

参数说明:X 为弧度值。
示例:SELECT COS(PI()/2),COS(0),COS(1)
执行结果如图 11.33 所示。

19)ACOS()函数

格式:ACOS(X)
功能:返回 X 的反余弦值,即余弦是 X 的值。
参数说明:ACOS()函数的值域是 COS()函数的定义域,X 是某一余弦的值。
示例:SELECT ACOS(0),ACOS(1)
执行结果如图 11.34 所示。

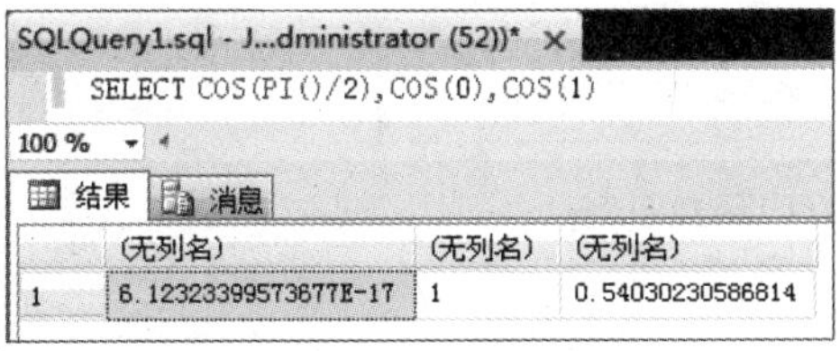

图 11.33　COS()函数示例

图 11.34　ACOS()函数示例

20)TAN()函数

格式:TAN(X)
功能:返回 X 的正切值。
参数说明:X 为弧度值。
示例:SELECT TAN(0.4),ROUND(TAN(PI()/4),0)
执行结果如图 11.35 所示。

21)ATAN()函数

格式:ATAN(X)
功能:返回 X 的反正切值。
参数说明:ATAN()函数的值域是 TAN()函数的定义域,X 是某一正切的值。
示例:SELECT ATAN(0),ATAN(1),ATAN(0.422793218738162)
执行结果如图 11.36 所示。

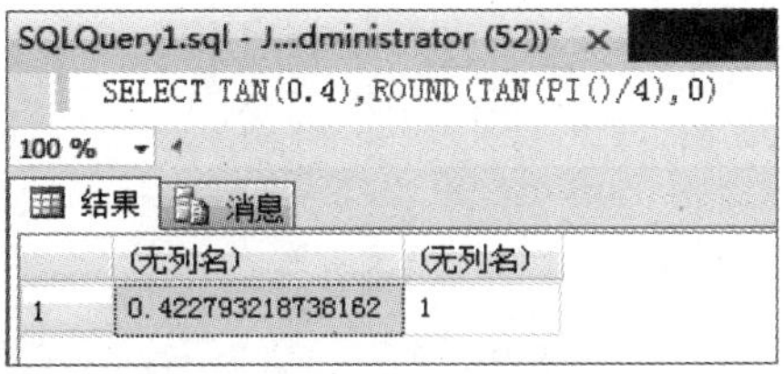

图 11.35　TAN()函数示例

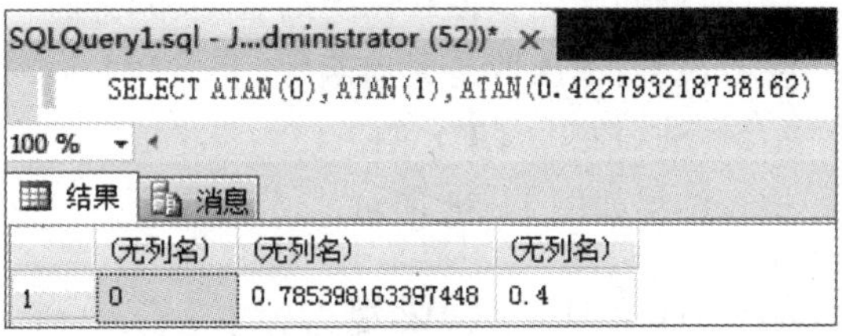

图 11.36　ATAN()函数示例

22)COT()函数

格式:COT(X)
功能:返回 X 的余切值。
参数说明:X 为弧度值。
示例:SELECT COT(0.4),COT(PI()/2),COT(PI()/4)
执行结果如图 11.37 所示。

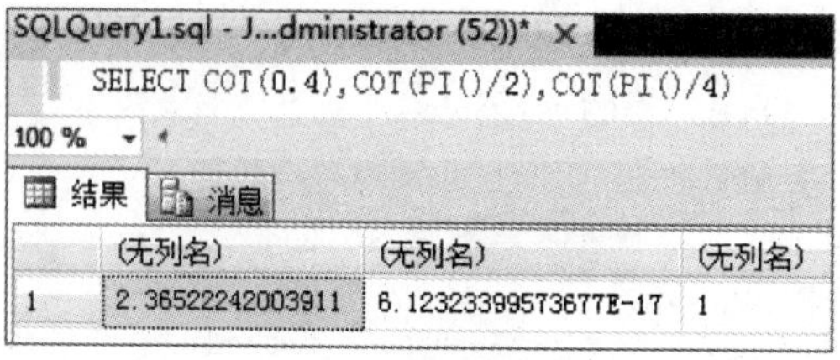

图 11.37　COT()函数示例

任务 3　日期和时间函数

11.3.1　情境设置

日期和时间函数主要用来处理日期和时间值,是 SQL 数据库中重要的函数之一,可用在 SELECT 语句的选择列表或用在查询的 WHERE 子句中。

11.3.2　知识链接

1)GETDATE()函数

格式:GETDATE()
功能:返回当前数据库系统的日期和时间。
参数说明:本函数是无参函数。
示例:SELECT GETDATE()
执行结果如图 11.38 所示。

2)GETUTCDATE()函数

格式:GETUTCDATE()
功能:返回当前 UTC(世界标准时间)日期值。
参数说明:本函数为无参函数。

示例:SELECT GETUTCDATE( )

执行结果如图 11.39 所示。

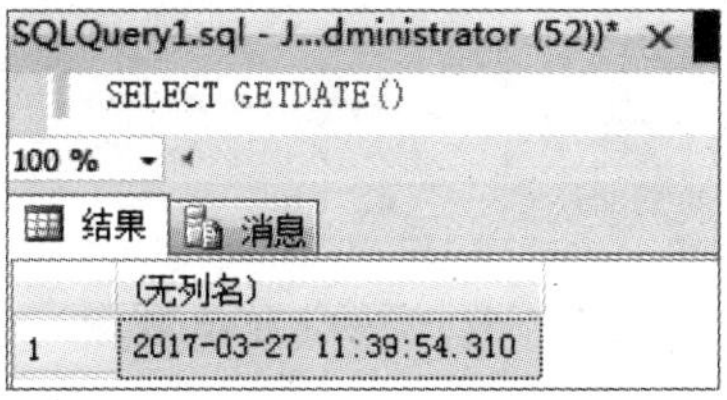

图 11.38　GETDATE( )函数示例

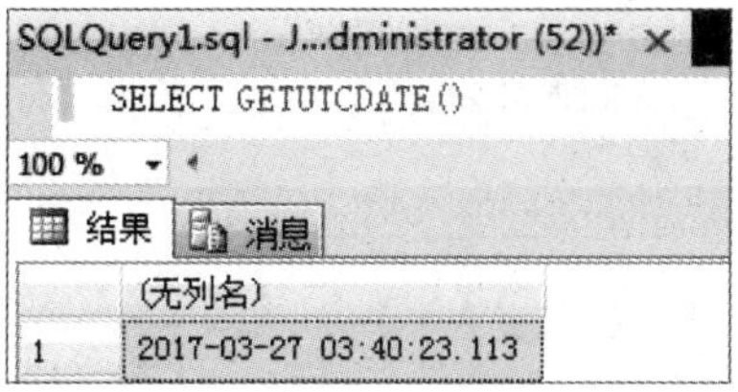

图 11.39　GETUTCDATE( )函数示例

3)YEAR( )函数

格式:YEAR(D)函数

功能:函数返回指定日期 D 中年份的整数值。

参数说明:D 为日期型数据。

示例:SELECT YEAR('2017-03-03'),YEAR('1986-03-04')

执行结果如图 11.40 所示。

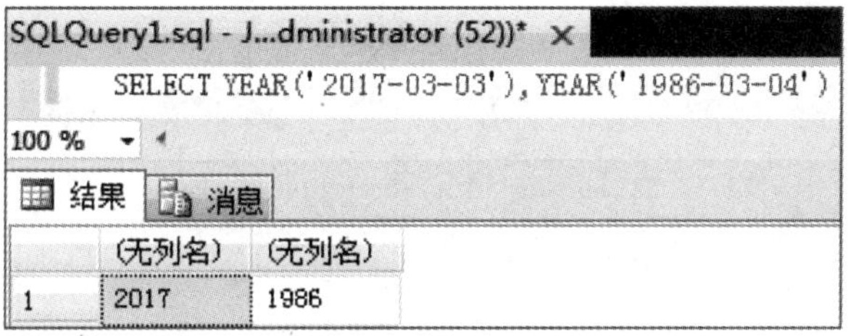

图 11.40　YEAR( )函数示例

4)MONTH( )函数

格式:MONTH(D)

功能:返回指定日期 D 中的月份数值。

参数说明:D 为日期型数据。

示例:SELECT MONTH('2017-03-03 09:20:35')

执行结果如图 11.41 所示。

5)DAY( )函数

格式:DAY(D)

功能:返回指定日期是该日期月份中的第几天。

参数说明:D 是一个日期值。

示例:SELECT DAY('2017-03-03 09:20:35')

执行结果如图 11.42 所示。

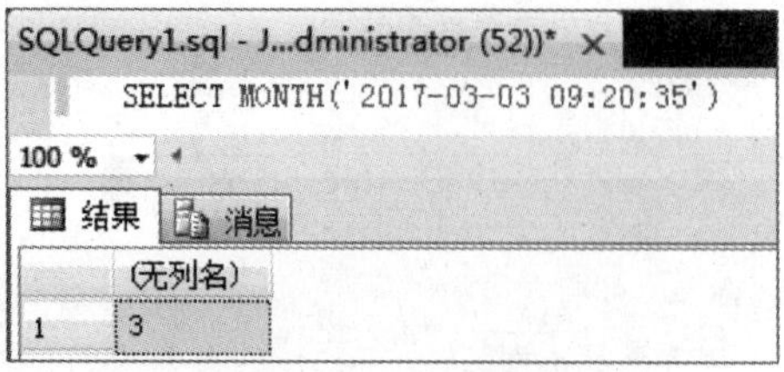

图 11.41　MONTH ( ) 函数示例

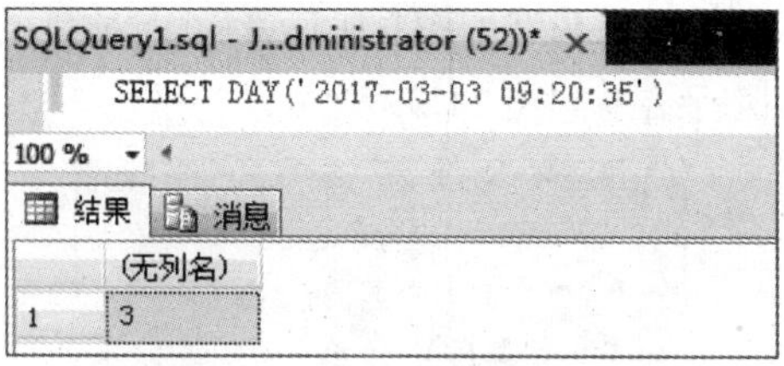

图 11.42　DAY( ) 函数示例

6) DATENAME( ) 函数

格式:DATENAME(DP,D)

功能:从 D 中返回 DP 所指定相应字符串值。

参数说明:D 是一个日期值,DP 可取 year,month,quarter,dayofyear,day,week,weekday,hour,minute,second 等。

示例:SELECT DATENAME(year,'2017-03-03 09:20:35'),DATENAME(weekday,'2017-03-03 09:20:35'),DATENAME(dayofyear,'2017-03-03 09:20:35'),DATENAME(dayofyear,'2017-03-03 09:20:35')+'10'

执行结果如图 11.43 所示。

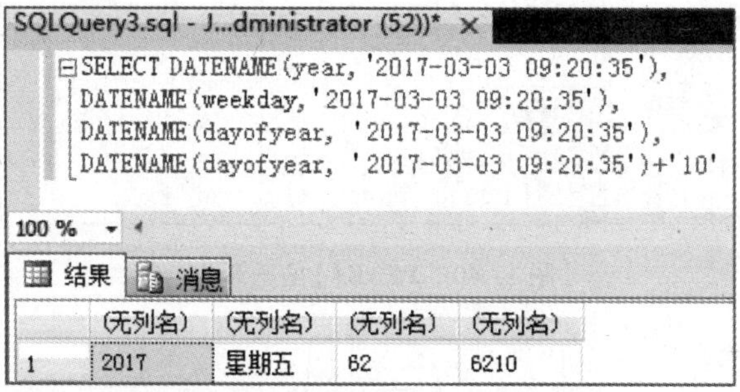

图 11.43　DATENAME( ) 函数示例

7) DATEPART( ) 函数

格式:DATEPART(DP,D)

功能:返回指定日期 D 相应部分 DP 的整数值。

参数说明:同 DATENAME( ) 函数的参数。

示例:SELECT DATEPART(year,'2017-03-03 09:20:35'),DATEPART(weekday,'2017-03-03 09:20:35'),DATEPART(dayofyear,'2017-03-03 09:20:35'),DATEPART(dayofyear,'2017-03-03 09:20:35')+'10'

执行结果如图 11.44 所示。

8) DATEADD( ) 函数格式

格式:DATEADD(DP,NUM,D)

功能:返回 D 在 DP 部分加上 NUM 后的日期。

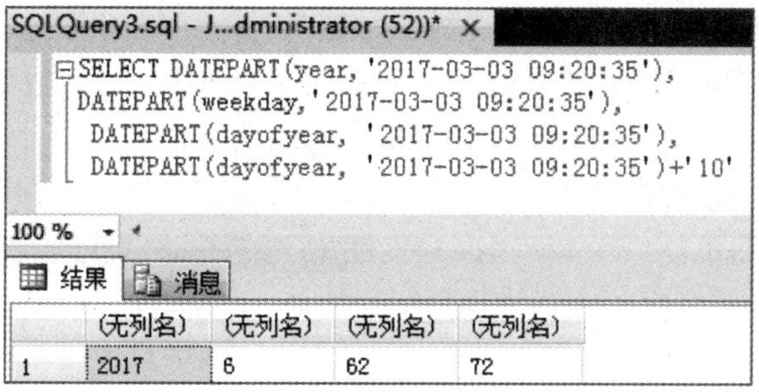

图 11.44　DATEPART( )函数示例

参数说明:DP 可取 year,month,quarter,dayofyear,day,week,weekday,hour,minute,second 等,NUM 为一数值,D 是一个日期值。

示例:SELECT DATEADD(year,2,'2017-03-03 09:20:35'),DATEADD(month,2,'2017-03-03 09:20:35'),DATEADD(day,2,'2017-03-03 09:20:35'),DATEADD(hour,2,'2017-03-03 09:20:35')

执行结果如图 11.45 所示。

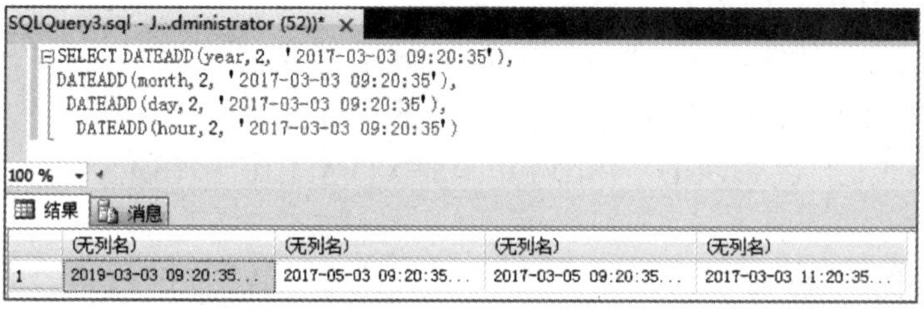

图 11.45　DATEADD( )函数示例

任务 4　文本和图像函数

11.4.1　情境设置

文本和图像函数用于对文本或图像输入值或字段进行操作,并提供有关该值的信息。T-SQL 中常用的文本函数有两个,即 TEXTPTR( )函数和 TEXTVALID( )函数。

11.4.2　知识链接

1)TEXTPTR( )函数

格式:TEXTPTR(COLUMN)

功能:返回对应 varbinary 格式的 text,ntext 或者 image 字段的文本指针。

参数说明:COLUMN 是数据类型为 text,ntext 或者 image 的字段。

示例:CREATE TABLE STUDENT(a int,b text)

INSERT INTO STUDENT VALUES('1','A GOOD DRIVER')

SELECT a,TEXTPTR(b) FROM STUDENT WHERE a=1

执行结果如图 11.46 所示。

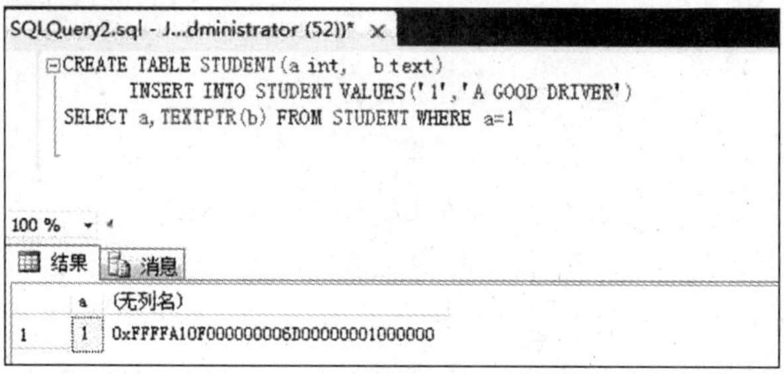

图 11.46　TEXTPTR()函数示例

2)TEXTVALID()函数

格式:TEXTVALID('TABLE.COLUMN',TEXT_PTR)

功能:用于检查文本指针是否为有效的 text,ntext 或 image。

参数说明:TABLE.COLUMN 为指定的数据表和字段,TEXT_PTR 为待检查的文本指针。

示例:SELECT a,'A GOOD DRIVER'=TEXTVALID('STUDENT.b',TEXTPTR(b)) FROM STUDENT

执行结果如图 11.47 所示。

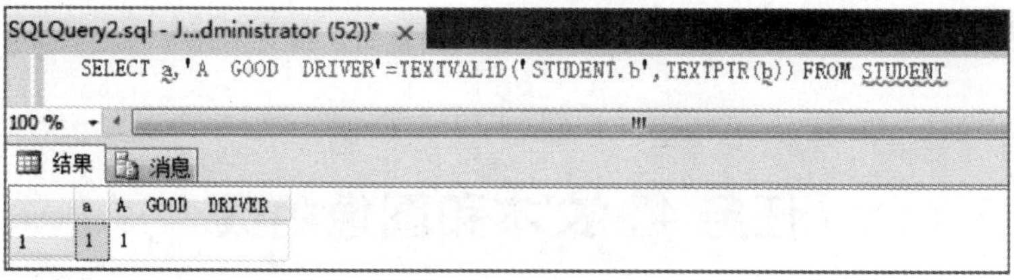

图 11.47　TEXTVALID()函数示例

任务 5　系统函数

11.5.1　情境设置

系统信息包括当前使用的数据库名称、主机名、系统错误消息以及用户名称等内容。使用 SQL Server 中的系统函数可在需要时获取系统信息。

11.5.2 知识链接

1)COL_LENGTH()函数

格式:COL_LENGTH()

功能:COL_LENGTH(table,column)

参数说明:table 为要确定其列长度信息的表的名称,属于 nvarchar 类型的表达式;column 为要确定长度的列名称,属于 nvarchar 类型的表达式。

示例:SELECT COL_LENGTH('学生表','家庭地址')

执行结果如图 11.48 所示。

2)COL_NAME()函数

格式:COL_NAME(table_id,column_id)

功能:返回表中指定字段的名称。

参数说明:table_id 是表的标识号,column_id 是列的标识号,int 类型。

示例:已知 studentcourse 数据库中 s 表的属性为 s(学号,姓名,性别,出生日期,系,电话),利用 COL_NAME()函数返回 s 表中第 2 列的字段名。

SELECT COL_NAME(object_id('studentcourse.dbo.s'),2)

执行结果如图 11.49 所示。

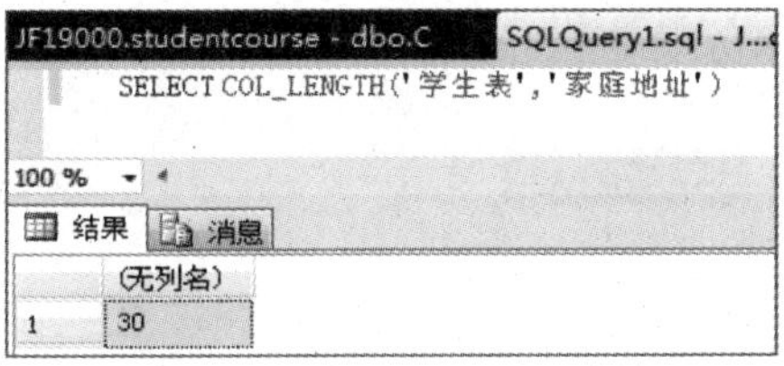

图 11.48 COL_LENGTH()函数示例

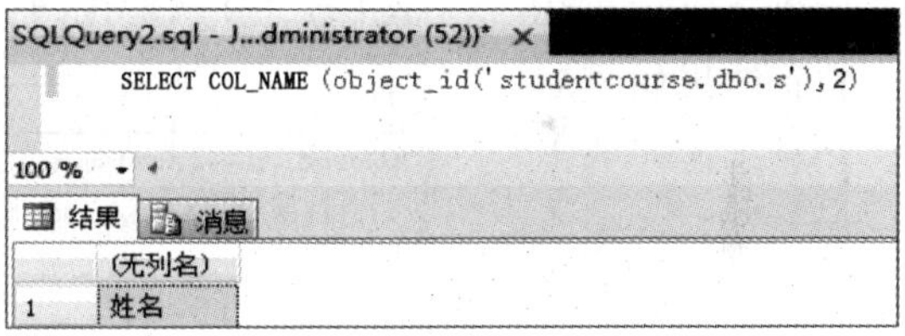

图 11.49 COL_NAME()函数示例

3)DATALENGTH()函数

格式:DATALENGTH(expression)

功能:返回数据表达式的数据实际长度,即字节数。

参数说明:expression 可以是任何数据类型的表达式。

示例:SELECT DATALENGTH(姓名) FROM s WHERE 学号='J0401'

执行结果如图 11.50 所示。

4)DB_ID()函数

格式:DB_ID(database_name)

功能:返回数据库的编号。

参数说明:database_name 是数据库的名称,当名称省略时,返回当前数据库的编号。

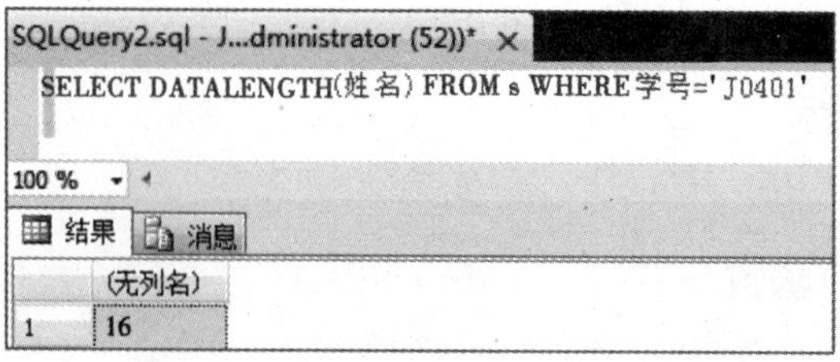

图 11.50　DATALENGTH( )函数示例

示例:SELECT DB_ID('master'),DB_ID('studentcourse'),BD_ID( )

执行结果如图 11.51 所示。

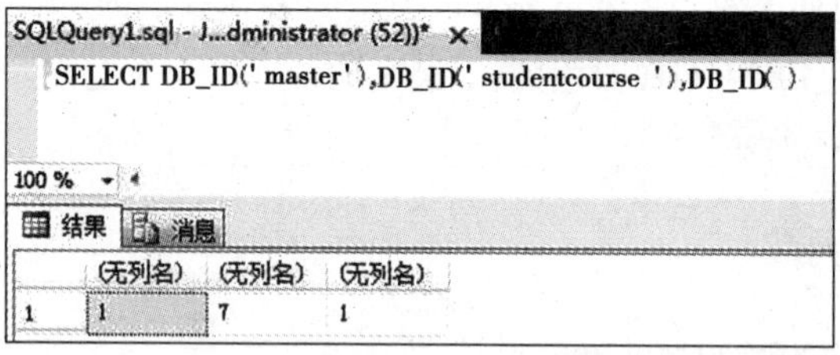

图 11.51　DB_ID( )函数示例

5)DB_NAME( )函数

格式:DB_NAME(database_id)

功能:返回指定数据库编号的数据库名称。

参数说明:database_id 为数据库编号,当省略该参数时,则返回当前数据库的名称。

示例:SELECT DB_NAME( ),DB_NAME(1),DB_NAME(7)

执行结果如图 11.52 所示。

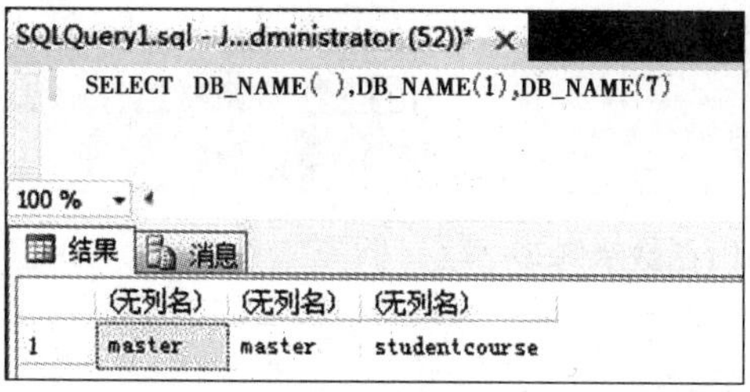

图 11.52　DB_NAME( )函数示例

6)GETANSINULL( )函数

格式:GETANSINULL(database_name)

功能:返回当前数据库默认的 NULL 值。如果指定数据库允许为空值,并且没有显式定义列或数据类型为空,则返回 1。

参数说明:database_name 为数据库名称。

示例:SELECT GETANSINULL('studentcourse')

执行结果如图 11.53 所示。

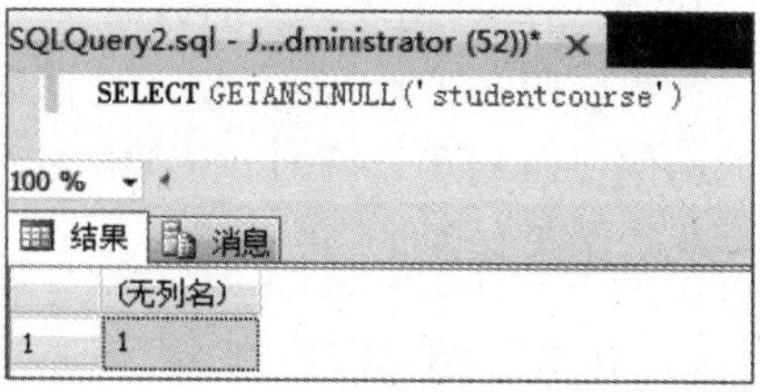

图 11.53　GETANSINULL( )函数示例

7)HOST_ID()函数

格式:HOST_ID()
功能:返回服务器端计算机的标识号。
参数说明:无参函数。
示例:SELECT HOST_ID()
执行结果如图 11.54 所示。

8)HOST_NAME()函数

格式:HOST_NAME ()
功能:返回服务器端计算机的名称。
参数说明:无参函数。
示例:SELECT HOST_NAME()
执行结果如图 11.55 所示。

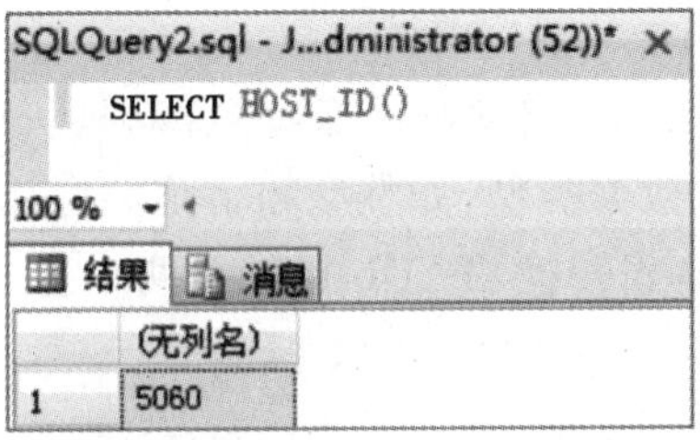

图 11.54　HOST_ID()函数示例

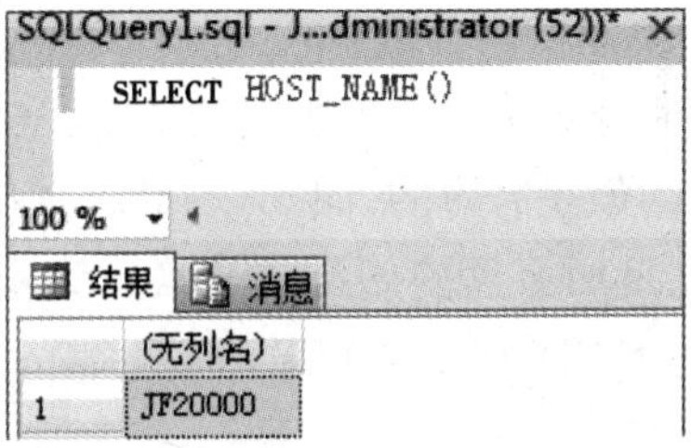

图 11.55　HOST_NAME ()函数示例

9)OBJECT_ID()函数

格式:OBJECT_ID(database_name.object_name,object_type)
功能:返回数据库对象的编号。
参数说明:object_name 为要使用的对象,数据类型为 varchar 或 nvarchar。object_type 指定架构范围的对象类型,可省略。
示例:SELECT OBJECT_ID('studentcourse.dbo.s')
执行结果如图 11.56 所示。

10)SUSER_SID()函数

格式:SUSER_SID(login_name)
功能:根据用户登录名返回用户的安全标识号 SID(Security Identification Number)。
参数说明:login_name 为登录名,若不指定则返回当前用户的 SID。
示例:SELECT SUSER_SID('JF20000\Administrator')
执行结果如图 11.57 所示。

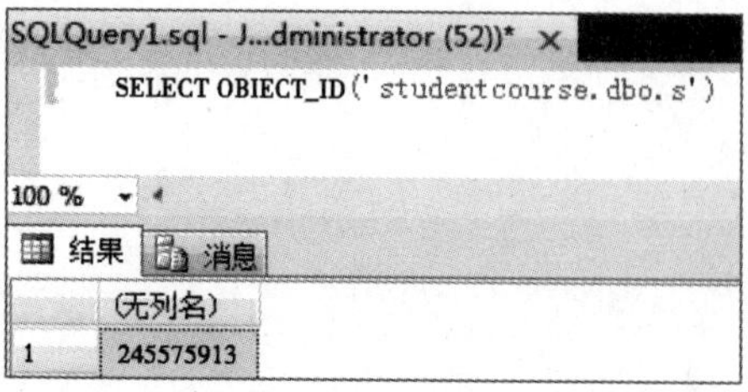

图 11.56 OBJECT_ID( )函数示例

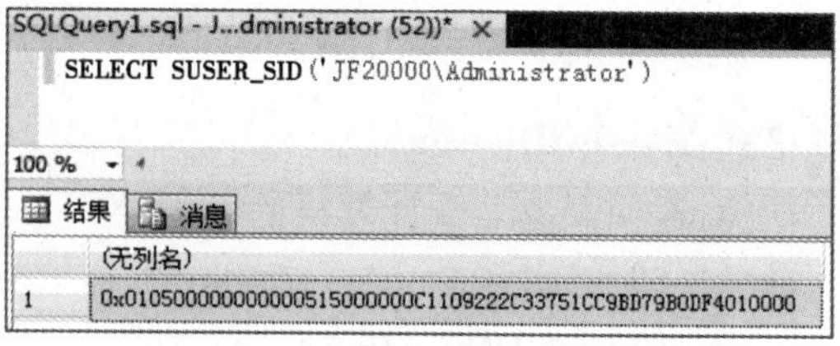

图 11.57 SUSER_SID( )函数示例

任务 6 数据类型转换函数

11.6.1 情境设置

在同时处理不同数据类型的值时,SQL Server 一般会自动进行隐式类型转换。对于数据类型相近的值是有效的,如 int 和 float,但对于其他数据类型,如整型和字符类型,隐式转换无法实现,此时必须使用显式转换。为实现这种显式转换,T-SQL 提供了两个显式转换函数,分别是 CAST 和 CONVERT 函数。

11.6.2 知识链接

1)CAST( )函数

格式:CAST(X AS TYPE)
功能:将 X 转换为 TYPE 类型。
参数说明:X 为待转换的对象,TYPE 为转换后数据的类型。
示例:SELECT CAST('170303' AS DATE)
执行结果如图 11.58 所示。

2)CONVERT( )函数

格式:CONVERT(TYPE,X)
功能:将 X 转换为 TYPE 类型。
参数说明:TYPE 为某一合法的数据类型名称,X 为待转换的对象。
示例:SELECT CONVERT(TIME,'2017-03-03 09:20:35')
执行结果如图 11.59 所示。

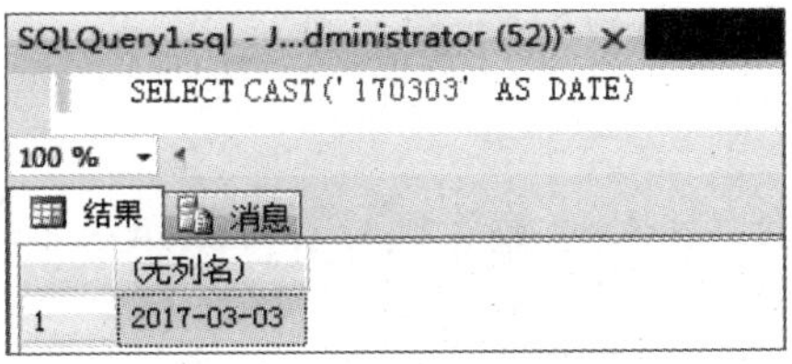

图 11.58 CAST( )函数示例

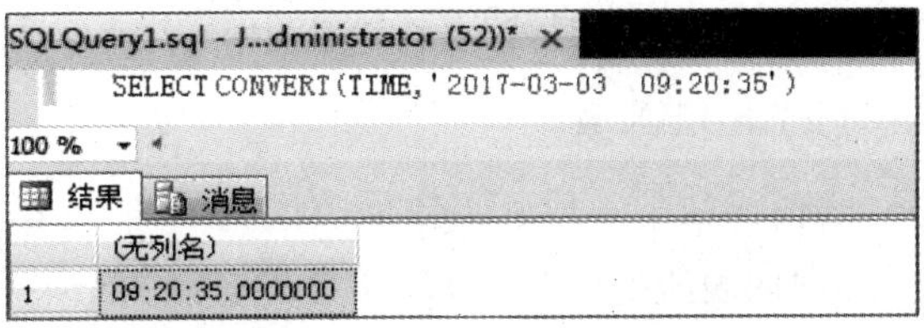

图 11.59 CONVERT( )函数示例

任务 7 用户自定义函数

11.7.1 情境设置

除以上字符串、数学、日期和时间、文本和图像等函数外，用户可根据需要定义自己所需的函数，在查询或存储过程中均可调用，也可像存储过程一样利用 EXECUTE 命令执行函数功能。与计算机高级语言相似，Microsoft SQL Server 2012 用户自定义的函数可以接受参数以及返回函数结果等。

11.7.2 知识链接

1)用户自定义函数的优点

(1)一次定义多次使用

在模块化程序设计中，函数创建一次后可多次使用。同时，用户自定义的函数可独立于程序源代码进行修改。

(2)快速执行

用户自定义的函数在多次使用时，通过缓存仅需在第一次调用时进行编译，即每次使用用户定义函数时均无须重新解析和重新优化，从而缩短了执行时间。

(3)减少网络流量

函数可以用在无法用单一标量的表达式表示的复杂约束来过滤数据的操作，这些函数可以在 WHERE 子句中调用，从而减少发送到客户端的数字或行数。

2)自定义函数类型

(1)标量函数

标量函数通常定义在 BEGIN…END 块中，函数体内可包含一系列返回单个值的 T-SQL

语句。返回值类型是除 text,ntext,image,cursor 和 timestamp 以外的数据类型。

(2)表值函数

表值函数是一种返回数据类型为 table 的函数,内联表值函数无须放在 BEGIN…END 中,返回的表值是单个 SELECT 语句查询的结果。

已知 studentcourse 数据库中含有表 s,表结构及表记录分别如图 11.60 及图 11.61 所示。

列名	数据类型	允许NULL值
学号	char(6)	□
姓名	char(8)	□
性别	char(10)	□
出生日期	datetime	□
系	varchar(20)	□
电话	char(10)	□

图 11.60 s 表结构

	学号	姓名	性别	出生日期	系	电话
1	J0401	李丽	女	1980-02-12 00:00:00.000	管理信息系	931-1234
2	J0402	马俊萍	女	1970-12-02 00:00:00.000	管理信息系	931-1288
3	J0403	王永明	男	1985-12-01 00:00:00.000	管理信息系	571-2233
4	J0404	姚江	男	1985-08-09 00:00:00.000	信息管理系	571-8848
5	Q0405	陈小红	女	1980-02-12 00:00:00.000	汽车系	571-1122
6	Q0406	张干劲	男	1978-01-05 00:00:00.000	汽车系	577-1111

图 11.61 s 表记录

示例 1:创建标量函数 GetStuNameById,根据指定的学号,返回该学生的姓名。

```
CREATE FUNCTION GetStuNameById(@学号 char)
RETURNS VARCHAR(30)
AS
BEGIN
DECLARE @姓名 CHAR(30)
SELECT @姓名=(SELECT 姓名 FROM s WHERE 学号=@学号)
RETURN @姓名
END
```

该函数自定义名称为 GetStuNameById,根据指定的学号返回该学号对应的姓名。“RETURNS VARCHAR(30)”指定返回值的数据类型,并通过查询语句“SELECT 姓名 FROM s WHERE 学号=@学号”,对姓名进行赋值,最后通过“RETURN @姓名”返回学生姓名。代码输入完毕后,执行命令,结果如图 11.62 所示。

示例 2:创建表值内联函数,返回 s 表中学生的记录。

```
CREATE FUNCTION GetStuRecordBySex(@性别 CHAR(2))
RETURNS TABLE
AS
RETURN
(
```

```
SELECT 学号,姓名,性别,YEAR(出生日期) AS 出生年份
FROM S
WHERE 性别=@性别
)
```

该函数创建了一个表值函数,根据用户输入的参数值,返回男同学和女同学的记录。代码输入完毕后,执行命令,结果如图 11.63 所示。

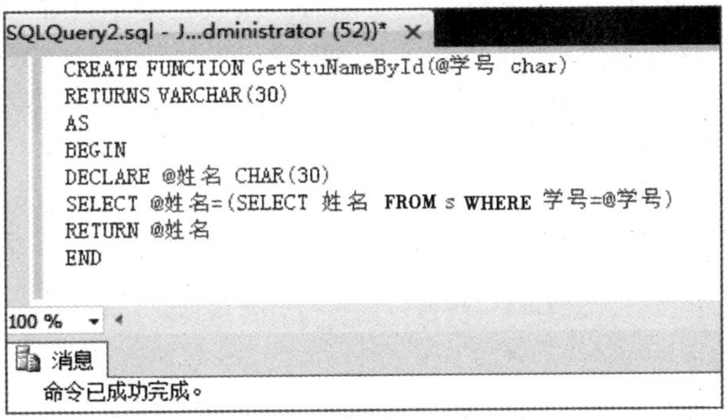

图 11.62 创建标量函数

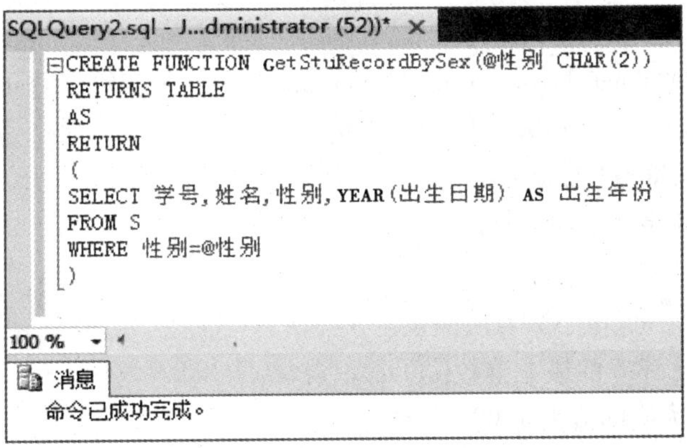

图 11.63 创建表值内联函数

用"SELECT * FROM GetStuRecordBySex('男')"查询结果集返加表值的内容如图 11.64 所示。

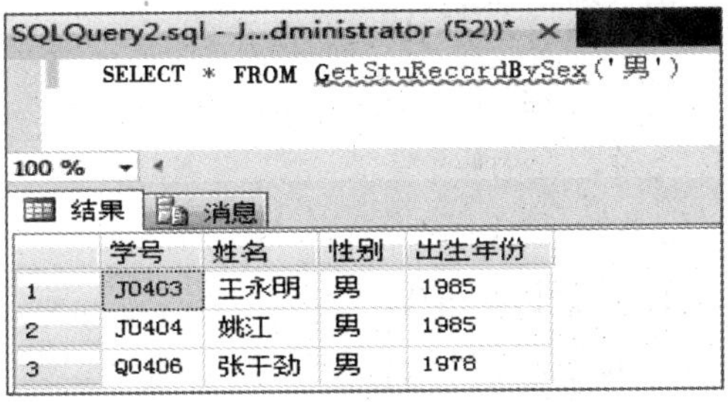

图 11.64 调用自定义表值函数

项目小结

本项目以案例的形式学习了字符串函数、数学函数、日期和时间函数、文本和图像函数、系统函数、数据类型转换函数以及用户自定义函数。函数在程序设计、数据表中记录的编辑等过程中会起到至关重要的作用,可以更加灵活地满足不同用户的需求,使数据库的功能变得更强大。

习 题

计算题

1.利用字符串函数完成下列运算。

(1)计算字符串“SQL Server 2012”和“DataBase”的长度。

(2)截取字符串“What do you do in the morning?”中的子字符串“you”。

(3)去掉“You are a good driver!”中的空格。

(4)逆序输出字符串“DataBase”。

2.利用数学函数完成下列运算。

(1)256 的平方根。

(2)返回圆周率并保留小数点后两位。

(3)返回不大于 58.6 的最大整数值。

(4)返回以 10 为底的值为 1000 的指数。

3.利用日期和时间函数完成下列运算。

(1)返回当前系统日期。

(2)计算 1997 年 6 月 1 日距离当前日期的相差的年份。

(3)已知王某 2010 年 8 月参加工作,计算他的工龄。

项目 12

大数据金融

【项目描述】

近年来，大数据（Big Data）一词越来越多地被提及，大数据应用越来越彰显它的优势，占领的领域也越来越大，如电子商务、O2O、物流配送等，而大数据在金融领域的应用更加备受青睐，是大数据应用非常受欢迎的领域之一。

本项目重点是大数据金融模式、大数据时代金融行业受到的冲击与变革，难点是大数据时代金融数据库管理系统。包含的任务如表 12.1 所示。

表 12.1　项目 12 包含的任务

名　称	任务名称
项目 12 大数据金融	任务 1　大数据金融概述
	任务 2　大数据金融的优势
	任务 3　大数据金融模式
	任务 4　大数据时代金融行业受到的冲击与变革
	任务 5　大数据金融前瞻
	任务 6　大数据金融跨界应用典型案例
	任务 7　大数据时代金融数据库管理系统

任务 1　大数据金融概述

12.1.1　情境设置

近几年来，大数据概念风靡全球，在诸多领域，如政府、学术界、产业界以及资本市场等高达90%的企业都在应用大数据,人们都在转变思维,将大数据视为一种巨大财富,讨论并研究大数据时代社会发展的新思路。大数据正以润物细无声的方式影响并改变着全人类的生活与思维模式,被专业人士称为"人类的第四代革命"。

12.1.2 知识链接

1)大数据

(1)大数据的定义

所谓大数据(Big Data),或称巨量资料,指的是所涉及的资料量规模巨大到无法透过目前主流软件工具,在合理时间内达到撷取、管理、处理并整理成为帮助企业经营决策更具积极作用的资讯。

(2)大数据的核心特征

①数量大。大数据所包含的数据量很大,而且在急剧增长之中。但是,可供使用的数据量在不断增长的同时,可处理、理解和分析的数据比例却不断下降。

②种类多。随着技术的发展,数据源不断增多,数据的类型也不断增加。不仅包含传统的关系型数据,还包含来自网页、互联网、搜索索引、论坛、电子邮件、传感器等原始的、半结构化和非结构化的数据。

③速度快。除了收集数据的数量和种类发生变化,生成和需要处理数据的速度也在变化。数据流动的速度在加快,要有效地处理大数据,需要在数据变化的过程中实时地对其进行分析,而不是滞后地进行处理。

④价值量。在信息时代,信息具有很重要的商业价值。但是,信息具有生命周期,数据的价值会随时间快速减少。另外,大数据数量庞大,种类繁多,变化较快,数据的价值密度很低,如何从中尽快地分析得出有价值的数据非常重要。对海量的数据进行挖掘分析,这也是大数据分析的难点。

⑤真实性。这是一个衍生特征。真实有效的数据才具有意义。随着新数据源的增加,信息量的爆炸式增长,人们很难对数据的真实性和安全性进行控制,因此需要对大数据进行有效的信息治理。

大数据在结构类型上也有其特点,大多数的大数据都是半结构化或非结构化的。半结构化的数据是指具有一定的结构性并可被解析或者通过使用工具可以使之格式化的数据,如自描述和具有定义模式的XML数据文件。非结构化的数据是指没有固定结构,通常无法直接知道其内容,保存为不同类型文件的数据,如各种图像、视频文件。根据目前大数据的发展状况,未来数据增长的绝大部分将是半结构化或非结构化的数据。大数据概念涉及数据仓库、数据安全、数据分析、数据挖掘等方面。

大数据不仅局限在字面含义,它实际包含对多维度数据信息的搜集、汇总,人们通过对搜集到的数据进行有效存储、整理、分析、管理、挖掘、整合及累加等,让看似没有任何关联关系的大量单个数据变得有价值,使其逐渐应用到各领域,为人们所用。

早在搜索引擎为查询者提供服务时即已开始了大数据的应用。搜索引擎通过查询者输入的关键词进行检索,搜索引擎从海量的索引数据库中找到匹配关键词的网页,高效查找出可能的答案。搜索引擎的服务方式就是人类日常生活中比较典型的“大数据”原理与应用案例。

(3)典型大数据的类别

①公安大数据。近一两年,大数据开始在公安等行业领域得到普及应用,除了行业自身的特殊要求外,大数据也带动了相关行业的需求发展。未来,基于大数据的行业应用会变得更加深入。

②质检大数据。检测数据涉及国民经济社会的每一个角落,是一种重要的基础性战略资源。质检部门要使用好这些数据资源,充分利用互联网、大数据等科技创新,突破专业性、设备与检测方法的限制,针对行业,规范统一数据服务,实现监管的科学性、公正性、全面性与客观性。

③食品安全大数据。食品安全问题是一个遍及全球,威胁人类健康的重要公共卫生问题,如何有效利用一切与食品安全相关的信息,提取有价值的预防控制知识,成为当前食品安全领域迫切需要解决的课题。

④卫生大数据。在医改已经进入深水区的当下,各级医疗卫生部门都应该依据自己地区的大数据,找到自己改革和努力的方向,解决在医疗卫生领域的所有棘手问题,降低居民在看病方面的精神与经济压力,缓解医患关系,增加医疗福利。

⑤工商大数据。根据不同的服务对象和目的,工商大数据大致可划分为决策服务体系、部门共享体系、管理支撑体系和公共服务体系。大数据分析对发挥工商数据价值、提升工商部门影响力将会起到非常重要的作用。

⑥民政大数据。民政数据主要关注的是民政部门机构,通过分析挖掘历年累积历史数据,对当前工作提供决策支持。民政部历年累积的数据不但不会因为时间而枯竭,还会随着正确使用和传播不断地丰富与增长。

2)大数据的应用场景

(1)大数据在金融行业的应用

目前,大数据的典型应用即是金融领域,由“互联网金融”催生的大量的金融或类金融机构,为产业转型起到了一定的助推作用,为更好地获得最大利润,各大金融机构纷纷脑洞大开。

著名的华尔街某公司通过对全球3.4亿微博账户留言分析民众情绪,并得出当人们高兴时会买入股票,焦虑时会抛售股票,针对该条具有巨大商业价值的结论,该公司通过判断全世界高兴的人多还是焦虑的人多来决定公司股票的买入或是卖出。

阿里公司针对淘宝网上中小企业的交易状况筛选出财务健康和诚信经营的企业,并对其提供无担保贷款。

(2)大数据在政府机构的应用

我国新一届领导组织提出的改善民生等一系列重大举措推动了大数据工作在政府部门的开展。作为中国官方重点扶持的战略性新兴产业,大数据产业在我国各级政府机构已纷纷开展应用,为充分运用大数据的先进理念、技术和资源,加强对我国各地市场主体的服务和监管,推进简政放权和政府职能转变,提高政府治理能力,一些运用大数据加强对市场主体服务和监管实施方案在我国某些省市已提出。

(3)大数据在医疗体系的应用

随着我国医疗体系改革的不断深入,医疗卫生的信息化建设进程也在不断加快,医疗数据的类型趋向多样化,规模庞大,海量数据、非结构化数据已对传统医疗体系提出了挑战。医疗大数据正彰显出强大的潜在价值,医生通过借助大数据技术分析得到的结果,进行有针对性的治疗与排查。医疗大数据将在临床操作、临床决策支持系统、医疗数据透明度、远程病人监控以及对病人档案的先进分析等方面得到广泛应用,既减少了医务科研工作者大量烦琐的工作,又开阔了医务工作者的分析思路等。

(4)大数据在农业领域的应用

随着《农业农村大数据试点方案》的正式印发,运用大数据概念和技术创新农业监测统计工作的思路和办法不断涌现,充分发挥各地农业部门及企业、科研单位、行业协会的作用,推动大数据在农业生产、经营、管理、服务等环节的应用,形成一批可复制、可推广的成果已变成农业相关部门努力的方向。

农业大数据是融合了农业地域性、季节性、多样性、周期性等自身特征后产生的来源广泛、类型多样、结构复杂、具有潜在价值,并难以应用通常方法处理和分析的数据集合。它保留了大数据自身具有的规模巨大、类型多样、价值密度低、处理速度快、精确度高和复杂度高等基本特征,并使农业内部的信息流得到了延展和深化。曾有比喻,农业大数据就像是正在修建的水库一样,即这个水库中的水不仅是活的水,还必须有来源;有了来源还不行,还必须有出处和应用。

3)大数据与企业

大数据可谓是IT企业热搜词汇,它不只是一个词汇,更是一门技术,代表一个产业时代。我国作为人口大国、GDP排名第二的国家,来到了大数据红利的年代。大数据的本质是数据之“大”,精髓在于大数据本身所产生的价值。当下,企业面临着如何应用一个模糊的宏观判断,让大数据为企业、为社会充分发挥并贡献其最大价值。

近些年,互联网行业发展风起云涌,大数据世人瞩目,对于处于初级阶段的大数据,很多企业都不会错失机会。那么,企业大数据未来的发展方向又是什么呢?

(1)数据资源化

资源化是指大数据成为企业和社会关注的重要战略资源,并已成为大家争相抢夺的新焦点。因此,企业必须要提前制订大数据营销战略计划,抢占市场先机。

(2)大数据分析领域高速发展

数据蕴含着巨大价值,但是数据的价值需要用IT技术去发现、探索,而后应用。数据的积累并不能够代表其价值的多少,而如何发现数据中的价值已是众多企业用户着力解决的问题。

(3)大数据技术将成为企业IT的核心技术

随着大数据价值的不断提取与挖掘,大数据技术将成为企业IT的核心技术,在以营利为主导的行业环境中,什么技术能够为企业带来更多的价值,企业就会重视什么技术。在以往,IT系统在企业中更多地扮演辅助工作的任务,而随着大数据的发展,IT系统也将具有更大的意义。现今,社会化数据分析正在崛起,这对于任何行业将影响极大。

4)企业大数据观

大数据浪潮势不可当,大数据对现代企业的重要性已毋庸置疑,那么企业应以什么样的姿态迎接大数据时代的到来,也就是企业应有怎样的大数据观是企业值得思索的问题。

(1)思维变革

企业应当跳出传统的信息思维架构的约束,将企业的信息化进程进一步向前推进,并重视数据信息的汲取与应用,重视大数据人才,尤其是大数据金融人才的有效利用。

(2)提升数据决策能力

企业要提升自身的数据判断能力方能在未来激烈的商业竞争中拥有一席之地。

(3)"三流"向"四流"的转变

传统企业"资金流""信息流""物流"决定了企业的核心竞争力,而现代企业要想走得远、走得稳,必须拥有"大数据流"。

5)大数据金融

所谓大数据金融,即依托海量数据,利用互联网、云计算等信息化处理方式,基于传统金融服务,开展资金融通、创新金融服务,即利用大数据开展的金融服务。相对于传统金融,大数据金融由传统的抵押贷款模式逐步转化为信用贷款模式。

似乎一夜之间,大数据这一概念从 IT 领域突然间跳跃到金融领域,成为金融行业颠覆传统业务,深入互联网金融的话题之一。大数据金融行业由于和客户交互的特殊性,正在成为大数据应用的主要行业。而大数据时代对金融服务业的深远影响首先是将服务的视野无限地拓宽了,对于客户的连续消费行为特征通过大数据将会有更清晰的认识。原因在于整合的数据仓库将各个数据库之间的数据进行共享,甚至可以进行跨界的数据整合和分析,使得原来残缺模糊的客户视图在大数据时代变得更为清晰和完整。用一句夸张的语言来表达,在大数据时代,客户在金融行业将没有秘密,除非客户不使用任何金融产品。客户的个人基本资料、家庭成员资料、日常消费习惯、所处地点、喜欢的交通工具或公司、理财金融需求及投资偏好等通过整合的客户视图一览无遗,而这些信息以往是散落在各个数据库中。这种数据整合主要来源于以下两种类型:一是同一金融集团下各个子公司之间的数据互通共享;二是跨界平台的数据互通共享,例如金融行业和电商行业的数据互通共享。

在金融领域,美国股市每天的成交量高达 70 亿股,而其中的 2/3 的交易都是由建立在数学模型和算法之上的计算机程序自动完成的。这些程序运用海量数据来预测利益和降低风险。从科学研究到医疗保险,从银行业到互联网,各个领域都在讲述一个事实,人类已经进入数据时代。在 2000 年,电子数据存储信息只占全球数据量的 1/4,其他都存储在报纸、胶片、黑胶唱片和盒式磁带等物理媒介上。而到了 2007 年,存储在物理媒介上的数据仅有全部数据的 7%。我们周围到底有多少数据,每天产生多少数据,我们人类中的每一员又能共享多少数据,每天又以多快的速度增长,真的像专家预言的那样,若干年后,整个世界不再有发达国家、发展中国家,而是大数据时代国家、小数据时代国家和无数据时代国家。现今,不仅秘密机构,如反恐部门需要搜寻大量的机要数据,许多政府部门、商家也有同样需求,数据采集扩展到了金融交易、医疗记录等众多领域。数据真的会成为未来石油。“反馈经济(Feedback Economy)”等新经济、新商业模式已经形成。大数据对金融行业带来了巨大冲击和潜在的商业价值。

大数据时代的来临或许会彻底颠覆传统客户服务的诸多理念,以往关注客户满意度、服务水平、一次解决率的客服同业们也许会突然发现眼前的客户视图似乎更广阔了,大数据时代将会推动客户服务更多地向着真正的客户关系管理迈进。以往由于技术的限制,我们无法了解客户的真正内在需求,更多的时候只是在被动地提供服务,因此我们关注的都是客户在有服务需求后我们响应的各项服务指标。而现在除了企业的各类客户基本数据外,结合客户的交易行为数据,我们似乎可以更多地去观察和判断客户的内在真正需求。可以真正地从客户生命周期来对客户进行管理,不断提升客户价值,增加客户贡献度。客户服务也可以从单纯的被动服务的小客服向着客户关系管理的大客服转变,将关注点转移到新客户成长、客户流失情况、客户集团产品交叉持有、客户家庭理财规划、客户整体贡献度等指标上来,客服部门将是一个企业的关键经营部门,而不再是一个呼叫中心或者客户联络中心的性质了。

前台服务人员数量将逐渐减少,而后台的数据挖掘、项目策划、服务策划人员将会不断增加,通过移动终端、APP 应用及微信等工具进行电子化沟通的占比将会不断上升,而各类智能自助服务、语音识别技术会在客服中心得到大规模的应用,智能系统将开始大规模替代人工职位,未来金融领域职业将面临新一轮的大变革。

任务 2　大数据金融的优势

12.2.1　情境设置

金融交易形式和金融体系结构是大数据金融改造的两个层面,其主要优势有如下 3 个方面。

12.2.2　知识链接

1)低成本,客户群易拓展

互联网的发展为互联网金融的出现奠定了庞大的客户基础。目前,互联网技术已经深入到千家万户,社会中的每个人无时无刻不在和互联网发生联系,大数据金融融资方式以大数据、云计算为基础,摈弃传统的人工审批,取而代之的是大数据自动计算为主的形式,这样就大大降低了成本。小微企业也是很好的受益对象,且可根据企业生产周期灵活决定贷款期限。与此同时,大数据金融边际成本低,效益好,可以将碎片化的需求和供给进行很好的整合,而且也可拓宽服务领域,数以千万计的中小企业和中小客户都可成为其服务对象,从而进一步拉低了企业的运营及交易成本。

大数据时代的到来,为互联网金融的发展带来了新的能量,金融服务渠道不断拓展,普惠性的特点不断显现出来。互联网打破了时间与空间上对于金融领域的限制,大数据能够为金融业提供有针对性且成本低廉的普惠金融产品,这就在很大程度上提高了金融产品的服务范围以及客户的覆盖率。

2)快捷放贷,个性化服务

平台金融和供应链金融,都建立在长期大量的信用及资金流的大数据基础上,这样,依托大数据金融的企业便可迅速生成信用评分。通过网付方式,借助大数据分析得到贷款需要及信用评分等结果,及时放贷。也正因如此,放贷解除了时间与空间的限制,且对匹配的期限进行较好的管理,及时解决资金流动性问题。大数据金融可以针对不同企业个性化融资要求,提供对应的快速、准确、高效的金融服务。

3)先进的数据技术,降低金融风险

从客户准入方面分析,互联网企业可以通过网络痕迹的处理技术,在运营的过程中积累大量的客户"软信息",然后通过计算机进行数据分析从而实现数据的标准化,实时调查和监督客户的交易行为,及时甄别异常状况,消除各种交易障碍。从产品营销方面分析,互联网金融企业通过电子商务平台把互联网中的各种资源相互融合,能够集中整合目标客户,及时进行有效营销。

利用分布式计算,大数据金融能够做出风险定价,以及可替代风险管理、风险定价的风险评估模型,更进一步可生成保险精算。基于大数据金融的决策更加科学,可有效降低不良贷款率,解决信用分配、风险评估、实施授权甚至识别欺诈等问题,并可实时得到客户违约率、信用评分等风险指标,便于实现金融风险控制。

任务3 大数据金融模式

12.3.1 情境设置

不同的划分标准,大数据金融模式划分结果不同。按照贷款模式的转变,大数据金融模式分为平台金融和供应链金融两种形式。这两种模式将传统金融的抵押转化为信用贷款模式,也就是不需要抵押或拥有银行授信额度,而是根据在平台或者供应链中的信用行为便可获得融资。这样既降低了融资门槛和融资成本,也加速了资金周转,提高资金使用效率,并重构了金融体系,促进了行业间的跨界整合。

12.3.2 知识链接

1)平台金融模式

平台金融模式,主要是指企业基于互联网电子商务平台基础提供的资金融通的金融服务，或企业通过在平台上凝聚的资金流、物流、信息流，组成以大数据为基础的平台来整合金融服务。企业通过在互联网平台上运营多年的数据累积，利用互联网技术为平台上的企业或者个人提供金融服务。

与传统金融依靠抵押或担保模式不同，平台金融模式主要是通过云计算来对交易数据、用户交易与交互信息和购物行为等大数据进行实时分析处理，积累网络商户在电商平台中的信用数据，进而提供信用贷款等金融服务。

2）供应链金融模式

所谓供应链金融是指银行围绕核心企业，管理上下游中小企业的资金流和物流，并把单个企业的不可控风险转变为供应链企业整体的可控风险，通过立体获取各类信息，将风险控制在最低的金融服务。供应链的本质是信用融资，在产业链条中发现信用。在传统方式下，金融机构通过第三方物流、仓储企业提供的数据印证核心企业的信用，监管融资群体的存货、应收账款信息。在云时代，大型互联网公司凭借其手中的大数据成为供应链金融新贵，蚂蚁金融、京东、苏宁等都是典型代表。

3）大数据金融商业模式的创新趋势

目前，任何一家金融企业都不能做到全民服务、全方位服务，即任何一种产品或服务都没能够覆盖所有消费者的各种不同需求。企业要在客户关系中进行深入的大数据分析并作出科学决策，从而更好地满足最大量的客户的最多需求。通过构建和提供更多更理想的金融服务产品，不断开发潜在的客户群，改革目前以营利为目的的商业服务理念，真正做到以客户真实需求为出发点。

全球大数据财富已积累到一定程度，大数据技术不断提高，操控大数据的人才队伍不断壮大，但企业所拥有的核心资源还存在很大的整合空间，企业可以围绕关键活动进行商业模式创新。通过价值链条上所拥有的独具特色的核心活动加以分析，进而进行核心能力的开发与提升。

企业在发展过程中会面临诸多风险，任何商业模式都存在着一定的不可控因素，企业在未来的风险评估过程中，可借助信息技术搭建的网上服务，掌握客户群体的网络信用评价等级、历史交易数据等，进一步掌握其真实的信用状况。

任务 4　大数据时代金融行业受到的冲击与变革

12.4.1　情境设置

金融行业有着厚实的信息技术基础，但大数据到来后对金融业带来的冲击则是始料未及的，大型电子商务公司在小额支付、小额贷款、供应链金融等领域的迅猛发展，使得大型银行表现出猝不及防的态势。着眼数据资源，尽管金融业拥有非常详尽、真实的个人或企业的注册、交易等信息,但多年的此类信息一直"沉睡"在银行的电脑中,相较于电子商务公司,传统金融业并没有释放出已掌控多年的数据资源的活力。

支付宝快捷支付,阿里小额贷款,京东布局供应链,中国建设银行跨界推出电商平台——"善融商务""三马"联合涉足保险业,Lending Club 携手摩根士丹利前 CEO John Mark 和"互联网女皇"Mary Meeker 开展小额借贷业务,如此林林总总,无不体现"数据资产"驱动下传统金融行业受到的冲击。拥有大量用户各类数据信息的企业,正在蜂拥而上,试图侵占传统金融业领域,而一些具备领先思维意识的金融公司,则顺势开展新的业务领域,并不断完善自身数据资产的维度,不断增强自身在新时代、新形势下的核心竞争力。

12.4.2 知识链接

1)第三方支付百花齐放

第三方支付包括:支付宝的移动支付、即时到账、声波支付、当面付;微信公众号支付、扫码支付、刷卡支付;百度钱包 APP 支付、移动网页支付、电脑支付;京东 H5,APP 支付,PC 端支付;易宝 H5,APP 支付,PC 端支付;快钱网银支付,等等。众多第三方支付推送的快捷支付方式,不但在一定程度上摆脱了银行的束缚,反而迫使银行与其共享客户信用,并完善了自身的数据资源,在已有的基础之上,不断开疆扩土,开展融资、营销等增值服务。

2)网络小额贷款方兴未艾

传统金融机构在开展中小企业融资服务过程中一直面临两大难题——成本和风控,网络小额信贷则为解决上述问题提供了全新动作思路。网络小额信贷基于互联网进行标准化流水作业,大大降低了传统点对点的运作成本,同时凭借海量、多维、实时的数据资产有效地控制了风险,这也是网络小额信贷敢于打破传统抵押、担保模式的关键驱动力。网络小额信贷创新性的业务模式,深受中小企业的欢迎,发展态势极其迅猛。

早在 2007 年,阿里便曾与中国建设银行、中国工商银行合作推行中小企业无抵押贷款,但由于一些特定的原因,合作不久便以失败告终。但随后的 2010 年阿里又与复星、银泰等集团分别成立了浙江阿里巴巴小额贷款和重庆阿里巴巴小额贷款两家公司,逐步开展了网络贷款业务。阿里小贷业务分为两类:一类是 B2C 平台;另一类是 B2B 平台。B2C 平台是天猫和淘宝网的客户提供订单贷款和信用贷款,B2B 平台是阿里中国站或中国供应商会员提供的阿里信用贷款。

传统金融机构采取抵押、担保的方式降低因信息不确定导致的运作风险和经营损失,大数据时代,信息为所有网民所共享,越来越公开、透明,数据的意义越发重大,商业环境因此在不知不觉中发生着变化,商业运作模式也必将受到影响。数据获取和数据分析将成为基于大数据的商业模式创新过程的两个重要环节。2012 年,亚马逊启动了"亚马逊借贷",截至 2017 年 6 月,亚马逊已向小企业提供了超过 30 亿美元的贷款。2015 年,谷歌推出房贷对比服务,方便潜在购房者寻找和对比购房贷款。这些大牌商家正以独创的商业模式,重塑银行信贷业的市场格局和发展方向。

3)互联网巨头推动供应链金融

供应链金融产品方面实践较早的是工商银行推出的针对沃尔玛供应商的供应链金融服务,其流程是:供应商在接到沃尔玛的订单后,以组织生产和备货的资金需求,向工商银行提出订单融资申请,获取融资并将产品生产出来后,向沃尔玛供货,并将发票、送检入库单等提交给工商银行,工商银行即可为其办理应收账款保理融资,归还其订单融资。应收账款到期后,沃尔玛按约定支付贷款资金到供应商在工商银行开设的专项收款账户,工商银行收回保理融资。这项创新的融资服务在业界受到广泛赞誉。

正如一位电商行业人士所言:"在电商行业,金融可以算得上是食物链的最顶端,供应链金融能打造一个服务的闭环,将供应商紧紧地捆绑在自己的平台,这是一个争夺供应商的最有效的办法。"

近年来,京东频频加码互联网金融,供应链金融是其金融业务的根基。京东通过差异化定位及自建物流体系等战略,并通过多年积累和沉淀,已形成一套以大数据驱动的京东供应链体系,为上游供应商提供贷款和理财服务,为下游消费者提供赊销和分期付款服务。具体可以分为以下类型:采购订单融资、入库环节入库单融资、结算前应收账款融资、担保、保单业务扩大融资、协同投资信托计划、资产包转移计划、消费者分期付款、消费者投资理财等,涉及应收账款融资、订单融资、委托融资、协同融资、信托计划、京东白条、校园白条、保险、理财、黄金等产品。京东有非常优质的上游的供应商、下游的个人消费者、精准的大数据,京东的供应链金融业务水到渠成。刘强东也表示,未来的商业竞争是供应链的竞争,而供应链金融提高了供应链整体运营能力,通过资金流带动整个链条不断向前滚动,从而实现供应链的有机整合。

4)P2P 网络借贷剑拔弩张

P2P 是英文 Person-to-Person(或 Peer to Peer)的缩写,意即个人对个人(伙伴对伙伴),又称点对点网络借款,是一种将非常小额度的资金聚集起来借贷给有资金需求的人群或小微企业的一种商业模型。其社会价值主要体现在满足个人或小微企业资金需求,发展个人信用体系,发展小微企业和提高社会闲散资金利用率 3 个方面,由 2006 年"诺贝尔和平奖"得主尤努斯教授(孟加拉国)首创。

网络借贷的出现对国内借贷行业以及传统金融都有着重要影响,纵观 P2P 的发展史,它的意义可以从 5 个方面来体现。

(1)普惠金融

普惠金融是指能有效、全方位地为社会所有阶层和群体提供服务的金融体系,实际上就是能够让所有老百姓享受更多的金融服务。实践表明,P2P 能够有效地解决个人和中小企业的融资问题。

P2P 之所以能体现普惠金融,主要基于以下几个原因:首先,我国现有正规金融机构的经营体制难以使多元化经济主体的资金需求获得满足。其次,紧缩型货币政策通常会对中小企业融资难产生非对称性的负面影响(银行首先减少对风险最高的中小企业的贷款)。最后,银行信贷集约化管理也为网络借贷的发展提供了契机。

(2)平民理财

丰富的民间资本为P2P市场提供了源源不断的资金来源。目前P2P市场的主要资金来源有两个:一个是居民手中的闲散资金;另一个是民营经济的丰厚资本。

虽然不少闲散资金以储蓄存款和信贷资金的形式进入正规金融机构,但P2P以它高利率的回报逐渐吸引着人们手中的闲散资金进入网贷市场。目前P2P预期年化利率一般是同类银行预期年化利率的4倍左右,比起银行过低存款预期年化利率,更多的人会选择投入网贷市场。在为P2P提供源源不断的资金来源的同时,其丰厚的回报也为平民理财提供了新的有益途径。

(3)金融创新

金融的本质在于完成资金在拥有剩余资金的个人或机构与资金需求者之间的沟通:有投资渠道或投资项目的一方需要资金,进而持续发展;有资金而没有投资渠道或投资项目的一方需要投资,以增加资本预期年化收益。

P2P可以促使金融从衍生品创新到平台创新,回归其本质。虽然金融衍生品为大众和金融机构提供了多种多样的避险途径,但衍生链的不断延长和复杂化在某种程度上使其偏离了金融本质,带来了极大的金融风险。

P2P的出现为金融创新提供了新的途径。不同于复杂的金融衍生品,P2P着力于构建灵活多样的融资平台,满足中低收入者和中小企业的信贷需求,透明化的运作流程有效降低了风险,切实增进了社会福利。

(4)多层次资本市场建设

在资本市场上,不同的出资者与融资者具有不同的投融资规模与主体特征,存在着对资本市场金融服务的不同需求,这也决定了资本市场应该是一个多层次的市场体系。

以前我国资本市场倾向于扶持大型企业,对个人和中小企业的信贷及融资支持力度明显不足,P2P刚好填补了这一缺口。借助互联网技术可以有效地实现多对多的小额贷款,方式灵活多样,有力地促进了中低收入阶层和中小企业的发展。

(5)预期年化利率市场化

与银行信贷相比,P2P的吸引力在于以下几点:一是直接透明。出借人和借款人可一对一地互相了解对方的身份、信用等信息。二是出借人可对借款人的资信进行评估和选择。三是出借人可将资金同时分散提供给多个借款人,风险获得较大程度的分散。

P2P的出现,使得拥有资金的人乐于在控制风险的前提下出借给高信用的客户,这就促使预期年化利率水平受到供求调节,实现预期年化利率市场化。

第三方公司、网站等具有资质的网络信贷公司作为中介平台,借助互联网、移动互联网技术提供信息发布和交易实现的网络平台,把借、贷双方对接起来实现各自的借贷需求。借款人在平台上发放借款标的,投资者进行竞标,向借款人放贷,由借贷双方自由竞价,平台撮合成交。在借贷过程中,资料与资金、合同、手续等全部通过网络实现,它是随着互联网的发展和民间借贷的兴起而发展起来的一种新的金融模式,也是未来金融服务发展趋势。

随着中国的金融管制逐步放开,在中国巨大的人口基数、日渐旺盛的融资需求、落后的传统银行服务状况下,这种网络借贷新型金融业务有望在中国推广开来,获得爆发式增长,得到长足发展。

5)传统金融机构积极应变

随着大数据时代的到来,我国的互联网金融也在不断创新,寻求自身不断发展壮大的方法和路径。作为传统银行,面对金融领域的不断变化,必须要顺势而为,保证自身发展的稳定性和长远性。

(1)基于大数据洞悉客户需求,提高银行服务意识

作为传统银行,面对金融业的创新,必须要积极地行动起来,不能坐以待毙。传统银行必须紧跟时代发展方向,提高自身的服务意识,利用大数据技术,深入发掘客户的需求,最大限度地满足客户的需要。我国的传统银行由于其长期处于垄断地位,竞争意识比较淡漠,服务意识也相对较差,面对大数据时代互联网金融的飞速发展,传统银行必须要加快转型的步伐,不然很可能被市场所淘汰。传统银行应该加强对员工的服务意识的培养,提高员工的服务水平。利用大数据思维,及时准确地洞悉客户需求。通过数据模型与在线资信的调查,确认客户需求,根据不同客户的信用等级施行差异化的贷款定额,在降低银行经营风险的同时,扩大银行的业务量,增加银行的经济效益。

(2)树立大数据理念,开拓新的业务领域,提升银行核心竞争力

根据互联网金融企业的创新,传统银行也要紧跟时代发展步伐,不能只对优质企业和大企业开展融资业务。目前,传统银行的发展已经遇到了瓶颈,如果不能开拓新的业务领域来促进企业的进一步发展,那么传统银行想取得更大的发展将会非常困难,因为优质企业和大企业对于银行服务的需求已经基本饱和,传统银行必须要高度重视中小企业的融资需求,运用大数据技术,深入了解中小企业的实际情况,设立专门的服务机构为其提供金融服务,解决中小企业融资难问题的同时,提高传统银行的业务量和经济效益。传统银行应该以内部数据为基础,充分利用大数据链条中的数据,建立统一的数据标准,不断强化对数据挖掘和分析处理的能力,在全行积极推广决策基于数据的理念,通过科学的数据作出正确的决策,提升银行的核心竞争力。

(3)全面整合银行内外部数据,搭建大数据平台

我国的传统银行应该全面整合内部和外部的相关信息,根据这些信息进行统一的数据分析,建立一个银行数据分析和共享平台,通过这一平台的建立,提高传统银行的数据分析能力,保证银行管理层决策的准确性。另外,信息共享平台的建立有利于传统银行更进一步地了解相关企业实际的信用情况和还款能力,降低银行的坏账金额,提高银行的利润率。另一方面,各个企业也能通过这一平台实现和银行的业务往来,提高传统银行的办事效率,对增加传统银行的业务量也非常有利。因此,作为传统银行,必须要合理运用大数据技术,尽快建立一个大数据平台,为企业的发展创造更大的价值。

商业银行需要坚持“以客户为中心”的原则,进行大数据时代的思维变革和战略变革,从而把握未来发展的主动权。未来只有真正拥有大数据、掌握大数据金融的企业才会成为独占鳌头甚至经久不衰的企业。

任务5 大数据金融前瞻

12.5.1 情境设置

在未来的客户服务上,金融服务业集团会占据很大的数据优势,因为可以通过大数据整合获取更完整的客户视图,预计以下的场景在不久的将来就会出现在真实的客服工作中。

12.5.2 知识链接

场景一:客户在代销渠道刚刚完成了一只股票基金的申购,由于代销渠道屏蔽了客户联络信息,导致基金公司无法为客户提供进一步的售后服务,通过集团的大数据仓库,发现客户曾经在集团的寿险公司有购买产品的记录及联络信息,系统自动进行了客户信息补缺,同时给客户发出了新客户欢迎信息。

场景二:客户在该集团的银行有过汽车贷款记录,根据对贷款记录的日期分析,客户在保险到期前一个月手机上收到一条该集团产险公司发出的汽车保险优惠信息的推送,特别申明使用该集团的信用卡进行支付将享受特别折扣优惠和贵宾售后服务。

场景三:客户在微博上谈论到某款信托产品,同时在一段时间内有评论或关注过类似产品,一个星期后客户邮箱里就会收到本集团信托公司类似产品的宣传材料和一键办理的链接;通过大数据分析,公司为客户构建了家庭关联账户,并自动根据客户的消费行为进行产品适用性的需求评分,在客户来电咨询基金交易业务结束后,服务人员可以根据系统的提示向客户推荐特定的家庭金融产品及服务。在客户家庭的每个重要时刻,合适的金融服务解决方案总是会及时地推送到客户面前。

场景四:客户在和服务人员电话沟通中可能会提及他对产品的期望和要求,但因为目前客服系统的限制及人员素质的制约,最终企业获得的信息可能仅仅是知道一个客户来电咨询或抱怨了产品。而未来则可能利用语音智能搜索技术,对海量的录音进行关键字检索,同时结合其他关联数据进行应用分析,为公司提供更多的决策参考信息。

要实现以上的服务,人们除了需要考虑监管政策和法规外,数据库系统的管理与应用是关键技术之一,对金融领域的职业者们也提出了巨大挑战。

任务6 大数据金融跨界应用典型案例

12.6.1 情境设置

凭借大数据金融的优势,电商企业、电信运营商、钢铁企业、IT 企业等多个领域企业纷纷利用大数据金融涉足金融产业，发展跨界经营，大数据金融正在变革金融产业格局。

12.6.2 知识链接

1）电商企业

当下诸多电子商务企业借助大数据金融，结合所在产业链条的位置，有效整合供应链与客户资源，发展甚至掌控整个产业链。电子商务应用大数据金融的企业，最为典型的即为京东商城，京东商城不直接开展贷款的发放工作，与之相反，其充分利用已掌握的供应商的大数据优势，与其他金融机构合作，京东为供应商提供诸如订单融资、供应商委托贷款融资、应收账款融资等服务，很好地解决了供应商担保不足的融资需求。通过累积和掌握供应链上下游的大数据金融库，来为其他金融机构提供融资信息与技术服务。京东商城的供应链金融模式与其他金融机构无缝连接，共同服务于京东商城的电商平台客户。

2）电信运营商

在大数据金融背景下，多家电信运营商纷纷发展跨界消费金融，抢占移动支付等金融服务。中国移动、中国电信都积极筹备发展移动支付业务，充分挖掘和利用大数据金融占领市场。移动支付已成为当下销售的一种便捷支付方式，在不知不觉中渗透到人们生活的各个层面。2016 年中国移动支付市场规模 5.5 万亿美元，预计 2019 年中国移动支付额将会是 2015 年的 7.4 倍。

中国移动支付总量如此之高的一个重要原因是缺乏其他的非现金支付渠道，中国信用卡渗透率远低于其他的发达国家，用储蓄卡进行网络支付步骤非常烦琐，如需要用短信、U 盾等，与之形成对比的是，支付宝等移动支付方式只需扫描二维码便可完成支付，适用于大多数人群。我国的移动支付发展之迅猛，基本上可以认定快速越过了信用卡阶段，从现金交易大步跨越到移动支付。

3）钢铁企业

总部位于上海的国务院国有资产监督管理委员会监管的国有重要骨干企业宝钢集团有限公司，从 2003 年起借助其在钢铁行业中的核心地位，即使在融资形势紧张的情况下，仍不断对上下游企业提供融资便利，即以钢铁为中心实施电子商务。

宝钢分别采取“即时支付”“担保支付”“保证金支付”等多种形式对客户进行融资。对高信用等级客户提供大额度资金的“即时支付”，支持 B2B 即时到账的线上交易、担保服务等；为经销商融资提供以提货权或货物为抵押的“供应链融资”；为供应商提供流动资金贷款的“供应商融资”，帮助供应商从银行获得票据贷款或流动资金贷款。

在产业链的上下游客户完成线上授信、融资及还款业务，其客户最多可获得交易额 70% 的供应链贷款。除此以外，客户还可完成线上票据贴现，获得票据质押贷款，从而实现对现金流的高效管理。

4) IT 企业

从特定角度来讲,IT 企业自身与大数据有着不可分割的渊源,相较于其他行业,IT 企业可以更加便捷、快速地利用大数据金融发展跨界经营。诸多 IT 企业积极应对大数据时代的到来,不惜成本将同样具备大数据金融并可以带来现金流的互联网金融公司吞并。

谷歌公司每天要处理超过 24 PB(1 PB = 2^{50}字节)的数据,这意味着其每天的数据处理量是美国国家图书馆所有纸质出版物所含数据量的上千倍。Google 已开发出 Google 钱包,并进军移动支付领域。

著名的 Facebook 公司利用社交数据挖掘出潜在价值,着手开展大数据金融。创立不到 15 年的 Facebook,每天更新的照片数量达 1 000 万张之多,每天人们在网站上点击"喜欢(like)"按钮或者写评论大约有 13 亿次,这就为 Facebook 公司挖掘用户喜好提供了大量的数据线索。

任务 7 大数据时代金融数据库管理系统

12.7.1 情境设置

数据库技术和系统研发,已经历了几十年的发展历程,跨越了早期的层次和网状的发展模式,达到了关系型和非关系型数据库管理模式。传统的关系型数据库在应付当前的网站,特别是超大规模和高并发的 SNS 类型的纯动态网站已经显得力不从心,暴露了很多难以克服的问题。现今,非关系型数据库、云数据库或 NoSQL 数据库作为关系数据库以外的一些选择,正在引起广泛关注。新兴的大数据管理技术创造了惊人的财富,基于大数据时代产生的数据类型的多样性,催生出新的数据库管理系统和平台,如非关系型数据库 NoSQL(Not Only SQL)。NoSQL 数据库是非关系型数据库存储的广义定义,突破了传统的关系型数据库,可以处理诸多非关系型数据。数据之间易扩展,在大量数据的存取上具备关系型数据库无法比拟的性能优势。

12.7.2 知识链接

1) NoSQL 数据库的分类

根据 NoSQL 数据库存储模型和特点分为以下几个类别:

(1) 文档式存储

文档型数据库的灵感来自 Lotus Notes 办公软件,而且它同键值式存储数据库类似。该类型的数据模型是版本化的文档,半结构化的文档以特定的格式存储,比如 JSON。文档型数据库可以看作是键值数据库的升级版,允许之间嵌套键值。而且文档型数据库比键值数据库的查询效率更高。文档式存储一般用类似 JSON 格式存储,存储的内容是文档型的。文档式存储有机会对某些字段建立索引,实现关系数据库的某些功能。典型的文档式存储数据库管理系统软件是 MongoDB。

(2)列式存储

按列存储数据,最大的特点是方便存储结构化和半结构化数据,方便做数据压缩,针对某一列或者某几列的查询有非常大的 I/O 优势。典型的列式存储有 Hbase,Cassandra 和 Hypertable。

(3)键值式存储

键值式存储可以通过键快速查询到其值。一般情况下,这一类数据库主要会使用到一个哈希表,这个表中有一个特定的键和一个指针指向特定的数据。Key/Value 数据库对于 IT 系统来说,优势在于简单、易部署。但是如果 DBA 只对部分值进行查询或更新的时候,Key/Value 数据库就显得效率低下了。

(4)对象式存储

通过类似面向对象语言的语法操作数据库,通过对象的方式存储数据,如 db4o 及 Versant。

(5)图形式存储

图形式存储是图形关系的最佳存储方式,使用传统关系数据库解决性能会降低,并且设计不方便。图形结构的数据库同其他行列以及刚性结构的 SQL 数据库不同,它是使用灵活的图形模型,并且能够扩展到多个服务器上。NoSQL 数据库没有标准的查询语言(SQL),因此进行数据库查询需要制定数据模型。许多 NoSQL 数据库都有 REST 式的数据接口或者查询 API。

(6)XML 式存储

XML 式存储可以高效地存储 XML 数据,并支持 XML 的内部查询语法,比如 XQuery, Xpath。

以上只是从存储模型上得到的一般分类,对于 NoSQL 数据库类型的划分并不是绝对的,各类别之间可以有交叉的情况。不同的 NoSQL 数据库的编写语言也不同。

2)NoSQL 数据库的特点

对于 NoSQL 数据库并没有一个明确的范围和定义,但是他们都普遍存在下面一些共同特征:

(1)不需要预定义模式

不需要事先定义数据模式,预定义表结构。数据中的每条记录都可能有不同的属性和格式,当输入数据时,并不需要预先定义它们的模式。

(2)无共享架构

相对于将所有数据存储的存储区域网络中的全共享架构,NoSQL 数据库往往将数据划分后存储在各个本地服务器上。因为从本地磁盘读取数据的性能往往好于通过网络传输读取数据的性能，从而提高了系统的性能。

(3)弹性可扩展

可以在系统运行的时候，动态增加或者删除节点，不需要停机维护，数据可以自动迁移。

(4)分区

相对于将数据存放于同一个节点，NoSQL 数据库需要将数据进行分区，将记录分散在多个节点上面，并且通常分区的同时还要做复制。这样既提高了并行性能，又能保证没有单点失效的问题。

(5)异步复制

和 RAID 存储系统不同的是，NoSQL 数据库中的复制，往往是基于日志的异步复制。这样，数据就可以尽快地写入一个节点，而不会被网络传输引起迟延。缺点是并不总是能保证一致性，这样的方式在出现故障的时候，可能会丢失少量的数据。

(6)BASE

相对于事务严格的 ACID 特性，NoSQL 数据库保证的是 BASE 特性。BASE 是最终一致性和软事务。

NoSQL 数据库并没有一个统一的架构，两种 NoSQL 数据库之间的不同，甚至远远超过两种关系型数据库的不同。可以说，NoSQL 数据库各有所长，成功的 NoSQL 数据库必然特别适用于某些场合或者某些应用，在这些场合中会远远胜过关系型数据库和其他的 NoSQL 数据库。

3) NoSQL 数据库适用的领域及面临的挑战

NoSQL 数据库在这几种情况下比较适用：数据模型比较简单；需要灵活性更强的 IT 系统；对数据库性能要求较高；不需要高度的数据一致性；对于给定 Key，比较容易映射复杂值的环境。

尽管大多数 NoSQL 数据存储系统都已被部署于实际应用中，但对研究现状进行归纳总结，发现其面临着诸多的挑战性，现归纳如下：

①已有 Key-Value 数据库产品大多是面向特定应用独立构建的，缺乏通用性。

②已有产品支持的功能有限(不支持事务特性)，导致其应用具有一定的局限性。

③虽然 NoSQL 数据库都是针对不同应用需求而提出的相应解决方案，如支持组内事务特性、弹性事务等，很少从全局考虑系统的通用性，也没有形成系列化的研究成果。

④缺乏类似关系数据库所具有的强有力的理论(如 Armstrong 公理系统)、技术(如成熟的基于启发式的优化策略、两段封锁协议等)、标准规范(如 SQL 语言)的支持。

目前，HBase 数据库是安全特性较完善的 NoSQL 数据库产品之一，而其他的 NoSQL 数据库多数没有提供内建的安全机制，但随着 NoSQL 数据库的发展，越来越多的人开始意识到安全的重要，部分 NoSQL 数据库产品逐渐开始提供一些安全方面的支持。

随着云计算、互联网等技术的发展，大数据广泛存在，同时也呈现出了许多云环境下的新型应用，如社交网络网、移动服务、协作编辑等。这些新型应用对海量数据管理或称云数据管理系统也提出了新的需求,如事务的支持、系统的弹性等。同时云计算时代海量数据管理系统的设计目标为可扩展性、弹性、容错性、自管理性和“强一致性”。目前,已有系统通过支持可随意增减节点来满足可扩展性,通过副本策略保证系统的容错性,基于监测的状态消息协调实现系统的自管理性。“弹性”的目标是满足 Pay-per-use 模型,以提高系统资源的利用率。该特性是已有典型 NoSQL 数据库系统所不完善的,但却是云系统应具有的典型特点;“强一致性”主要是新应用的需求。

项目小结

本项目结合当下前沿技术大数据,介绍了大数据金融概述、大数据金融的优势、大数据金融模式、大数据时代金融行业受到的冲击与变革、大数据前瞻、大数据金融跨界应用典型案例以及大数据时代金融数据库管理系统。通过本章的学习,旨在初步认识大数据、了解大数据金融。

习　题

一、简答题

1.什么是大数据?其特点有哪些?

2.列举出几类典型的大数据类别。

3.什么是大数据金融?

4.目前大数据金融模式有哪些?

5.列举出几个 NoSQL 数据库。

二、论述题

1.试述大数据金融的优势。

2.试述大数据时代金融行业受到的冲击与变革。

项目 13

仓库管理系统案例实践

【项目描述】

开发设计仓库管理系统的核心工作就是建立一个高效的数据库，本项目就是要求通过对用户的调查和分析，建立方便、有效地用于仓库管理的数据库，掌握数据库设计的基本步骤。本项目包含的内容如表 13.1 所示。

表 13.1　项目 13 包含的任务

名　称	任务名称
项目 13 仓库管理系统案例实践	任务 1　仓库管理系统概要设计 E-R 图
	任务 2　创建"仓库管理系统"数据库
	任务 3　创建数据表
	任务 4　创建视图
	任务 5　创建触发器
	任务 6　创建存储过程
	任务 7　创建游标

任务 1　仓库管理系统概要设计 E-R 图

13.1.1　需求分析

开发人员必须首先明确用户的具体要求，包括对软件系统最终能完成的功能及系统可靠性、处理时间、应用范围、简易程度等具体指标的要求，并将用户的要求以书面形式表达出来，因此明确用户的要求是分析阶段的基本任务。用户和软件设计人员双方都要有代表参与这一阶段的工作,经双方充分地酝酿和讨论后达成协议并产生系统说明书。

13.1.2 概念结构设计

概念结构设计的主要目的是将需求说明书中有关数据的需求,综合为一个统一的概念模型。为此,可先根据单个应用的需求,画出能够反映每一应用需求的局部 E-R 图,然后把这些E-R图合并起来,消除冗余和可能存在的矛盾,得出系统的总体 E-R 模型。仓库管理系统的总体 E-R 图如图 13.1 所示。

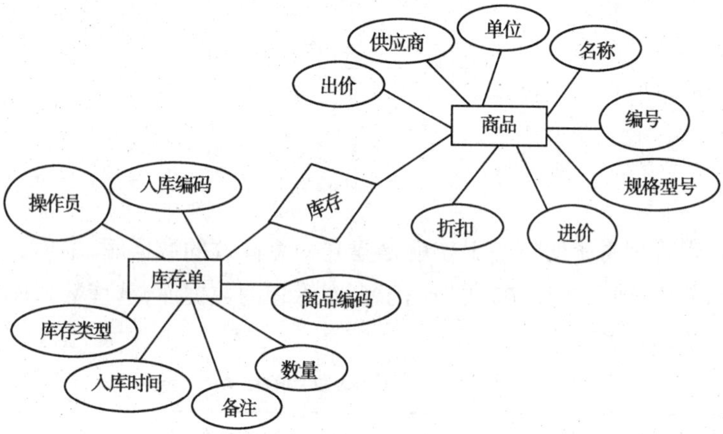

图 13.1 仓库管理系统总体 E-R 图

13.1.3 逻辑结构设计

逻辑结构设计的目的是将 E-R 模型转换为某一种特定的 DBMS 能够接受的逻辑模式。首先选择一种数据模型,然后按照相应的转换规则,将 E-R 模型转换为具体的数据库逻辑结构。

根据用户的需求,本系统需要使用如下两张数据表:

(1)供应商表

供应商表(供应商号,供应商名称,城市,电话)。

(2)产品表

产品表(产品号、产品名称、供应商号、价格、库存量)。

13.1.4 物理结构设计

物理结构设计的目的在于确定数据库的存储结构。具体包括:确定数据库文件的数据库组成、数据、表、数据表间的联系、数据字段类型与长度、主键、索引等。

任务2 创建"仓库管理系统"数据库

利用T-SQL语句建立一个具有3个文件组的数据库"仓库管理系统",主文件组包括文件DB3_DAT1和DB3_DAT2,文件初始大小均为10 MB,最大为100 MB,按10%的增长率增长;第2个文件组为DB3G1,包括文件DB3_DAT3和DB3_DAT4,文件初始大小均为5 MB,最大为30 MB,按5 MB增长;第3个文件组为DB3G2,包括文件DB3_DAT5,文件初始大小为10 MB,最大为50 MB,按20%的增长率增长;该数据库只有一个日志文件,初始大小为20 MB,最大为100 MB,按10 MB增长。

其对应的T-SQL语句如下:

```
CREATE DATABASE 仓库管理系统
ON
PRIMARY
(NAME=DB3_DAT1,
FILENAME='D:\CXL\DB3_DAT1.MDF',
SIZE=10MB,
MAXSIZE=100MB,
FILEGROWTH=10%),
(NAME=DB3_DAT2,
FILENAME='D:\CXL\DB3_DAT2.MDF',
SIZE=10MB,
MAXSIZE=100MB,
FILEGROWTH=10%),
FILEGROUP DB3G1
(NAME=DB3_DAT3,
FILENAME='D:\CXL\DB3_DAT3.NDF',
SIZE=5MB,
MAXSIZE=30MB,
FILEGROWTH=5MB),
(NAME=DB3_DAT4,
FILENAME='D:\CXL\DB3_DAT4.NDF',
SIZE=5MB,
MAXSIZE=30MB,
FILEGROWTH=5MB),
FILEGROUP DB3G2
(NAME=DB3_DAT5,
FILENAME='D:\CXL\DB3_DAT5.NDF',
```

```
SIZE=10MB,
MAXSIZE=50MB,
FILEGROWTH=20%)
LOG ON
(NAME=DB3_DAT6,
FILENAME='E:\CXL\DB3_DAT6.LDF',
SIZE=20MB,
MAXSIZE=100MB,
FILEGROWTH=10MB)
```

任务 3　创建数据表

本系统创建的“仓库管理系统”数据库，包括两张表，分别是“供应商”表和“产品”表，要求如下：

(1)创建一个“供应商”表

“供应商”表的表结构信息如表 13.2 所示，对字段“供应商号”建立主键，城市建立唯一约束。

表 13.2　“供应商”表的表结构信息

字段名	字段类型	字段长度
供应商号	字符	6
供应商名称	变体字符型	20
城市	变体字符型	50
电话	字符	8

(2)创建一个“产品”表

“产品”表的表结构信息如表 13.3 所示，对字段“产品号”建立主键，和供应商表建立外键。

表 13.3　“产品”表的表结构信息

字段名	字段类型	字段长度
产品号	字符型	6
产品名称	字符型	20
供应商号	字符	6
价格	浮点类型	6,小数位 2 位
库存量	整型	4

对应的 T-SQL 语句如下：

```
CREATE TABLE 供应商
(供应商号 CHAR(6),
供应商名称 VARCHAR(20),
城市 VARCHAR(50),
电话 CHAR(8),
CONSTRAINT PK_A PRIMARY KEY(供应商号),
CONSTRAINT UQ_B UNIQUE(城市) )
GO
CREATE TABLE 产品
(产品号 CHAR(6) NOT NULL PRIMARY KEY,
产品名称 CHAR(20),
供应商号 CHAR(6),
价格 DECIMAL(6,2),
库存量 int,
CONSTRAINT FK_CHANPIN_GONGYINGSHANG FOREIGN KEY(供应商号) REFERENCES
供应商(供应商号))
```

任务 4 创建视图

对“仓库管理”数据库中的“产品”表和“供应商”表进行如下的查询，创建其视图。

【例 13.1】 创建一视图，实现查询“产品”表和“供应商”表中的全部信息，查询结果如图 13.2 所示。

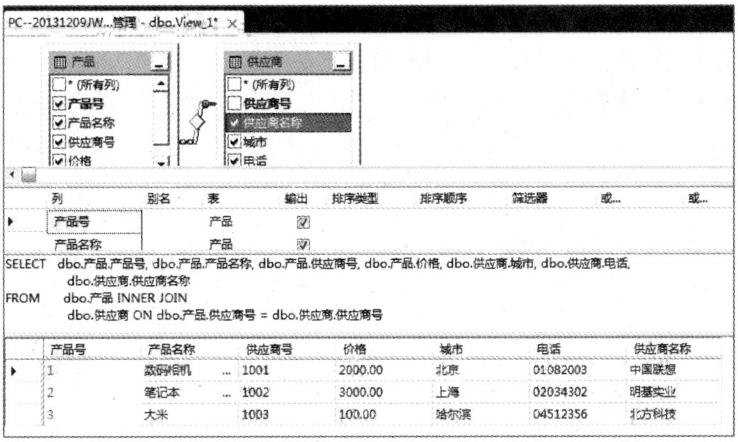

图 13.2 创建“产品”和“供应商”表的视图

【例 13.2】 对“供应商”表创建“供应商_view”视图，实现对“供应商”表进行插入一条新记录。

```
USE 仓库管理
GO
CREATE VIEW 供应商_view
AS
SELECT 供应商号, 供应商名称, 城市, 电话
FROM DBO.供应商
GO
INSERT INTO 供应商_view VALUES(' 1010 ','哈尔滨中药有限公司','哈尔滨',' 825306 ')
```

任务 5　创建触发器

【例 13.3】　在"仓库管理系统"数据库中,为"产品"表创建触发器,用来防止用户更改记录。

```
CREATE TRIGGER DELET_CTR
ON 产品
 INSTEAD OF UPDATE
AS
RAISERROR('不能更改该记录',16,2)
```

【例 13.4】　在"仓库管理系统"数据库中,为"供应商"表创建触发器,用来防止用户更新、插入记录。

```
CREATE TRIGGER DELET_CTR
ON 供应商
 FOR INSERT,UPDATE
AS
RAISERROR('不能更新、插入记录',16,2)
```

【例 13.5】　在"仓库管理系统"数据库中,为"产品"表创建触发器,当向"产品"表插入一条新记录时,检查该记录的"供应商号"在"供应商"表中是否存在,如不存在,则不允许插入。

```
CREATE TRIGGER CHECK_TRIG
ON 产品
 FOR INSERT
AS
IF EXISTS(SELECT * FROM INSERTED A WHERE A.供应商号 NOT IN (SELECT B.供应商号 FROM 供应商 B))
BEGIN
RAISERROR('不能删除该记录',16,2)
ROLLBACK TRANSACTION
END
```

任务 6　创建存储过程

在“创库管理系统”数据库中对“产品表”和“供应商”表实现存储过程的创建。

【例 13.6】　创建一存储过程，实现查看“仓库管理系统”数据库中的“产品”中的记录。

```
USE 仓库管理系统
CREATE PROCEDURE 产品_proc
AS
SELECT * FROM 产品
GO
```

【例 13.7】　创建一个存储过程，该存储过程需要一个输入参数“产品名”，返回指定产品的各项信息。

```
CREATE PROCEDURE 产品_proc2
        (   @ chanpinming varchar(20)
          )
        AS
    SELECT * FROM 产品 WHERE 产品名=@ chanpinming
GO
```

任务 7　创建游标

【例 13.8】　在“仓库管理系统”数据库中创建的“产品”表和“供应商”表中，利用游标实现查询“产品”表和“供应商”表的“产品号”“产品名称”和“供应商号”字段的记录。

输入如下语句：

```
DECLARE CP_GYS_CURSOR CURSOR
  FOR
SELECT 产品号,产品名称,供应商.供应商号 FROM 产品,供应商 WHERE 产品.供应商号=供应商.供应商号
GO
OPEN CP_GYS_CURSOR;
GO
——DEALLOCATE XSXX_CURSOR
FETCH NEXT FROM CP_GYS_CURSOR
WHILE @ @ FETCH_STATUS=0
BEGIN
```

```
FETCH NEXT FROM CP_GYS_CURSOR
END
```

单击“执行”按钮，运行结果如图 13.3 所示。

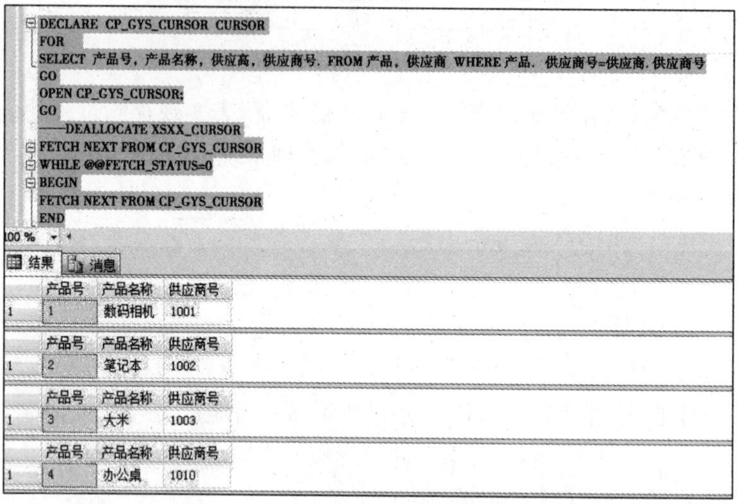

图 13.3 执行显示结果

项目小结

本项目介绍了数据库设计的基本步骤，项目设计首先需要与用户进行交流、沟通，明确用户的数据需求，最终产生系统说明书，并以系统说明书作为数据库应用系统开发设计以及系统验收的标准；明确了用户需求后，需要对数据进行分析整理，形成概念模型；将概念模型转换为应用的数据库管理系统所支持的数据模型并实现；根据逻辑设计和物理设计的结果建立数据库及应用程序，进行系统测试；测试通过后交付用户使用，在系统运行过程中进行评价，并根据应用环境的变化调整、改善系统。

附　录

附录1　简单存储过程命令

系统存储过程	含　义
sp_add_agent_parameter	将新参数及其值添加到代理配置文件中
sp_add_agent_profile	为复制代理创建新的配置文件
sp_add_alert	创建一个警报
sp_add_category	将指定的作业、警报或操作员类别添加到服务器中
sp_add_job	添加由 SQL Server Agent 服务执行的新作业
sp_add_jobschedule	创建作业计划
sp_add_jobserver	在指定的服务器中，以指定的作业为目标
sp_add_jobstep	在作业中添加一个步骤（操作）
sp_add_log_shipping_alert_job	检查是否已在此服务器上创建了警报作业，无则创建
sp_add_log_shipping_primary_database	设置日志传送配置（包括备份作业、本地监视记录及远程监视记录）的主数据库
sp_add_log_shipping_primary_secondary	在主服务器上添加辅助数据库项
sp_add_log_shipping_secondary_database	为日志传送设置辅助数据库
sp_add_log_shipping_secondary_primary	为指定的主数据库设置主服务器信息，添加本地和远程监视器链接，并在辅助服务器上创建复制作业和还原作业
sp_add_maintenance_plan	添加维护计划并返回计划 ID（后续版本将删除该功能）
sp_add_maintenance_plan_db	将数据库与维护计划关联（后续版本将删除该功能）

续表

系统存储过程	含　义
sp_add_maintenance_plan_job	将维护计划与现有作业关联(后续版本将删除该功能)
sp_add_notification	设置警报通知
sp_add_operator	创建用于警报和作业的操作员(通知收件人)
sp_add_proxy	添加指定 SQL Server 代理的代理账户
sp_add_schedule	创建一个可由任意数量的作业使用的计划
sp_add_targetservergroup	添加指定的服务器组
sp_add_targetsvrgrp_member	将指定的目标服务器添加到指定的目标服务器组
sp_addapprole	向当前数据库中添加应用程序角色(后续版本将删除该功能)
sp_addarticle	创建项目并将其添加到发布中
sp_adddistpublisher	配置发布服务器以使用指定的分发数据库
sp_adddistributiondb	创建新的分发数据库并安装分发服务器架构
sp_adddistributor	在分发服务器上对主数据库执行以注册服务器,并将其标记为分发服务器
sp_adddynamicsnapshot_job	创建一个代理作业,该代理作业可为具有参数化行筛选器的发布生成筛选数据快照
sp_addextendedproc	向 Microsoft SQL Server 注册新扩展存储过程的名称(后续版本将删除该功能)
sp_addextendedproperty	将新扩展属性添加到数据库对象中
sp_addlinkedserver	创建链接服务器
sp_addlinkedsrvlogin	添加链接服务器登录映射
sp_addlogin	创建新的 SQL Server 登录(后续版本将删除该功能)
sp_addlogreader_agent	为给定数据库添加日志读取器代理
sp_addmergealternatepublisher	为订阅服务器添加使用备用同步伙伴的功能
sp_addmergearticle	在现有的合并发布中添加项目
sp_addmergefilter	添加新合并筛选以创建基于与另一个表的连接的分区
sp_addmergepartition	为在订阅服务器上按 HOST_NAME 或 SUSER_SNAME 的值进行筛选的订阅创建动态筛选分区
sp_addmergepublication	创建新合并发布
sp_addmergepullsubscription	添加对合并发布的请求订阅

续表

系统存储过程	含　义
sp_addmergepullsubscription_agent	向合并发布添加一个用于计划请求订阅同步的新代理作业
sp_addmergepushsubscription_agent	添加一个新代理作业,用于制订合并发布推送订阅的同步计划
sp_addmergesubscription	创建推送合并订阅或请求合并订阅
sp_addmessage	将新的用户定义错误消息存储在 SQL Server 数据库引擎实例中
sp_addpublication	创建快照或事务发布
sp_addpublication_snapshot	为指定的发布创建快照代理
sp_addpullsubscription	将请求订阅添加到快照或事务发布
sp_addpullsubscription_agent	向事务发布添加用于同步请求订阅的全新预定的代理作业
sp_addpushsubscription_agent	添加新的预定代理作业,以使推送订阅与事务发布同步
sp_addqreader_agent	为给定分发服务器添加队列读取器代理
sp_addremotelogin	在本地服务器上添加新的远程登录 ID(后续版本将删除该功能)
sp_addrole	在当前数据库中创建新的数据库角色(后续版本将删除该功能)
sp_addrolemember	为当前数据库中的数据库角色添加数据库用户、数据库角色、Windows 登录名或 Windows 组
sp_addscriptexec	将 SQL 脚本(.sql 文件)投递到发布的所有订阅服务器
sp_addserver	定义 SQL Server 本地实例的名称(后续版本将删除该功能)
sp_addsrvrolemember	添加登录,使其成为固定服务器角色的成员
sp_addsubscriber	向发布服务器添加新的订阅服务器,使其能够接收发布
sp_addsubscriber_schedule	为分发代理和合并代理添加计划
sp_addsubscription	订阅添加到发布并设置订阅服务器的状态
sp_addsynctriggers	在订阅服务器上创建与所有类型的可更新订阅一起使用的触发器
sp_addtabletocontents	将源表中当前不在跟踪表内的任何行的引用插入合并跟踪表中
sp_addtype	创建别名数据类型(后续版本将删除该功能)

续表

系统存储过程	含　义
sp_addumpdevice	将备份设备添加到 SQL Server 数据库引擎的实例中
sp_adduser	向当前数据库中添加新的用户(后续版本将删除该功能)
sp_adjustpublisheridentityrange	调整发布上的标识范围,并基于发布上的阈值重新分配新的范围
sp_altermessage	更改 SQL Server 数据库引擎实例中用户定义消息的状态
sp_apply_job_to_targets	将作业应用于一个或多个目标服务器或属于一个或多个目标服务器组的目标服务器
sp_approlepassword	更改当前数据库中应用程序角色的密码(后续版本将删除该功能)
sp_article_validation	启动对指定项目的数据验证请求
sp_articlecolumn	用于指定项目中包含的列以垂直筛选已发布表中的数据
sp_articlefilter	基于表项目筛选发布的数据
sp_articleview	在垂直或水平筛选表时创建用于定义已发布项目的视图
sp_attach_db	将数据库附加到服务器(后续版本将删除该功能)
sp_attach_schedule	设置一个作业计划
sp_attach_single_file_db	将只有一个数据文件的数据库附加到当前服务器
sp_attachsubscription	将现有的订阅数据库附加到任何订阅服务器
sp_autostats	显示或更改特定索引或统计信息的自动 UPDATE STATISTICS 设置
sp_batch_params	显示有关 T-SQL 批处理中所含参数的信息
sp_bindefault	将默认值绑定到列或绑定到别名数据类型(后续版本将删除该功能)
sp_bindrule	将规则绑定到列或别名数据类型(后续版本将删除该功能)
sp_bindsession	将会话绑定到同一 SQL Server 数据库引擎实例中的其他会话或取消它与这些会话的绑定(后续版本将删除该功能)
sp_browsemergesnapshotfolder	返回为合并发布生成的最新快照的完整路径
sp_browsereplcmds	返回分发数据库中存储的可读版本复制命令的结果集,并将其用作诊断工具
sp_browsesnapshotfolder	返回为发布生成的最新快照的完整路径
sp_can_tlog_be_applied	验证事务日志是否可应用于数据库

续表

系统存储过程	含　义
sp_catalogs	返回指定链接服务器中目录的列表
sp_cdc_add_job	在当前数据库中创建变更数据捕获清理或捕获作业
sp_cdc_change_job	修改当前数据库中变更数据捕获清除或捕获作业的配置
sp_cdc_cleanup_change_table	根据指定的 low_water_mark 值从当前数据库的更改表中删除行
sp_cdc_disable_db	对当前数据库禁用变更数据捕获
sp_cdc_disable_table	对当前数据库中指定的源表和捕获实例禁用变更数据捕获
sp_cdc_drop_job	从当前数据库中删除变更数据捕获清除或捕获作业
sp_cdc_enable_db	对当前数据库启用变更数据捕获
sp_cdc_enable_table	为当前数据库中指定的源表启用变更数据捕获
sp_cdc_generate_wrapper_function	生成用于为 SQL Server 中可用的变更数据捕获查询函数创建包装函数的脚本
sp_cdc_get_ddl_history	返回自对指定的捕获实例启用变更数据捕获后与该捕获实例关联的数据定义语言(DDL) 更改历史记录
sp_cdc_get_captured_columns	返回指定捕获实例所跟踪的捕获源列的变更数据捕获元数据信息
sys.sp_cdc_help_change_data_capture	返回当前数据库中为变更数据捕获启用的每个表的变更数据捕获配置
sys.sp_cdc_help_jobs	报告关于当前数据库中所有变更数据捕获清除或捕获作业的信息
sp_cdc_scan	执行变更数据捕获日志扫描操作
sp_cdc_start_job	启动当前数据库中的变更数据捕获清除或捕获作业
sp_cdc_stop_job	停止当前数据库中的变更数据捕获清除或捕获作业
sp_certify_removable	验证是否正确配置数据库以便在可移动媒体上分发,并向用户报告所有问题(后续版本将删除该功能)
sp_change_agent_parameter	更改存储在 MSagent_parameters 系统表中的复制代理配置文件的参数
sp_change_agent_profile	更改存储在 MSagent_profiles (T-SQL) 表中的复制代理配置文件参数
sp_change_log_shipping_primary_database	更改主数据库设置
sp_change_log_shipping_secondary_database	更改辅助数据库设置

续表

系统存储过程	含　义
sp_change_log_shipping_secondary_primary	更改辅助数据库设置
sp_change_subscription_properties	更新请求订阅信息
sp_change_users_login	将现有数据库用户映射到 SQL Server 登录名(后续版本将删除该功能)
sp_changearticle	更改事务或快照发布中的项目属性
sp_changearticlecolumndatatype	更改 Oracle 发布的项目列数据类型映射
sp_changedbowner	更改当前数据库的所有者
sp_changedistpublisher	更改分发发布服务器的属性
sp_changedistributiondb	更改分发数据库的属性
sp_changedistributor_password	更改分发服务器的密码
sp_changedistributor_property	更改分发服务器的属性
sp_changedynamicsnapshot_job	修改为带有参数化行筛选器的发布的订阅生成快照的代理作业
sp_changelogreader_agent	更改日志读取器代理的安全属性
sp_changemergearticle	更改合并项目的属性
sp_changemergefilter	更改某些合并筛选属性
sp_changemergepublication	更改合并发布的属性
sp_changemergepullsubscription	更改合并请求订阅的属性
sp_changemergesubscription	更改合并推送订阅的选定属性
sp_changeobjectowner	更改当前数据库中对象的所有者(后续版本将删除该功能)
sp_changepublication	更改发布的属性
sp_changepublication_snapshot	更改指定发布的快照代理的属性
sp_changeqreader_agent	更改队列读取器代理的安全属性
sp_changereplicationserverpasswords	更改复制代理连接到复制拓扑中的服务器时所用的 Microsoft Windows 账户或 Microsoft SQL Server 登录名的存储密码
sp_changesubscriber	更改订阅服务器的选项
sp_changesubscriber_schedule	更改订阅服务器的分发代理或合并代理调度

续表

系统存储过程	含 义
sp_changesubscription	对于排队更新事务复制所涉及的快照或者事务推送订阅,或所涉及的请求订阅,更改其属性
sp_changesubscriptiondtsinfo	更改订阅的 Data Transformation Services (DTS) 包属性
sp_changesubstatus	更改现有订阅服务器的状态
sp_check_dynamic_filters	显示有关发布的参数化行筛选器属性的信息,特别是用于为发布生成已筛选数据分区的函数以及关于发布是否有资格使用预计算分区的信息
sp_check_for_sync_trigger	确定在用于立即更新订阅的复制触发器的上下文中,是否正在调用用户定义的触发器或存储过程
sp_check_join_filter	用于验证两个表之间的连接筛选器以确定连接筛选子句是否有效
sp_check_subset_filter	用来对任何表检查筛选子句,以确定筛选子句对该表是否有效
sp_cleanup_log_shipping_history	此存储过程将根据保持期,清理本地和监视服务器上的历史记录
sp_column_privileges	返回当前环境中单个表的列特权信息
sp_column_privileges_ex	返回指定链接服务器上指定表的列特权
sp_columns	返回当前环境中可查询的指定表或视图的列信息
sp_columns_ex	返回指定链接服务器表的列信息,每列一行
sp_configure	查询 SQL Server 外围配置各项参数信息以及更新 sp_configure 结果集中的 config_value 列的值
sp_configure_peerconflictdetection	为对等事务复制拓扑中包含的发布配置冲突检测
sp_control_dbmasterkey_password	添加或删除包含打开数据库主密钥所需的密码的凭据
sp_control_plan_guide	删除、启用或禁用计划指南
sp_copymergesnapshot	将指定发布的快照文件夹复制到@ destination_folder 中列出的文件夹
sp_copysubscription	复制具有请求订阅但无推送订阅的订阅数据库
sp_create_plan_guide	创建用于将查询提示或实际查询计划与数据库中的查询关联的计划指南
sp_create_plan_guide_from_handle	从计划缓存中的查询计划创建一个或多个计划指南
sp_create_removable	创建可移动媒体数据库(后续版本将删除该功能)

续表

系统存储过程	含　义
sp_createstats	为当前数据库中所有用户表的所有合格列和内部表创建单列统计信息
sp_cursor_list	报告当前为连接打开的服务器游标的属性
sp_cycle_agent_errorlog	关闭当前的 SQL Server 代理错误日志文件，并循环 SQL Server 代理错误日志扩展编号
sp_cycle_errorlog	关闭当前的错误日志文件，并循环错误日志扩展编号
sp_databases	列出驻留在数据库引擎实例中的数据库或可以通过数据库网关访问的数据库
sp_datatype_info	返回有关当前环境所支持的数据类型的信息
sp_db_vardecimal_storage_format	返回数据库的当前 vardecimal 存储格式状态，或为数据库启用 vardecimal 存储格式
sp_dbcmptlevel	设置数据库的兼容级别(后续版本将删除该功能)
sp_dbfixedrolepermission	显示固定数据库角色的权限(后续版本将删除该功能)
sp_dbmmonitoraddmonitoring	创建数据库镜像监视器作业，该作业可定期更新服务器实例上每个镜像数据库的镜像状态
sp_dbmmonitorchangealert	添加或更改指定镜像性能指标的警告阈值
sp_dbmmonitorchangemonitoring	更改数据库镜像监视参数的值
sp_dbmmonitordropalert	更改数据库镜像监视参数的值
sp_dbmmonitordropmonitoring	停止并删除服务器实例上所有数据库的镜像监视器作业
sp_dbmmonitorhelpalert	返回若干个关键数据库镜像监视器性能指标中的一个或所有指标的警告阈值信息
sp_dbmmonitorhelpmonitoring	返回当前更新持续时间
sp_dbmmonitorresults	从存储数据库镜像监视历史记录的状态表中返回所监视数据库的状态行，并允许您选择该过程是否预先获得最新状态
sp_dbmmonitorupdate	通过为每个镜像数据库插入新的表行来更新数据库镜像监视器状态表，并截断早于当前保持期的行
sp_dboption	显示或更改数据库选项(后续版本将删除该功能)
sp_dbremove	删除数据库及其所有相关文件(后续版本将删除该功能)
sp_defaultdb	更改 Microsoft SQL Server 登录名的默认数据库(后续版本将删除该功能)

续表

系统存储过程	含　义
sp_defaultlanguage	更改 SQL Server 登录的默认语言（后续版本将删除该功能）
sp_delete_alert	删除警报
sp_delete_backuphistory	通过删除早于指定日期的备份集条目，减小备份和还原历史记录表的大小
sp_delete_category	从当前服务器中删除指定的作业、警报或操作员类别
sp_delete_database_backuphistory	从备份历史记录中删除有关指定数据库的信息
sp_delete_job	删除作业
sp_delete_jobschedule	删除作业计划
sp_delete_jobserver	删除指定的目标服务器
sp_delete_jobstep	从作业中删除作业步骤
sp_delete_jobsteplog	删除参数指定的所有 SQL Server 代理作业步骤日志
sp_delete_log_shipping_alert_job	如果存在警报作业且不存在其他需要监视的主要和辅助数据库，则从日志传送监视服务器中删除警报作业
sp_delete_log_shipping_primary_database	该存储过程删除主数据库的日志传送，包括备份作业、本地历史记录以及远程历史记录
sp_delete_log_shipping_primary_secondary	删除主服务器上的辅助数据库项
sp_delete_log_shipping_secondary_database	该存储过程删除辅助数据库、本地历史记录和远程历史记录
sp_delete_log_shipping_secondary_primary	此存储过程可从辅助服务器删除有关指定主服务器的信息，并从辅助服务器删除复制作业和还原作业
sp_delete_maintenance_plan	删除指定的维护计划
sp_delete_maintenance_plan_db	取消指定数据库和指定维护计划的关联
sp_delete_maintenance_plan_job	取消指定作业与指定维护计划的关联
sp_delete_notification	删除特定警报和操作员的 SQL Server 代理通知定义
sp_delete_operator	删除一位操作员
sp_delete_proxy	删除指定代理
sp_delete_schedule	删除计划
sp_delete_targetserver	从可用目标服务器列表中删除指定服务器
sp_delete_targetservergroup	删除指定的目标服务器组

续表

系统存储过程	含义
sp_delete_targetsvrgrp_member	从目标服务器组中删除目标服务器
sp_deletemergeconflictrow	删除冲突表或 MSmerge_conflicts_info (T-SQL) 表中的行
sp_deletepeerrequesthistory	删除与发布状态请求相关的历史记录
sp_deletetracertokenhistory	删除 MStracer_tokens (T-SQL) 和 MStracer_history (T-SQL)系统表中的跟踪令牌记录
sp_denylogin	防止 Windows 用户或 Windows 组连接到 SQL Server 实例(后续版本将删除该功能)
sp_depends	显示有关数据库对象依赖关系的信息
sp_describe_cursor	报告服务器游标的属性
sp_describe_cursor_columns	报告服务器游标结果集中的列属性
sp_describe_cursor_tables	报告服务器游标被引用对象或基本表
sp_detach_db	从服务器示例中分离当前未使用的数据库,并可以选择在分离前对所有表运行 UPDATE STATISTICS
sp_detach_schedule	删除计划和作业之间的关联
sp_drop_agent_parameter	从 MSagent_parameters 表中的配置文件删除一个参数或所有参数
sp_drop_agent_profile	从 MSagent_profiles 表中删除配置文件
sp_dropalias	删除将当前数据库中的用户链接到 SQL Server 登录名的别名(后续版本将删除该功能)
sp_dropanonymousagent	从发布服务器中删除分发服务器上进行监视的匿名复制代理
sp_dropapprole	从当前数据库删除应用程序角色
sp_droparticle	从快照发布或事务发布中删除一个项目
sp_dropdistpublisher	删除分发发布服务器
sp_dropdistributiondb	删除分发数据库
sp_dropdistributor	卸载分发服务器
sp_dropdynamicsnapshot_job	为具有参数化行筛选器的发布删除筛选的数据快照作业
sp_dropextendedproc	删除扩展存储过程(后续版本将删除该功能)
sp_dropextendedproperty	删除现有的扩展属性(后续版本将删除该功能)
sp_droplinkedsrvlogin	删除运行 SQL Server 的本地服务器上的登录与链接服务器上的登录之间的现有映射

续表

系统存储过程	含 义
sp_droplogin	删除 SQL Server 登录名(后续版本将删除该功能)
sp_dropmergealternatepublisher	删除合并发布中的备用发布服务器
sp_dropmergearticle	删除合并发布中的项目
sp_dropmergefilter	删除合并筛选器
sp_dropmergepartition	从发布中删除参数化行筛选器的分区
sp_dropmergepublication	删除合并发布及其关联的快照代理
sp_dropmergepullsubscription	删除合并请求订阅
sp_dropmergesubscription	删除对合并发布的订阅及其关联的合并代理
sp_dropmessage	从 SQL Server 数据库引擎实例中删除指定的用户定义的错误消息
sp_droppublication	删除发布及其关联的快照代理
sp_droppullsubscription	在订阅服务器的当前数据库中删除订阅
sp_dropremotelogin	删除映射到本地登录的远程登录(后续版本将删除该功能)
sp_droprole	从当前数据库中删除数据库角色(后续版本将删除该功能)
sp_droprolemember	从当前数据库的 SQL Server 角色中删除安全账户
sp_dropserver	从本地 SQL Server 实例中的已知远程服务器和链接服务器的列表中删除服务器
sp_dropsrvrolemember	从固定服务器角色中删除 SQL Server 登录或 Windows 用户或组
sp_dropsubscriber	从已注册的服务器中删除订阅服务器指定
sp_dropsubscription	删除对发布服务器上的特殊项目、发布或订阅集的订阅
sp_droptype	从 systypes 删除别名数据类型
sp_dropuser	从当前数据库中删除数据库用户(后续版本将删除该功能)
sp_dsninfo	从与当前服务器关联的分发服务器返回 ODBC 或 OLE DB 数据源信息
sp_enum_login_for_proxy	列出安全主体服务器和代理服务器之间的关联
sp_enum_proxy_for_subsystem	列出 SQL Server 代理的代理访问子系统所需的权限
sp_enum_sqlagent_subsystems	列出 SQL Server 代理子系统

续表

系统存储过程	含 义
sp_enumcustomresolvers	返回所有可用的业务逻辑处理程序以及在分发服务器上注册的自定义冲突解决程序的列表
sp_enumdsn	对运行于特定 Microsoft Windows 用户账户下的服务器,返回所有已定义 ODBC 和 OLE DB 数据源名称的列表
sp_enumeratependingschemachanges	返回所有的挂起架构更改的列表
sp_estimate_data_compression_savings	返回表的当前大小并估算表在请求的压缩状态下的大小
sp _ estimated _ rowsize _ reduction _ for _vardecimal	估计对表启用 vardecimal 存储格式后行平均大小的减少量
sp_executesql	执行可以多次重复使用或动态生成的 T-SQL 语句或批处理
sp_expired_subscription_cleanup	检查每个发布的所有订阅的状态,并删除已过期的订阅
sp_fkeys	返回当前环境的逻辑外键信息
sp_foreignkeys	返回引用链接服务器中表的主键的外键
sp_fulltext_catalog	创建和删除全文目录,并启动和停止目录的索引操作
sp_fulltext_column	指定表的某个特定列是否参与全文索引
sp_fulltext_keymappings	返回文档标识符(Doc ID)和全文键值之间的映射
sp_fulltext_load_thesaurus_file	从指定了 LCID 的语言对应的同义词库文件中分析并加载数据
sp_fulltext_pendingchanges	为正在使用更改跟踪的指定表返回未处理的更改,如挂起的插入、更新和删除等
sp_fulltext_resetfdhostaccount	更新 SQL Server 使用的 Windows 账户和密码以启动筛选器后台程序宿主
sp_fulltext_service	更改 SQL Server 全文搜索的服务器属性
sp_fulltext_table	标记或取消标记要编制全文索引的表(后续版本将删除该功能)
sp_generatefilters	复制指定的表时,创建外键表的筛选器
sp_get_distributor	确定服务器上是否已安装分发服务器
sp_get_query_template	返回参数化格式的查询
sp_getagentparameterlist	返回一个列表,其中包含所有可在代理配置文件中为指定代理类型设置的复制代理参数
sp_getapplock	对应用程序资源设置锁

续表

系统存储过程	含　义
sp_getbindtoken	返回事务的唯一标识符
sp_getdefaultdatatypemapping	返回有关指定的数据类型在 Microsoft SQL Server 和非 SQL Server 数据库管理系统（DBMS）之间的默认映射的信息
sp_getmergedeletetype	返回合并删除的类型
sp_getqueuedrows	在订阅服务器上检索在队列中有未决更新的行
sp_getsubscriptiondtspackagename	在将数据发送到订阅服务器之前返回用于转换数据的 Data Transformation Services（DTS）包名称
sp_gettopologyinfo	返回有关对等事务复制拓扑的信息
sp_grant_login_to_proxy	授予安全主体数据库访问代理的权限
sp_grant_proxy_to_subsystem	授权代理访问子系统
sp_grant_publication_access	将登录名添加到发布的访问列表中
sp_grantdbaccess	将数据库用户添加到当前数据库(后续版本将删除该功能)
sp_grantlogin	创建 SQL Server 登录名(后续版本将删除该功能)

附录 2　复杂存储过程命令

系统存储过程	含　义
sp_help	报告有关数据库对象(sys.sysobjects 兼容视图中列出的所有对象)
sp_help_agent_default	检索作为参数传递的代理类型默认配置的 ID
sp_help_agent_parameter	返回 MSagent_parameters（T-SQL）系统表中的配置文件的所有参数
sp_help_agent_profile	显示指定代理的配置文件
sp_help_alert	报告有关为服务器定义的警报信息
sp_help_category	提供有关作业、警报或操作员的指定类的信息
sp_help_downloadlist	针对所提供的作业，列出 sysdownloadlist 系统表中的所有行，或者在未指定作业的情况下列出所有行

续表

系统存储过程	含　义
sp_help_fulltext_catalog_components	返回用于当前数据库中所有全文目录的所有组件(筛选器、断字符和协议处理程序)的列表
sp_help_fulltext_catalogs	返回指定的全文目录的 ID、名称、根目录、状态以及全文索引表的数量
sp_help_fulltext_catalogs_cursor	使用游标返回指定的全文目录的 ID、名称、根目录、状态和全文索引表的数量
sp_help_fulltext_columns	返回为全文索引指定的列
sp_help_fulltext_columns_cursor	使用游标返回为全文索引指派的列
sp_help_fulltext_system_components	返回已注册的断字程序、筛选器和协议处理程序的信息
sp_help_fulltext_tables	返回为全文索引注册的表的列表(后续版本将删除该功能)
sp_help_fulltext_tables_cursor	使用游标返回为全文索引注册的表的列表(后续版本将删除该功能)
sp_help_job	返回有关 SQL Server 代理用来在 SQL Server 中执行自动活动的作业的信息
sp_help_jobactivity	列出有关 SQL Server 代理作业的运行时状态的信息
sp_help_jobcount	提供计划附加到的作业数
sp_help_jobhistory	为多服务器管理域中的服务器提供有关作业的信息
sp_help_jobs_in_schedule	返回有关附加了特定计划的作业的信息
sp_help_jobschedule	返回有关 SQL Server Management Studio 用来执行自动活动的计划作业的信息
sp_help_jobserver	为给定的作业返回有关服务器的信息
sp_help_jobstep	返回有关 SQL Server 代理服务在执行自动活动时使用的作业中的步骤信息
sp_help_jobsteplog	返回有关特定 SQL Server 代理作业步骤日志的元数据
sp_help_log_shipping_alert_job	此存储过程将从日志传送监视器返回警报作业的作业 ID
sp_help_log_shipping_monitor	返回一个结果集,其中包含主服务器、辅助服务器或监视服务器上注册的主数据库和辅助数据库的状态和其他信息
sp_help_log_shipping_monitor_primary	从监视表返回有关主数据库的信息
sp_help_log_shipping_monitor_secondary	从监视表返回关于辅助数据库的信息
sp_help_log_shipping_primary_database	检索主数据库设置

续表

系统存储过程	含　义
sp_help_log_shipping_primary_secondary	此存储过程将返回有关给定主数据库的所有辅助数据库的信息
sp_help_log_shipping_secondary_database	此存储过程可检索一个或多个辅助数据库的设置
sp_help_log_shipping_secondary_primary	此存储过程将在辅助服务器上检索给定的主数据库的设置
sp_help_maintenance_plan	返回有关指定的维护计划的信息(后续版本将删除该功能)
sp_help_notification	报告给定操作员的警报列表,或者报告给定警报的操作员列表
sp_help_operator	报告有关为服务器定义的操作员的信息
sp_help_peerconflictdetection	返回对等事务复制拓扑中包含的发布的冲突检测设置信息
sp_help_proxy	列出一个或多个代理的信息
sp_help_publication_access	返回发布的所有授权登录的列表
sp_help_schedule	列出有关计划的信息
sp_help_targetserver	列出所有的目标服务器
sp_help_targetservergroup	列出指定的组中所有的目标服务器
sp_helparticle	显示有关项目的信息
sp_helparticlecolumns	返回基础表中的所有列
sp_helparticledts	用于获取使用 Microsoft Visual Basic 创建事务订阅时所用的正确自定义任务名称的信息
sp_helpconstraint	返回一个列表,其内容包括所有约束类型、约束类型的用户定义或系统提供的名称、定义约束类型时用到的列,以及定义约束的表达式(仅适用于 DEFAULT 和 CHECK 约束)
sp_helpdatatypemap	返回有关 Microsoft SQL Server 和非 SQL Server 数据库管理系统(DBMS) 间的定义数据类型映射
sp_helpdb	报告有关指定数据库或所有数据库的信息
sp_helpdbfixedrole	返回固定数据库角色的列表
sp_helpdevice	报告有关 Microsoft ® SQL Server™ 备份设备的信息
sp_helpdistpublisher	返回使用分发服务器的发布服务器的属性
sp_helpdistributiondb	返回指定分发数据库的属性

续表

系统存储过程	含　义
sp_helpdistributor	列出有关分发服务器、分发数据库、工作目录和 Microsoft SQL Server 代理用户账户的信息
sp_helpdistributor_properties	返回分发服务器属性。此存储过程在分发服务器上对分发数据库执行
sp_helpdynamicsnapshot_job	返回有关生成筛选数据快照的代理作业的信息
sp_helpextendedproc	报告当前定义的扩展存储过程,以及该过程(函数)所属的动态链接库(DLL)的名称
sp_helpfile	返回与当前数据库关联的文件的物理名称及属性
sp_helpfilegroup	返回与当前数据库相关联的文件组的名称及属性
sp_helpindex	报告有关表或视图上索引的信息
sp_helplanguage	报告有关某个特定的替代语言或所有语言的信息
sp_helplinkedsrvlogin	查询已定义的链接服务器的登录信息
sp_helplogins	提供有关每个数据库中的登录及相关用户的信息
sp_helplogreader_agent	为发布数据库返回日志读取器代理作业属性
sp_helpmergealternatepublisher	返回作为合并发布的备用发布服务器启用的所有服务器列表
sp_helpmergearticle	返回有关项目的信息
sp_helpmergearticlecolumn	返回合并发布的指定表或视图项目中的列的列表
sp_helpmergearticleconflicts	返回发布中有冲突的项目
sp_helpmergeconflictrows	返回指定冲突表中的行
sp_helpmergedeleteconflictrows	返回有关丢失删除冲突的数据行的信息
sp_helpmergefilter	返回有关合并筛选器的信息
sp_helpmergepartition	返回指定合并发布的分区信息
sp_helpmergepublication	返回有关合并发布的信息
sp_helpmergepullsubscription	返回有关订阅服务器中存在的请求订阅的信息
sp_helpmergesubscription	返回有关对合并发布的订阅(推送订阅和请求订阅)的信息
sp_helpntgroup	报告在当前数据库中有账户的 Windows 组的有关信息
sp_helppeerrequests	返回有关对等复制拓扑中的参与者收到的所有状态请求的信息

续表

系统存储过程	含　义
sp_helppeerresponses	返回针对从对等复制拓扑中的参与者处接收到的特定状态请求的所有响应
sp_helppublication	返回有关发布的信息
sp_helppublication_snapshot	返回给定发布的快照代理的有关信息
sp_helppullsubscription	显示订阅服务器上的一个或多个订阅的有关信息
sp_helpqreader_agent	返回队列读取器代理的属性
sp_helpremotelogin	报告已经在本地服务器上定义的某个或所有远程服务器的远程登录的有关信息
sp_helpreplfailovermode	显示订阅的当前故障转移模式
sp_helpreplicationdboption	显示是否已启用发布服务器上的数据库,以进行复制
sp_helpreplicationoption	显示为服务器启用的复制选项的类型
sp_helprole	返回当前数据库中有关角色的信息
sp_helprolemember	返回有关当前数据库中某个角色的成员的信息
sp_helprotect	返回一个报表,报表中包含当前数据库中某对象的用户权限或语句权限的信息
sp_helpsort	显示 SQL Server 实例的排序顺序和字符集
sp_helpsrvrole	返回 SQL Server 固定服务器角色的列表
sp_helpsrvrolemember	返回有关 SQL Server 固定服务器角色成员的信息
sp_helpstats	返回指定表中列和索引的统计信息
sp_helpsubscriberinfo	显示有关订阅服务器的信息
sp_helpsubscription	列出与特定的发布、项目、订阅服务器或订阅集关联的订阅信息
sp_helpsubscription_properties	从 MSsubscription_properties 表检索安全信息
sp_helpsubscriptionerrors	返回给定订阅的所有事务复制错误
sp_helptext	显示用户定义规则的定义、默认值、未加密的 T-SQL 存储过程、用户定义 T-SQL 函数、触发器、计算列、CHECK 约束、视图或系统对象(如系统存储过程)
sp_helptracertokenhistory	返回指定跟踪令牌的详细滞后时间信息,为每个订阅服务器返回一行
sp_helptracertokens	为每个已插入发布以确定滞后时间的跟踪标记分别返回一行

续表

系统存储过程	含　义
sp_helptrigger	返回对当前数据库的指定表定义的 DML 触发器的类型
sp_helpuser	报告有关当前数据库中数据库级主体的信息
sp_helpxactsetjob	显示有关 Oracle 发布服务器的 Xactset 作业的信息
sp_indexes	返回指定的远程表的索引信息
sp_indexoption	为用户定义的聚集索引、非聚集索引或没有聚集索引的表设置锁选项值
sp_invalidate_textptr	使事务中指定的行内文本指针或所有行内文本指针失效
sp_ivindexhasnullcols	验证索引视图的聚集索引是否唯一，而且当索引视图将要用于创建事务发布时其聚集索引不包含任何可能为 Null 的列
sp_link_publication	设置在连接到发布服务器时立即更新订阅的同步触发器所使用的配置和安全信息
sp_linkedservers	返回本地服务器中定义的链接服务器列表
sp_lock	报告有关锁的信息（后续版本将删除该功能）
sp_lookupcustomresolver	返回有关在分发服务器注册的基于 COM 的自定义冲突解决程序组件的业务逻辑处理程序或类标识符（CLSID）值的信息
sp_manage_jobs_by_login	删除或重新分配属于指定登录的作业
sp_markpendingschemachange	用于合并发布的可支持性，它通过让管理员跳过所选择的挂起架构更改，使这些更改不会被复制
sp_marksubscriptionvalidation	将当前打开的事务标记为指定订阅服务器的订阅级验证事务
sp_mergearticlecolumn	对合并发布进行垂直分区
sp_mergedummyupdate	在给定的行中进行虚更新，以便在下次合并时将该行再次发送
sp_monitor	显示有关 Microsoft SQL Server 的统计信息
sp_MSchange_distribution_agent_properties	更改在 Microsoft SQL Server 2005 或更高版本的分发服务器上运行的分发代理作业的属性
sp_MSchange_logreader_agent_properties	更改在 Microsoft SQL Server 2005 或更高版本的分发服务器上运行的日志读取器代理作业的属性
sp_MSchange_merge_agent_properties	更改在 Microsoft SQL Server 2005 或更高版本的分发服务器上运行的合并代理作业的属性

续表

系统存储过程	含义
sp_MSchange_snapshot_agent_properties	更改在 Microsoft SQL Server 2005 或更高版本分发服务器上运行的快照代理作业的属性
sp_MShasdbaccess	列出用户有权限访问的所有数据库的名称和所有者
sp_msx_defect	从多服务器操作中删除当前服务器
sp_msx_enlist	将当前服务器添加到主服务器的可用服务器列表
sp_msx_get_account	列出目标服务器用于登录到主服务器的凭据的有关信息
sp_msx_set_account	设置目标服务器上的 SQL Server 代理主服务器账户名和密码
sp_notify_operator	使用数据库邮件向操作员发送电子邮件
sp_OACreate	创建 OLE 对象的实例
sp_OADestroy	破坏已创建的 OLE 对象
sp_OAGetErrorinfo	获取 OLE 自动化错误信息
sp_OAGetProperty	获取 OLE 对象的属性值
sp_OAMethod	调用一个 OLE 对象的方法
sp_OASetProperty	将 OLE 对象的属性设置为新值
sp_OAStop	停止服务器范围内的 OLE 自动化存储过程执行环境
sp_password	为 Microsoft SQL Server 登录名添加或更改密码(后续版本将删除该功能)
sp_pkeys	返回当前环境中单个表的主键信息
sp_post_msx_operation	向系统表 sysdownloadlist 中插入操作(行),以供目标服务器下载和执行
sp_posttracertoken	跟踪令牌发布到发布服务器的事务日志中,并开始滞后时间统计信息的跟踪进程
sp_primarykeys	返回指定远程表的主键列,每个键列对应一行
sp_publication_validation	对指定发布中的每个项目启动项目验证请求
sp_publisherproperty	显示或更改非 Microsoft SQL Server 发布服务器的发布服务器属性
sp_purge_jobhistory	删除作业的历史记录
sp_recompile	使存储过程和触发器在下次运行时重新编译
sp_refresh_log_shipping_monitor	使用指定日志传送代理的给定主服务器或辅助服务器中的最新信息来刷新远程监视器表

续表

系统存储过程	含　义
sp_refreshsqlmodule	更新当前数据库中指定的非绑定到架构的一些对象
sp_refreshsubscriptions	对于所有现有的订阅服务器,将对其请求订阅中的新项目的订阅添加到发布中
sp_refreshview	用于更新指定的未绑定到架构的视图的元数据
sp_register_custom_scripting	复制允许用户定义的自定义存储过程替换事务复制中使用的一个或多个默认过程
sp_registercustomresolver	注册可在合并复制同步进程中调用的业务逻辑处理程序或基于 COM 的自定义冲突解决程序
sp_reinitmergepullsubscription	将合并请求订阅标记为在合并代理下一次运行时重新初始化
sp_reinitmergesubscription	标记一个合并订阅,以便在下一次运行合并代理时重新初始化
sp_reinitpullsubscription	将事务请求订阅或匿名订阅标记为在下一次运行分发代理时重新初始化
sp_reinitsubscription	将订阅标记为要重新初始化
sp_releaseapplock	为应用程序资源释放锁
sp_remoteoption	显示或更改在运行 SQL Server 的本地服务器中定义的远程登录的选项
sp_remove_job_from_targets	从指定的目标服务器或目标服务器组中删除指定的作业
sp_removedbreplication	该存储过程在发布服务器的发布数据库中或在订阅服务器的订阅数据库中执行
sp_removedistpublisherdbreplication	删除属于分发服务器上特定发布的发布元数据
sp_rename	在当前数据库中更改用户创建对象的名称
sp_renamedb	更改数据库的名称(后续版本将删除该功能)
sp_repladdcolumn	将列添加到已发布的现有表项目中
sp_replcmds	返回标记为要复制的事务的命令
sp_replcounters	为每个发布数据库返回有关滞后时间、吞吐量和事务计数的复制统计信息
sp_repldone	更新用于标识服务器的最后一个已分发事务的记录
sp_repldropcolumn	从已发布的现有表项目中删除列
sp_replflush	刷新项目缓存

续表

系统存储过程	含　义
sp_replication_agent_checkup	检查每个分发数据库的复制代理,这些复制代理正在运行,但在指定的检测信号间隔内没有历史记录
sp_replicationdboption	设置指定数据库的复制数据库选项
sp_replmonitorchangepublicationthreshold	更改发布的监视阈值标准
sp_replmonitorhelpmergesession	返回给定复制合并代理过去会话的信息,并且针对每个符合筛选条件的会话返回一行
sp_replmonitorhelpmergesessiondetail	返回有关特定复制合并代理会话的项目级详细信息
sp_replmonitorhelppublication	返回发布服务器上一个或多个发布的当前状态信息
sp_replmonitorhelppublicationthresholds	返回为所监视发布设置的阈值度量指标
sp_replmonitorhelppublisher	为与分发服务器关联的一个或多个发布服务器返回当前状态信息
sp_replmonitorhelpsubscription	返回发布服务器上属于一个或多个发布的订阅的当前状态信息,并为每个返回的订阅返回一行
sp_replmonitorsubscriptionpendingcmds	返回有关对事务发布的订阅的等待命令数以及处理这些命令的粗略估计时间的信息
sp_replqueuemonitor	列出 Microsoft SQL Server 队列或 Microsoft 消息队列中指定发布的排队更新订阅的队列消息
sp_replrestart	由事务复制在备份和还原过程中使用,以便分发服务器上的复制数据与发布服务器上的数据同步
sp_replsetoriginator	用于在双向事务复制中调用环回检测和处理
sp_replshowcmds	以可读格式返回标记为要复制的事务的命令
sp_repltrans	返回由发布数据库事务日志中所有标记为复制,但没有标记为已分发的事务组成的结果集
sp_requestpeerresponse	从对等拓扑中的节点执行此过程时,此过程将从拓扑中的其他每个节点请求响应
sp_requestpeertopologyinfo	使用有关对等事务复制拓扑的信息填充 MSpeer_topologyresponse 系统表
sp_resetsnapshotdeliveryprogress	重置请求订阅的快照传递进程,以便可以重新启动快照传递
sp_resetstatus	重置可疑数据库的状态(后续版本删除该功能)
sp_restoredbreplication	将数据库还原到非发起服务器、数据库或因其他原因而无法运行复制过程的系统时,删除复制设置

续表

系统存储过程	含　义
sp_restoremergeidentityrange	此存储过程用于更新标识范围分配
sp_resync_targetserver	重新同步指定目标服务器中的所有多服务器作业
sp_resyncmergesubscription	将合并订阅重新同步到指定的已知验证状态
sp_revoke_login_from_proxy	删除对安全主体数据库的代理的访问权
sp_revoke_proxy_from_subsystem	撤销代理对子系统的访问权限
sp_revoke_publication_access	从发布访问列表中删除登录名
sp_revokedbaccess	从当前数据库中删除数据库用户(后续版本将删除该功能)
sp_revokelogin	从 SQL Server 中删除使用 CREATE LOGIN, sp_grantlogin 或 sp_denylogin 为 Windows 用户或组创建的登录项(后续版本将删除该功能)
sp_schemafilter	修改并显示架构的相关信息,此架构在列出适合于发布的 Oracle 表时被排除
sp_script_synctran_commands	生成一个脚本以包含将在可更新订阅的订阅服务器上应用的 sp_addsynctrigger 调用
sp_scriptdynamicupdproc	生成创建动态更新存储过程的 CREATE PROCEDURE 语句
sp_scriptpublicationcustomprocs	在启用了自动生成自定义过程架构选项的发布中,为所有表项目编写自定义 INSERT, UPDATE 和 DELETE 过程的脚本
sp_scriptsubconflicttable	为给定的排队订阅项目生成用于在订阅服务器上创建冲突表的脚本
sp_send_dbmail	向指定收件人发送电子邮件
sp_server_info	返回 SQL Server、数据库网关或基础数据源的属性名称和匹配值的列表
sp_serveroption	为远程服务器和链接服务器设置服务器选项
sp_setapprole	激活与当前数据库中的应用程序角色关联的权限
sp_setdefaultdatatypemapping	将 Microsoft SQL Server 与非 SQL Server 数据库管理系统(DBMS)之间的现有数据类型映射标记为默认映射
sp_setnetname	将 sys.servers 中的网络名称设置为用于远程 SQL Server 实例的实际网络计算机名
sp_setreplfailovermode	允许为启用了以排队更新为故障转移的立即更新的订阅设置故障转移操作模式

续表

系统存储过程	含　义
sp_setsubscriptionxactseqno	进行故障排除时,用于指定订阅服务器上的分发代理应用的下一个事务的日志序列号(LSN),从而使代理可以跳过失败的事务
sp_settriggerorder	指定第一个激发或最后一个激发的 AFTER 触发器
sp_showpendingchanges	返回一个结果集,其中显示了等待复制的更改
sp_showrowreplicainfo	显示有关在合并复制中用作项目的表中的行的信息
sp_spaceused	显示行数、保留的磁盘空间以及当前数据库中的表、索引视图或 Service Broker 队列所使用的磁盘空间,或显示由整个数据库保留和使用的磁盘空间
sp_sproc_columns	为当前环境中的单个存储过程或用户定义函数返回列信息
sp_srvrolepermission	显示固定服务器角色的权限
sp_start_job	指示 SQL Server 代理立即执行作业
sp_startpublication_snapshot	用于启动可为发布生成初始快照的快照代理作业
sp_statistics	返回针对指定的表或索引视图的所有索引和统计信息的列表
sp_stop_job	指示 SQL Server 代理停止执行作业
sp_stored_procedures	返回当前环境中的存储过程列表
sp_subscription_cleanup	在从订阅服务器中删除订阅时同时删除元数据
sp_syscollector_create_collection_item	在收集组中创建一个收集项
sp_syscollector_create_collection_set	创建一个新的收集组
sp_syscollector_create_collector_type	为收集项创建收集器类型
sp_syscollector_delete_collection_item	用于从收集组中删除收集项
sp_syscollector_delete_collection_set	删除收集组及其所有收集项
sp_syscollector_delete_collector_type	删除收集器类型的定义
sp_syscollector_delete_execution_log_tree	删除与单个收集组的运行有关的所有日志项
sp_syscollector_disable_collector	禁用数据收集器
sp_syscollector_enable_collector	启用数据收集器
sp_syscollector_run_collection_set	如果已启用收集器并且收集组配置为非缓存收集模式,则启动收集组
sp_syscollector_set_cache_directory	指定所收集数据在上载到管理数据仓库之前的存储目录

续表

系统存储过程	含　义
sp_syscollector_set_cache_window	设置在数据上载失败时尝试上载数据的次数
sp_syscollector_set_warehouse_database_name	指定在用于连接到管理数据仓库的连接字符串中定义的数据库名称
sp_syscollector_set_warehouse_instance_name	指定用于连接到管理数据仓库的连接字符串的实例名称
sp_syscollector_start_collection_set	如果已启用收集器但收集组未运行,请启动收集组
sp_syscollector_stop_collection_set	停止收集组
sp_syscollector_update_collection_item	更新收集组中的收集项
sp_syscollector_update_collection_set	用于更新收集组数据或重命名收集组
sp_syscollector_update_collector_type	为收集项更新收集器类型
sp_syscollector_upload_collection_set	在启用了收集组时启动收集组数据的上载
sp_table_privileges	返回指定的一个或多个表的表权限(如 INSERT,DELETE,UPDATE,SELECT,REFERENCES)的列表
sp_table_privileges_ex	从指定的链接服务器返回有关指定表的特权信息
sp_table_validation	返回有关表或索引视图的行数或校验和信息,或者将提供的行数或校验和信息与指定的表或索引视图进行比较
sp_tableoption	设置用户定义表的选项值(后续版本将删除此功能)
sp_tables	返回可在当前环境中查询的对象列表。也就是说,返回任何能够在 FROM 子句中出现的对象(不包括同义词对象)
sp_tables_ex	返回有关指定链接服务器中表的信息
sp_testlinkedserver	测试与链接服务器的连接
sp_trace_create	创建跟踪定义。新的跟踪将处于停止状态
sp_trace_generateevent	创建用户定义事件
sp_trace_setevent	在跟踪中添加或删除事件或事件列
sp_trace_setfilter	将筛选应用于跟踪
sp_trace_setstatus	修改指定跟踪的当前状态
sp_unbindefault	在当前数据库中为列或者别名数据类型解除(删除)默认值绑定
sp_unbindrule	在当前数据库中取消列或别名数据类型的规则绑定
sp_unregister_custom_scripting	此存储过程删除用户定义自定义存储过程或通过执行 sp_register_custom_scripting 注册的 T-SQL 脚本文件

续表

系统存储过程	含 义
sp_unregistercustomresolver	撤销先前注册的业务逻辑模块
sp_unsetapprole	停用应用程序角色并恢复到前一个安全上下文
sp_update_agent_profile	更新复制代理所用的配置文件
sp_update_alert	更新现有警报的设置
sp_update_category	更改类别的名称
sp_update_job	更改作业的属性
sp_update_jobschedule	更改指定作业的计划设置
sp_update_jobstep	更改执行自动活动的作业中某一步骤的设置
sp_update_operator	更新警报和作业所用的操作员(通知收件人)信息
sp_update_proxy	更改现有代理的属性
sp_update_schedule	更改 SQL Server 代理计划的设置
sp_update_targetservergroup	更改指定目标服务器组的名称
sp_updateextendedproperty	更新现有扩展属性的值
sp_update_notification	更新警报提示的提示方法
sp_updatestats	对当前数据库中所有用户定义表和内部表运行 UPDATE STATISTICS
sp_upgrade_log_shipping	sp_upgrade_log_shipping 存储过程是自动调用的,用于升级特定于 SQL Server 2008 中日志传送的元数据
sp_validatelogins	报告有关映射到 SQL Server 主体,但不再存在于 Windows 环境中的 Windows 用户和组的信息
sp_validatemergepublication	执行整个发布范围内的验证,一次性地验证所有订阅(推送、请求和匿名)
sp_validatemergesubscription	执行对指定订阅的验证
sp_validname	检查有效的 SQL Server 标识符名称
sp_vupgrade_mergeobjects	重新生成用于跟踪和应用合并复制数据更改的特定于项目的触发器、存储过程和视图
sp_vupgrade_replication	升级复制服务器时由安装程序激活
sp_who	提供有关 Microsoft SQL Server 数据库引擎实例中的当前用户、会话和进程的信息

续表

系统存储过程	含　义
sp_xml_preparedocument	读取作为输入提供的 XML 文本,然后使用 MSXML 分析器(Msxmlsql.dll)对其进行分析,并提供分析后的文档供使用
sp_xml_removedocument	删除文档句柄指定的 XML 文档的内部表示形式并使该文档句柄无效
sp_xp_cmdshell_proxy_account	创建 xp_cmdshell 代理凭据

附录 3　SQL Server Management Studio 键盘快捷键

1.**菜单激活键盘快捷键**

操　作	SQL Server 2012	SQL Server 2008 R2
移到 SQL Server Management Studio 菜单栏	Alt	Alt
激活工具组件的菜单	Alt+连字符	Alt+连字符
显示上下文菜单	Shift+F10	Shift+F10
显示“新建文件”对话框以创建文件	Ctrl+N	Ctrl+N
显示“新建项目”对话框以创建新项目	Ctrl+Shift+N	Ctrl+Shift+N
显示“打开文件”对话框以打开现有文件	Ctrl+O 或者 Ctrl+Shift+G	Ctrl+O
显示“打开项目”对话框,用于打开现有项目	Ctrl+Shift+O	Ctrl+Shift+O
显示“添加新项”对话框,用于向当前项目添加新文件	Ctrl+Shift+A	Ctrl+Shift+A
显示“添加现有项”对话框,用于向当前项目添加现有文件	Shift+Alt+A	Shift+Alt+A
显示查询设计器	Ctrl+Shift+Q	Ctrl+Shift+Q

2.**窗口管理和工具栏键盘快捷键**

操　作	SQL Server 2012	SQL Server 2008 R2
关闭当前 MDI 子窗口	Ctrl+F4	Ctrl+F4
关闭菜单或对话框,取消正在进行中的操作,或者将焦点放置于当前文档窗口	Esc	Esc
打印	Ctrl+P	Ctrl+P
退出	Alt+F4	Alt+F4

续表

操　作	SQL Server 2012	SQL Server 2008 R2
切换全屏模式	Shift+Alt+Enter	Shift+Alt+Enter
关闭当前工具窗口	Shift+Esc	Shift+Esc
循环显示下一个 MDI 子窗口	Ctrl+F6	Ctrl+Tab
显示 IDE 导航器,并选中第一个文档窗口	Ctrl+Tab	无等效项
循环显示上一个 MDI 子窗口	Ctrl+Shift+Tab	Ctrl+Shift+Tab
在编辑器处于代码视图或服务器代码视图中时将插入点移到位于代码编辑器顶部的下拉条	Ctrl+F2	无等效项
移到当前工具窗口工具栏	Shift+Alt	Shift+Alt
显示 IDE 导航器,并选中第一个工具窗口	Alt+F7	无等效项
移到下一个工具窗口	Alt+F6 或者数据库引擎查询编辑器中的 F6	Alt+F6
移到上一个工具窗口	Shift+Alt+F7	Shift+Alt+F7
移到单个文档的拆分窗格视图的下一个窗格	F6	F6
移到上一个选定窗口	Shift+Alt+F6 或者数据库引擎查询编辑器中的 Shift+F6	Shift+Alt+F6
移到单个文档的拆分窗格视图的上一个窗格	Shift+F6	F6
显示停靠菜单	Alt+减号(-)	无等效项
显示一个弹出窗口,其中列出所有打开的窗口	Ctrl+Alt+向下键	无等效项
打开一个新的查询编辑器窗口	Ctrl+O	Ctrl+O
显示对象资源管理器	F8	F8
显示已注册的服务器	Ctrl+Alt+G	Ctrl+Alt+G
显示模板资源管理器	Ctrl+Alt+T	Ctrl+Alt+T
显示解决方案资源管理器	Ctrl+Alt+L	Ctrl+Alt+L
显示摘要窗口	F7	F7
显示属性窗口	F4	F4
显示“输出”窗口	Ctrl+Alt+O	无等效项
显示“任务列表”窗口	Ctrl+\,T 或者 Ctrl+T	Ctrl+Alt+K
在对象资源管理器的详细信息列表视图和对象资源管理器的详细信息属性窗格之间切换	F6	F6
控制拆分栏,拆分栏用于分隔对象资源管理器的详细信息列表视图和对象资源管理器的详细信息属性窗格,以便调整显示窗格的大小	TAB,然后是上箭头或下箭头	TAB,然后是上箭头或下箭头
显示工具箱	Ctrl+Alt+X	Ctrl+Alt+X

续表

操　作	SQL Server 2012	SQL Server 2008 R2
显示书签窗口	Ctrl+K,Ctrl+W	Ctrl+K,Ctrl+W
显示浏览器窗口	Ctrl+Alt+R	Ctrl+Alt+R
显示用于 HTML 设计器中 Web 服务器控件的公共命令的智能标记菜单	Shift+ALT+F10	无等效项
显示“错误列表”窗口(仅限 T-SQL 编辑器)	Ctrl+\、Ctrl+E 或者 E	Ctrl+\,Ctrl+E
移到“错误列表”窗口中的下一项(仅限 T-SQL 编辑器)	Ctrl+Shift+F12	Ctrl+Shift+F12
显示查看历史记录中的上一页。仅在 Web 浏览器窗口中可用	Alt+向左键	无等效项
显示查看历史记录中的下一页。仅在 Web 浏览器窗口中可用	Alt+向右键	无等效项

3.**代码编辑器键盘快捷键**

操　作	SQL Server 2012	SQL Server 2008 R2
切换全屏显示	Shift+Alt+Enter	Shift+Alt+Enter
向上滚动一行文本	Ctrl+向上键	Ctrl+向上键
向下滚动一行文本	Ctrl+向下键	Ctrl+向下键
撤销上一个编辑操作	Ctrl+Z 或者 Alt+退格键	Ctrl+Z
恢复上一个撤销的操作	Ctrl+Shift+Z 或者 Ctrl+Y 或者 Alt+Shift+Backspace	Ctrl+Shift+Z 或者 Ctrl+Y 或者 Alt+Shift+Backspace
保存选定项	Ctrl+S	Ctrl+S
全部保存	Ctrl+Shift+S	Ctrl+Shift+S
关闭	Ctrl+F4	Ctrl+F4
从查询编辑器窗口显示“查询设计器”对话框	Ctrl+Shift+Q	无等效项
运行 sp_help 系统存储过程	Alt+F1	Alt+F1
运行 sp_who 系统存储过程	Ctrl+1	Ctrl+1
运行 sp_lock 系统存储过程	Ctrl+2	Ctrl+2
运行在“工具”“选项”“键盘”“查询快捷方式”对话框中为此快捷方式配置的存储过程	Ctrl+3	Ctrl+3
运行在“工具”“选项”“键盘”“查询快捷方式”对话框中为此快捷方式配置的存储过程	Ctrl+4	Ctrl+4

参考文献

[1] 王英英,张少军,刘增杰.SQL Server 2012 从零开始学[M].北京:清华大学出版社,2012.
[2] 李丹丹,史秀璋.SQL Server 2000 数据库实训教程[M].北京:清华大学出版社,2007.
[3] 中科普开.大数据技术基础[M].北京:清华大学出版社,2016.
[4] 李勇,许荣.大数据金融[M].北京:电子工业出版社,2016.
[5] 明日科技.SQL Server 从入门到精通[M].北京:清华大学出版社,2012.
[6] 詹英,林苏映.数据库技术与应用 SQL Server 2012 教程[M].2 版.北京:清华大学出版社,2014.
[7] 李春葆,曾平,喻丹丹. SQL Server 2012 数据库应用与开发教程[M].北京:清华大学出版社,2015.
[8] 刘英,罗明雄.大数据金融促进跨界整合[J].北大商业评论,2013(11):96-101.
[9] 陈宪宇.大数据时代金融行业受到的冲击和变革[J].河北企业,2014(1):50-53.
[10] 侯维栋.大数据时代银行业的变革[J].中国金融,2014(15):22-24.
[11] 罗丹.数据管理系统评测基准——从传统数据库到新兴大数据[J].电脑迷,2017(1):174-175.
[12] 王艳杰."大数据"与金融[J].中外企业家,2014(9):45-46.